建筑管理学研究

姚 兵 编著

北方交通大学出版社
·北京·

内 容 简 介

建筑管理学是研究建筑管理的基本理论、基本知识和基本方法的一门新兴的且正在不断发展的综合性学科。建筑管理学包括建筑工程管理学、建筑产业管理学和建筑业企业管理学三个主要分支。本书在阐述建筑管理涉用的基本理论、基本原则、基本特点和规律、基本艺术的基础上，分别论述了建筑工程管理、建筑产业管理、建筑业企业管理的理论和方法。最后，从学科的实践、实例出发，附录了作者的部分有关的建议、报告和讲话。

本书作为建筑管理学的研究成果，不仅对于高等院校建筑管理教学及科研人员、政府各级建设行政主管部门有关人员具有重要的参考价值，而且可以作为工程建设单位、施工单位、工程咨询监理单位等有关人员的重要参考资料。

图书在版编目（CIP）数据

建筑管理学研究/姚兵编著. —北京：北方交通大学出版社，2003.8（2020.12 重印）
ISBN 978-7-81082-147-6

Ⅰ.① 建…　Ⅱ.① 姚…　Ⅲ.① 建筑工程-施工管理-研究　② 建筑企业-企业管理-研究　Ⅳ.① TU71 ② F407.9

中国版本图书馆 CIP 数据核字（2003）第 047042 号

建筑管理学研究
JIANZHU GUANLIXUE YANJIU

责任编辑：孙秀翠
出版发行：北方交通大学出版社　　　电话：010-51686414
地　　址：北京市海淀区高梁桥斜街 44 号　邮编：100044
印　刷　者：北京时代华都印刷有限公司
经　　销：全国新华书店
开　　本：185 mm×230 mm　　印张：25　　字数：560 千字
版 印 次：2003 年 8 月第 1 版　2020 年 12 月第 4 次印刷
印　　数：7 001～8 000 册　　定价：63.00 元

本书如有质量问题，请向北京交通大学出版社质监组反映。对您的意见和批评，我们表示欢迎和感谢。
投诉电话：010-51686043，51686008；传真：010-62225406；E-mail：press@bjtu. edu. cn。

序　言

姚兵同志从事建筑管理工作30多年，用他自己的话讲：20世纪70年代承包商（在建筑安装公司工作13年，任书记、经理8年），80年代在地方（任省建委副主任、主任10年），90年代"百万庄"（任建设部建筑业司司长、监理司司长、建设部总工程师10余年），世纪之交当甲方（任国家大剧院业主委员会副主席3年）。近年来，自己或和他人编著有《论工程建设和建筑业管理》、《论建筑业企业经营管理》、《现代建筑企业论》、《建筑管理》、《建设监理的理论与实践》、《建筑业行业及企业发展战略概论》等，在这些著作中均涉及了建筑管理科学。这次，他与自己所指导的博士研究生共同努力，编著了《建筑管理学研究》，旨在较为系统地阐述这门学科。我翻阅了本书，对此很感兴趣。愿意写此序言，主要有三点希望。

一、建筑管理学科的重要性需要全社会加深认识。特别是在新型工业化进程中，信息技术和现代管理是必不可少的两个车轮，它将决定社会进步和经济发展的速度、质量和效益。

二、建筑管理学科随着生产力的发展而不断发展。既有人类社会进步的共性，又有本国的国情特征。作为科学，研究的是普遍规律和特殊规律，这是客观存在的，但不可能一下子全部被认识，这个逐步认识的过程是对学科研究不断深化的过程。因此，对学科的研究是摆在我们面前的艰巨任务。希望能有更多的人投身于研究大潮之中，做出更大的贡献。

三、对建筑管理学科的研究也要贯彻百家争鸣的方针。我赞成姚兵同志的意见，即"研究成果有待于社会实践的评估和当代建设者、教学与科研人员的修正、补充和完善"。我希望用科学的态度和方法来对待管理科学的研究。

我赞扬作者的钻研精神。期待在学习型社会、学习型组织中，树立人人终身受教育的理念，努力做到学以立德、学以增智、学以致用，期待我国建筑管理科学的繁荣和发展，承担起全面建设小康社会的重要使命。

全国政协副主席
民革中央常务副主席

周铁农

2003年6月8日

一、本书的宗旨

我国已经进入全面建设小康社会的新时期，目标宏伟，任务艰巨。就经济建设来说，大量的能源、交通、原材料基础工业项目和城乡基础设施项目、众多的房地产开发项目都要上。这些建设项目，有的是国债投资，有的是引进外资，还有各方面的社会资金。作为固定资产投资的规模，必将拉动国民经济的全面增长；作为投资项目建设的速度、质量和效益，也必将影响国民经济增长的速度和效益。对大大小小工程项目的业主及管理人员，包括房地产开发商和管理人员，面临的重大问题是如何管理好项目建设的全过程。对此，经验很重要，而其理论水平显得更加重要。实践基础上的理论创新是社会发展和变革的先导。也可以这样说，理论水平决定投资建设的管理水平。作为投资者，项目建设的管理者，进行更多的基础理论学习和项目建设管理理论的探讨是非常必要的。实践证明，工程建设项目管理一旦低效或失败，影响极大，损失惨重，追悔莫及，难以挽回。由此可见，研究和掌握投资项目管理科学，对全面建设小康社会、实现国内生产总值到2020年比2000年翻两番来说，不能不说是一个重要课题。

国民经济的增长需要运用现代经济学原理实行有效的宏观调控、市场调节，但也必须重视处在中观地位的产业管理，谋求产业的健康发展和有效增长。就全国而言，建筑业、房地产业及其相关的建筑材料、建筑机械等行业是国民经济的支柱产业。但对不同的省、市、县来说，有的应列为支柱产业，有的不一定非要列入，应视资源和现实情况而定。作为支柱产业面临着国内国外两大资源的利用，两大市场的开发，其产业发展过程中必然面临众多难题，而解决这些难题既有赖于宏观市场的引导，又有赖于建筑业、房地产业及相关产业的政府主管部门和行业协会对产业发展的决策。对产业的政府主管部门和承担行业管理的行业协会的领导层和工作人员来说，一个重要的课题是如何制定产业发展的中、长期规划，如何制定产业发展的经济政策（含结构调整政策），如何制定产业发展的技术政策，如何制定和更新产业标准，如何有效加强产业发展的指导和监管。面对这些问题，必然涉及建筑业产业管理科学，只有遵照科学的管理才是有效的管理。只有尊重劳动、尊重知识、尊重人才、尊重创造，才能使产业兴旺发达。因此，作为产业的政府主管部门和承担行业管理的行业协会，需要在产业发展的科学理论上不断拓展新视野，做出新的总结和概括。

一个庞大的产业是由众多不同规模和分工的企业构成。建筑产业是由成千上万的土木工程、房屋工程总承包，专业分包、劳务分包的大大小小的企业构成。而不论其规模大小、分工角色不同，每一个企业都有其自身成长的过程。企业的生长既有赖于宏观的经济市场的调控，又有赖于产业发展政策，更有赖于处在微观地位的企业经营和管理。企业的经营和管理是企业的自主行为，但需要政府和行业协会的指导，也需要有关科研人员的咨询。企业在成长过程中，面临的困难是很多的，无论是在经营方式上还是在经营结构上，无论是在管理策略上还是管理制度上，都要不间断地决策，做到开拓进取、不断创新。可以说，企业的成长过程是员工奋斗的积累过程，是经营管理者管理科学思维的拓展和积累的过程。建筑业企业及与其紧密相连的房地产企业、建材、建机企业在其成长过程中遇到的管理问题有：企业制度、企业结构、企业经营方式、计划、融资、人才、质量品牌、施工安全、劳动组织、投标策略、技术、信息、合同、债务等，所有这些管理问题离不开工商企业管理科学的指导，更离不开建筑管理学的指导。因此，作为建筑业企业的经营管理者，必须研究企业管理科学，特别重视建筑管理学科，努力做到用管理知识充实自己，有效地领航本企业总结每一项成功，以至于从成功走向新的成功；分析每一项失败，使教训成为领航本企业成长的财富。同时，从企业家的实践活动中不断积累、充实和创新建筑管理学。

二、本书的形成过程

作者在过去由本人或与他人合作编著的《论工程建设和建筑业管理》、《论建筑业企业经营管理》、《现代建筑企业论》、《建筑管理》、《建筑监理的理论与实践》、《建筑业行业及企业发展战略概论》等几本书中断断续续地提到建筑管理科学，从不同角度对该学科进行了探索和研究，和众多的教授、博士生导师、企业经营者、建筑业研究人员进行了多方面的交流，在日常的国际交往活动中，着重了解有关国家和地区对建筑管理科学的研究，从而形成了本书较为系统的阐述。

在一年多的时间里，作者对博士生进行了 10 次讲课，每次讲课前先形成一个提纲，根据该提纲进行讲解。讲解后由一名博士生根据提纲和录音，再查阅相关的资料进行整理成章。成章后再由若干名博士生进行修改和审定。在本书的最后还附录了作者在近年来的有关讲话、调查报告和建设国家大剧院的有关建议。整理修改的分工如下：

第 1 章"概论"，由博士生赵振宇负责整理，由博士生邵华、左广负责修审；

第 2 章"建筑管理涉用的基本理论"，由博士生蔡建民负责整理，由博士生苏卫东、左广负责修审；

第 3 章"建筑管理的基本原则"，由博士生韩冰负责整理，由博士生赵振宇、王学孝负责修审；

第 4 章"建筑管理的基本规律和特点"，由博士生赵振宇负责整理，由博士生韩冰、左广负责修审；

第 5 章"建筑管理涉用的基本方法"，由博士生邵华负责整理，由博士生王学孝、况勇负责修审；

第 6 章 "建筑管理涉用的基本艺术"，由博士生赵振宇负责整理，由博士生邵华、苏卫东负责修审；

第 7 章 "建筑工程管理学简论"，由博士生韩冰负责整理，由博士生赵振宇、汪文忠负责修审；

第 8 章 "建筑业产业管理学简论"，由博士生赵振宇负责整理，由博士生况勇、蔡建民负责修审；

第 9 章 "建筑业企业管理学简论"，由博士生况勇负责整理，由博士生汪文忠、王学孝负责修审；

第 10 章 "建筑管理的信息化建设与发展"，由博士生苏卫东负责整理，由博士生蔡建民、汪文忠负责修审。

全书由北方交通大学经济管理学院工商管理系主任、博士生导师刘伊生教授负责统稿并审定。可以说，本书是经过多年、多人创作而成。

三、本书的希望

一门学科之所以能独立产生，在于它研究的对象具有矛盾的特殊性。研究其矛盾的规律和特点，使之系统化而使学科形成。建筑管理学有待进一步深入研究，使之更全面、更深刻、更成体系。本书仅起抛砖引玉之作用，希望引起社会的关注和专家的修正。

建筑管理被设置在 "管理科学与工程" 一级学科目录之下，没有作为一级学科而单列。依作者之见，无论是学科自身体系的内在要求，还是学科研究对象的地位和作用，都决定其学科单列之必要。特别是经济高速发展时期，建筑与社会先进生产力、建筑与时代先进文化、建筑与诸家行业和百姓关系密切利益相连，尤其需要科学的指导，理论之支持。希望本书能尽微薄的引证之力，使学科健康发展。

建筑管理学的同胎生应是建筑经营学。就市场而言，通常指管理是手段，经营是目的。然而，管理和经营同属一个科学体系，又有各自的特点。无论是管理学还是经营学，越来越被人们所重视，作为建筑管理学、建筑经营学又有更为特别、更为专门之处，有必要加以研究。希望本书能引起诸多同行之共鸣或争鸣，期待学科的繁荣。

编著者
2003 年 8 月

目　　录

第 1 章 概 论

社会化大生产和工业化的发展，需要有先进、科学的管理理论和方法，将技术问题和管理问题结合起来，选择投入少、产出多、经济效益最佳的方案。建筑业是国民经济的重要产业之一，在建筑活动中，加强管理科学的研究和应用，具有重大的经济意义和现实意义。

我国的建筑管理学科就是在这种前提下发展起来的。

1.1 建筑管理学的概念及学科体系

建筑管理学是研究建筑管理的基本理论、基本知识、基本方法的一门新兴的且正在不断发展的综合性学科。它是自然科学和社会科学相互渗透、相互结合的一门边缘科学。概括地讲，建筑管理学包括建筑工程管理学、建筑业产业管理学和建筑业企业管理学 3 个主要分支。

1.1.1 建筑工程管理学

1. 建筑工程管理学的基本概念

建筑工程管理学是以建筑工程项目为对象，系统地研究工程项目投资决策和建设过程的管理理论和方法的科学。其研究范围涵盖工程项目投资前期、建设期和投产运营的整个过程，包括项目的组织、策划、立项、筹资、设计、施工、竣工、运行等全过程。

2. 建筑工程管理—— 一种特殊的项目管理

项目管理的内容比较宽泛，如科研项目管理、农业项目管理等。组织一次会议也是一个项目管理。建筑工程管理不是一般的项目管理，而是一种特殊的项目管理，是对一个建筑工程项目的管理。对于盈利性工程项目，建筑工程管理的内容包括从项目开始融资一直到项目建成全过程的管理，即货币变成固定资产，固定资产形成生产能力并达到原设计生产能力，再反过来收回投资，保证原投资的保值和增值。如修建一条公路，从融资到项目建成后的经营，直至收回投资并获得赢利；对于非盈利性工程项目，建筑工程管理的内容中一般不会考虑投资收回的问题。如某市政府建设一幢政府办公楼，则一般不会考虑投资的直接回收问题。

1.1.2   建筑业产业管理学

1. 建筑业产业管理学的基本概念

建筑业产业管理学是以一个区域内的建筑产业为对象，系统地研究产业发展规律和管理手段的科学。它是界于国民经济（宏观）管理和企业经营（微观）管理之间的一门学科。其研究范围包括建筑行业管理的体制（管理主体、管理层次）、职能（规划、组织、监督、服务）和内容（管好建筑市场、管好工程、指导好企业）。

2. 建筑业产业管理—— 一种特殊的公共管理

公共管理是以实现公共利益和社会效益为目标，利用和配置公共资源，组织和协调公共关系，制定和实施公共政策，提供和优化公共服务的科学。国外许多院校都设立了公共管理的研究机构，如美国哈佛大学肯尼迪政府学院、加州大学伯克利分校古德曼公共政策学院等。在我国，公共管理是一个备受瞩目和迅速发展的领域，清华大学、北京大学、中国人民大学、南京大学等高校陆续成立了公共管理学院，加强公共政策研究，培养各级政府公务人员及其他公共部门高级管理人才。公共管理有很多内容，公共政策、全球经济合作、非政府组织、企业与政府的关系、社会保障与福利政策、反腐廉政等都是其研究范畴。建筑业产业管理是一种特殊的公共管理，是对建筑业和房地产业的管理，从事建筑业产业管理的主要是各级建设行政主管部门和各种行业协会。

1.1.3   建筑业企业管理学

1. 建筑业企业管理学的基本概念

建筑业企业管理学是以建筑业企业为对象，系统地研究企业生产经营管理理论和方法的一门科学。它同时也是企业管理学的一个分支，内容包括以实现社会价值为目的的生产管理、以实现经济效益为目的的营销管理、以实现独立核算为目的的财务管理、以体现人本思想为目的的人力资源管理、以增强企业发展后劲为目的的战略管理，以及作为企业管理基础工作的信息管理。

2. 建筑业企业管理—— 一种特殊的企业管理

企业管理也称为工商管理。应当承认，建筑商、房地产商都是企业，其管理的内容并没有根本的不同。只是由于其产品的特殊性，使得建筑业企业的组织结构、经营方式、营销策略、生产运作、成本管理等不同于一般的工商企业，从而使得建筑业企业管理区别于一般意义上的工商管理，成为一种特殊的企业管理或工商管理。

1.1.4   建筑管理学的学科体系

建筑管理学的学科体系和研究内容如表1-1所示。

表 1-1 建筑管理学的学科体系和研究内容

学科分支	建筑工程管理学	建筑业产业管理学	建筑业企业管理学
研究内容	投融资管理 前期决策管理 招投标管理 设计管理 开工准备管理 施工管理 竣工验收管理 物业管理 ……	市场管理 行业管理 涉外管理 ……	组织制度管理 人力资源管理 营销管理 计划管理 技术管理 财务管理 质量安全管理 机械设备管理 战略决策管理 文化管理 ……

1.2 建筑管理学科特点

1.2.1 建筑管理是一门科学

在实践中，管理职能无处不在，正因为如此，人们便有一种错觉，认为管理工作谁都能干，结果就是不将其称为一门专业，更谈不上科学。这是一个很大的误解。要使管理更有效，仅停留在实践阶段，仅发挥管理的职能作用是不够的，还需要在实践的基础上总结、归纳、提炼出有规律性的东西，形成理论、科学，再去指导今后的管理实践，实施符合客观规律的管理。无数事实已反复证明：同样的投入，不论是物资、资金、人力，还是时间，由于管理水平的不同，产出的结果也不同。因此，既要看到管理的职能作用，还应看到它是一门科学。我们的建筑管理水平之所以落后，其根本原因就在于只承认其职能作用，而不承认管理是一门科学，没有像自然科学与技术科学那样去深入研究。我国在改革开放前的30年里，培养了大批工程技术人员和自然科学专业人员，可是却没有同时培养相应的建筑管理专业人才。在国家经济建设中出现的低效高耗、浪费严重等现象，往往是由于管理不善或落后造成的。

邓小平同志指出："科学技术是第一生产力"，但是具体的科技成果本身还不能自动转变为生产力，必须经过计划、组织、协调、控制等活动，才能形成生产力。也就是说，在具体的科技成果和生产力之间必须要架起一座桥梁，这就是管理。没有管理这座桥梁，科技成果只能停留在实验室里。由此可见，管理和管理科学应是广义的科学技术的重要组成部分，是广义的第一生产力。

1.2.2　建筑管理学科的二重性

建筑管理学具有自然科学和社会科学的二重属性，是一门综合交叉学科。该学科的课程由经济类、管理类、工程技术类、法学类四大类组成。自然科学与社会科学相比，前者强调用定量的方法分析、解决问题，后者则更多地采用定性方法来分析和解决问题。作为建筑管理学，是以社会科学的性质和研究方法为主要特征的科学。

建筑管理学与自然科学之间存在着密切的相关性，利用自然科学技术和方法分析得到的结果，是管理者进行科学决策的基础。例如：需要用运筹学的方法去研究生产组织问题；需要用概率论去研究工程事故控制和风险控制问题；需要用预测方法、统计分析方法进行成本预测、成本分析和控制；需要用控制论去研究管理目标控制问题，等等。

与自然科学相比，社会科学与建筑管理学之间存在着更加密切的相关性，社会科学的有关理论和方法是指导管理者行动的指南。例如：需要用组织理论去研究建筑业产业及建筑业企业的结构调整问题；需要用人本理论去研究建筑业企业制度的建立与实施；需要用决策理论去研究管理目标的制定与控制；需要用信息不对称理论去研究建筑工程管理优化，等等。

1.2.3　建筑管理是科学与艺术的统一

科学与艺术不是相互排斥的，而是相互补充的。也就是说，仅有原理或理论知识还不能保证实践的成功。因为人们还必须懂得如何去利用它。在运用理论或科学时，首先不能生搬硬套，必须考虑原理的适用性，使其产生的消极后果最少而积极效果最佳。这是管理艺术的本质所在。

建筑管理是一个充满挑战的领域，需要人们将个人的智慧创造性地巧妙结合。建筑管理既是一门科学，又是一门艺术。它强调科学与艺术的统一，具有很强的实践性。它要求管理者在建筑管理过程中，善于运用经过组合的管理知识，根据实际情况选择适用的管理方法和技巧。

1.2.4　建筑管理的特殊性

同其他管理一样，建筑管理也是一个业务过程、一种职能行为，有的是围绕着决策本身展开的，有的是为实施该项决策而组织他人或群体的劳动。建筑管理虽属于管理学科，但它又具有特殊性。其特殊性主要表现在以下几个方面。

1. 建筑工程管理不同于一般的商品管理

尽管同样是商品，但由于建筑产品具有地点固定、形体庞大、类型多样、单件性等特点，使得建筑工程管理与一般的商品管理有所不同。如：建筑产品只能在选定的地点生产、交易和使用，不能像一般商品那样在工厂、商店、用户间流动；一般商品可以批量生产，而建筑产品却需要单独设计和单独组织施工，需要耗费大量的人力、物力、财力和时间；一般商品可一次性付款，而工程价款需要按月或按阶段进行拨付，开工时有预付备料款，在竣工结算付款时还要预留缺陷责任期保证金；一般工业产品交易买方不对生产环节进行管理，而建筑产品生产全过程作为建设单位都要管理，整个管理过程就是交易过程；一般工业产品交易的受益或受害是当事者双方的事情，质量不好，可退可换，而建筑产品交易受益或受害的是在建筑物内或周围生产或生活的人们，不一定是买卖双方，因而其社会性特别强。此外，即使是进行 ISO 9000 质量认证，建筑产品也不同于一般工业产品。一般工业产品可以进行产品质量认证，而在建筑领域，认证的对象只能是质量体系，而不能是工程实体。

2. 建筑业产业管理不同于一般的工业管理

尽管建筑产品生产同工业生产一样，都要投入一定量的资源，经过科学的组织，最终生产出预定产品。但建筑产品及其生产所具有的特点，决定了建筑业产业管理的特殊性。如果某一型号的工业产品被评为优质产品，则同一型号的所有产品都是优质产品；然而一栋楼是优质工程，不见得一批工程都是优质工程。一般工业生产在一定的时期内，有着统一不变的工艺流程和规程；而建筑产品的生产则不然，可变因素多，包括自然环境（地形、地质、水文、气候等）因素和社会环境（市场竞争、劳动力供应、物资供应、运输和配套协作等）因素等在内的各种因素变动较多。此外，建筑业产业基层组织随着工程规模、性质、地理分布及同一工程不同建设时期，所需人数和工种比例也有着较大的变化。所有这些，都使得建筑业产业的管理更加复杂。

3. 建筑业企业管理不同于一般的工商管理

第一，经营方式不同。工业产品一般是先生产、后交易。建筑产品在建造过程中不存在推销、促销的过程，一般是先成交、后生产，通过特定的招投标方式确定生产者，并以合同形式明确买卖双方的经济关系。阶段性拨付工程价款使得建筑产品的生产与交易活动相统一，生产过程也就是其销售过程，没有流通过程。商品房作为建筑产品，是在工程竣工后或作为期货进入流通过程的。

第二，市场营销策略不同。建筑企业的产品策略与工商企业使用的"产品组合策略"、"品牌与商标策略"和"产品生命周期策略"不完全相同，没有分销渠道策略，只有市场竞争策略和目标市场策略等。产品定价也不能由建筑企业独立完成，市场运作方式与一般工业产品大不相同。

此外，建筑企业的成本比较复杂，而且有一定的不可预见性，从而使成本管理有较大的风险。企业内部的组织结构也会随项目的不同而有较大的变化。所有这些，都使得建筑业企业管理与一般的工商管理有较大的不同。

1.3 建筑管理学科的发展简史

1.3.1 历史上的两个发展阶段

目前，全国有近 200 所大学设立了"工程管理"专业，除综合性大学和建工类院校之外，一些电力学院、矿业大学、地质大学、工商大学等也都设置了工程管理专业。回顾这门学科的发展历史，大体上可分为两个阶段。

第一阶段：建国后50年代至文化大革命前。为促进我国社会主义经济建设，按照计划经济体制下前苏联的基本建设管理模式，我国于20世纪50年代末、60年代初开始创建工程经济和企业管理等学科。哈尔滨工业大学于1955年成立了工程经济系，这是新中国高等工科院校中第一个工程经济方面的科系，成为我国工程经济专业人才教育的摇篮。同济大学也于20世纪50年代创办了"建筑工业经济与组织"专业本科，提出培养建筑施工企业管理人才的目标，强调应使学生成为既懂技术、又懂管理的有社会主义觉悟的德、智、体全面发展的劳动者。1963年这些学科还列入了全国的科学发展规划。

第二阶段：改革开放至今。1976年以后，随着经济建设和科学技术的发展，管理的现代化日益被重视，人们认识到管理专业对国家社会主义经济建设的作用。在1978年3月全国科学大会制订的科学规划中，把"技术经济和管理现代化"列入了规划。许多高等院校也先后恢复或者设立了经济管理学科，开设了经济管理课程。从1984年开始，一些高等学校建立了经济管理学院，不仅培养了一大批经济管理专业的本科生，还培养了相当数量的硕士、博士研究生。经济管理、建筑管理等这些边缘学科，在我国得到了迅速发展。

同济大学于1978年开始恢复管理专业。邀请国外同行、专家来校讲学，并组织清华大学、天津大学、重庆建筑工程学院、哈尔滨建筑工程学院、北京建筑工程学院等相关院校师资共同开展研讨活动，选派优秀教师赴国外进行考察访问和进修。同时，组织教师通过科研带动学科建设，重新编写教材，并加强与企业界的联系和合作，听取企业界对管理人才的知识要求。1980年开始招收本科生，定名为"建筑经济与管理"专业。1984年成立经济管理学院后，开始招收"建筑经济与管理"专业硕士生和"管理工程"建筑管理工程方向博士生。1998年将管理工程系和房地产经营与管理系合并，成立建设管理与房地产系，设在经济与管理学院。建设管理与房地产系现设"工程管理"本科专业，学院还设有"管理科学与工程"专业硕士点和博士点。

哈尔滨工业大学于1978年将1955年成立的工程经济系改名为管理工程系，1984年又成立了管理学院。2000年，原哈尔滨建筑大学（1959—2000年）与哈尔滨工业大学合并时，哈尔滨工业大学原管理学院、原哈尔滨建筑大学管理学院和社科系旅游管理专业合并组成了现在的哈尔滨工业大学管理学院。现在的哈尔滨工业大学管理学院下设的营造与房地产系设有"工程管理"本科专业，"管理科学与工程"专业，设有硕士点、博士点和博士后流动站。

原重庆建筑工程学院于1980年在土木工程系设置了"建筑工程管理"本科专业，并开始招生。1981年，学校正式成立建筑管理工程系，专业名称也同时更名为"建筑管理工程"专业，1984年获得"建筑经济与管理"专业硕士学位授予权，并开始招收硕士研究生。2000年，重庆大学、重庆建筑大学、重庆建筑高等专科学校合并组建成新的重庆大学，下设建设管理及房地产学院，学院的前身就是创立于1981年的重庆建筑工程学院建筑管理工程系。该学院下设的工程管理系设有"工程管理"本科专业,"管理科学与工程"和"技术经济与管理"专业,设有硕士点,并招收工程项目管理方向的博士研究生。

清华大学于 2000 年成立了建设管理系,隶属于清华大学土木水利学院。建设管理系的师资主要来自原土木系的建设管理教研组和原水利系的工程建设管理学科组,同时引进了国内外在项目管理方面的优秀师资和研究人才。该系目前设有"工程管理"本科专业,在"管理科学与工程"专业设有硕士点、博士点和博士后流动站。

1.3.2 目前建筑管理学科的专业设置

目前,在建筑管理学科的专业设置上,国内各个高等院校不尽相同。表 1-2 是几所院校分别在本科、硕士和博士阶段的专业设置情况。

表 1-2 几所高等院校的专业设置

院 校	本 科		硕 士		博 士	
	院 系	专 业	院 系	专 业	院 系	专 业
清华大学	土木水利学院 建设管理系	工程管理	土木水利学院 建设管理系	管理科学 与工程	土木水利学院 建设管理系	管理科学 与工程
北方交通大学	经济管理学院 工商管理系	工程管理	经济管理学院 工商管理系	1. 管理科学 与工程 2. 企业管理	经济管理学院 工商管理系	管理科学 与工程
			经济管理学院 经济系	技术经济 及管理		
重庆大学	建设管理及房 地产学院 工程管理系	工程管理	建设管理及房 地产学院 工程管理系	1. 管理科学 与工程 2. 技术经济 及管理	土木工程学院	结构工程
哈尔滨 工业大学	管理学院 营造与房地产系	工程管理	管理学院	管理科学 与工程	管理学院	管理科学 与工程
同济大学	经济与管理学院 建设管理 与房地产系	工程管理	经济与管理学院	管理科学 与工程	经济与管理 学院	管理科学 与工程
东南大学	土木工程学院 建设与房地产系	工程管理	土木工程学院	管理科学 与工程	土木工程学院	管理科学 与工程
天津大学	管理学院	工程管理	管理学院	管理科学 与工程		

多年来,特别是改革开放以来,高等院校、科研院所、大型企业等对建筑管理学科的发展做了大量工作,培养了一批建筑管理学科的本科生、硕士生、博士生,在工程项目管理、建筑经济、房地产经营管理、国际工程承包、工程建设监理、建设工程造价管理及建筑工程

法律等学科领域取得了长足的进步。

1.4 建筑管理学科目前存在的问题

建筑管理学科的发展，在当前遇到了很多困难和问题，主要表现在以下几个方面。

1. 在专业设置上没有相应地位

目前，大多数高等院校一般均设有"工程管理"本科专业，但是在硕士、博士学位点专业划分中，取消了"建筑经济与管理"专业，有关的研究方向被划归到"管理科学与工程"一级学科，有的学校还将其列到"技术经济及管理"专业。另外，前几年院校、院系合并与调整时，有的高等院校将建筑管理系合并到了管理学院，甚至不承认建筑管理是一门独立的学科，由此而导致不能以科学的态度对待建筑管理科学的研究与发展。但可喜的是，2000年重庆建筑大学与重庆大学合并时，保留了建设管理及房地产学院；清华大学的建设管理系也曾设想并入经管学院，后来留在了土木水利学院，与土木系和水利系并列。

2. 在学科研究上不成体系

目前，建筑管理学科还没有形成一个完整的体系，表现为"三个一个样"。一是"一届政府一个样"。如国家建设部管理的行业，最早叫"三大产业"（建筑业、房地产业、市政公用事业），又讲过"三大建设"（工程建设、城市建设、乡村建设），后来就统一叫"建设业"，然后又改叫"建筑业"，前后不一致，缺乏连贯性。二是"一个学校一个样"，目前各学校对建筑管理的认识不一致，所讲授的课程内容和知识体系也不太一样。三是"一个专家一个样"，对建筑管理的很多提法都有分歧，当然也包括现在各种有关建筑管理的书籍、教材，其中许多观点都不一样。

对工程建设领域的一些理论问题，当前存在着不同的看法。如：建筑业的行业分类是否应实行条块管理；房地产业和建筑业的关系；建筑施工、建筑产业和建筑市场特点的研究意义；建筑业与工程建设的关系；建设监理的工作划分和职能界定；工程报建制度和政府监督工程招投标的必要性；安全管理、质量管理和现场管理的有效措施；建筑业企业集团的组建问题；建筑业进入国际市场和对外开放中的有关问题；等等。这些理论问题不解决，就不能科学地指导实践。因此既要活跃不同学术观点的讨论，又要形成一定的学科体系。

3. 在管理实践上不被重视

当前，在建筑管理实践中存在着三个"取而代之"。

一是用硬学科代替软学科，或从某种意义上不承认管理是一门学科。关于中国工程院是否设工程管理学部的问题，就争论了五六年，有很多人不同意评选管理学科的院士。目前虽然设立了工程管理学部，但当选的院士大部分也都是硬学科专家。应该说，有相当一部分硬学科的专家也很会管理，这是不可否认的。但是应该承认，管理也是一门科学，不能用工程技术去代替建筑管理。对在某一领域从事研究的专家，不可能要求他在其他领域也都是专家。但是他本人也不应对自己并不熟悉的领域怀有偏见，或否认其作为一门科学的价值。

二是用权力代替管理。比如地方上要建一个项目，经常是让市长、县长这些不懂工程的人担任总指挥，用权力去代替管理。重庆綦江大桥在建设时，就是由县委书记担任总指挥。吸取了这个事件的教训之后，很多地方的市长、县长就不敢再当总指挥了。但是，个别领导干部不遵循科学的管理程序，不考虑管理专家的建议，不敢否定硬科学、敢于否定管理科学的现象仍然很普遍。

三是用口号代替管理。有许多政绩项目、献礼项目、首长项目，都提出"大干苦干拼命干"、"大干一百天向国庆献礼"等口号，以政治口号代替科学，代替管理的理论和方法。

在实践中存在的这些不尊重管理科学的现象，直接造成的灾难有两个：一是重复建设，造成工业项目规模相对很小，资源浪费，企业效益上不去；二是事故隐患，由于没有按照建筑管理科学去进行管理，给将来留下不少隐患。如工程寿命问题，应该说是百年大计，但有些市政工程不到三五年就由于存在隐患不得不拆除。

综上所述，管理也是一门科学，不能以长官意识代替管理，不能以硬科学代替管理科学，更不能以口号代替管理。不重视管理科学，不注意对社会主义市场经济客观规律的研究，不用科学的理论指导实践，就不能提高管理水平，更不能发展有中国特色的管理科学。

1.5 建筑管理学的主要研究方向

在国民经济持续、快速、健康发展的同时，建筑管理科学也在不断学习和借鉴国外的先进做法和经验。结合我国实际情况进行研究，建筑管理水平有了很大提高。但从总体上看，我们理论研究的深度还不够，有些方面的研究还没有开展。随着经济体制改革的深化，WTO 的加入，知识经济的到来，以及高新技术产业的发展，对建筑管理学科的研究和发展提出了更高的要求，这一点各方面应高度重视，合力攻关。

1.5.1 目前主要研究方向

1. 建筑工程管理研究的前沿课题
① 国际惯例（国际组织、国际协定等）；
② 建筑市场（市场研究、市场法规、培育要素市场等）；
③ 市场运行机制（投资机制和管理、承发包竞争机制和管理、工程造价机制和管理、工程保险和担保机制等）；
④ 法律服务（法律体系、法律的修改等）；
⑤ 工程建设的政府监督和管理（机构、职能等）；
⑥ 工程建设的投融资体制和方式；
⑦ 工程建设的信息管理和资源开发问题；
⑧ 工程建设与社会发展的关系（环境建设、城乡特色建设、文物保护、国土资源的开发和利用等）；

⑨ 工程全寿命周期优化问题；

⑩ 质量保证体系；

⑪ 施工安全保证体系；

⑫ 工程保险和保证担保；

⑬ 政府投资工程的管理体制等。

2. 建筑业产业管理研究的前沿课题

① 建筑产业政策（包括产业发展政策和产业技术政策）；

② 建筑产业结构；

③ 建筑产业技术进步；

④ 承发包模式和竞争的规范化；

⑤ 建筑产业相关要素的优化和管理；

⑥ 建筑产业的行业管理和相关协会的职能；

⑦ 建筑产业文化建设；

⑧ 建筑产业的职业和执业人士资格及教育；

⑨ 建筑产品造价管理改革；

⑩ 建筑业的中介服务等。

3. 建筑业企业管理研究的前沿课题

① 建筑业企业制度；

② 建筑业企业的经营方式；

③ 建筑业企业的国际市场开拓；

④ 建筑业企业的营销管理；

⑤ 建筑业企业战略及其目标管理；

⑥ 建筑业企业的经营环境；

⑦ 建筑业企业的要素优化和组合；

⑧ 建筑业企业融资方式和资本经营；

⑨ 建筑业企业施工项目管理；

⑩ 建筑业企业集团的内部结构和组织体制；

⑪ 建筑业企业家队伍及人力资源的形成和开发机制；

⑫ 建筑业企业经营管理的现代化问题；

⑬ 建筑业企业的无形资产的形成、积累和评估问题；

⑭ 建筑业企业的信息化、网络营销和电子商务；

⑮ 建筑业企业文化建设等。

1.5.2 可采取的研究手段

一是"借助外脑"，了解国际上建筑管理的现状和发展方向，参加有关的国际组织和国际会议，加强国际交流，引进国际人才；二是"联合协作"，召开学术会议，组织各高校、科研机构、大型企业集体攻关，并在土木工程学会成立建筑管理学科专业委员会或建筑管理学研究中心，着手进行建筑管理学科建设和研究；三是"培训人才"，培养一批专门研究建筑管理的硕士和博士，培养学科带头人和中青年科技骨干。

总之，建筑管理学科在我国不仅是一门新兴的、正在发展中的学科，而且是一门综合性很强的边缘学科，它的发展有着广阔的前景。要形成与社会主义市场经济相适应的学科体系，还需要在理论上不断总结、探讨，在实践中不断努力、完善。

第2章 建筑管理涉用的基本理论

建筑管理既有自身的基本理论，又涉及社会科学和自然科学多方面理论。这些理论在管理实践中有着普遍的指导意义，这里仅概括介绍建筑管理涉用的基本理论。

2.1 行政管理理论

行政管理理论是德国著名的社会学家马克斯·韦伯（Max Weber）创立的，他对管理学组织领域的巨大贡献，使他获得了"古典组织理论之父"的称号。19世纪以前的德国，经济上比英、法落后，主要以家族企业为主，而英、法当时已出现了大规模的现代工业企业组织。其后，德国在战争中取得胜利，为德国资本主义的发展扫清了道路，经济得到迅速发展。为了适应经济发展的需要，古典管理理论在德国兴盛起来，韦伯的行政管理理论正是其中的杰出代表。

韦伯的行政管理理论有以下论点。

① 建立明确的职能分工。把一个组织的全部活动进行专业化的职能分工，作为公务分配给组织体系的各个成员，并明文规定其权力和责任范围。这些规定适用于所有处于管理职位的人，组织内的所有人员都必须承担一项职能。除了某些必须由选举产生的职位以外，其他管理人员都是任命的。所有管理人员都不是终身制的，是可以撤换的。

② 建立明确的等级制度。各种公职和职位按照职权的等级原则组织起来，形成一个严密的指挥体系或其中每个成员都要为自己的决定和行动对上级负责，同时，受上级的控制和监督。另一方面，为使每个管理人员都能完成其所承担的责任，必须给予相应的权力；使其有权对其下级发号施令。这样就能维持组织的稳定，并保证强而有力。

③ 建立有关职权和职责的法规和规章。把组织各项业务的运行都纳入这些法规和规章之中，要求组织内的每个成员必须按照这些法规和规章从事职务活动，必须受统一的法规和规章的约束，使组织中一切人员的职务行为规范化。这样，就能排除在各项业务活动中个人的随意判断，从而保证了各项业务处理的统一性和整体性；就能排除在各项业务活动中的不一致和不连续，从而保证了在不同的时间和地点处理业务的一贯性。

④ 组织内的所有职务均由受过专门训练的专业人员担任，对他们的选拔和提升也均以其技术能力为依据。由于组织内部的所有职务都是按职能分工的原则确定的，因而要求占据每项职位的人员都必须具有相应的技术能力。因此，必须通过公开的考试来选择和录用人

员，以是否具有必要的技术能力作为选择和录用人员的客观标准。由于组织有了明确、合理的分工，并配备训练有素的专业人员各司其职，从而保证组织的各项业务活动都能准确、高效率、持续协调地运行。

⑤ 管理人员都是根据一定的标准聘用的。组织发给他们固定的薪金，保障他们应得的权益，同时，也拥有随时解雇他们的权力。这样，才能激励他们尽心尽力地工作，也有利于培养他们的集体精神，促进他们为集体的发展和组织的利益做出贡献。管理人员的升迁和报酬都有明文规定，以工作业绩和工作年限为标准。

⑥ 组织的每个成员都必须恪尽职守，以主人的态度忘我工作。他们必须排除个人感情的干扰，以超脱和冷静的态度处事，从而保证组织内的人与人之间都是一种非人格化的关系，或者说，保证组织内的人与人之间都只是职务关系，而不是个人之间的私人关系。组织建立起这种人与人之间的关系，就能保证其成员的一切行为都服从一个统一的理性准则，以便客观、合理地判断是非，决定问题。这样不仅仅是为了提高组织活动的效率，而且是为了防止组织内人与人之间可能发生的摩擦，而维持一种和谐的相互关系，借以保证组织的整体真正能够经常地像一架机器那样协调、准确地运行。

⑦ 业务的处理和传递均以书面文件为准。即使对于可以通过口头方式联系的业务活动，也不能以个人之间的口头联系方式做最后处理，而必须通过如指示、申请、报告等各种符合规范的书面文件形式处理。这样，就能保证业务处理的准确性。同时，还可以防止个人处理业务时可能出现的随意性和模棱两可的态度，从而保证组织的各项业务活动的规范性。

韦伯认为，由于理想的行政管理体制具有上述特征或优点，使它能够适应一切现代的大规模社会组织的需要。实践经验表明，这种理想的行政管理体制能够获得最大限度的效率，能够保证对人实行最合理的控制，此外，还能够实现最优的精确性、稳定性、纪律性和可靠性。

韦伯提出的理想的行政组织体系理论虽然在 20 世纪四五十年代以前，并没有受到欧美各国的重视，然而，随着资本主义经济的发展，企业和社会规模的扩大，人们越发认识到韦伯提出的理想的行政管理的价值。今天，这种管理体制已成为各类正式组织的一种典型的结构，一种主要的组织形式，并被人们广泛应用于各种组织设计中，发挥着有效的指导作用。而他那些精辟的理论观点，也对后来管理理论的发展，产生了广泛而又深刻的影响。

2.2　目标管理理论

2.2.1　目标管理与目标的性质

1. 目标管理的产生与发展

目标管理是在企业管理实践中逐渐形成的。德鲁克（P. F. Drucker）对目标管理的发展并成为一个理论体系做出了重大贡献。1954 年，他在《管理的实践》一书中首先提出了

"目标管理和自我控制的理论"，并对目标管理的原理做了较全面的概括。他认为：企业的目的和任务必须转化为目标，各级主管人员必须通过目标对下级进行领导并以此来保证企业总目标的实现，如果一个领域没有特定的目标，这个领域必然会被忽视；如果没有方向一致的分目标来指导每个人的工作，则企业的规模越大、人员越多时，发生冲突和浪费的可能性就越大。每个主管人员或员工的分目标既是企业总目标对他的要求，同时也是他对企业总目标的贡献，又是主管人员对下级进行考核和奖励的依据。他还主张，在目标实施阶段，应充分信任下属人员，实行权力下放和民主协商，使下属人员发挥其主动性和创造性，进行自我控制，独立自主地完成各自的任务。德鲁克的这些主张在企业界和管理界产生了极大的影响，对形成和推广目标管理起了巨大的推动作用。目前，目标管理已成为世界上比较流行的一种企业管理方式。其基本思想是：让组织内各层次、各部门、各单位的管理人员，以及各个工作人员都根据实现总目标的需要，自己制定或者主动承担各自的工作目标，并在实现目标的过程中实行"自我控制"。

目标管理的实质是：以目标作为各项管理活动的指南，以目标来形成组织的向心力和综合力，以目标来激励和调动组织成员的积极性，以目标的实现程度来评价每个部门和个人的工作好坏、贡献大小。

2. 目标的性质

目标表示最后结果，可细分为许多子目标。作为任务分配、自我管理、业绩考核和奖惩实施的目标具有以下特征。

（1）目标的层次性

组织目标形成一个有层次的体系，以广泛的战略目标到特定的个人目标。总目标必须进一步细化为更多的具体行动目标，如分公司的目标、部门的目标、个人目标等。

（2）目标的系统性

以专业化协作为原则进行细分后的目标必须建立起有机的联系，形成目标网络。组织的总目标是通过相互制约的各项工作来实现的。因此，细分以后的目标应具有系统性，根据系统化的要求确定与每一项分目标相对应的权利和责任，形成组织各级之间和方方面面之间的有机联系。

（3）目标的多样化

任务和组织的主要目标通常是多种多样的。同样，在目标层次体系中的每个层次的具体目标，也是多种多样的。因此，在考虑确定多个目标时，必须对各目标的相对重要程度进行区分。

（4）目标的可考核性

按目标的可考核性可以将目标分为定性目标和定量目标。使目标具有可考核性的最方便的办法就是使之定量化。但许多不可缺少的目标是不宜用数量来表示的，称为定性目标或者模糊目标。定性目标可以通过对目标加以详细说明、用一组相关目标的特征、规定目标的完成日期、采用评分法等办法来提高它的可考核性。

（5）目标的时间性

目标的时间性既要求长期目标短期化，又要求短期目标长期化。忽视长期目标短期化就无法确定长期目标实现的先后次序，甚至使制定的目标成为一纸空文。忽视短期目标长期化，则可能使短期目标不仅无助于而且事实上会阻碍长期目标的实现，甚至以放弃长期目标为代价。

（6）目标的可接受性和挑战性

一个目标对其接受者要产生激发作用的话，这个目标必须是其可接受的，可以完成的。对一个目标完成者来说，如果目标超过其能力所及的范围，则该目标对其没有激励作用。反之，如果一项工作很容易完成，对接受者来说，是件轻而易举的事情，那么，接受者也就没有动力去完成该项工作。

2.2.2　目标管理的过程

1. 目标管理的过程

目标管理主要由目标体系的建立、目标实施和目标成果评价 3 个阶段形成一个周而复始的循环。

（1）目标体系的建立

实行目标管理，首先要建立一套以组织总目标为中心的一贯到底的目标体系。最高层目标的建立应首先充分分析和研究组织的外部环境和内部条件，根据组织可供利用的机会和面临的威胁，以及组织自身的优势和弱点，通过上级主管人员的意图与员工意图的上下沟通，对目标进行反复商讨、评价、修改，取得统一意见，最终形成组织目标。

组织的总目标制定以后，就要把它分解落实到下属各部门、各单位直至员工个人，即目标展开。目标展开的方法是自上而下层层展开，自下而上层层保证。上下级的目标之间是一种"目的—手段"的关系：某一级的目标，需要一定的手段来实现，这些手段又成为下一级的次目标，按级顺推下去，直到作业层的作业目标，从而构成组织目标体系。

（2）目标实施

建立了组织自上而下的目标体系之后，组织中的成员就要紧紧围绕确立的目标、赋予的责任、授予的权利，运用固有的技术和专业知识，为实现目标寻找最有效的途径。为保证目标的顺利实现，目标管理强调在目标实施过程中权力下放和自我控制。

（3）目标成果评价

对各级目标的完成情况，要按事先规定的期限，定期进行检查和评价，以确认成果和考核业绩，并与个人的利益和待遇结合起来。目标成果评价一般实行自我评价和上级评价相结合，共同确认成果。

2. 目标管理的优点和局限性

（1）目标管理的优点

目标管理形成了一个全员参与、全过程管理、全面负责、全方位落实的管理体系，它的优点非常突出。

① 目标管理极大地提高了员工们的士气。目标管理的一个最显著的特点是，体现了参与管理的意识。由于员工参与了自己目标的制定，有机会将自己的想法加入计划中，因此，目标体现了员工的个人需要，更容易为员工所接受。在实现目标的过程中，员工能得到授权和来自上级的帮助，为了实现自己的承诺目标，他将以极大的主动性和创造性去工作。由于员工参与成果的评价，而评价的标准是目标的达成程度，这种评价比较公正、客观，有利于个人工作能力的提高。

② 有利于提高组织的应变能力。在目标管理下各级管理人员有了实现其目标所必须的自主权限，就能够对它所面对的环境和各种意料不到的变化，灵活地采取各种措施，从而增强了组织在基层更加自主、灵活这一意义上的应变能力。

③ 有利于提高组织的协同效应。如果没有明确的、方向一致的、系统化的目标体系来整合各个单位乃至各个工作人员的工作，则极易形成结构刚性、组织僵化和工作混乱。开展目标管理有利于动态地把组织中的各种力量集中在总目标的实现上。

（2）目标管理的局限性

① 设置目标的困难。在许多情况下，真正可考核的目标很难确定，许多岗位工作难以使目标定量化。同时，过分强调定量化目标，可能导致一些定量性不明显的指标难以确定。为了保证目标实现的可能性并使目标具有激励作用，目标必须既具有挑战性又是可以实现的。这一切导致设置目标困难重重。

② 组织整体上缺乏灵活性。目标管理要取得成效，就必须保持目标的明确性和肯定性。但是计划是面向未来的，而未来存在着许多可变因素和不确定因素，需要组织保持整体上的灵活性。这是与目标管理的要求相矛盾的。

③ 强调上下协商可能会影响工作效率。由于可考核的目标难以确定、整体与个体的利益难以一致、同级主管的目标难以平衡等诸多原因，往往使得上下协调需要漫长的过程，从而影响工作效率。

尽管目标管理中存在着一些困难，但在实践中，目标管理被公认为一种必不可少的管理方式。

2.3 行为管理理论

2.3.1 行为科学的产生与发展

行为科学是研究人的行为的一门综合性科学。它研究人的行为产生的原因和影响行为的因素，目的在于激发人的积极性、创造性，达到组织目标。其研究对象是探讨人的行为表现和发展的规律，以提高对人的行为预测及激发、引导和控制能力。

行为科学运用心理学、社会学、人类学等学科的理论和自然科学的实验和观察方法，对人的意志、行为及人与人之间的关系进行研究。

行为科学理论源于有名的"霍桑实验"。1929 年，美国哈佛大学的心理学教授梅奥（G. E. Mayo）率领哈佛研究小组到美国西屋电气公司的霍桑厂进行了一系列的实验或观察，其中比较著名的有以下几个。

① 照明实验（1924—1927 年）。目的在于调查和研究工厂的照明度和作业效率的关系。结果发现，照明度和作业效率没有单纯的直接关系，但生产效率仍与某种未知因素有关。

② 继电器装配室实验（1927—1932 年）。目的是要发现休息时间、作业时间、工资形态等作业条件的变化同作业效率的变化有什么样的关系。结果发现，生产效率的决定因素不是作业条件，而是职工的情绪。情绪是由车间的环境，即车间的人群关系决定的。

③ 面谈计划（1928—1930 年）。目的是要了解如何获取职工内心真正的感受，倾听他们的诉说对解决问题的帮助，进而提高生产效率。结果是：第一，离开感情就不能理解职工的意见和不满；第二，感情容易伪装；第三，只有对照职工的个人情况和车间环境才能理解职工的感情；第四，解决职工不满的问题将有助于生产效率的提高。

通过调查与实验，梅奥等人发现科学管理中对人的假设有问题，把人看做一种工具更是有问题，因为工作的物质环境和福利的好坏，与工人的生产效率没有明显的因果关系；相反，职工的心理因素和社会因素对生产积极性的影响很大。梅奥教授在 1933 年发表了《工业文明中的人》一书，奠定了人际关系理论的基础。在书中梅奥教授提出以下新见解。

① 以前的管理是把人假设为"经济人"，认为金钱是刺激积极性的惟一动力。霍桑实验证明，人是"社会人"，是复杂的社会关系的成员。因此，要调动工人的生产积极性，还必须从社会、心理方面去努力。

② 以前的管理认为生产效率主要受工作方法和工作条件的制约，霍桑实验证实了工作效率主要取决于职工的积极性，取决于职工的家庭和社会生活及组织中人与人的关系。

③ 以前的管理只注意组织机构、职权划分、规章制度等，霍桑实验发现除了正式团体外，职工中还存在着非正式团体，这种无形组织有它特殊的感情和倾向，左右着成员的行为，对生产率的提高有举足轻重的影响。

④ 以前的管理把物质刺激作为惟一的激励手段，而霍桑实验发现工人所要满足的需要中，金钱只是其中的一部分，大部分的需要是感情上的慰藉、安全感、和谐、归属感。因此，新型的领导者应能提高职工的满足感，善于倾听职工的意见，使正式团体的经济需要与非正式团体的社会需要取得平衡。

⑤ 以前的管理对工人的思想感情漠不关心，管理人员单凭自己个人的复杂性和嗜好进行工作，而霍桑实验证明：管理人员，尤其是基层管理人员应像霍桑实验人员那样重视人际关系，设身处地地关心下属，通过积极的意见交流，达到感情的上下沟通。

霍桑实验及梅奥的见解提出了管理中另一个值得重视的新领域，即人际关系的整合。霍桑实验之后，大批的研究者和实践者继续从心理学、社会学、人类学和管理科学的角度对人际关系进行综合研究，从而建立了关于人的行为及其调控的一般理论。

1949 年，美国一批哲学家、社会学家、心理学家在芝加哥大学讨论、研究有关组织中人类行为的理论，正式定名为"行为科学"，并成立了"行为科学高级研究中心"，进一步开展对人的行为规律、社会环境和人际关系与提高工作效率的研究。

2.3.2 行为科学的主要理论

行为科学强调以人为中心，注重人的行为，激发人的主动性，增加人对事的参与程度。其主要理论包括以下几种。

1. 需求层次理论

需求层次理论是由美国人本主义心理学家马斯洛（Maslow）提出的，因而也称为马斯洛需求层次理论。

马斯洛认为，激励可以看成是对具体的社会系统中未满足的需要进行刺激的行为过程，因此，如果能找出未被满足的人的需要，并对这些需要进行分类、排序，就可以找出对人进行激励的途径。马斯洛的需求层次理论有两个基本出发点：其一，人是有需要的动物，其需要取决于他已经得到了什么，还缺少什么，只有尚未满足的需要能够影响行为；其二，人的需要都有层次，某一层次的需要得到满足后，另一层次的需要才会出现。在此基础上，马斯洛认为，在特定时刻，人的一切需要如果都未能得到满足，那么，满足最主要的需要就比满足其他需要更迫切。只有前面的需要得到充分满足后，后面的需要才会显示出其激励作用。

基于以上论点，马斯洛提出了人的需要可分成 5 种基本类型，每种类型处于一个特定的层次上。

① 生理的需要。生理需要是任何动物都有的需要，只是不同动物的这种需要的表现形式不同而已。对人类来说，这是最基本的需要，如衣、食、住、行等。所以，在经济欠发达的社会，必须首先研究并满足这方面的需要。

② 安全的需要。安全的需要是保护自己免受身体和情感伤害的需要。它又可以分为两类：一类是现在安全的需要；另一类是对未来安全的需要，即一方面要求自己现在的社会生活的各方面均能有所保证，另一方面希望未来生活能有所保障。

③ 社交的需要。社交的需要包括友谊、爱情、归属及接纳方面的需要。这主要产生于人的社会性。马斯洛认为，人是一种社会动物，人们的生活和工作都不是孤立进行的，这已由 20 世纪 30 年代的行为科学研究所证明（指霍桑试验）。这说明，人们希望在一种被接受或有归属的情况下工作，属于某一群体，而不希望在社会中成为离群的孤鸟。

④ 尊重的需要。尊重的需要分为内部尊重和外部尊重。内部尊重因素包括自尊、自主和成就感；外部尊重包括地位、认可和关注或者说受人尊重。自尊是指在自己取得成功时有一种自豪感，它是驱使人们奋发向上的推动力。受人尊重，是指当自己做出贡献时能得到他人的承认。

⑤ 自我实现的需要。自我实现的需要包括成长与发展、发挥自身潜能、实现理想的需要。这是一种追求个人能力极限的内驱力。这种需要一般表现在两个方面：一是胜任感方

面，有这种需要的人力图控制事物或环境，而不是等事物被动地发生与发展；二是成就感方面，对于有这种需要的人来说，工作的乐趣在于取得成果和成功，他们需要知道自己工作的结果，成功后的喜悦要远比其他任何报酬都重要。

马斯洛认为，以上这 5 种类型的需要在人的需求层次中，按照生理的需要—安全的需要—社交的需要—尊重的需要—自我实现的需要的顺序排列，只有较低层次的需要得到满足后，较高层次的需要才会出现。这 5 个层次的需要还可以归纳为两个级别：生理的需要和安全的需要属于较低级需要，而社交的需要、尊重的需要和自我实现的需要则属于较高级需要。高级需要主要是从内部使人得到满足，低级需要则主要从外部使人得到满足。人的需求层次如图 2-1 所示。

图 2-1　人的需求层次

2. 双因素理论

双因素理论又称"保健—激励理论"，是美国心理学家赫兹伯格（Herzberg）于 20 世纪 50 年代后期提出的。这一理论的研究重点，是组织中个人与工作的关系问题。赫兹伯格试图证明，个人对工作的态度在很大程度上决定着任务的成功与失败。为此，他在 50 年代后期，向 11 个工商业机构中近 2 000 名白领工作者进行了调查。他用诸多有关个人与工作关系的问题，要求采访者在具体情景下详细描述他们认为工作中特别满意或特别不满意的方面。通过调查结果的综合分析发现，引起人们不满意的因素往往是一些外在因素，大多同他们的工作条件和环境有关；能给人们带来满意的因素，通常都是内在的，是由工作本身所决定的。

因此，赫兹伯格认为，导致人们在工作中产生满意感和不满意感的因素是相互独立的，当人们获得那些导致满意感的因素时，他就会产生满意感，而如果没有获得这些因素，仅仅是没有满意感，并不会产生不满意感；反之，当人们没能获得那些可以消除不满意感的因素时，就会产生不满意感，而如果获得了这些因素，仅仅会消除不满意感，并不会带来满意感。因此，可以认为，满意的对立面并不是不满意，而是没有满意，而不满意的对立面也不是满意，而是没有不满意。基于这样的结论，赫兹伯格进一步将影响人们行为的因素分成两种类型：保健因素和激励因素。

所谓保健因素是指那些与人的不满情绪有关的因素。这类因素主要包括公司的政策、管理和监督、人际关系、工作条件等。保健因素处理不好，会引发对工作不满情绪的产生，处理得好，可以预防或消除这种不满。但这类因素并不能对员工起激励作用，只能起到保持人的积极性、维持工作现状的作用。所以，保健因素又称维持因素。

激励因素是指那些与人们的满意情绪有关的因素。主要包括：工作表现机会和工作带来的愉快，工作上的成就感，由于良好的工作成绩而得到的奖励，对未来发展的期望，职务上的责任感等。在管理工作中，与激励因素有关的工作如果处理得好，能够使人们产生满意的情绪，从而提高员工的工作积极性，如果处理不当，其不利后果是顶多会使员工得不到满意感，而不会导致不满。

双因素理论和需求层次理论都属于激励理论，都是从人的行为的内在驱动力即需要的角度来考察激励的，虽然这两种理论之间存在着许多差别，但是，就需要的类型来看，两者之间还是存在着很多共同之处。保健因素与低级需要基本一致，而激励因素则和高级需要基本一致。

3. X 理论和 Y 理论

X 理论和 Y 理论是由美国心理学家、行为科学家麦格雷戈（D. Mcgregor）总结提出的。他在 1960 年提出对人的本性的认识存在两种截然不同的观点：一种是消极的"X 理论"；另一种是积极的"Y 理论"。

（1）X 理论的观点

① 一般人的本性是好逸恶劳的，只要有可能就会逃避工作。

② 人生下来就以自我为中心，对组织需要漠不关心。

③ 大多数人缺乏进取心，怕负责任，没有雄心壮志而宁愿被人领导。

④ 人们都趋向保守，安于现状，把安全看得高于一切。

麦格雷戈认为，传统的管理都以 X 理论为指导，或者用强硬的管理方法，包括强迫和威胁、严格的监督及对员工行为的严格控制；或者用松弛的管理方法，包括采取温和的态度，顺应职工的要求和保持一团和气等。事实证明，这两种办法都没有起到调动职工积极性的作用。不改变对人的本性的看法，用惩罚和控制来进行管理，都不能激励人的行为。要达到激励的目的，就必须探讨新的管理理论，即"Y 理论"。

（2）Y 理论的观点

① 对人来说，在工作中应用体力和脑力如同休息、娱乐一样自然。

② 人们对于自己参与的目标，会进行自我指导和自我控制，以完成任务。

③ 在适当条件下，每个人不但能承担责任，而且能主动承担责任。

④ 大多数人都有解决问题的丰富的想像力和创造力，在现代工业条件下，一般人的潜力只能得到部分地发挥。

麦格雷戈根据 Y 理论，提出了激励人行为的具体措施，具体如下。

① 分权与授权。给下级一定的权利，让他们能较自由地支配自己的活动，承担责任。更为重要的是，通过分权与授权，为人们满足自我的需要创造条件。

② 扩大工作范围。为员工提供富有挑战性和责任感的工作，鼓励处在基层的人员多承担责任，并为满足人们的社会需要和实现自我抱负、发挥自己的才能创造条件。

③ 采取参与制。鼓励员工积极参与决策，尤其在做与下级管理人员有直接影响的决策时，要给他们发言权，激励人们为实现组织的目标进行创造性的劳动，建立良好的群体关系。

④ 提倡自我评价。鼓励职工对自己的贡献进行自我评价，使他们为组织目标的实现承担更大的责任，有助于员工发挥自己的才能，满足自我实现的需求。

4. 管理方格理论

管理方格理论是由布莱克（Robert R. Blake）和穆顿（Jane S. Mouton）提出的，他们根据研究结果说明既关心生产又关心人，对一名主管具有重要意义，并以方格图的形式来演示，如图 2-2 所示。方格中的二维分别是"关心生产"和"关心人"。"关心生产"是指一名监督管理人员对各类事项所抱的态度，诸如对政策决议的质量、程序与过程，研究工作的创造性，职能人员的服务质量，工作效率和产量等。"关心人"包含了诸如个人对实现目标的承诺程度、工人对自尊的维护、基于信任而非基于服从来授予职责、提供良好的工作条件和保持令人满意的人际关系等内容。

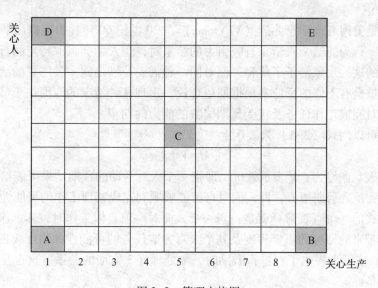

图 2-2　管理方格图

4 种极端的作风如下。

① A—1.1 类作风。可称之为"贫困型管理"。主管人员很不关心人或生产，很少过问

他们自己的工作；实际上他们已放弃自己的职守，只是无所事事或者只充当将上级信息向下属传布的信使。

② E—9.9 类作风。主管人员在行动中不论对人还是对生产都显示出最大的奉献精神。他们是真正的"团队主管"，他们能够把企业的生产需要同个人的需要紧密地交织在一起。

③ D—1.9 类作风。在这类管理中，主管人员很少甚至不关心生产，而只关心人。他们促成一种人人得以放松，感受友谊与快乐的环境。而没有人关心去协同努力以实现企业的目标。这类管理称为"乡村俱乐部式管理"。

④ B—9.1 类作风。主管人员只关心促成有效率的经营，很少甚至不关心人，他们的领导作风是非常专制的。这种类型的主管是"专制的任务型主管"。

把这 4 种极端的管理类型作为基点，就能够把每种管理技术、方法和方式置于方格图中的某个位置。显而易见，C—5.5 类型的主管人员对生产和人的关心是适中的，他们得到充分的士气和适当的产量，但不是卓越的。他们并不设置过高的目标，对人则很可能是相当开明的专断态度。

管理方格在识别和区分管理作风方面是一个有用的工具，但它没能说明为什么一名主管会落在方格图上的这一部位或那一部位。为了找出这方面的原因，必须考虑一些根本原因，诸如领导者和追随者的个性、主管人员的才干和得到的培训、企业环境及其他对领导者与被领导者都有影响的情景因素。

5. 期望理论

期望理论是美国心理学家弗隆（V. Vroom）在 20 世纪 60 年代中期提出的。期望理论认为，只有当某一行为能给个人带来有吸引力的结果时，个人才会采取特定的行动。它对于组织中经常出现的这一现象给予了解释：面对同一种需要及满足同一种需要的活动时，为什么不同的组织成员会有不同的反应？根据期望理论，出现这种情况的原因在于员工的工作积极性取决于个体对完成工作任务及接受预期奖赏的能力的期望。

期望理论可以用式（2-1）来表示：

$$M = VE \tag{2-1}$$

其中，M 表示激励力；V 表示效价，即指一个人对活动的预期结果可能给自己带来的满足程度的评价；E 表示期望值，即人们对自己能够顺利完成某项工作的可能性的估计。

对这个公式的一个直观解释就是：当一个人面对一项具体工作时，其工作积极性与他对工作可能给他带来的回报的需要程度及其个人对完成任务的可能性的估计成正比。

式（2-1）实际上提出了在进行激励时，要处理好 3 方面的关系，这也是调动人们工作积极性的 3 个条件。

① 努力与绩效的关系。人总是希望通过一定的努力能够达到预期的目标，如果个人主观认为通过自己的努力达到预期目标的概率较高，就会有信心，就可能激发出很强的工作热情，但如果他认为再怎么努力目标都不可能达到，就会失去内在的动力，导致工作消极。但能否达到预期的目标，不仅仅取决于个人的努力，还同时受到员工的能力和上司提供支持的

影响。这种关系可在公式的期望值这个变量中反映出来。

②　绩效与奖励的关系。人总是希望取得成绩后能够得到奖励，这种奖励既包括提高工资、多发奖金等物质奖励，也包括表扬、自我成就感、同事的信赖、提高个人威望等精神奖励，还包括得到晋升等物质与精神兼而有之的奖励。如果他认为取得绩效后能够得到合理的奖励，就可能产生工作热情，否则就可能没有积极性。

③　奖励与满足个人需要的关系。人总是希望获得奖励能够满足自己某方面的需要。然而由于人们各方面的差异，他们需要的内容和程度都可能不同。因而，对于不同的人，采用同一种奖励能满足需要的程度不同，能激发出来的工作动力也就不同。

后两方面的关系，可以从式（2-1）中的效价这个变量上体现出来。弗隆将上述 3 方面的关系表示为图 2-3 所示的关系。

图 2-3　期望理论示意图

期望理论提示我们，管理者如果处理好了以上 3 个关系，便可有效地提高下属的工作积极性。例如，在处理努力与绩效关系方面，管理者可以在员工招聘时选择有能力完成工作的人，或向员工提供适当的培训；在他们工作时，向他们提供足够的支持。在处理绩效与奖励的关系方面，管理者应尽量做到以工作表现来分配各种报酬，并向员工清楚解释分配各种报酬的原则和方法，而最关键的是奖励要公平。在处理奖励与满足需要的关系方面，管理者应了解各员工不同的需要，尽量向员工提供他们认为重要的回报。

2.4　权变理论

2.4.1　菲德勒的领导权变理论

领导权变理论是由菲德勒（F. E. Fiedler）创立的。著名的菲德勒模型指出：有效的群体绩效取决于与下属相互作用的领导者的风格和情境对领导者的控制和影响程度之间的合理匹配。他认为，对领导研究的注意力应该更多地放在环境变量上，虽然不存在一种普遍适用的最佳领导风格，但在每种情况下都可以找到一种与该特定情境相适应的有效领导风格。

①　菲德勒提出了两种领导风格：一种为任务导向型，即以工作为中心，任务分配结构化，严密监督、依照详尽的规定行事；另一种为关系导向型，即以下属为中心，重视人员的反应及问题，利用群体实现目标，给予成员较大的自由选择的范围。菲德勒用一种称为"你最不喜欢的同事"的问卷来测定领导者的领导风格。一个领导者如对他最不喜欢的同事也给予较好的评价，那么他对人是宽容、体谅的，是关系导向型；反之，若一个领导者对他

最不喜欢的同事给以很低的评价，说明他惯于命令和控制，更多地关心工作，是任务导向型。菲德勒还认为领导风格是由领导者的个性决定的。个人不可能改变自己的风格去适应变化的情境。

② 菲德勒分析了情境因素，他认为影响领导风格有效性的有以下 3 个主要因素。

a. 上下关系。即领导者能否得到下属的信任、尊重和喜爱，能否使下属自动追随他。

b. 职位权力。即领导者所处的职位提供的权力是否明确和充分，是否得到上级和整个组织的有力支持。

c. 任务结构。即群体的工作任务是否规定明确，是否有详尽的规划和程序，有无含糊不清之处。

③ 菲德勒提出了理论模型，他将 3 种主要的情境因素加以组合，得出 8 种不同的情境类型，并对 1 200 多个团体进行了调查，找出了不同情境类型下最适应、最有效的领导类型，其结果如表 2-1 所示。

表 2-1　不同情境下的有效领导类型

情境的有利程度	最有利————————————————最不利							
上 下 关 系	好				差			
任 务 结 构	明　确		不 明 确		明　确		不 明 确	
职 位 权 利	强	弱	强	弱	强	弱	强	弱
环 境 类 型	1	2	3	4	5	6	7	8
有效的领导风格	任务导向型			关系导向型				任务导向型

菲德勒的研究结果表明，在对领导者最有利和最不利的情境类型下，如类型 1、2、3 和 8，采用任务导向型效果较好；在对领导者情境条件一般的情况下，采用关系导向型有效。

将菲德勒的观点应用于实践的关键在于寻求领导者与情境之间的匹配。

2.4.2　途径-目标理论

途径-目标理论是罗伯特·豪斯（Robert House）开发的一种领导权变模型。这一理论的核心在于：领导者的工作是帮助下属达到他们的目标，并提供必要的指导和支持，以确保他们各自的目标与群体或组织的总体目标相一致。

途径-目标理论认为：领导者的行为被下属接受的程度取决于下属将这种行为视为获得满足的即时源泉还是作为未来获得满足的手段。领导者行为的激励作用在于：第一，它使下属的需要满足与有效的工作绩效联系在一起；第二，它提供了有效的工作绩效所必需的辅导、指导、支持和奖励。

途径-目标理论建议，一个成功的领导者应该调节自己的领导行为，以适应各种情境的需要。豪斯将领导行为分为以下 4 种。

① 指令型领导。让下属知道期望于他们的是什么，以及完成工作的时间安排，并对如

何完成任务给予具体指导。

② 扶持型领导。十分友善，并表现出对下属需求的关怀。

③ 参与型领导。与下属共同磋商，并在决策之前充分考虑下属的建议。

④ 成就主导型领导。设置有挑战性的目标，并期望下属发挥其最佳水平。

豪斯认为，领导者是有弹性的、灵活的，同一领导者可以根据不同的情境表现出任何一种领导风格。

途径-目标理论提出了两类情境或权变变量作为领导行为与结果之间关系的中间变量，他们是下属控制范围之外的情境（任务结构、正式权力系统及工作群体）及下属个性特点中的一部分（控制点、经验和感知的能力）。要想使下属的产出最多，情境因素决定了作为补充所要求的领导行为类型，而下属的个人特点决定了个体对情境和领导者的行为特点如何解释。这一理论指出，当情境结构与领导者行为相比重复多余，或领导者行为与下属特点不一致时，效果均不佳。

2.5　系统管理理论

系统论是 20 世纪 40 年代由美籍奥地利生物学家贝塔朗菲创立的，是一门研究自然界、社会和人类思维中各种系统、系统联系和系统规律的科学。系统管理理论是用系统的观点来分析和研究组织结构模式、管理的基本职能和管理过程，这一理论是由卡斯特（F. Kast）、罗森茨威克（J. Rosenzweig）等美国管理学家在系统论的基础上建立起来的。

2.5.1　系统及其特点

所谓系统，就是由若干相互联系、相互作用的要素按一定的方式组成的统一整体。世界上的任何一个事物，人们所关心的任何一个问题或对象都是一个系统。如建筑业、房地产业、某个项目都是一个系统。

系统具有如下特点。

① 集合性。这是系统最基本的特征。一个系统至少由两个或两个以上的子系统构成。构成系统的子系统称为要素，系统是由各个要素结合构成的，这就是系统的集合性。

② 层次性。系统的结构是有层次的，构成一个系统的子系统与其下一级子系统分别处于不同的地位。系统与子系统是相对的，而层次是客观存在的。

③ 相关性。系统各要素之间相互依存、相互制约的关系，就是系统的相关性。一方面表现为子系统同系统之间的关系，系统的存在和发展，是子系统存在和发展的前提。因此，各子系统本身的发展要受到系统的制约。另一方面，表现为系统内部子系统或要素之间的关系。某要素的变化会影响另一些要素的变化。各个要素之间关系的状态，对子系统和整个系统的发展，都可能产生截然不同的结果。

2.5.2 系统管理方法

1. 系统方法及其特点

系统方法就是按照事物本身的系统性把对象放在系统的形式中加以考察的一种方法，即从系统的观点出发，始终着重从整体与部分（要素）之间，整体与外部环境的相互联系、相互作用和相互制约的关系中综合地、准确地考察对象，以达到最佳地处理问题的一种方法。

系统方法的主要特点包括整体性、综合性、最优化和定量化。

（1）整体性

整体性是系统方法的基本特点，是把整体作为研究对象，认为各种研究对象、事件及过程都不是杂乱无章的偶然堆积，而是一种合乎规律的由各要素组成的有机整体，这一整体的性质和规律只存在于组成其各要素的相互联系和相互作用之中，而各组成部分孤立的特征和个别活动的总和不能反映出整体的功能或特征。因此，它不要求人们像以前那样，事先把对象分成几个部分，然后再结合起来的研究方式，而是把研究对象作为整体对待，从整体与部分的相互依赖、相互结合、相互制约的关系中揭示系统的特征和运动规律。即组成总体的各部分具有总体的配合性与均衡性。系统不单纯是各部分的简单拼凑，它具有总体的特定功能和特征。系统中各部分即使并不优越，但构成协调一致、相互配合的统一整体却可产生优越的功能。反之，即使各部分是优越的，但缺乏协调统一、相互联系和制约的整体可能并不优越。例如：管理作为一个系统（管理系统），各职能（计划、组织、指挥、协调和控制）是该系统的组成部分。首先，各职能缺一不可，否则将是不完善的管理（系统的不完整）。其次，单独某一项职能很难实现整体管理效能，实现管理整体效能或目标，取决于各职能的联合作用。再者，由于诸职能的充分发挥和相互配合、有机结合及目标的一致，才体现出管理高效能的整体性。

系统的整体性要求如下。

① 在研究事物中，不能从系统的单独部分得出有关整体的结论。如不能从一个人的局部优缺点得出对该人的整体评价。

② 分系统的目标必须纳入系统的整体目标，否则将导致力量分散，造成无效或低效运行，乃至产生整体效能下降。

③ 系统的各项局部指标或标准必须具有整体性。只有系统的各个组成部分和联系服从系统整体的目标和要求，系统的整体功能才能充分体现出来。

（2）综合性

综合性是系统方法的另一主要特点，它有两重含义：一方面，认为任何整体（系统）都是这些或那些要素为特定目的而组成的综合体；另一方面，对任何对象的研究，都必须从它的成分、结构功能、相互联系、历史发展等方面分项并综合地去研究。如企业的生产经营管理，整个管理系统是经理下设各分支机构的综合体。对企业生产经营实施有效的管理，需首先根据产品生产的具体情况确立职能部门，明确任务和职责、部门间的横纵向关系等，如此才能使整个管理系统这个综合体高效而有序地运行，从而实现系统功能。

（3）最优化

最优化，在系统分析中即是"一个系统，两个最优"。一个系统是指以系统为研究对象，要求全面地、综合地考虑问题；两个最优是指系统的目标是总体效果最优，同时实现该目标的具体方法或途径也要求达到最优。这是任何传统方法难以做到的。它是根据需要和可能，为系统定量地确定出最优目标，并运用最新技术手段和处理方法把整个系统逐步分级，分成不同等级、层次结构，在动态中协调整体与部分的关系，使部分的功能和目标服从系统总体的最佳目标以达到总体最优。企业管理作为一个系统，企业为达到预期的利润指标，需进行一系列的价值分析、成本分析，根据市场需求预先安排生产程序和进度计划，以满足时间最短、费用最低等分项指标的要求，最终实现最大利润的总体经营目标，从而达到整体经营效果最优化。

（4）定量化

在运用系统科学方法处理问题时，常用数学工具和数学模型使问题得以定量地表述。系统科学的理论基础是系统论、信息论和控制论及计算机科学。其中，系统论主要是以运筹学为理论主体，包括：数学规划（线性规划、非线性规划、动态规划）、图与网络、对策论、决策论、排队论和可靠性理论等。"三论"又都是以数学理论为基础的，计算机是数学运算的工具。由此可见，系统分析的主要内容是定量化分析。

综上所述，系统方法是一种立足整体、统筹全局，使整体与部分辩证地统一起来的科学方法；它将分析和综合有机地结合起来，并运用数学手段定量地、精确地描述对象的运动状态和规律；它为运用数理逻辑和电子计算机来解决复杂系统的问题开辟了道路，为认识、研究、设计、作为系统的客体和进一步探讨结构复杂的系统整体确立了必要的方法论原则和进行理论分析的具体方法；它是辩证唯物主义关于普遍联系和运动学说的具体体现。

2. 系统管理

现代管理，大都是复杂的系统管理。为此，要树立系统的观点，并广泛采用系统分析方法，从而准确地认识和把握管理规律，合理有效地解决管理中的各种问题。早在20世纪40年代，美国著名管理学家巴纳德（C. I. Barnard）就吸收了一般系统理论的观点，把企业组织中人们的相互关系看成是一种协作的社会系统而创立了社会系统学派。巴纳德用系统的观念来分析管理问题。首先，把管理组织定义为"两个或两个以上的人有意识协调的活动或效力的系统"；其次，又分析了组织系统3个相互联系的构成要素，即：协作意愿、共同目标和信息联系。这是当时系统论在管理学理论体系上的渗透。而后，随着系统论（运筹学）、信息论、控制论和电子计算机的发展及在管理学科的运用，管理获得了新的理论基础和现代化手段。从此，系统概念、系统原则、系统方法，以及与之相应的基础理论在管理学中得到了广泛运用，系统观念成为管理的普遍观念，使管理进入了现代化阶段。随着学科的不断发展，管理学中系统观念也在不断地成熟和深入，其内容也在不断地丰富。系统分析理论在管理学中的作用主要体现在如下几个方面。

① 系统的整体性在管理学中表现为管理的整体性。即任何管理系统都是由各个管理要

素（管理部门或管理单位）所构成的有机整体，并且这个整体有着不同于其各个组成部分的构成性质和运行规律。

② 系统的层次性观念对应于管理的层次概念，即对任何管理系统，按其内在规定性都是分层次、分等级的。要求管理层次的划分与管理的需要相适用，不同的层次授予不同的权力和承担不同的责任等。

③ 系统分析方法是组织管理技术，管理中的最优目标选择、统筹规划、人员匹配及计划决策等无一不是系统论（运筹学）所包容的内容。

④ 系统问题由系统设计和系统管理构成，而控制作为管理的一项职能，控制理论也是系统分析的理论范畴，是系统科学理论基础的一个重要方面。

⑤ 信息论是从系统管理的角度，提供信息的不断输入、输出和反馈全过程的理论方法。

总之，系统分析方法在管理中的作用，可以说涉及管理的各个方面，它是对复杂系统进行规划设计的有效工具，是对大型施工和科研项目进行组织指挥的必要手段，是管理过程中上下协调和控制，从而实现管理整体功能发挥的最有效方法。

2.5.3 系统管理模式

各种系统管理模式，有以下共同特点。

① 管理优化的整体性。系统管理模式追求的是系统整体效益最优，而不是某个局部或某个要素最优，但同时又强调各个局部或者各个要素之间非常密切的有机联系。例如，全面质量管理并不是追求产品性能越高越好，而是用户期望的各项指标，如性能、寿命、适用性、外观、总成本等综合最优。管理过程也是这样，对计划、组织、领导、控制等各大职能及其子职能，无论哪一个职能的执行都必须从整体最优出发。可见，系统管理的基本方式是无论整体还是局部问题都要以系统的方式来处理，从而达到整体最优。

② 管理目标的系统性。为保证组织实现整体最优，系统管理模式对涉及组织成效的各个方面都规定目标，不仅规定组织目标，而且还规定个人目标。由于组织内部存在紧密联系，总体目标和各个单项、各个层次的目标都要依靠各部门、各岗位工作的保证。因而，系统管理模式对组织总体目标和各部门、各岗位的目标，要求努力形成互相制约、相互促进的目标网络体系。

③ 管理过程的完整性。系统管理模式把企业社会效益看成是从决策开始的一系列生产经营活动的最终结果，而不是某一个或某几个环节的产物。因此，主张实行全过程管理。

④ 管理职能的综合性。由于围绕实现目标的各种职能活动是互相渗透、相互制约、难以割裂的，因此系统管理模式十分注意管理的各种具体职能中的任意两项职能之间互动关系和互为保证的作用。

⑤ 管理程序的循环性。系统管理模式将计划、组织、领导、控制等职能的执行看做是

周期性，并且每一个大的周期包含着许多小的和更小的周期。

2.6 计划评审理论

计划评审理论（技术）是运用网络理论，绘制工程进度网络图，从中确定关键路线，据以安排人力、物力、财力，达到控制任务进度和控制成本费用的一种统筹方法。最早应用于美国开发宇宙和军备竞赛的工程项目中，以后各国竞相采用。美国航天登月计划和中国的"两弹一星"计划都是该技术成功应用的经典之作。计划评审技术尤其适用于一次性的大规模工程项目。

2.6.1 计划评审技术的基本原理

计划评审技术的原理：把一个项目或任务分解成各种工序或作业，然后根据作业顺序进行排列，用一系列箭头和圆圈形成网络图，通过网络图对整个项目或任务进行统筹规划和控制，用最少的人力、物力、财力资源和最短的时间实现预期的目标。

绘制出网络图后，即可对网络进行参数计算并确定建设工程的关键工序和关键路线，从而确定出按网络计划实施时所需的总工期。当总工期超过限定期限时，需对网络图进行调整，直至达到满意结果，这一过程就是对网络的优化过程。

对网络图的优化应考虑进度、成本费用和资源 3 个方面的目标。对网络图进行优化的过程，就是调整和改变关键线路的过程。网络设计优化工作包括：时间优化，时间—费用优化及人力、资源与设备的优化等内容。

计划评审技术的基本步骤如图 2-4 所示。

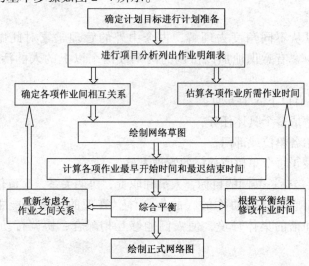

图 2-4 计划评审技术的基本步骤

2.6.2 计划评审技术的特点

① 能清晰地表明整个工程的各个项目的时间顺序和相互关系，并指出了完成任务的关键环节和路线。在制定计划时可以统筹安排，全面考虑，又不失重点。在实施过程中，可以进行重点管理。

② 可对工程的进度与资源利用实施优化。在计划实施过程中，可以调动非关键路线上的人力、物力和财力从事关键作业，进行综合平衡。这既可节省资源，又能加快工程进度。

③ 可事先评价达到目标的可能性。网络图指出了计划实施过程中可能发生的困难点，以及这些困难点对整个任务产生的影响，以便提前应急，从而减少风险。

④ 便于组织与控制。可将项目分成许多系统分别组织实施与控制。

2.7 组织管理理论

2.7.1 组织与组织管理

组织是管理的一项重要职能。组织职能就是为了实现既定目标，通过建立组织机构，确定职能、职责和职权，协调相互关系，从而将组织内部各要素联结成一个有机整体，使人、财、物得到合理使用。组织管理理论分为两部分：组织结构学和组织行为学。前者侧重于组织的静态研究，以精干合理为目标；后者侧重于组织动态研究，以建立良好人际关系为目标。

1. 组织及其要素

组织的含义可以从不同角度去理解，古今中外的管理学家对此做出了不同的解释。巴纳德将组织定义为"有意识地加以协调的两个或两个以上的人的活动或力量的协作系统"。

管理的组织职能有以下3个方面：

① 把总任务分解成多个具体任务；

② 把任务分配给各单位或部门；

③ 把权力分别授予每个单位或部门的管理人员。

组织的要素主要包括：共同的目标，人员和职责，协调关系，交流信息。

组织的实质在于它是进行协作的人的集合体。管理的组织职能主要是设计、形成、保持一种良好的与和谐的集体环境，使人们能够互相配合，协调行动，以获得优化的群体效应。

2. 组织的类型

① 按组织的性质不同，可分为经济组织、政治组织、文化组织、群众组织、宗教

组织等。

② 按组织的形成方式不同，可分为正式组织和非正式组织。

③ 按组织的社会职能不同，可分为以经济生产为导向的组织、以政治为导向的组织、整合组织（如法院、政党等）、模型维持组织（如学校、社团、教会等）。

④ 按利益受惠不同，可分为互利组织、服务组织、实惠组织、公益组织。

现代组织重要的形式之一是企业组织。根据组织合成"要素"的性质不同，可将企业组织分为三大类：作业组织、管理组织、财产组织。

3. 组织管理过程

组织管理就是把成员组合起来，以有效地实现组织既定目标的过程。

组织管理活动是根据已经确定的组织目标，对必须进行的各项业务活动加以分类和组织，据此设计出不同的管理机构和部门，划分不同的管理层次，明确规定各个部门、机构、层次及人员的管理职责，以及它们之间的相互协作关系，并加以合理授权的过程。

这个过程包括以下步骤：

① 确定组织的整体目标；

② 对目标进行分解，形成目标体系；

③ 对为实现目标所必需的各项业务活动加以分类和组合；

④ 划分职能部门，设置管理机构，进行合理分工；

⑤ 明确各部门的职责和权力；

⑥ 合理配备人员；

⑦ 建立和维持一个畅通的信息联系渠道；

⑧ 规定规章制度，确立运作机制，保持组织的灵活性、适应性、开放性和相对稳定性。

4. 组织管理活动的内容

组织管理活动的内容主要包括以下几方面：

① 根据组织目标的要求建立一套与之相适应的组织机构；

② 明确规定各部门的职权关系；

③ 明确规定各部门之间的沟通渠道与协作关系；

④ 在各个部门之间合理地进行人员调配；

⑤ 根据组织外部环境的变化，适时调整组织的结构和人员配置。

5. 组织管理职能

① 组织设计：包括职能分析和职位设计、部门设计、管理层次与管理幅度的分析与设计、组织决策和执行系统的设计、组织的行为规范设计等。

② 组织运用：包括制定各部门的目标和工作标准、制定办事程序和办事规则、建立检查和报告制度、开展各种管理活动等。

③ 人员任用：即根据因事设职、因职择人、量才使用的原则，根据职务的需要，在每

一个工作岗位和部门配备最适当的人选，同时为每人找到合适的岗位。

④ 组织变革：随着组织内、外部环境的变化，一个富有生命力的组织为适应变化，必须及时做出相应调整，即进行组织的变革。

2.7.2 组织设计

1. 组织设计理论

组织设计是以组织结构安排为核心的组织系统的整体设计工作，是在组织理论的指导下进行的。

组织设计理论分为静态的组织设计理论和动态的组织设计理论。静态的组织设计理论主要研究组织的职权结构、部门结构和规章制度等；动态的组织设计理论则在静态组织设计理论的基础上，加进了人的因素，并研究了组织结构设计完成以后运行中的各种问题，如协调、控制、信息联系、激励、绩效评估、人员配备与训练等。

2. 组织设计的内容

组织设计一般包括以下内容：

① 把为实现管理目标所必须进行的各项业务活动，根据其内在的联系及工作量进行分类组合，设计出各种基本职务和组织机构；

② 规定各种职务，各个组织机构的责、权、利及其与上下左右的关系，并用组织系统图和责任制度、职责条例，工作守则等形式加以说明；

③ 选拔和调配合适的人员担任相应的职务，并授予执行职务所必须的权利，使每个人都能充分发挥作用；

④ 通过职权关系和信息系统，把各个组织机构联成一个严密而又有活力的整体；

⑤ 对管理组织系统内的职工进行教育培训和智力开发，使他们的知识不断更新，更有效地完成自己所承担的工作。

3. 组织设计应考虑的因素

一个好的组织设计应当是：清晰的职责层次顺序，流畅的意见沟通渠道，准确的信息反馈系统，有效的协调合作体系，相对封闭的组织结构。

组织设计应考虑以下因素：目标明确，任务明确，完成任务的方法明确，管理效率高，决策合理，沟通渠道畅通，积极性和适应性。

4. 组织设计的程序和原则

（1）组织设计的程序

组织设计一般按以下程序进行：

① 确定组织总体目标和方向；

② 确定各部门的（派生的）目标、任务和工作计划；

③ 确定各部门为达到目标，完成任务所必需的业务活动；

④ 按照所具备的人力、物力等条件组织活动，并根据具体情况用最好的方式使用这些

人力和物力，达到最大的使用效果；

⑤ 明确各部门负责人必要的职权，使所授权力能保证开展这些业务活动的需要；

⑥ 通过职权关系和信息系统，将各横向及纵向部门的工作联系起来，保证组织有效运转；

（2）组织设计的原则

组织设计应遵循的原则：目标明确化原则，分工协作原则，统一指挥与分权管理相结合的原则，管理跨度与管理层次原则。

2.8　控制理论

2.8.1　控制论及其特点

1. 控制论的产生与发展

控制论是研究各种控制系统共同控制规律的理论和方法。它是多种科学相互渗透的复合体，涉及信息论、数学、自动控制理论、计算机技术、通信技术等领域。控制论作为一门科学是在 20 世纪 40 年代发展起来的。在众多科学家跨学科共同研究的基础上，维纳于 1948 年出版了《控制——关于在动物和机器中控制和通信的科学》一书，提出了"控制论"（cybernetics）的概念。

控制论的产生和发展大体上经历了 3 个阶段：1942 年以前为酝酿阶段，1943—1948 年为形成阶段，1948 年以后是发展阶段。

几乎是在与维纳出版控制论专著的同时，香农（Shannon）发表了题为《通信的数学理论》的论文，论述了信息论中原始的数学问题。此后，控制论与信息论开始了有机结合。20 世纪 50～70 年代，工程控制论发展很快，人们在解决实际控制问题的过程中，实现了经典控制论向现代控制论的转变。目前，控制论、信息论和系统论紧密结合，正在改变着传统科学理论的面貌。

20 世纪 50 年代以后，在控制论向现代控制论发展的同时，经典控制论与现代控制论的应用范围逐渐扩大。它们先后在社会科学中得到了广泛的应用，20 世纪 60 年代经济控制论创立后，在经济控制论等学科的推动下，控制理论研究进展迅速。70 年代以后，系统理论的发展，为控制论在社会科学、生命科学等领域的全面应用奠定了基础。

2. 控制论及其特点

（1）控制论的定义

控制论的创始人维纳的经典定义为："控制论是关于动物和机器中控制和通信的科学。"定义的前半部分说明了控制论的适用范围。随着科学的发展，以及控制论自身的发展，其应用范围在不断地扩大，可以说控制论适用于所有的自然系统或人工系统。定义的后半部分则指出了控制论的作用。所谓控制是对一个系统而言的，根据内外部条件的变化，施控系统通过系统的变换和传递发出指令，调整受控系统的行为，实现系统有目的的变化活动，使系统达到稳定状态，这种作用就是控制作用。

（2）输入与输出

就任一系统来说，外部影响对系统的作用，叫做系统的输入。系统受到外部影响后，做出的反应叫做输出。输入与输出的关系，反映了条件与结果的关系，对它的研究直接影响到能否达到目的。因此，输入与输出是控制论的核心问题。

（3）控制系统

控制论提供了研究和揭示不同领域（社会的、生物的、计算机的）各种控制系统共同规律和特征的科学方法。但控制理论并不是研究一切系统，而是研究那些处于控制过程中的系统，这种系统称为控制系统。

控制系统存在的两个基本要素是：施控系统（操纵机构）和受控系统（执行机构）。由这两部分相互作用、相互连接组成了控制系统。

（4）控制论的特点

① 以科学的统计理论为基础，着重从信息方面研究系统的功能及系统的变化趋势。这些信息是研究系统从而控制系统的主要依据。

② 研究对象看做一个由多因素组合的、有机联系的动态系统，并不研究系统此时此地的行为，而是着重研究所有可能的行为方式、状态及其变化规律和变动趋势。

③ 突破了动物和计算机的界限、控制工程和通信工程的学科界限，强调目的性行为，把动物的目的性行为赋予了计算机。

④ 控制论把它的研究对象看做系统，而且是自控系统、可控系统，有信息的变换和传递。它突破了传统方法的束缚，撇开了系统中的物质和能量的具体形式，着重从控制方面研究系统的功能。

2.8.2 控制论的基本方法

1. 反馈方法

（1）反馈

所谓反馈，是指从系统输出到系统输入的反送，并对系统的再输出发生影响的过程。维纳把反馈定义为"为了使任何机器能对变动不已的外界环境做出有效的动作，那就必须把它的动作后果的信息，作为它继续动作下去所需得信息的组成部分再提供给它"。

反馈概念是控制论的核心。它揭示了控制系统中传递信息的渠道，它以控制、信息和目的为前提，在目的性和因果性之间起到了桥梁作用。反馈包括物质、能量和信息反馈，普遍存在于客观世界之中。任何系统的控制过程，无不含有反馈。

（2）反馈的种类

反馈分为正反馈和负反馈两类。

所谓正反馈，可定义为：凡是后输出的信息与原输出的信息起着相同的作用，使总的输出增大的反馈调节是正反馈。一个系统产生正反馈，意味着更加增大了受控量的实际值和期望值的偏差，使系统趋向于不稳定状态。

所谓负反馈，则是后输出的信息与原输出的信息有相反的作用，使总输出减小的反馈调节。一个系统产生负反馈，意味着减少了受控量的实际值和期望值的偏差，从而使系统趋向于稳定状态。负反馈是一种趋向目的的行为。在控制论系统中，一般用负反馈来调节和控制系统做符合目的的运动。当系统的稳定性被外界环境干扰而出现目标差时，负反馈就重新建立起这个系统的稳定性。

2. 功能模拟方法

功能模拟方法是控制论的基本方法。它以功能和行为的相似为基础，用模型模仿一切具有控制和通信的功能系统的有目的性行为。实质上就是建立模型与原型实施模拟，直接寻求模型模拟或再现原型的功能和行为。这样，一方面可以通过模型来揭示原型本身的奥秘，另一方面可以通过模型来代替或增进原型的功能和行为。只求模型与原型在功能和行为上的相似，不求结构上的相似，这样就给人们提供了一个崭新的简便易行的研究方法，即可以避开原型结构和机制方面的探求，直接寻找功能模型。这样，控制论方法在传统方法论上获得了新的突破，为用技术装置模拟生物过程、心理过程、学习过程及社会过程开辟了一条全新的途径。

3. "黑箱"方法

控制论中所说的黑箱是指对一个系统来说，人们对其内容结构和机理一无所知；从外部看来好像是一只"箱子"，看不清、摸不到里面到底装着什么东西，所以叫黑箱。相反，若人们对其系统的结构和机理了如指掌，则这样的系统成为白箱。

所谓黑箱方法，是指在不打开黑箱的前提下，只是利用输入和输出的信息，通过外部的研究来了解黑箱系统的特性和功能，探索系统内部的结构和机理，进而对系统进行控制的科学方法。

2.8.3　控制的基本方法

（1）定值控制

定值控制是一种维系系统现有预定运行状态的控制。在定值控制中，受控系统的输出水平的给定标准值为常数，输入往往随时间缓慢变化。控制系统的根本任务是在扰动存在的情况下排除各种因素的干扰，将受控量维持在给定的标准值之内。

进行定值控制的关键是确立定值标准，建立调节系统，纠正相应的偏差。定值控制的实现条件是受控制的系统（如企业生产作业流水系统）是一个相对稳定的比较动态系统，且具有一定的抗干扰能力。

（2）程序控制

在控制中，使一个受控系统的状态保持在状态 $X_0(t)$ 的周围，而不是将受控状态保持

在一个不变的常态 X_0 的周围。这就是追随程序的控制问题。改变受控系统给定状态的程序，不仅可以作为一个时间函数给出，而且可以作为任何其他函数给出，只要这些量是随时间变化的。

（3）跟踪控制

在某些情况下，系统的预定状态随时间变化的规律预先不知道，而是在实际控制过程中按某些外部信息来确定，这就是跟踪控制。

跟踪控制又叫随动控制。这时，控制系统的目标并不一定是时间的函数，而可能是另一个变量 X 的函数。所谓跟踪，就是跟踪先行量 X，由此调节由控制量所决定的系统运行状况。在控制中，受控系统的目标 Y 称为跟随量，由它所跟踪的先行量 X 的一个函数所确定的，即 $Y=f(X)$。

（4）最优控制

最优控制的期望输出值由某一函数的极大值或极小值构成（Y_{max} 或 Y_{min}）。最优控制的任务就在于寻求满足极值条件的最佳控制。可见，最优控制是为了实现最佳目标所进行的控制。

5. 开环控制与闭环控制

（1）开环控制。在系统中控制信号的传递呈一条直链形，即不将输出的信息送回输入端并形成再控制的直链控制方式称为开环控制。

（2）闭环控制。又称反馈控制，是根据反馈原理对系统进行控制的方式，就是施控系统根据输出的反馈情况通过调节对受控系统的输入，以实现控制目的的过程。

闭环控制与开环控制的根本区别在于增加了反馈回路。

2.9 CQT 函数理论

2.9.1 概述

CQT 函数理论是研究建设工程项目的成本（C）、质量（Q）、工期（T）之间关系的。工程项目管理的目标在于用预定的成本、在计划期限内实现目标质量。成本、质量、工期是项目管理的基本目标，这 3 个要素之间存在着相互制约的关系。要提高质量，就可能增加成本；要缩短工期，也可能会提高成本。希望以最短的工期、最低的成本、最好的质量来完成工程项目是不可能的，因为要有最短的工期，往往不是以牺牲质量为代价，就是以提高成本为代价。要有较低的成本，往往是以牺牲质量或延长工期为代价。要实现好的质量，就必然要提高成本。项目管理的目标即是处理好三者的关系，使之处于最佳状态，三者之间的关系如图 2-5 所示。

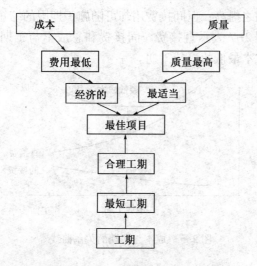

图 2-5　成本、质量与工期的关系

2.9.2　质量与成本之间的函数关系

质量与成本之间的函数关系可用质量成本构成图来表示，如图 2-6 所示。质量总成本（曲线 c）由质量故障成本（曲线 a）和质量保证成本（曲线 b）组成。质量越低，引起的质量不合格，损失越大，即故障成本越大；反之，质量越高，故障越少，引起的损失也越小，则故障成本越低。

质量保证成本，是指为保证和提高质量采取相关的保证措施而耗用的开支，如购置设备、改善检测手段等。这类开支越大，质量保证程度越可靠；反之，质量就越低。

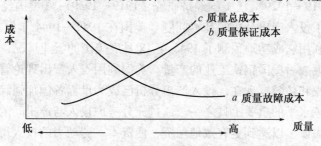

图 2-6　质量与成本的关系曲线

2.9.3　成本与工期之间的函数关系

对建筑工程项目来讲，工期与成本之间有着密切的联系。在一般情况下，要压缩工期，则必然要增加直接费用的开支，如增加人力、机械，采取技术组织措施，调整施工组织等，都不可避免地会使成本随之提高；但间接费用却可随施工期限的缩短而有所降低。总成本是直接费和间接费之和。图 2-7 表示直接费、间接费和总成本与工期的关系，找出总成本变动曲线的最低点，即为成本最低的最佳工期。

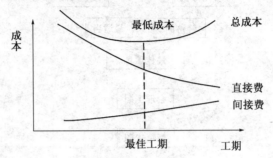

图 2-7　成本与工期的关系曲线

2.10　投入产出理论

投入产出理论是一种应用极为广泛的现代计划方法，又称"投入产出分析"。它是一种通过编制投入产出表，建立投入产出数学模型，研究各种经济活动的投入与产出之间的数量关系，特别是研究和分析国民经济各部门或各产品的生产与消耗之间的数量关系的经济数学方法。

所谓"投入"，是指一项经济活动的各种消耗，如建筑工程需消耗一定数量的建材、动力等；所谓"产出"，是指从事一项经济活动的结果，如建筑工程的结果是建筑产品。

投入产出理论是由美国经济学家瓦西里·列昂惕夫（W. Leontief）创立的。他先后在《美国经济结构，1919—1929》、《美国经济研究，1919—1939》、《美国经济结构研究》等著作中，提出并论述了投入产出分析的基本问题。美国在 1942—1944 年编出了美国经济 1939 年的投入产出表，利用它成功地预测了 1945 年 12 月底美国的就业情况，还利用此表成功地预测了第二次世界大战后美国钢铁工业的产量。美国利用投入产出理论管理经济的经验，引起了世界各国的重视和仿效。现在，投入产出分析已成为世界各国加强综合平衡、改进计划管理、提高企业管理水平的重要工具之一。通过充分考虑投入与产出间的关系，可以避免盲目投资而减少投资失误，以达到更有效地融资，使资本、劳动力的投入得到更有效的产出。

投入产出理论在推广应用的过程中，自身也得到了不断发展与完善。投入产出模型由静态发展到动态，应用范围也在不断扩大，由宏观经济延伸到微观经济乃至企业、能源、环境、预测等各个领域。

2.10.1　投入产出分析的基本原理

通过经济活动过程中各部门的投入与产出的数量依存关系建立经济数学模型，根据模型进行计算和分析，达到控制与管理经济活动的目的。其基本思想有两点：一是部门间联系平衡的观点，二是完全消耗的观点。

投入产出表的表示方法如表 2-2 所示。

表 2-2　价值型投入产出表

投入 ＼ 产出		中间产品（X_{ij}）					最终产品（Y_i）	总产品（X_i）
		部分 1	部分 2	…	部分 n	合计 $\sum X_{ij}$		
生产资料转移价值	部门 1	X_{11}	X_{12}		X_{1n}	$\sum X_{1j}$	Y_1	X_1
	部门 2	X_{21}	X_{22}		X_{2n}	$\sum X_{2j}$	Y_2	X_2
	⋮	⋮	⋮	⋮	⋮	⋮	⋮	⋮
	部门 n	X_{n1}	X_{n2}		$\sum X_{nn}$	$\sum X_{nj}$	Y_n	X_n
	合计 $\sum X_{ij}$	$\sum X_{i1}$	$\sum X_{i2}$	…	$\sum X_{in}$	$\sum X_{ij}$	$\sum Y_i$	$\sum X_i$
	折旧（D_j）	D_1	D_2	…	D_n	$\sum D_j$		
新创价值	劳动报酬（V_j）	V_1	V_2		V_n	$\sum V_j$		
	国民纯收入（M_j）	M_1	M_2		M_n	$\sum M_j$		
总产值（X_j）		X_1	X_2	…	X_n	$\sum X_j$		

投入产出表分为 4 个部分。左上角部分主要反映国民经济各部门间在产品生产和消耗上的技术经济联系。它是一个排列规则的 $n×n$ 棋盘式表格。表中的每一项（用 X_{ij}）表示都具有双重的含义。从横向看，它说明 i 部门的产品分配给各 j 部门用于中间产品的数量；从纵向看，表示第 j 部门生产产品时，消耗各 i 部门产品的数量。因此，也称 X_{ij} 为流量。

右上角部分称为最终产品向量，反映了各部门产品的分配去向，即各部门产品在固定资产更新和大修、消费基金、积累及出口等 4 项的最终使用比例和构成。

左下角部分为折旧及新创造价值向量，包括提取折旧基金价值、工资及劳动报酬，以及社会纯收入，反映国民纯收入在物质生产各部门间初次分配情况。

右下角部分称为国民收入再分配向量，它可以反映国民收入再分配的某些因素。由于这个过程及其复杂，如何在价值型投入产出表中做出反映，还有待进一步的研究。因此，在做表时常将此部分略去。

综合分析以上 4 部分可以发现，投入产出表中包含了极丰富的经济内容和清晰的部门间的技术经济关系，上面两部分说明了各物质生产部门用做投入和社会最终产品的使用情况，左面两部分表明各物质生产部门所需的物化劳动和活劳动的投入。

2.10.2　投入产出模型

投入产出模型是投入产出表的数量模拟形式。模型分为静态模型和动态模型两种。凡不含时间变动因素的投入产出模型称为静态模型。

投入产出表中的每一部门（或产品）既是生产部门同时又是其他部门产品的消耗部门。因此，投入产出表中的行数、列数相等且排列顺序相互对应，呈现出行、列纵横交叉棋盘式的一张表。它的横向表示产品的分配去向，即产品的实物运动方向。纵向表示产品的价值形成过程。

从水平方向看，有如下关系式：

$$中间产品 + 最终产品 = 总产品$$

其数量关系表达式为一组线性方程式：

$$\begin{cases} X_{11} + X_{12} + \cdots + X_{1n} + Y_1 = X_1 \\ X_{21} + X_{22} + \cdots + X_{2n} + Y_2 = X_2 \\ \vdots \\ X_{n1} + X_{n2} + \cdots + X_{nn} + Y_n = X_n \end{cases}$$

即：$\sum X_{ij} + Y_i = X_i$ $(i = 1, 2, \cdots, n)$

此方程组称为分配方程组。从垂直方向看也是一组线性方程式：

$$\begin{cases} X_{11} + X_{21} + \cdots + X_{n1} + D_1 + V_1 + M_1 = X_1 \\ X_{12} + X_{22} + \cdots + X_{n2} + D_2 + V_2 + M_2 = X_2 \\ \vdots \\ X_{1n} + X_{2n} + \cdots + X_{nn} + D_n + V_n + M_n = X_n \end{cases}$$

即：$\sum X_{ij} + D_j + V_j + M_j = X_j$ $(j = 1, 2, \cdots, n)$ 　　　　　　　(2-2)

式(2-2)的经济意义是，各部门的总产值等于中间产品转移价值、固定资产折旧、劳动报酬和社会纯收入4部分之和。这是投入产出法最基本的关系式。

2.11 资源开发与经营扩张理论

2.11.1 资源与资源开发

资源包括有形资源和无形资源，已开发资源和未（待）开发资源，已达到规模和范围经济的资源和未达到规模和范围经济的资源，有效资源和无效资源。

对一个企业来讲，应将企业的一切都看做是企业的资源，如人、财、物、社会关系、信息、技术、管理、企业文化等。只有对这些资源进行充分挖掘、开发，才能使企业的功能和效率得到更好地开发，企业才会有价值、有效益。如果企业人不尽其才，物不尽其用，就是浪费。在这种情况下，企业的效益势必不高。企业资源开发就是对企业的所有资源进行开发，追求资源的最大效益，达到经营扩张的目的。

每个企业所拥有的资源尽管在数量、质量、种类上都不尽相同，但都是有限的。企业资源的有限性首先在于人类社会赖以生存发展的自然资源是有限的；其次，企业赖以生存的人文社会资源也是有限的；最后，人们从自然界摄取资源后创造的财富相对于人们的需求而言也是有限的。这就要求企业充分有效地利用和开发这些资源，使之发挥最大作用。

任何一个企业为其存续至少需要以下资源。

① 人力资源。指企业中拥有的成员的技能、能力、知识及他们的潜力和协作力。

② 金融资源。指货币资本和现金。

③ 物质资源。指企业在存续期间所需要的诸如土地、厂房、办公室等物资。

④ 信息资源。包括知识性信息和非知识性信息。

⑤ 关系资源。指企业与其他方如政府、银行、企业、学校、团体等方面的合作与亲善的深度与广度。

2.11.2　经营扩张理论

企业的扩张有 3 种形式：裂变式扩张、低成本扩张（如收购）和超常规扩张（如上市）。关于企业的发展及对外扩张呈雁形形态（如图 2-8 所示）的经济扩张理论，称之为企业扩张发展雁形形态学说。

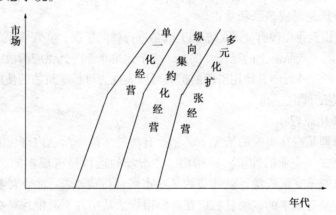

图 2-8　企业发展的雁形形态图

企业扩张发展雁形形态学说的含义是：企业刚成立时，由于比较弱小，它根据自己的特长将经营业务集中在某一个确定的行业，千方百计地扩大这个单一经营的行业市场，以加强自己的市场地位，这就是企业单一化经营。后来，单一经营市场相对饱和，企业就要考虑继续发展的出路，首选的是与自己目前经营的行业有关的方向，因为这样有利于发挥本身的优势，于是就过渡到纵向集约化经营。纵向集约化经营是单一经营的发展，它可以有两种不同的发展方向，即前向集约与后向集约两种。前向集约经营是将公司的经营业务向前延伸进入原材料供应的经营范围，后向集约化经营是将公司的经营业务向后延伸进入使用者的经营范围，直至向最终使用者提供最终产品。

再经过一段时间后，纵向集约化经营市场相对饱和，企业为了生存，不得不过渡到多元化扩张经营阶段。从内容上讲，多元化扩张经营有两种形式：一是相关多样化扩张经营，指公司经营的各种业务之间的性质不同，但在各种不同业务之间仍然具有战略意义上的适应性或相关性。二是非相关多元化扩张经营，指公司经营的各种业务之间没有什么战略意义上的共同因素，有时甚至看起来毫无关联的业务混合在一起经营，这种非相关多元化扩张经营又称混合型多元化扩张经营。从地域意义上讲，多元化扩张经营也有两种形式：一是国内多元化扩张经营，开拓国内市场；二是国际多元化扩张经营，开拓国际市场。

企业发展的雁形形态学说有一个大前提：市场是有限的。即相对于某一个时期，买方市场和卖方市场都是有限的。

企业成立之初，进行单一化经营，继而扩大单一化经营市场；待单一化经营市场对本企业来说相对饱和之后，企业便开始进行纵向集约化经营，继而扩大纵向集约化经营市场；当纵向集约化市场对本企业来说相对饱和之后，在内容上便进行多元化扩张经营，进而进行相关多元化扩张和非相关多元化扩张，在地域上先进行国内多元化扩张，再进行国际多元化扩张。

2.11.3 经营扩张一体化战略

扩张阶段的特征是形成垄断和独占。

一体化战略是指企业在现有业务的基础上或是进行横向扩展，实现规模的扩大；或是进行纵向扩展，实现在同一产品链上的延长。例如，一个建筑企业向其供应阶段的扩展可以表现为开展建筑材料的生产业务，向其使用阶段的扩展可以表现为进行建筑物的使用和管理业务。

1. 一体化战略的理论基础

（1）市场内在化原理

市场内在化原理是指在可能的情况下，企业有将外部市场活动内部化的冲动。罗纳德·科斯在其著名的论文《企业的性质》中指出："市场的运行是有成本的，通过形成一个组织，并允许某个权威来支配资源，就能节约某些市场运行成本"。对绝大多数企业而言，外部市场的交易通常是有成本的，而且它们在外部市场活动中并不总能保持数量、价格及交货时间等方面的稳定，从而影响到企业发展的稳定性，这种经营的不稳定性形成了企业经营的风险。如果企业能通过实施纵向一体化战略，使原来受制于其他企业的前后向业务活动成为企业能够进行有效控制的内部业务，并把内部组织的管理成本控制在低于外部市场的交易成本水平上，则企业生产经营中所受到的环境影响和风险就能有所减少。

（2）最低产出原理

企业的每一样固定设施都有一个最低的产出规模，当企业的产出规模小于固定设施的最低产出规模时，设施的利用就处于低效率状态。即使是在经济景气的年代，单个企业也无法承受长期的设施利用低效率和负效率。为了提高固定设施的利用率，有很多企业选择了投资较少、产出规模较低的设施，使设施的产出能力与企业现有的市场占有量相平衡。这种做法的实质是放弃企业扩展市场的机会，同时也放弃了规模经济性。通过推进横向一体化战略，企业的产出规模得以扩大，因而能充分发挥固定设施的产出能力，或是选择效率更高的设施，与此同时，企业的利润盈余会因为成本结构的改变而扩大，使企业的市场竞争能力也相应地增强。

（3）协同效应原理

协同效应是指当企业能将原来分散在不同企业的业务活动集中起来，由一个企业以较少的资源投放和较低的管理成本来完成原来由多个企业承担的较多的业务量。采用一体化战略的协同效应表现的格外明显：采用横向一体化战略对企业的业务种类没有任何改变，而原本是两个或两个以上企业的同类业务活动甚至可以完全无需调整就能实现集中；采用纵向一体化战略时，同类业务在不同企业是有差别的，但它们之间又有一定的联系，当不同企业同类业务之间的联系较大时，集中这些业务活动需要对相应的组织结构和经营方式进行一定的调整。

（4）比较优势原理

在现有的企业中，企业间的经济效益是有差别的，并且人为地出现了一些鼓励低效益企业存在的情况。认识比较优势原理，可以利用当前企业资产重组的有利时机，不但可以实现局部资源的有效利用，消除资源浪费现象，还可以尽可能地实现整体资源利用的高效率。

2. 一体化战略的特点

横向一体化战略是指企业以扩大某一阶段生产能力或者兼并处于同一生产经营阶段的同类企业为其特征的经营方针。这种扩大或者兼并能使企业增强生产经营能力、扩大市场份额、提高资本利用率、减轻竞争压力。同时，并不偏离企业原有的经营范围，因而不会引起管理上太大的困难，冒的风险也较小。

近年来，我国企业日益认识到群体优势的重要性，通过联营、收购、合资等形式，将零散企业的单体优势发展为企业集团的群体优势，取得了明显的成绩。

纵向一体化战略是集中战略的延伸。纵向一体化可以通过兼并为自己提供投入品的企业，使用自己产品的企业，或是通过内部自身扩展自己生产投入品、自己使用产出品的业务而实现。纵向一体化有后向一体化和前向一体化两种，当被兼并对象或企业业务的扩展使企业的业务活动更接近于最终消费者时就称为后向一体化，反之为前向一体化。

不管采取何种一体化战略，对企业都存在一定的风险。横向一体化的风险来自于企业对同一产业的过分投入，一旦市场消失，一个庞大的企业肯定比一个小型企业更难改变经营方向；纵向一体化需要大量的资本投入，给企业财务管理带来很大的压力，纵向一体化还使企业进入了新的不熟悉的行业，增加了企业管理的难度；另外，纵向一体化还容易产生各生产阶段生产能力的平衡困难，特别是当企业通过兼并方式实现一体化时，如果新老业务能力不平衡，会带来产能的浪费，有时这一浪费甚至完全抵消了一体化可能带来的收益增加部分。因此，采取一体化战略要求企业主管提高管理能力，承担更大、更多的责任和风险。

3. 一体化战略对我国企业的现实意义

实施一体化战略对我国企业是一种挑战。目前，我国绝大多数企业处于小规模经营阶段，没有能够有效地利用大规模经营的低成本优势取得更大的效益。即使是我国著名的大型企业，与国际水平相比较，也是较小的。世界前500强企业我国仅占了2家，而且都不是工业企业。另外，我国还存在不少经营不善甚至无法继续经营的企业，在规模经济面前将会更加弱不禁风。

同时，实施一体化战略也是一种机遇。应该看到，我国已经有相当一部分企业由于较早地实现了内部管理机制的改变，或是有幸进入了一些发展前景良好的行业，或是获得了某种垄断性经营的特许，因而具备了生存和发展的内外部条件。采取一体化战略，这些有发展前景的企业就可以通过收购或合并的方式，在较短的时间内，以较少的追加资源扩大经营规模。如果收购和合并的对象是那些原本就无法再继续经营下去的企业，则不但有利于个别企业，而且有利于整个社会的经济发展。

纵向一体化战略的最大优势在于通过前向、后向业务的扩展，能够在一定程度上避免价格、供应量（或需求量）的波动对企业成本及业务发展的影响，从而降低经营风险。近年来，我国的生产用投入品的价格基本上表现为持续的上升趋势，而许多最终消费品的价格却由于竞争的加剧及消费水平的稳定呈现出稳定甚至下降的趋势，增加了企业经营的压力。在这种情况下，企业实现前向一体化可以控制投入品的成本水平，对控制产出品的成本无疑是有效的；而后向一体化则实现了产销一体化，绕过了许多壁垒。

采用纵向一体化战略虽然要求企业进入不同于原有业务特点的活动领域，但由于新增加的业务与原有业务具有相同的周期特性，技术上和管理上也存在关联一致性，因此具备了统一战略规划、统一资源调配、统一管理的可能，可以使管理效益大大提高，并能保持企业组织的稳定。

采取一体化战略的风险表现为因横向一体化实现的规模扩大，有可能会在市场上形成垄断势力。另外，由于一体化使企业在一种产品或一个产品链上进入较深，因而可能会发生退出困难。就前者来说，由于我国的市场容量很大，我国现有企业规模普遍较小，在目前情况下，垄断恐怕不可能形成主流；就后者而言，由于我国是发展中国家，我国消费者的消费行为仍具有低收入居民消费的特征，消费品相对集中在中等价格水平，价格弹性较大，特别是已经被消费者普遍接受的产品能维持较长的寿命期。因此，现有产品链的淘汰，乃至整个现有行业的消失，在近几年不太可能大规模出现，即使是出现了产品或行业的衰退迹象，较长的衰退和消失过程也能为企业调整资源、采取退出战略提供必需的时间。另外，由于我国市场表现出较强的地区性和地区发展不平衡性，因而存在国内地区间行业转移的可能。产品在一个地区的退出不一定就表示业务的退出，因此通过业务的地区转移可以大大延长产品的寿命期。

由此可见，一体化战略是企业经营扩张的有效途径，也是以较低的资本支出实现我国产业结构优化和产业内组织结构优化的有效途径。

2.12　可持续发展理论

可持续发展（Sustainable Development）作为一个明确的概念，是 1980 年在国际自然和自然资源保护联盟（IUCN）发布的文件《世界自然保护战略》中第一次出现。

此后，为了解决当代人类面临的三大挑战：南北问题、裁军与安全、环境与发展，联合国大会成立了由当时的联邦德国总理勃兰特、瑞典首相帕尔梅和挪威首相布伦特兰为首的 3 个高级专家委员会，分别发表了"我们共同的危机"、"我们共同的安全"、"我们共同的未来" 3 个纲领性文件。文件中不约而同地得出了为了克服危机、保障安全和实现未来，必须实施可持续发展战略的结论，并提出了"可持续发展"是 21 世纪世界各国正确协调人口、资源、环境与经济间相互关系的共同发展战略，是人类求得发展的惟一途径。这一战略的提出立即引起了世界各国的普遍重视与关注。可持续发展作为"解决环境与发展问题的惟一出路"已经成为世界各国的共识。

按照国际通行的解释，可持续发展是指既满足当代人的需要，又不危害后代人满足其自身需要能力的发展，是既实现经济发展的目标，又实现人类赖以自下而上的自然资源与环境的和谐，是子孙后代能够安居乐业、得以永续发展。因此，可持续发展并不简单地等同于环境保护，而是从更高、更远的视角来解决环境与发展的问题，强调各社会经济因素与生态环境之间的联系与协调，寻求人口、经济、环境各要素之间相互协调的发展。

1992 年在里约热内卢召开的联合国环境与发展大会上，充分吸收了《我们共同的未来》中提出的可持续发展的概念，指出人类应走经济、社会和环境相互协调发展的可持续发展之路，大会通过的《21 世纪议程》成为在全球实施可持续发展战略的行动纲领。大会之后，世界各国遵照对大会各项决议的承诺，分别为实施可持续发展战略制定了对策和措施。我国在提出了关于环境与发展的十大对策之后，于 1994 年正式发布了《中国 21 世纪议程——中国 21 世纪人口、环境与发展白皮书》（以下简称《中国 21 世纪议程》）。1996 年我国八届全国人大第四次会议审议通过的《中华人民共和国国民经济和社会发展"九五"计划和 2010 年远景目标纲要》，以可持续发展作为我国现代化建设的一项重大战略。党的"十五大"报告指出："我国是人口众多、资源相对不足的国家，在现代化建设中必须实施可持续发展战略。"党的"十六大"报告更是多处阐述可持续发展问题："走新型工业化道路，大力实施科教兴国战略和可持续发展战略。""必须把可持续发展放在十分突出的地位，坚持计划生育，保护环境和保护资源的基本因素。""实施科教兴国和可持续发展战略，实现速度和结构、质量、效益相统一，经济发展和人口、资源、环境相协调。"把可持续发展战略作为一项基本国策，可见党和国家对可持续发展的重视程度之高。

2.12.1 可持续发展及其基本特点

1. 可持续发展的定义

在《我们共同的未来》中，系统地阐述了人类面临的一系列重大经济、社会和环境问题，提出的可持续发展的定义是"既满足当代人的需求，又不对后代人满足其自身需求的能力构成危害的发展。"它包括两个重要的概念：

——"需要"的概念，尤其应将世界上贫困人民的基本需要（衣、食、住、行、医、就业等）放在特别优先的地位来考虑；

——"限制"的概念，技术状况和社会组织对环境满足眼前和将来需要的能力施加的限制。

尽管"可持续发展"一词的精确定义目前尚未十分明朗，其概念与理论正在研究和发展之中，但这一词语一经提出，即在世界范围内得到认同，并引起了巨大的反响。这一现象充分说明了人类对自身走过的发展道路的怀疑和否定，对今后发展道路和目标的憧憬和向往。

2. 可持续发展的基本特点

① 可持续发展的主题是人，以人的全面发展和社会全面进步为目标，追求物质文明、精神文明和生态环境文明的协调发展。

② 可持续发展不是限制发展，而是为了更好地发展。发展是前提，把消除贫困当做实施可持续发展的一项不可缺少的条件。

③ 可持续发展以生态、环境和资源为基础，承认自然环境的价值，强调人对自然资源和环境的依存关系。

④ 可持续发展对资源的享用强调代际之间的机会均等、当代人相互之间一切机会均等，尤其要保证穷人的需要。

⑤ 可持续发展并不否定经济增长。要达到具有可持续意义的经济增长，必须审视使用能源和原料的方式，力求减少损失、杜绝浪费并尽量不让废物进入环境，从而减少每单位经济活动造成的环境压力。

2.12.2 可持续发展的原则

1. 可持续发展的基本原则

（1）公平性原则

可持续发展强调："人类需求和欲望的满足是发展的主要目标。"可持续发展所追求的公平性原则，包括3层意思：同代人之间的横向公平性，代际间的纵向公平性，公平分配有限资源。

公平性原则是可持续发展与传统发展模式之间的根本区别之一。传统经济为了生产而生产，没有或很少考虑未来人类的利益。

（2）可持续性原则

可持续性是指生态系统受到某种干扰时能保持其生产率的能力。资源与环境是人类发展的基础和条件，资源的永续利用和生态系统的可持续性的保持是人类持续发展的首要条件。可持续发展要求人们根据可持续性的条件调整自己的生活方式，在生态可能的范围内确定自己的消费标准。可持续性原则的核心是指人类的经济和社会发展不能超越资源与环境的承载能力。

（3）共同性原则

鉴于世界各国历史、文化和发展水平的差异，可持续发展的具体目标、政策和事实步骤不可能是惟一的。但是，可持续发展作为全球发展的总目标，所体现的公平性和可持续性原则，则是共同的。实现这一总目标，必须采取全球共同的行动。

（4）需求性原则

传统发展模式忽略了资源的代际配置，只根据市场来刺激当代人的生产活动；而可持续性则坚持公平性和长期的可持续性，要满足所有人（包括后代人）的基本需求，向所有的人提供平等的机会。

2. 建筑工程可持续发展的原则

建筑工程是人类在地球上从事的巨大活动之一，它伴随着人类社会的发展而发展，为人类社会不断地创造崭新的物质环境，成为人类社会现代文明的标志之一。但是，建筑工程需占据自然环境的空间，消耗自然资源，甚至污染自然环境，影响和破坏自然生态平衡。因此，建筑工程必须实施可持续发展战略，并遵循以下原则。

（1）预测和预防的原则

建筑工程同自然生态环境有着十分密切的关系。因此，在工程规划、设计和建造之前，应对工程建造中和建成后的生态环境进行评估和预测，即进行环境影响评价。环境影响评价按其对象与范围分为工程建设项目环境影响评价和区域开发环境影响评价。前者是从防止生态坏境污染和保护生态环境的角度去评估工程项目的可行性。后者是将工程建设项目放到整个区域规划发展之中，以区域的效益最优化为目标，对区域的经济、社会和生态环境进行的全面、系统和整体的研究和评估。根据工程建设项目环境影响评价和区域开发环境影响评价的结果及其提出的建议和措施，对工程项目的可行性和实施条件做出正确的决策，并对工程的每个阶段（规划、设计、建造和建成后）制定出相应的对策，以预防工程在建造中和建成后生态环境质量的降低。

（2）节省资源，保护和恢复自然生态环境的原则

建筑工程都要占据自然环境空间，并直接和间接地消耗大量物质性资源，没有自然环境空间和物质性资源也就无法建造建筑工程。自然环境空间和物质性资源是有限的，所以在建筑工程的全过程（规划、设计、建造和建成后）中，都应最大限度地节省它们并提高它们的利用率，以保护和恢复自然生态环境。在开发利用资源时，一定要很好地协调工程活动与生态过程之间的关系，绝不能过度开发利用而破坏生态平衡。同时，还要尽可能考虑这种资

源的循环和重复利用，以及用后返回自然之前的人工处理与再生，以保护和恢复自然生态环境。

建筑工程不仅消耗大量物质性资源，而且在建造中和建成后可能改变或破坏非物质性资源——生态环境状态。因此，在规划、设计中，应充分考虑预测和预防建造中和建成后建筑工程对所处地区生态环境状态的影响，并根据需要设置环境监测机构，以及采用工程措施等办法，预防、减少和消除这种影响，以保护和恢复自然生态环境。

（3）采用全质量评价标准的原则

全质量评价标准是在传统标准的适用性、安全性、耐久性和经济性的基础上，再增加一个工程的"可持续性"。"可持续性"包含两方面的特性：一是工程对资源的节省程度，二是工程在建造中、建成后保护和恢复自然生态环境的程度。这"五性"即为工程的全质量评价标准。只有用全质量评价标准才能全面科学地评价工程的质量。

（4）采用全费用-效益分析的原则

工程项目的全费用-效益分析是在传统分析方法的基础上，将资源的全部价值（物质性和非物质性价值）作为一种资本——生态环境资本，纳入到分析中，通过各种货币化手段的定量分析和定性描述，并考虑到社会等因素的影响，全面评估工程项目的费用与效益的一种方法。该方法中增加了工程项目对资源的消耗程度，以及对生态环境和社会所产生的费用与效益等内容。

全费用-效益分析除具有传统费用-效益分析的内容和作用外，还能具体反映工程项目不同方案的"可持续性"，它是决策的重要依据之一。

（5）承认和尊重"自然"与后代人的生存权和发展权的原则

建筑工程可以改善和提高人类的生存和发展质量，但不应影响和破坏"自然"的生存与发展质量。人类应承认和尊重"自然"的生存权与发展权，并努力通过建筑工程同时改善和提高人类自身和"自然"的生存与发展质量。

建筑工程可以改善和提高当代人的生存与发展质量，但当代的建筑工程不应影响和破坏后代人的生存与发展质量。当代人应承认和尊重后代人的生存权与发展权，并努力通过建筑工程不仅改善和提高当代人的生存与发展质量，而且为后代人改善和提高生存与发展质量创造条件。

第3章 建筑管理的基本原则

建筑管理作为建筑科学技术的重要组成部分，对实现工程建设目标是必不可少的。建筑管理牵涉的内容广泛而复杂。目前，我国正面临着空前规模的基础设施和住房建设，对提高建筑业管理水平的要求也越来越迫切，这也是影响社会资产能否有效运作的大问题。但当前的管理水平还停留在很低的水平上，许多做法还非常不规范，首长意志等问题还很突出。因此，我国的建筑管理领域急需确立一些反映其客观规律并能够依照执行的原则。

所谓原则就是用法律和制度规定下来的，必须遵循的一些做法和规则。在建筑管理中总结并规定一些原则，会使得管理行为规范化，避免不必要的错误发生。

3.1 建设程序原则

建设程序是指建设项目从立项、可行性研究和评估、审批、设计、施工到竣工验收、投产使用各阶段工作所应遵循的先后顺序。它是在工程建设实践经验的基础上总结并制定的，反映建筑工程项目建设发展的内在客观规律，是应该共同遵守的。建设程序将工程建设的过程规范化、条理化，并把全过程分为若干个阶段，对每个阶段的内容、原则、审批程序等进行规定，是确保工程项目的可控性及按正常轨迹运作发展的重要保证。一个工程项目的建设程序就好比盖房子，只有地基打好了，才能砌墙，墙砌好了才能上梁，一步也不能马虎，否则就要出问题。在实际工作中，不严格按照建设程序进行工程建设的现象较为突出。在工程建设中，不按程序办理审批手续是造成很多"豆腐渣"工程的主要原因之一。尽管各级建设行政主管部门一再要求建设工程按基建程序办事，而实际收效不大。这是因为建设程序的重要性还没有得到足够的重视，监督管理机制还很不健全。因此，建立合理的、完备的建筑程序是迫切的、必要的。世界银行将项目建设程序分为6阶段：项目选定、项目准备、项目评估、项目谈判、项目实施、项目总结评价。在我国，工程项目的建设程序一般分为项目立项，设计施工及竣工验收3个阶段。

1. 项目立项阶段

项目立项阶段的工作内容主要包括以下几个方面。

① 项目建议书。项目建议书是要求建设某一工程项目的建议性文件。它是项目能否被国家和地方立项建设的最基础和最重要的工作。建设单位在经过广泛调查研究，弄清项目建设的技术、经济条件后，通过项目建议书的形式向国家和地方推荐项目。

② 可行性研究和评价。一般包括财务评价、国民经济评价、社会评价和环境评价。项目建议书被批准后，项目已经成立，但并非一定要建设。下一步工作是在进一步勘测、调查、取得可靠资料的基础上，重点对项目的技术可行性、经济合理性和建设可能性进行研究和论证，由具有相应资质的规划、设计和工程咨询单位承担。经过全面分析论证和多方案比较，确定建设项目的建设原则、建设方案，作为下阶段工作的依据。

③ 审批立项。这项工作主要由建设行政主管部门和计划部门在可行性报告和评价的基础上，对申报的项目进行批复。审批行政权力则按工程规模的大小有相应的政府、政府委托部门来行使。例如，投资在 2 亿以上的工程项目要由国务院审批等。

2. 设计施工阶段

设计施工阶段又可分为设计、建设准备和施工安装 3 个阶段。

① 设计阶段。可分为初步设计和施工图设计。对于技术复杂的工程，在必要时可以增加技术设计。

② 建设准备阶段。该阶段工作一般有以下内容。

a. 实施组织准备。包括明确项目法人或责任主体，通过招标确定施工承包单位和工程监理单位，落实设计单位及现场设计代表，划分并确定产权，落实质量监督机构职责等。

b. 技术措施准备。包括落实年度实施计划和项目，施工人员的岗前培训，施工图纸的准备等。

c. 施工条件准备。包括施工场地通路、通电、通水，施工土地预留、施工营地的落实，机械设备采购和进场，施工所需材料的订购等。施工准备工作基本完成后，要向上级主管部门提交开工报告，经批准后方能正式开工建设。特别是要有审计部门对资金来源、数量的审计证明。

③ 施工安装阶段。项目各项准备工作结束后，特别是项目的年度建设资金已落实的情况下，由业主组织项目的实施。

a. 由承包商进行项目施工。

b. 由监理工程师控制工程进度、质量和投资。

前已述及，在国外，施工图设计一般由承包商来完成，设计部门主要进行方案设计。日本大成公司在北京建设"庄胜广场"时，采用的是边设计、边施工的方法。现场设计、施工是一家，完全为了施工的需要才搞施工图设计，他们称之为"快速施工"。以前我们都说"三边"工程的危害性大，但是现行的方法存在很多弊端，经常在施工现场找不到设计人员，施工图设计和施工相互脱节。现在有一种叫做 CM 的建筑管理模式，英文为 Fast-Track Construction Management，直译为"快速路径施工法"，国内也称为有条件的三边工程，其主要目的就是缩短工期。特点是分期设计、分期发包、分期施工。由此可见，这个阶段的各部分的内容并不是泾渭分明的，需要根据具体的情况具体分析。

3. 竣工验收阶段

建筑工程项目的验收一般有单项工程的阶段验收和整体工程的竣工验收。竣工验收是工程建设的最后工作，也是基本建设转入生产运行的标志。

此外，一个工程项目还可能包括项目后评价阶段。项目后评价是指工程项目建成投产使用达到设计生产能力后，其实际效果与预期效果的对比分析。工作重点是对项目的前期工作、施工组织、运行管理情况进行全面调查研究，分析成功与失败的原因，从项目的全过程进行总结，为今后改进项目建设各环节的工作提供经验和办法。

3.2　设计方案竞选原则

建筑是一种特殊的艺术形式，建筑发展史本身也是一部人类的文明史。历史上任何一段文明的辉煌时期都造就了一批伟大的建筑，如我国的长城、古埃及的金字塔、古希腊的神殿等，为我们留下了丰富的历史文化遗产。建筑具有民族性，能够体现民族文化，中国的传统建筑明显不同于其他国家的建筑。即使在国内，不同民族、不同地区的建筑风格也各不相同。

建筑的风格和形式是随着时间的推移而变迁的，具有强烈的时代性。它能够在很大程度上反映出时代的主旋律，反映人们的审美观念的变化、生活习俗的变迁和技术的进步等。建筑是美学的体现，表现出人类对美的追求和不断自我突破的精神。

现在，越来越多的专家学者认为建筑对社区有着非常重要的影响。建筑物不但影响到社区的美观，建筑还会对人的心理产生影响。有资料表明，在一个建筑物布局合理、美观的社区里，犯罪率是很低的。澳大利亚的情人港便是这方面的经典之作，它出于对建筑环境和美学的追求，群起反对并拆除不协调的"面包房"，追求一个和谐宁静的社区。

我国建国初期，进行了大规模的社会主义改造和建设，涌现了一批杰出的建筑，是我国劳动人民的智慧结晶。然而，在大跃进时期至"六五"期间，则建设了一大批"火柴盒"、"大兵营"，这些建筑物千篇一律，根本称不上是艺术，后来很多被拆除了，造成了很大的浪费。

对城市建筑的保护有着非常重要的历史、美学和文化意义。在这方面，我们犯过错误，北京城墙就拆得很可惜，现在又有人呼吁要修复。欧洲国家做得很好，伦敦、巴黎的老区基本保持着它们的旧貌，很多中世纪的建筑保存得相当完好。法国人认为建筑就是一种文化，由法国文化部来管理建筑。

建筑设计要坚持可持续发展的方针和以人为本的原则，努力实现经济效益、社会效益和环境效益的统一。目前，我国实行的设计管理体制基本确立于 20 世纪 80 年代中期，而大多数国有设计部门建立于五六十年代，许多还沿袭着计划经济体制的一套做法，严重地制约了设计人员的创新能力和积极性。与我国基本情况不同，世界上多数国家施工图设计是由承包商来完成的。中建一局四公司承建的中国工商银行大厦，设计由美国的 SOM 公司进行，它的设计只出了 60 多张图，而中建一局四公司则绘制了 6 000 多张施工图。国外的设计公司主要是搞方案设计，而我们向前苏联学习，搞了庞大的建筑设计院体系，大部分精力都集中在施工图设计上,而不是放在方案设计上。

要建立和完善注册建筑师制度,并保证这一制度的正常运作,明确注册人员的权利、义务,在平等互利的原则前提下,研究、制定和国外相互承认职业资格及在对方市场执业的一系列政策和办法。

推动设计行业的组织化、专业化。杜绝建筑设计市场中的一些个人行为,规范建筑市场。

设计方案的选择不能简单称之为招标,实际上应是竞选、优选。"设计方案竞选"是国际上普遍采用的选择优秀设计方案的一种方式。我国应建立设计方案竞选和评优制度,尽快推广重大建筑工程设计方案竞选制度。择优选择设计单位,通过评选优秀设计推动科技进步和设计水平的提高。我国已有很多设计方案的征集采用了竞选的方式,如国家大剧院,有国内外44个方案,经3次竞选才确定采用法国设计师的设计方案。还有上海组织了国内外住宅设计方案的竞选活动。

3.3 投标竞争原则

招标是应用技术经济的评价方法和市场竞争机制,有组织地开展择优采购成交的一种复杂的规范化的交易方式。从法律上讲,招标投标作为平等的民事主体之间就某项权益进行协商以达到预期后果的一种法律行为,是当事人双方经过要约和承诺两阶段订立合同的一种竞争性程序。招标投标在当前经济生活中得到了广泛的应用,不仅政府、企事业单位用它来采购原材料、器材和设备,而且各种工程项目(如建筑、电站、路桥、港口等)也广泛采用这种形式。世界银行贷款项目规定,必须采取公开招标方式进行,使其成员有平等的机会参加竞争投标。招标投标之所以能够得到如此普遍的应用,是因为实行招标投标制可以促进竞争机制的建立,它具有很多优越性。

招标制度作为在长期的经济活动中形成的一种成熟的、科学合理的工程发包方式,无论是对保证质量、提高工程建设的效益,还是对防止腐败,加强廉政建设,反对不正当竞争,都有着非常重要的作用。因此,加强监督管理,保证所有应当招标的工程100%招标,保证所有应当公开招标的工程100%公开招标,是健全完善市场竞争机制的主要内容。招标制度的特点主要有以下几点。

① 公开、公平、公正。在《合同法》第二百七十一条中规定,建筑工程的招标投标过程应依照有关法律的规定公开、公平、公正地进行。

② 程序性和组织性。招标交易过程有固定的程序,交易决策通常由集体作出,具有较强的组织性。

③ 竞争性。招标投标采取一次性报价方式,形成投标方之间的博弈。

我国已于2000年1月1日颁布施行《招标投标法》,它的正式出台对规范我国的建筑市场、完善经济法规、保障国家利益、维护招标、投标当事人的合法利益,有巨大的推动作用和现实意义。《招标投标法》明确了在中国境内进行的工程项目招标人、投标人的责任和义务，以及相应的法律责任。

我国建筑工程招标一般采取以下几种方法。

① 无限竞争性招标，也就是公开招标。由招标单位通过报刊、广播、电视等发表招标公告，具备相应资格的各建筑企业都可以积极参加该项投标活动。

② 有限竞争性招标，即邀请招标。招标单位根据工程特点有选择地邀请若干有承包能力的建筑企业前来投标。

议标（也称协商议标）是有限竞争性投标的一种，由建设单位选定其所熟悉并信任的建筑企业，通过个别协商的办法达成协议，签订承包合同。但我国《招标投标法》已经明文规定，不允许通过议标方式选定承包单位。

一般来说，根据投标书的性质可将其分为两种：商务标和技术标。商务标又称为经济标，评标时选择合理低价中标；技术标的主要内容是施工技术方案，评标时主要考虑其科学性、合理性和先进性。这里的合理低价中标是有规定的，报价一般不应超出标底的-5%～+3% 这个范围。在《招标投标法》中已明文规定，不允许低于成本价承揽工程。

在评标过程中，要从工期、质量和费用 3 方面来对标书进行综合考虑，这三者的关系是辩证的，是对立统一的。任何以缩短工期、节省费用为目的而损害工程质量的做法都是错误的，我们现在存在着"首长工期"、"献礼工程"的现象，经常会有"大干多少天"等的口号。即使这么做，首先得增加投入。不增加足够的人力、物力，还想节省投资和缩短工期，其结果只能是牺牲工程质量。

3.4 工程监理原则

监理是一种高智能的社会服务。我国《建筑法》中第四章建筑工程监理明确规定了监理的权利和义务。

我国实行建设监理是工程建设领域深化改革的一项重要内容，也是和国际惯例接轨的需要，自 20 世纪 80 年代末、90 年代初推行监理制度以来，至今已有 10 余年的时间，通过这么长时间的实践，已充分显示出建筑工程监理制度的优越性。

在实行监理制度的过程中，存在着这样或那样的误解，使得监理的职责很难定位和落实。很多人认为监理既然是业主选择的，就应该是业主的监工。这样的理解是不全面的。监理是指社会化的监理单位受业主的委托，依据承发包合同、相关法律法规、技术标准和规范进行高智能的咨询、监督与评估的活动。

监理服务的社会性质主要是由于建筑物本身具有社会性。建筑物的社会属性意味着建筑物是与其周边的环境相关联的。比如说，建筑产品牵涉到公众的利益，由于建筑物的损坏而蒙受损失的不仅仅是业主和承包商，还会牵涉到社会各个方面。监理工程师就是受业主委托，帮助业主对承包单位进行客观、公正地监督管理，力求建筑工程能够顺利地实现预定目标。

工程项目的建设既需要政府的纵向监督管理，也需要有社会监理单位的横向监督管理。政府必须加强规划、市政、消防、交通（包括灾难疏散）和质量的监督管理。而社会监理单位的主要职责就是我们常说的"三控制"、"两管理"和"一协调"。"三控制"就是指质量控制、进度控制和投资控制；"两管理"就是信息管理和合同管理；"一协调"就是协调工程项目参建各方的关系。

作为监理工程师，最主要的是具备职业道德。专业知识可以在实践中学习、积累，但是要有道德、要守法。如果与承包单位同流合污，监守自盗，业务水平再高，能力再强，也将是害群之马，贻害无穷。近年来，我国实行工程质量终身责任制，在一定程度上起到了制约的作用，但还不是解决问题的根本之道。一旦事故发生了，光靠惩戒几个人是挽回不了损失的，必须实行有效的政府监督和社会监理。

3.5　合同履约原则

合同有广义和狭义之分。广义的合同泛指一切以权利义务为内容的协议，狭义的合同是指民事合同。根据《中华人民共和国合同法》第二条规定，合同是平等主体的自然人、法人和其他组织之间设立、变更、终止民事权利义务关系的协议。

《合同法》第二百六十九条第一款规定，建设工程合同是承包人进行工程建设，发包人支付价款的合同。工程建设合同是承揽合同的一种，其主体是发包人和承包人；客体是建设工程，包括房屋、公路、铁路、桥梁、隧道、水库等工程。该建设工程含主体工程的建筑及其附属设施的建造和与其配套的线路、管道、设备的安装。在《合同法》中，对发包人和承包人的权利和义务做了明确的规定。

近年来，我们经常会提到 FIDIC。FIDIC 是国际咨询工程师联合会的简称。20 世纪 90年代已有 50 多个国家加入这个联合会，目前参加这个联合会的国家越来越多。该联合会制定和颁布了许多规范性文件，被广泛用于国际工程中。其中最著名、应用最广的是《土木工程施工合同条件》，简称"红皮书"。该《合同条件》即是业主与承包商订立承发包合同的规范样本。许多国际工程项目的承发包合同参照这个范本订立，它具有很高的科学性和严密性。主要体现为合同条件规范化、标准化，合同条款齐全，内容完整，权利义务关系合理，风险分配公平。它既科学地反映了国际工程的普遍做法，又融入了最新的工程管理方法。对施工中可能遇到的种种情况都做了详细的描述和规定，对一些问题的处理也规定得十分明确和具体。FIDIC 合同条件分为通用条款和专用条款两大部分。前者为通用的、普遍适用的惯例，适于所有土木工程项目。后者则针对具体的工程项目特点和要求，由双方协商形成。

现代合同管理的一个重要标志，是合同文本的规范化、标准化。这方面我国已做了较大的努力，先后在一些大型项目如京津塘高速公路、洛阳—开封高速公路、二滩水电站等工程中引入 FIDIC 的《土木工程施工合同条件》。对技术人员和管理人员来说，学习和掌握 FIDIC 合同条件是适应现代化项目管理，掌握现代化合同管理方法的基本要求。

我国在土木工程、水利工程领域引进和采用了 FIDIC 合同条件和管理模式，编写了适合我国国情的《世界银行贷款项目招标采购文件范本》。借鉴 FIDIC 合同条件的形式和部分内容，建设部和国家工商行政管理总局共同颁布了《建设工程施工合同示范文本》（GF—99—0201）。这些标准合同的建立，为合同规范化管理奠定了良好的基础。

《建设工程施工合同示范文本》是由《协议书》、《通用条款》和《专用条款》3 部分组成的，并附有 3 个附件：一是《承包人承揽工程项目一览表》、二是《发包方供应材料设备一览表》、三是《房屋建筑工程质量保修书》。

①《协议书》。《协议书》是《施工合同示范文本》中总纲性文件。虽然其文字量并不大，但它规定了合同当事人双方最主要的权利义务，规定了组成合同的文件及合同当事人对履行合同义务的承诺，合同当事人要在这份文件上签字盖章，因此具有很强的法律效力。《协议书》的内容包括工程概况、工程承包范围、合同工期、质量标准、合同价款、组成合同的文件及双方的承诺等。

②《通用条款》。《通用条款》是根据《合同法》、《建筑法》等法律对承发包双方的权利义务做出规定的文件，除双方协商一致对其中的某些条款做了修改、补充或取消外，双方都必须履行。它是将建设工程施工合同中共性的一些内容抽象出来编写的一份完整的合同文件。《通用条款》具有很强的通用性，基本适用于各类建设工程。《通用条款》共由 11 部分 47 条组成。这 11 部分内容是：词语定义及合同文件，双方一般权利和义务，施工组织设计和工期，质量与检验，安全施工，合同价款与支付，材料设备供应，工程变更，竣工验收与结算，违约、索赔和争议，其他等。

③《专用条款》。考虑到建设工程的内容各不相同，工期、造价也随之变动，承包人、发包人各自的能力、施工现场的环境和条件也各不相同，《通用条款》不能完全适用于各个具体工程，因此，配之以《专用条款》对其做必要的修改和补充，使《通用条款》和《专用条款》成为双方统一意愿的体现。《专用条款》的条款号与《通用条款》相一致，但主要是空格，由当事人根据工程的具体情况予以明确或者对《通用条款》进行修改、补充。

④《施工合同文本》附件。《施工合同文本》的附件，是对施工合同当事人权利义务的进一步明确，并且使得施工合同当事人的有关工作一目了然，便于执行和管理。

目前，在我国的工程项目管理中，合同管理一直是一个薄弱部分。导致这种局面的原因很多。第一，市场还很不规范，法律法规不健全，合同的法律保障不充分。第二，合同管理整体水平不高，合同双方都没有较强的合同意识，在发生违约、纠纷的时候，经常由"人情关系"、"长官意志"来解决问题，不注重依靠法律武器来争取自身权益。第三，改革开放以来，我们在经济上取得了惊人的进步，但是社会的信用还很差，社会环境和社会风气的影响使合同缺乏约束力。不正常甚至不合法的途径有时更容易获得经济效益。第四，在建筑市场中，由于体制和市场竞争等原因，在履行合同所规定的权利和义务方面，业主和承包商并不是平等的，相对来说合同对于承包商的约束较容易实现，而对业主的约束常常是无效的，甚至出现所谓的"阴阳合同"，表面一套，执行的是另一套。有很多情况，业主就是承包商的上级主管，这种情况之下，合同往往成为表面文章，一纸空文。因此，合同履行既要靠伦理道德约束，还要靠法律法规的强制执行。

3.6 投资回报原则

建筑活动在我国曾称为基本建设，建筑管理也称为基本建设管理。后来，基本建设又称为固定资产投资活动。固定资产投资一般包括公益性投资和商业性投资两种。在工程建设中，要遵循投资回报的原则。

对于公益性投资，一般由政府、社会公益机构等进行，是以公众服务而不是以赢利为目的的固定资产投资，主要针对一些公益性工程，如市区道路、广场等。从经济学的角度看，这类建筑工程属于公共产品的范畴。公共产品是指私人部门不愿意或不能生产而由政府提供的产品和劳务，一般具有非竞争性。对一些公共产品而言，尽管成本很大，但边际成本很小，甚至接近于零。由于公共产品的性质，理性的消费者会选择做免费的搭车者，而边际成本定价的市场原则也因为非竞争性而失效，因此导致市场失灵。在公益性投资中，所希望的最终结果是对社会有益。但是，并不是说所有的公益性投资都不进行经营，只不过其经营的收益用于该产品投资的回收及维护或公益性再投资。从经济学的角度来看，公益性投资存在着所有投资应具有的共性，即用有限的资源达到最大的效果。这个过程同样需要有效管理的支持。近年来，国内的不少城市都相继引入了"城市资源经营"的管理理念，对公益性投资建设项目进行开发管理，固定资产的保值、增值问题得到了较好的解决。

与公益性投资相比，固定资产的商业性投资主要是以赢利为目的的投资，如房地产开发等。

部分公益性投资及全部的商业性投资，是要考虑其预期收益的。因此，要进行项目的评估工作，来评价项目的收益。一般项目评价主要分 3 个方面，即财务评价、国民经济评价和社会评价。

一个建筑工程需要大量的材料、人工的投入才能建成，从投资的角度来看，建设项目一般经历 BOP 过程，即建设（Building）、运营（Operation）和偿还（Payment）。

在投资过程中，建设期间的投资所占比例较大。因此，建设期间的效益是降低投资成本的关键因素。这包括设计方案的优化、材料的采购、技术的选用及管理的有效性等内容。目前，我国图纸设计的浪费相当大，从而造成投资较大的浪费。另外，管理成本较高也是一个造成浪费不容忽视的原因。

建设项目投产的效益是投资增值的主要来源，也是项目成功与否的重要标志。为了保证项目投产的效益，需要进行严格的项目评估，准确把握项目的增值点；制定完善的项目操作规程和管理制度，保证项目投产后的正常运营。

值得一提的是，我国存在着非常严重的重复建设现象，违背了项目的保值增值原则。

目前，我们对项目法人的认识还存在一些误区，有一种比较普遍的观点是认为项目法人只是负责投产建设方面的事情，造成了职责不明，20 世纪中期曾出现所谓的"三拍"（拍脑袋上项目、拍胸脯干项目、建完项目拍屁股走人）、"三敢"（敢于找关系争项目、敢于贷款建项目、建完项目敢不还钱）、"三资"（垫资、拖资、欠资上项目）等极为不合理、不合法的现象。项目法人应该负责项目的策划、筹资、建设、施工、生产、还贷、资产保值增值等 7 个方面。这 7 个方面都要负责，其中以资产的保值增值为核心，可以说，项目法人责任制的本质就是资产的保值和增值。

3.7　结构寿命原则

在技术经济学中，将工程结构寿命分为技术寿命、功能寿命和经济寿命。技术寿命是指它能提供服务的期限；经济寿命是某资产继续服役的一段时期，由于在该期间它被认为提供了超过任何其他可能的替代方案的优良的经济收益。

结构的寿命是建筑物的重要指标之一，反映了建筑物的结构性能。一般结构物的设计寿命为 50 年，重大工程的设计寿命为 100 年。有些专家学者提出混凝土建筑物耐久设计寿命：钢—混凝土组合桥梁 120 年；坝 100 年；机场道面 30～50 年；船坞、码头 80 年；国内住房 60 年；办公、商业建筑 80 年；海上建筑物 100 年；纪念性建筑物 500 年。这些数据可作为参考。

在实际工程中，经常会出现一些建筑物尚未达到其使用年限就发生破坏的现象，原因有多种。除了不可抗力因素（如地震、洪水等）及人为破坏（如火灾等）外，主要原因多来自于结构设计的不合理、施工的质量不合格、建筑物所处环境及运营环境的改变，以及人类技术的局限性等。关于建筑物所处环境的改变，例如：近年来由于人类生存环境的恶化，有很多地区出现酸雨的现象，酸性的雨水渗入混凝土结构的保护层，腐蚀钢筋，降低了结构的承载力；又如构筑物运营环境的改变，现今的结构受力越来越复杂，承受的荷载也越来越大，已有的建筑物有一些不适应这些变化，就被淘汰了。我们可以通过结构的耐久性研究，来预测结构的使用寿命。然而，当前工程界对结构的耐久性的研究还有很多问题，实际工程中非正常的破坏大量存在，造成的经济损失非常严重。以美国为例，1980 年有 56 万座公路桥因除冰盐引起砼剥蚀和钢筋锈蚀，修复费用高达 250 亿美元，引起一阵研究除冰盐的热潮，但问题未能解决。到 1990 年，全国桥梁修复费用增加到 910 亿美元。我国建筑物耐久性问题也很严重。如 20 世纪 50 年代初建的大坝许多已成为陷入危境的"病坝"，截止到 1997 年底，佛子岭、梅山、响洪甸 3 座老坝共亏损 1 亿多元。又如连云港码头 1976 年建成，1980 年就发现钢筋锈蚀；京津两市的立交桥，使用时间还不长，就出现较严重的开裂和钢筋锈蚀；某机场跑道由于碱集料反应，1～2 年就报废；东北某大坝使用几年后就发生严重的冻融破坏；而房屋建筑渗漏锈蚀几乎到处可见。

另外，我们国家的结构使用期限的管理体制还很不健全，很多已超过其使用期限、没有经过加固处理的房屋还在使用。前两年，武汉收到一封英国建筑公司的来信，说该市的一座建筑物已达到使用寿命的期限，该建筑需做处理。由此可见，国外在这方面的工作做得很细致，管理也很完善。在我国，结构寿命问题尚需加深研究，特别是一些建筑物、构筑物到了结构寿命的检测维修或者拆除尚有待建立响应的标准、规范。

3.8　建筑安全原则

近年来，我国的基础设施建设得到了很大的发展，并取得了令人瞩目的成就。1999年用于基本建设的投入达到 14 440 亿元，约占国民生产总值的 16.6%。截止到 2000 年底，建筑业从业人员达 3 500 万，占全国工业企业总从业人员的三分之一强。如此规模巨大的投资和从业人员，所涉及的安全问题也就非常重要。从全球范围来看，建筑业的安全事故发生率超过各行业的发生率。尤其是这些年来，我国重大恶性事故不断发生。例如：重庆綦江的彩虹桥，死亡 40 余人，造成了非常恶劣的影响。这些使得我们对建筑安全管理的有效性需求就更加迫切。从目前发生的这些事故而言，主要反映出一些管理者的安全意识薄弱，建筑市场的法规还很不健全，监督机制不完善，以及建筑业从业人员素质还相对很低。

所谓安全，也称"安全性"，是指人没有受到健康方面的损害，财产没受到损失的状态或条件。安全作为系统的一项重要的功能属性，对系统的正常运作起着非常重要的作用。人—物—环境系统是构成社会形态系统的基本形式。因此，安全科学所研究的范畴主要在于人的安全、物的安全及环境的安全。

事故是一种不希望有的和意外的事件。它产生于危险的激发，继而连续或同时发生一系列事件。一般来说，当人的不安全状态与物的不安全状态在时间、空间的轨迹重合时，就会发生事故，这是安全人机工程学中的事故的轨迹交叉论。我在德国考察的时候，参观了一个企业，当时有一台电刨机在锯木材，陪同人员介绍这种电刨机非常安全，我亲自做了试验。当把手伸到电锯下面时，机器就自动停止了。这说明当人处于不安全状态的时候，机器处于安全状态，事故没有发生。然而有些时候，当人处于不安全状态或物处于不安全状态时，也会有事故的发生，如坠落、建筑机械的倒塌等。意外事件是否构成事故，需要根据其损失程度来进行判别，也就是说，并不是所有的意外事件都成为事故。

我国《建筑法》中确定的建筑安全生产管理的方针是"安全第一、预防为主"，要求建立健全安全生产的责任制和群防群治制度。

建筑安全管理的目标是减少或消除劳动者在生产劳动过程中危及到他们安全与健康的不利因素，同时减少因建筑安全事故导致的全社会（包括个人家庭、企业等）相关各方的损失。

从建筑行业的性质来说，安全概念的范畴不能仅限于建筑物的建造过程，还包含建筑物的使用阶段，建筑物能否被正常地使用关系到人身财产的安全问题。因此，具有更为广泛的社会意义。这样，建筑安全管理的内容就应该贯穿工程项目实施的大部分过程，包括建筑工程项目招投标中对施工单位资质的审核；设计的合理性、安全性和耐久性；施工过程中的安全监控；以及建筑产品的维修和养护等内容。

为了达到保证建筑工程项目顺利进行、消除事故隐患的目的，需要建立一个完善的建筑安全法律、法规体系和监督机制，合理的建筑工程项目操作程序，以及制定建筑承包单位安全管理制度，包括人员的上岗培训、施工机具标准操作规程、岗位责任制和奖惩机制等。

3.9　文明施工原则

近年来，我国在文明施工这方面的管理工作卓有成效，尤其在大城市，施工现场的管理比较完善。现在北京的施工现场就很少见到以往由于施工而导致的"下雨天到处泥泞，刮风天尘土飞扬"的情况。如果说安全生产是法规性、制度化，带有强制性，那么，文明施工标准化靠的是自觉性。然而，在管理层中还存在着对现场文明施工认识不足的现象。

很多人认为现场文明施工不外乎施工现场整洁、遮蔽好，材料堆放整齐等内容，甚至还有一部分人认为现场文明施工就是为了应付领导的检查，这是片面的。

现场文明施工的内容远不止这些，它能够反映出企业的面貌、管理者的素质和施工管理的效率。现场文明施工还应包括施工技术、施工人员的素质、精神面貌、道德行为等内容。建筑行业属于传统行业，我国很多建筑企业还没有形成比较完善的现代企业制度，尤其忽视了企业文化的建立。企业文化是企业中长期形成的思想作风、价值观念和行为准则，是一种具有企业个性的信念的行为方式，是社会文化系统中一个有机的重要组成部分。从广义的角度讲，企业文化是企业在实践过程中所创造的物质财富和精神财富的总和；从狭义的角度讲，是指企业经营管理过程中所形成的独具特色的思想意识、价值观念和行为方式。文明施工是企业文化的一种外在表现。

ISO 14000 标准是环境管理体系系列标准总称。该系列标准发布于 1996 年，到目前为止，该系列标准正式发布了 5 个标准。我国等同采用的国家标准代号是 GBT 14000 系列标准。ISO 14000 标准是在人类无限制地消耗自然资源，同时又破坏自然环境的情况下，规范从政府到企业等所有组织的环境行为，为企业建立并保持环境管理体系提供指导，使企业采取污染预防和持续改进的手段，从而达到降低资源消耗，改善环境质量，走可持续发展的道路。其中，ISO 14001《环境管理体系：规范及使用指南》标准是环境管理体系认证所依据的标准。也可以说，文明施工必须制定并遵循这类标准。

3.10　风险责任原则

风险是指人们在从事某项特定的活动中所遇到的、因不确定性而产生的经济损失、自然破坏或损伤的可能性。

　　建筑工程项目投资规模大、工期长，潜伏的风险因素多。在工程项目实施过程中，业主和承包商将会面临来自诸如政治、经济、技术、市场、自然等诸多方面的风险。工程项目中的风险，有些是工程项目各方面当事人所共有的，而有些则是不同当事人所特有的。

　　风险一般可分为政治风险、经济风险、合同风险、自然风险等。所谓风险管理，就是人们对潜在的意外损失进行辨识、评估并根据具体情况采取相应措施进行处置，防患于未然，或是在无可回避时寻求切实可行的补救措施，使意外损失降低到最小程度。工程项目风险管理是对一个项目可能出现的风险进行控制和管理，其目标是实现投资、工期、质量和安全的控制。

　　对工程风险管理有多种对策，但基本的选择主要有3种，即风险自留、风险控制和风险转移。在美国，各类工程合同签订的过程，同时也是工程风险的转移过程。在发达国家，风险转移是工程风险管理采用最多的措施。风险转移有两种形式：一是保险；二是保证担保。

　　工程保险的险别主要有以下两种：

　　① 建筑工程一切险（Contractor's All Risks Insurance）；

　　② 安装工程一切险（Erection All Risks Insurance）。

　　工程担保属企业行为，主要是业主为了避免遭受承包商因财力或能力不足而造成的损失，而要求承包商提出工程保证，万一工程因故无法顺利进行时，由第三人出面保障业主的权益。而承包商也同样具有要求业主进行履约保证的权利，以防因业主的责任使工程无法顺利进行而受到损失，使自己的合法权益受到保护。工程保证一般有以下几种：

　　① 投标保证（Bid Bond）；

　　② 履约保证（Performance Bond）；

　　③ 质量责任保证（Maintenance Bond）；

　　④ 付款保证（Payment Bond）；

　　⑤ 预付款保证（Advance Payment Bond）。

　　我们应建立并推行工程风险管理制度，用经济手段约束和规范建筑市场各方主体的行为。

　　① 抓紧研究制订工程风险管理制度的方案，争取尽快建立以工程担保和工程保险为主要内容的工程风险管理制度，用经济手段约束和规范建筑市场各方主体的行为，保证工程质量、安全生产和合同的履行。

　　② 凡具备条件的地方，都应当积极开展工程担保和工程保险的综合或单项试点。当前，工程担保应重点建立并推行投标担保、业主工程款支付担保和承包商履约担保，工程保险应重点建立并推行建筑职工意外伤害保险、工程质量保修保险和勘察、设计、监理等企业的职业责任险。

　　市场经济是法制经济和信用经济的结合，建立规范的市场经济，也是降低风险的重要途径。

3.11　标准规范原则

标准是阐明在特定条件下一个事物、概念的规定。1991 年，ISO 和 IEC 在联合二号指南中对标准定义为："得到一致或大多数的同意，并经公认的标准化团体批准，作为工作或工作成果的衡量准则、规则或特殊要求，供有关各方共同重复使用的文件"。对标准化的定义为："针对现实与潜在的问题，为制定供有关各方共同重复使用的规定所进行的活动"。同时，在附注中特别强调"标准化包括制定、发布和实施标准的活动，其作用是改善产品、生产过程和服务对于预定目标的适用性"。我国国家标准 GB3935-1《标准化基本术语 第一部分》规定了标准化的定义，即标准化是在技术、经济、科学及管理等社会实践中，对重复性事物和概念通过制定、发布和实施标准，达到统一，以获得最佳秩序和社会效益。国际、国内对标准化的定义，其基本内涵是相符的。标准化的根本任务是制定标准和实施标准。标准是标准化工作的主要成果，标准的特性与标准化所具有的特性是完全一致的。

标准化由来已久，而且随着生产和科学技术的发展而发展。在建筑方面，公元前 1600 年，埃及的金字塔，采用某一常数为建筑模数，构件和房间是一个常数的倍数，这是标准化数学的萌芽。我国万里长城上的砖是标准化的，长城的高、宽及对敌台的间距有统一的尺度标准。宋时李诫用 45 年的时间，总结编制了"营造法式"，是一部最为系统的建筑标准化著作。清朝满清政府颁布了"工程做法则例" 70 卷，是世界上建筑标准化巨著。北京故宫的宏伟工程建设，是此著作的实践成果。

在我国标准化工作领域，工程建设标准是重要的组成部分。目前，我国的工程建设标准有强制性标准和推荐标准两种，按发布的层次划分为国家标准、地方标准和行业标准。按内容可分为设计标准、施工规范（标准）和管理规程等。

由于目前我国工程建设的装备水平、施工技术信息化程度较低，与国际先进水平有较大差距，因此工程建设标准的信息化程度也较低。随着我国加入世贸组织，大型工程的公开招标将更加激烈，不但面临着国内市场的竞争，而且面对国际市场的竞争。因此，应当健全建筑标准化组织机构，完善建筑标准化体系，包括规划、勘察、设计、生产或施工、检验或验收等标准、规范、规程的制定和实施，发挥标准化工作在加强科学管理、组织工业化生产、规范建筑市场技术行为、保证建筑产品的使用功能和安全等方面的重要作用。

我国在《建筑技术政策纲要》（1996—2010）中，对在建筑行业推行标准化提出了前瞻性的要求。

要完善强制性标准和推荐性标准相结合的体制。在此基础上，建立建筑技术法规与建筑技术标准相结合的体制。

继续重点制定有关保障人体健康、人身财产安全的强制性标准；加速制定供建设单位和企事业单位自愿采用的各种推荐性标准。

继续完善房屋建筑的模数协调体系，加速制定各类建筑制品和设备的产品标准，提高建筑制品和设备的定型化、系列化和通用化程度，提高建筑工业化水平。

推动企业建立、健全以技术标准为主体，包括工作标准和管理标准在内的企业标准体系。鼓励企业结合自身的特点制定高水平的企业技术标准，建立、健全实施标准和对标准实施进行监督的组织机构，以增强本企业参与市场竞争的能力。

结合国情认真研究、积极采用国际标准和国外先进标准。积极参与国际标准化活动，承担国际标准化工作。加强标准实施和实施监督工作，继续建立、完善工程和产品的安全和质量监督、检测机构，逐步建立产品准用证制度和质量认证制度，实施企业自控、行业管理、政府监督、社会监理、用户评价相结合的质量监督体制。

3.12　科技领先原则

建筑业企业原本属于劳动密集型企业，知识含量较低。但建筑业企业如果要在日益激烈的竞争中求生存、谋发展，就必须加强知识资本管理，提高企业竞争力，向知识密集型企业转变。

邓小平同志提出"科学技术是第一生产力"，江泽民同志也曾提出"科教兴国"的发展战略方针。科学技术如何转化为生产力，主要靠创新。著名经济学家熊彼特在《经济发展理论》中定义创新有5种情况：

① 引进新产品；
② 引用新技术，即新的生产方法；
③ 开辟新市场或某一部门不曾进入的市场；
④ 控制原材料或半成品的新供应来源；
⑤ 实现企业的新组织。

根据这5种创新的情况，建筑业可以从以下几个方面寻求新的利润增长点：

① 新型建筑产品，比如新的结构形式、新的使用功能等；
② 新的生产技术、施工工艺、建筑节能技术；
③ 新的市场；
④ 新型建筑材料；
⑤ 新型企业、项目管理模式、承发包和投融资模式。

建筑产业作为国民经济的支柱产业之一，它的发展与社会的进步有着不可分割的关系。科学技术作为促进社会发展的主要动力，对建筑产业有着非常重要的影响。以钢结构为例，我国建筑行业经历了节约用钢——合理用钢——鼓励用钢的过程，这与我国钢铁生产技术的进步是密切相关的。随着我国建筑业的发展，一些新型的结构形式，如空间网架、索结构、膜结构正在兴起，轻质、高强的新型建筑材料，如钢管混凝土、纤维混凝土、合金钢等广泛地应用到工程领域中，计算机辅助设计、专家系统、地理信息系统已得到比较普遍的使用。当代要以新型工业化的理念指导建筑技术创新，要以高技术改造建筑这一传统产业，要以建筑技术政策大力推进建筑科技进步。

　　我国建筑业企业正由计划体制下的直线职能式组织结构向矩阵式组织结构转变，并且逐步实施集团化战略，进行企业改组与改制。建筑业企业为了适应信息化的发展，应该运用合理的管理模式，创办新型企业，如日本的建筑企业多为管理型企业，平均人数仅 10 人/公司。而在承发包、投融资模式方面，已由传统的业主-承包商模式发展为可以适应各种工程类型需要的建设工程承发包模式。建筑的科技领先原则也应包括管理创新。

第4章 建筑管理的基本特点和规律

中国经济的持续稳定增长为建筑业的发展提供了广阔的空间，也对建筑业提出了更高的要求。建筑业竞争力要靠两条腿：一是硬件（如施工技术、建筑材料），二是软件（主要是管理）。

建筑管理作为一门科学，需要研究其特点和规律。所谓特点，就是事物的存在和发展区别于其他事物存在和发展所特有的性质或表现；所谓规律，就是事物固有的内部联系和发展趋势。规律不是人们创造和发明的，是客观存在的，是不以人的意志而转移的。人们可以认识规律、发现规律和掌握规律，但不能创造规律。

4.1 建筑管理的基本特点

4.1.1 建筑业产业构成中的劳动密集

（1）技术构成表现相对比较低

我国建筑业存在"两个滞后"，"两个落后"。所谓"两个滞后"，就是指理论和教育上的滞后。所谓"两个落后"，就是指管理和技术上的落后。

首先，从人员构成来看，在建筑工程施工现场有大量的农民工。我国3 500万的建筑队伍中，农民工要占2 500万，的确存在着大量建筑工人的素质相对较低的事实。有一个市长说："天上怕个雷公，地上怕个民工"。许多民工没有经过专门的培训，缺乏建筑基本知识的操作技能。建筑队伍的整体素质较低，有限的工程技术人员又多集中于公司的管理部门，缺乏真正在施工现场既懂理论又有实践经验的人。民工不懂规范、不知标准、违章操作、盲目施工的现象非常普遍。在过去，我们实行八级工资制，一个人进厂先跟师傅学徒3年，然后出徒，学应知应会，过两三年到一级工，再干两三年到二级工，聪明人到五十多岁退休前能到八级工，大多数到六十岁退休了才六级工。现在的农民扔掉锄头进城就是八级工。回过头来看，八级工资制还是有一定的科学道理的，对严格工人技能起到了很好的作用，我们不能全盘否定计划经济时代的东西。

其次，从施工方式上看，尽管科学技术已发展到很高的水平，工业产品科技含量越来越高，现在工业产品完全可以通过电子操作或者自动化生产线完成，工业自动化程度越来越高。但是，建筑产品还不能通过自动化来完成。在建筑施工现场，还有大量的人抬、肩扛这样的原始方式，很多情况下是靠延长工作时间、增加体力消耗来加快工作进度的。建筑业的民工是很苦的，有的地方的民工提出口号叫"吃三睡五干十六"（一天三小时吃饭、五小时睡觉、十六小时干活），这是违反劳动法的。我们的卸砖作业，常用翻斗车就地一倒，结果是损失40%左右的红砖；过去我们在铁板槽里搅拌砂浆，现在随便找个地方就搅拌，在水磨石地面上，甚至在浴缸里搅拌砂浆，把新浴缸都搞坏了。德国建筑业规定：凡是搬运30 kg以上的重物必须使用机械搬运，用人工搬运是违法的。而我们100 kg的东西也用人工抬上去了。在德国，测量是用红外线测量、小型吊车是遥控无人驾驶的、红砖都是用塑料布包起来的。而我们在这方面很粗放、差距很大。

最后，从产品特征上看，过去采用砖混结构，后来又采用大板房全装配结构。现在，大量的是采用现浇混凝土结构，又开始发展钢结构，长安街上的工商银行就是采用钢结构。现在钢结构的成本比人家高，钢结构只有大规模地应用，靠技术创新，成本才能降下来。目前，钢索结构（如广州体育场）等也在大规模发展。

（2）个别产品的技术含量及其趋势含量高

像绿色建筑、节能建筑、智能建筑、钢结构建筑、复合结构建筑等的技术含量是很高的。中国的建筑技术发展是不平衡的，从整体上看，建筑产业的技术构成很低，但是在一些局部，如一些高难度建筑上，技术含量并不低。我国主要依靠自己的力量建成了广深准高速铁路、南昆铁路及成渝、杭甬等一批高速公路和特大型桥梁。上海杨浦大桥采用双塔双索面叠合梁斜拉桥，主跨602 m，创造了世界斜拉桥跨度之最。由上海建工（集团）总公司承建的88层高的金茂大厦，高度420 m，总建筑面积29万 m^2，居全国首位，世界第三。我们还掌握了一批"高、大、精、尖"设备的安装和调试技术。如长120 m、重380 t的上海东方明珠电视塔天线，整体提升安装到350 m高的塔座上。总之，世界上最先进的技术中国有，但我们的总体水平还是很低的。

（3）努力的方向

首先，建筑管理科学亟待发展，这是市场的需要、产业的需要、也是企业的需要，要根据时代特征研究建筑管理科学的发展。应当认清并研究产业构成低的特点，逐步提高产业构成。其次，还应当清醒地意识到产业构成低、劳务密集的特点不是短时期内可以解决的，既要发展高新技术又要提高劳动者的素质。除了管理科学化之外，还要发展、引进和推广新结构、新材料、新设备、新工艺和新技术；要用高新技术对传统产业进行技术改造，如应用电子计算机实现对传统建筑产业的信息化改造。

一般来讲，一个产业的成长形态会依次经历劳动密集型阶段、资本密集型阶段、技术密集型阶段。但建筑业产业由于其自身的特点，不一定经过资本密集型阶段，即建筑产业由劳动密集型阶段直接转到技术密集型阶段。这是从产业总体素质的角度来讲的。在同一阶段中，不同地方的建筑产业会有差异，即使是同一地方的建筑企业，也会有差别。

4.1.2　建设前期是建筑工程造价的重点控制阶段

作为建设项目投资者，都希望以最低的价格、最短的工期获得质量优、性能好的工程。对工程造价而言，根据项目的生命周期及项目当事人关系，工程项目造价的源头应在建设前期，工程建设前期应作为工程造价控制的重点阶段。

如图 4-1 所示，从项目的发展周期来看，影响造价程度最大的阶段是约占项目建设周期 1/4 的技术设计结束前的工作阶段，其影响程度为 75%～95%；在技术设计阶段，影响项目造价的程度为 35%～75%；而在施工阶段，影响项目造价的程度仅为 5%～35%。由此可见，在技术设计结束前的工作阶段，对项目造价影响程度最大。这是因为，对于一般的建筑工程，材料和设备的消耗费用大约占工程成本的 70%，而这样高比例的

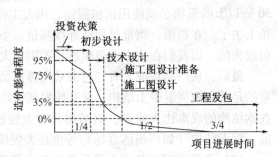

图 4-1　工程造价影响程度示意图

费用，都是在设计阶段随着建筑设计、建筑结构型式、材料选用、设备选型等确定的。在工程建设过程中，虽然费用支出最多的是施工阶段，但由于"遵守标书"、"按图施工"是承包商必须遵守的原则，因此施工阶段所进行的造价控制主要不是控制工程成本，而是控制工程进展中可能增加的新的工程费用，这种造价控制是有限的。实际上，工程造价的高低及是否合理，在设计阶段已决定。

按照国际惯例，建筑工程在标底一定范围内的标价可视为合理标价，超出这个范围，即视为不合理标价。由此可以看出，承包商不能为追求承揽项目，以超出合理范围的低价承包工程。企图在施工、设备采购阶段大幅度地降低成本，以求保本、赢利是不现实的。因为在施工、设备采购阶段，降低工程造价的空间已经非常有限。

4.1.3　投标报价承揽工程的机会性

（1）行业过度竞争

市场是商品供求关系的总和。建筑市场是买方（即建筑工程发包方）和卖方（即建筑工程设计、供货、施工、监理单位）力量的结合。长期以来的"买方市场"反映了供大于求的对比结果。建筑工程对众多建筑业企业而言，僧多粥少。现在，一个招标项目往往有十几家到几十家承包商来竞标，3 500 万的建筑队伍必然存在过度竞争的问题。竞标者越多，中标几率越低、中标价也越低，利润就越薄。

建筑市场的竞争力量主要来自以下几个方面：

① 众多现有建筑业企业间的竞争；

② 潜在竞争者的威胁，如建筑行业外施工安装企业对建筑业的渗透；

③ 建筑工程业主通过招标方式实现企业竞争报价，业主具有很强的议价能力；

④ 随着建设项目法人真正成为拥有资本金，具有融资能力，能够独立承担法律责任的投资开发企业。市场需要一批同时具备设计、采购、施工、培训、试运行总承包能力的实力强大的企业。

（2）投标报价目标的多样性

由于投标单位的经营能力和条件不同，出于不同目标和策略，对同一招标项目，可以有不同投标报价目标的选择。

① 生存型。投标报价是以克服企业生存危机为目标，获得企业现金流。

② 补偿型。投标报价以补偿企业任务不足，追求边际效益为目标。对企业而言，以亏损为代价的低报价，具有很强的竞争力。

③ 开发型。投标报价是以开拓市场，积累经验，向后续投标项目发展为目标。投标带有开发性，以资金、技术投入为手段，进行技术经验储备，树立市场形象，以便争得后续投标的效益。其特点是不着眼一次投标效益，用低价吸引招标单位。

④ 竞争型。投标报价是以竞争为手段，以低赢利为目标。报价是在精确计算报价成本的基础上，充分估计各个竞争对手的报价目标，以有竞争力的报价达到中标目的。

⑤ 赢利型。在投标报价中充分发挥自身优势，以实现最佳赢利为目标，投标单位对效益无吸引力的项目兴趣不大，对赢利大的项目有信心，不太注重对竞争对手的动机分析和对策研究。

不同投标目标的选择是依据一定的条件进行分析决定的，其中，竞争型投标报价目标是投标单位追求的普遍形式。

（3）不正当竞争行为

由于过度竞争，建筑市场中经常出现不正当竞争行为，暗箱操作、行贿受贿严重。据统计，全国检查机关近几年查处的十多万件贿赂案中，涉及建设领域的竟占 63%。作为政府、行业要下大力气规范整顿市场，做到市场信息公开、市场竞争公平、市场监督公正。

建筑工程招标应遵循公开、公正、平等竞争的原则。评标、优选中标单位是招标活动的关键环节。由于评标、选择中标单位是一个系统工程加多目标决策的过程，而且其中有许多影响评标的因素难以定量化，因此应结合工程实际特点，采用科学、有效的决策方法，针对不同的投标方案做出正确选择。

（4）企业在市场竞争中的行为

SWOT（Strengths，Weaknesses，Opportunities，Threats）模型将企业相对于竞争者的优势（Strengths）、劣势（Weaknesses）与经营环境中的机会（Opportunities）、威胁（Threats）相结合。在企业的经营过程中，企业要通过分析环境与自身的状况，一方面了解环境变迁的趋势，以掌握对企业经营有利的机会，逃避环境对企业的威胁；另一方面要发现自身的优势、劣势，以发挥自身的特长，弥补企业经营方面的劣势。可以说，企业经营决策实质上就是一个运用自身优势去实现环境机会的过程，包括投标决策。

SWOT 模型是将企业优势（S）、劣势（W）、机会（O）和威胁（T）分别加以评估，并采用点数评估法，将上述各项予以量化，S、O 为正分，W、T 为负分，组成坐标，如图 4-2 所示。

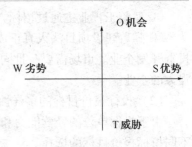

图 4-2　SWOT 模型图

在第 1 象限，企业宜采用扩张策略：增加投标次数；选择标价较大者投标；作价计入较高利润；独立投标；扩充项目执行人员或对外分包。在市场有效率、竞争充分的环境下，处在该象限的时间不会持久。

在第 2 象限，企业宜采用联合策略：与有优势的企业组成联合体或做其分包；利用代理实力；增强资质、业绩；吸纳人才资源；加强公共关系；满足特殊要求。

在第 3 象限，企业宜采用收缩策略：大量削减投标；裁员；缩减开支；撤资；重新选择目标市场。

在第 4 象限，企业宜采用微利策略：慎重选择投标机会；选择投资历要求高的标；选择低价保质产品；保本微利。

由于受到风险的影响，环境对企业提供的机会不可能是一成不变的。在 SWOT 分析过程中，机会与威胁、优势与劣势之间的明显界限被打破，代替的是一个幅度较宽的模糊转化层。在这个转化层内，随着风险的影响和作用，环境的机会、威胁，企业的优势、劣势都会发生相应的改变。

当前，由于过度竞争，不少建筑业企业面临利润下降的问题。国外一种管理理论认为：利润的下降是企业竞争能力减弱的明显标志。企业领导层应及时抓住这个变化，以这个变化为题做文章，克服过去的"成功综合症"，使组织摆脱惰性，树立变革的决心。作为企业，首先要合法经营；还要研究提高中标能力、掌握中标技巧。在企业投标决策时，企业要将自己相对于竞争者的强势、劣势与经营环境中的机会、威胁相结合进行统一分析。建筑业企业的核心竞争力就是拥有从事工程建设的专门施工技术能力，即"建"和"安"。企业领导层要具备柔性思维的能力，从概念和技术上都可以向其他成功企业借用或移植。企业要建立正确的市场营销观——即建立在一定时期内，占统治地位的、贯穿于企业整个市场营销活动的总体指导思想和行为准则，以市场为中心来开展生产经营活动。在企业投标决策时，企业一方面要对内部的优势、劣势及外部的机会、威胁进行科学分析；另一方面还必须树立动态、发展的观念，积极主动改善自身条件，赢得更多的发展机会。

4.1.4　建筑施工生产的特性

（1）建筑产品的单件性和固定性

每个建筑物都各具特性，不是按简单重复的模式批量生产，这就是建筑产品的单件性。因此，对承包商来说，承建每一个新的建筑工程项目都可以说是一次新的开始。

建筑物和构筑物又都是固定在某个地点的，不能做空间的转移，而且寿命长，一旦建成，建筑物就长期存在，建筑产品只能在建设地点生产、买卖和使用，无法进行异地交换、调配。这就有建筑规划的问题。此外，建一座建筑物要在远离公司总部的不同工地现场进行，有人、机、料的流动问题，还要大量吸收、利用当地的资源，如当地的民工、当地的砂石水泥等，还有现场管理组织问题。

（2）建筑产品施工生产的流动性和重复性

尽管每一座建筑物是不同的，但应当看到，建筑施工是一个以工人在现场组装为主的劳动密集型的流动作业。在建筑工程施工中，混凝土浇筑、立模板、布设钢筋、砖石砌筑是反复进行的工作。建筑物是不同的，但不同中又有相同，相同中又有不同，这就是建筑施工的特点。在实际工作中，工程管理人员往往不注意施工作业中人力和物力的损失，仅仅以预算为目标，而不以工地效率为目标进行管理，没有很好地挖掘重复性作业中的可提高效率的潜力。在整个工作计划上，承包商应当研究重复流动作业的工效关系，优化工作程序。

（3）项目管理组织的一次性

项目管理组织是针对一个项目组建的。随着一个项目的执行而建立，又随着项目的结束而解体。有 3 个"一次性"的特点，即项目是一次性的成本中心；项目经理部是一次性的施工生产临时组织机构；项目经理是一次性的授权管理者。因此，项目管理组织必须体现优化组合和动态管理的原则。

（4）需要研究的问题

根据建筑施工生产的特性，目前需要研究的主要问题包括：

① 工程项目管理和建设监理制度问题；
② 项目经理的职业化建设问题；
③ 项目管理科学的研究和发展问题；
④ 项目生产要素和资源优化配置的市场化问题。

4.1.5　建筑过程中的个人责任

（1）决定因素

修建一座建筑物，首先要有建筑师的设计方案。过去提倡方案是大家共同做出来的，不是某个人的创作。现在不提倡这种观点。这就好比问一幅画是谁画的？大家一起画的；一件时装谁设计的？大家一起设计的。实际上应该是某某画家的创作，某某时装设计师的作品。建筑设计方案具有艺术价值，是个人的创作，不是委员会集体研究出来的成果。

施工中的现场强调指挥责任，凡是艺术、凡是指挥，个人的责任都很强。尽管在施工现场要和大家商量、要和大家研究，但指挥者还是起决定作用。就像演奏一首乐曲，是手持指挥棒的指挥者带动、控制着整个乐队。当然，指挥者发扬民主、多听大家意见是很重要的，但指挥者的作用是最重要的。

（2）专业人士执业资格注册执业制度

根据上述特点，就有了专业人士制度。比如建筑设计方案是建筑师个人的创作，艾菲尔铁塔那么宏大，是艾菲尔的创作；中银大厦是贝聿明的创作。结构的安全与经济是结构工程师的责任；造价（成本）的预计和控制是造价师的责任；业主的项目管理，总监理工程师要负责任；承包商的项目管理，建造师要负责任。在国外，专业人士有极高的信誉制度，一旦失去信誉，就再也不能从事这个行业。目前，我们正在过渡阶段。尽管已建立了注册结构工程师、注册监理工程师、注册造价工程师等制度，但还没有真正达到个人负责的程度。我们的情况是：个人对自己的单位负责，单位对社会负责。如一个设计方案，个人对设计院负责，设计院对社会负责。在国外是专业人士个人对社会负责，出了问题要追究专业人士的责任。在我国，法律所赋予专业人士的权利和责任还没有到位。既然权利和责任没到位，对他们的追究和惩罚也就不可能到位。有人形容我们的监理人员像打更的老头，每天现场"转一转，望一望"，没有管该管的事情，没有尽到监理的责任。我们现在也正逐步开始追究个人责任。应建立和健全责任赔偿制度，在建设咨询领域建立责任保险制度、担保制度，使责任赔偿制度化、法制化。

在当前，建筑业有两种人才要特别注意开发。一种人才是工程项目经理。他们是企业法人代表在工程项目上的委托代理人，是某工程项目的责任主体。我国正在大力推行项目管理，不断推进行项目管理规范化，全面实施项目经理责任制。目前建筑企业尚缺乏大量质量合格的复合型项目管理人才，尤其缺乏合格的一级项目经理。

另一种要注意开发的人才是造价工程师。我们正在大力进行建筑市场的建设，建筑市场的运行机制有价格机制和竞争机制。其中，价格机制的实现要靠造价工程师。造价工程师是按照《建筑法》中"建筑许可"制度建立的一种执业资格制度。造价工程师无论对企业、对社会、对市场都是一类关键人物。

正是因为有上述问题，所以要加强专业人士的法律责任和职业培训，现在我们有了一整套的项目经理、监理工程师、造价工程师的培训教材，有规范的全国统考制度。我们不仅要扩大专业人士的数量，更应该提高专业人士的质量，真正提高专业人士的执业水平。

4.2 建筑管理的基本规律

4.2.1 投资的波浪规律

1. 固定资产投资波浪规律

"固定资产投资"的概念最早是跟前苏联学的，称为"基本建设"，后来又改称"基础设施建设"，现在又使用了国际上通行的"固定资产投资"的说法。固定资产投资建设主要有三大方面，一是国民经济的基础设施建设，如能源、交通、原材料、水利、通信等方面，它们关系着国民经济发展的命脉，这些方面国务院有专门的部委负责；二是城市基础设施建设，包括城市道路、城市供排水、供热、供电、绿化等；三是住宅建设，主要是改善人民的居住条件，包括城市和农村的住宅。在住宅建设方面，从历史的角度纵向看，我们的居住条件有了很大改善，不少地区达到人均住房面积 10 m^2、12 m^2；但与发达国家横向比较，与他们平均一人两间房的条件相比还相差很大。

固定资产投资波浪规律是指一个国家的固定资产投资不是一直往上涨的，而是有波浪规律的。建国以来，我国固定资产投资大致有过 3 次大的涨落。第一次是 1958 年的大跃进年代，固定资产投资有 3 000 亿元左右；第二次是文化大革命结束后的 1978 年，搞洋冒进，投资达到了五六千亿元；第三次是 1987—1988 年，固定资产投资规模又涨；到了 90 年代初期开始调整，调整到大约 10 000 多亿元；1993 年以后一直稳步增长，现在固定资产投资规模大概是每年 30 000 多亿元。

投资的波浪规律反映了固定资产投资上涨一段时间后，又调整下来一段时间，然后再上涨，再调整，形成一定的涨落周期。现在，我们比较重视投资规模的控制，力争使投资规模平稳上涨。但是，投资规模也不会一直上涨，过一段时间又会有所下降。要防止投资规模的大起大落。所谓"软着陆"，就是防止投资规模的大起大落对国民经济的影响。表 4-1 反映了我国建国以来经济增长与投资的情况。

表 4-1　我国建国以来经济增长与投资情况

五年计划	国内生产总值		基本建设投资		固定资产投资		投资率 %
	亿元	年增%	亿元	年增%	亿元	年增%	
一五时期	4 689.0	6.7	588.5	12.2			24.2
二五时期	6 572.3	1.5	1 206.1	-13.0			30.8
调整时期	4 403.3	14.3	421.9	36.1			22.7
三五时期	9 555.7	5.6	976.1	11.7			26.3
四五时期	13 452.7	5.9	1 763.9	5.5			33.0
五五时期	18 325.5	8.6	2 342.2	6.4	6 084.1	7.5	33.2
六五时期	32 227.0	14.7	3 410.1	14.0	7 997.6	19.4	34.8
七五时期	72 550.1	15.7	7 349.0	9.7	20 593.5	16.5	36.1
八五时期	188 127.8	25.8	23 584.3	34.2	63 808.3	36.9	40.0

2. 投资上涨对国民经济的作用

投资上涨对国民经济有 3 种作用。

① 与国民经济同步增长，我国的固定资产投资每年增长 15% 左右，国民经济总产值每年增长 8% 左右，增长率的比值大概是 2∶1。

② 拉动国民经济增长，建筑业的总产值一般要占国民生产总值的 3% 左右。

③ 建设投资能带动许多行业的发展，如带动建材、冶金、轻工、交通、通信、机电、纺织等各行业的发展。当前，我国建筑业的完全消耗系数大约为 2，即每增加 1 元的建筑业

产出，需要消耗其他部门的产出约 2 元，可使社会总产出增加约 3 元。

建筑业又是一个劳动力密集型行业，每百万元的固定资产投资，在建筑业能安排 60 个人就业，在工业则只能安排 10 个人就业。在当前和相当长的时期内，我国劳动力市场供大于求的矛盾十分突出，总体就业压力很大，就业形势严峻。发展建筑业，可以创造更多的就业岗位，缓解就业压力，具有明显的经济和社会效益。表 4-2 展示了 1998 年建筑业对其他产业部门的完全消耗系数。

表 4-2 1998 年建筑业对其他产业部门的完全消耗系数

序号	产业部门	完全消耗系数	序号	产业部门	完全消耗系数
1	农业	0.050 03	10	金属产品制造业	0.312 61
2	采掘业	0.177 24	11	机械产品制造业	0.270 80
3	食品制造业	0.022 28	12	建筑业	0.007 93
4	纺织缝纫及皮革制造业	0.055 61	13	交通运输业	0.101 33
5	其他制造业	0.116 34	14	商业饮食业	0.137 21
6	电力蒸汽热水生产供应业	0.065 75	15	金融保险业	0.056 45
7	煤炭煤气及石油加工业	0.075 39	16	公用事业及居民服务业	0.039 16
8	化学工业	0.162 53	17	其他部门	0.018 95
9	建材及非金属物品制造业	0.343 68		合计	2.013 29

3. 投资波浪规律带来的问题及其对策

① 投资大幅上涨的时期往往是质量问题和安全事故最多的时期。如前所述，建国以来我国有过 3 次投资规模的大增长，同时，三次质量事故和安全事故的大增长也在相应时期。大跃进年代图快，放卫星，一百天建一栋楼，建了很多危险房。我们在投资上涨阶段要高度重视工程质量和施工安全。近几年建筑业发展很快，问题也极多。全国每年因建筑工程倒塌事故造成的损失和浪费在 1 000 亿元左右，有 20% 的建筑工程没有达到国家规定的质量标准。

② 产业规模的弹性控制。我国建筑业企业常常在投资上涨的时候招兵买马扩大队伍，投资下降的时候减员。现在的建筑队伍有 3 500 万，规模太大。应根据投资波浪规律研究对产业规模的弹性控制问题。

③ 产业市场的延伸。国内建筑市场有上涨的时候，有收缩的时候。因此，建筑业企业要考虑多元化和国际化的问题。所谓多元化，就是向其他行业渗透；所谓国际化，就是走出国门、打入国际建筑市场。前者是涉足不同领域的产业，后者是涉足不同地区的产业。我国的建筑业从业人数占世界建筑业从业人数的 1/4，我国的人口占世界的 22%，而我们在国际市场上只承担了不到 5% 的建筑工程项目，差距很大，潜力也很大。

④ 历史给予的启示。分析建国以来建筑业受基本建设波动的影响和 20 多年的改革实践经验，可以得出一个启示：在改革开放以前的计划经济条件下，建筑业企业的效益是随建筑需求的增减而起落的。在改革开放、引入市场竞争机制之后，建筑业企业经济效益的好坏虽然仍与建筑需求密切相关，但已不再是一种简单的函数关系，它还取决于宏观政策导向、改革措施的衔接配套和企业经营机制的完善。否则，即使建筑业企业产值每年以百分之几十的速度增长，企业的效益不但不增长，还有可能下降。如 1985—1996 年，就出现了建筑业企业产值与经济效益逆向增长的情况。

总之，投资的波浪规律是客观存在的，认清该规律的目的是为了制定应对政策、应对措施，以避免再犯盲目发展队伍之类的错误。

4.2.2　合约双方的信用交易和社会价值规律

1. 合约双方的信用交易行为

建筑工程交易活动和一般的商品买卖不一样。比如，当买一件衣服时，首先要考虑这件衣服的款式、布料、价格，然后决定是否买这件衣服。而对于建筑产品，是先交易、后生产。业主通过招标方式确定生产者，并以合同形式明确买卖双方的经济关系，建筑产品的生产过程也就是其销售过程。双方在签订合同时，建筑产品并不存在，最多是有图纸，但有时连图纸都不全。合约双方之所以能够签订这个合同，实际上是双方的相互信任，是一种信用交易。这种信用交易不仅在业主与承包商之间是如此，总承包商选定分包商也是如此。分包商究竟能否干好分包工程，只有等干完了才能知道。但在实际上，分包商在完成相应分包工程之前就被选定，这也是一种信用关系。这种信用关系构成的是甲乙双方共同管理、相互依存、相互促进的关系，而不是简单地一手交钱、一手交货。因此，在建筑工程实施过程中必须突出管理，很多项目出现工程质量问题与放松管理是很有关系的。一个项目的成败，建设单位、总包、分包、设计单位都要承担各自的责任，这就是项目成败的共同责任关系，从法律上讲，就是所谓的"连带责任关系"。

2. 信用的伴生物——风险

合约双方既然是一种信用关系，就会伴生很大的风险。买了一件衣服，觉得不好可以退、换，也可以扔掉。一般的产品出口不行还可以转内销，但建筑产品却不能这样。产生风险的根本原因在于信息的不对称。尽管经过资质审查、经过招投标，但业主根本不了解、也不可能了解承包商的全部：如现场施工所用人员、具体施工方案、工程材料等；同样，承包商也不完全了解业主：如工程款能否及时到位，会发生什么样的工程变更，业主提供的材料设备的质量如何，等等。由于信息不对称，使得买卖双方并不掌握对方的情况，从而给双方都带来很大的风险。合同的基本目的就是在发包人和承包人之间合理分配风险，并通过风险分配，明确各自管理的重点和责任。合同双方必须树立风险意识，分析识别合同条款中明示和隐藏的风险因素。通过风险识别，可以在招投标、合同谈判到执行合同的全过程中采取慎重有效的技术、经济和组织措施，对风险加以监视和防范，从而规避风险，取得良好的社会和经济效益。

3. 信用与监督管理

朋友之间讲友谊是很重要的，但对建筑工程而言，监督比信任更重要。我在德国时，德国的同行讲："没有监督，天使也会变成魔鬼"。那么靠谁来监督呢？过去是靠政府监督。北京市起码有 2 000 个工地，市长管不过来，北京市建委也管不过来，只能靠众多的中介组织，如监理组织的参与。尽管履行合同的还是承包商，但建设单位利用监理公司投入到了工程的管理上。在国外，造价有造价的中介组织，质量有质量的中介组织，合同有合同的中介组织，分工很细，专业化程度很高。在香港，有测量师行，把各种工程的造价都管了起来。国外还有很多的顾问公司，提供方方面面的咨询。实际上，中介组织的责任是很大的。而我们的中介组织存在的问题是专业化程度不够、水平不高。因此要大力发展中介服务组织，特别是提高其专业水平。

4. 建筑产品的社会价值决定了政府部门的依法调控监督

建筑工程不完全是你买我卖这样简单的甲乙双方买卖的关系，建筑产品的社会价值很大，牵扯到很多方面。建一栋楼就要在地球上留下痕迹，建筑产品的社会价值规律决定了政府部门要投入很大的力量。我国审批一个项目要几十个部门盖章，美国也是如此。在美国，建一幢校舍 16 个部门要盖章。一个项目很多政府部门都要管，城市规划、市政、消防、城市供水、电气、信息档案等都来管。政府部门本来应该进行宏观管理，但对具体的建设项目，政府部门必须进行调控。政府对项目要一个一个地审批，进行微观的管理。例如，建设一个项目，首先土地要审批，审批土地要两个证，然后规划要审批，规划方案要审批，设计要审查。政府既要调控业主方、又要调控承包方。如果施工单位施工时灰土很大、噪声很大，政

图 4-3　政府与业主方、承包方的关系

府就应当管。在香港，只要一个老太太给主管部门打一个电话告你施工噪声太大或者告你施工阻碍交通了，主管部门或者法院就会把你叫去，或者罚款或者上法庭。可见，政府对业主方和承包方都要进行依法监督，其关系如图 4-3 所示。

4.2.3 合同履行的长期（长效）规律

1. 履约期的内涵

在工程未开工之前，有相当一段时间是工程建设的预备期，以业主为主，承包商也要参与；施工期是指从开工到工程竣工的时间，竣工以后又有新的开工——即开始投产；保证期是承包商对工程质量的保证期限，如对防水，要保证 5 年；对供暖、供冷设施要保证过两个暖冷季节；对主体结构要在整个设计使用的合理年限寿命期内终身保证。这是建筑产品与一般商品的不同之处，建筑产品不是简单的一手交钱一手交货，建筑产品合同的履行是长期有效的。这就是所谓的长期（长效）规律。

2. 结构安全的全寿命期

《建筑法》规定，建筑工程实行质量保修制度，保修的期限应当按照保证建筑物合理寿命年限内正常使用、维护使用者合法权益的原则确定。《建设工程质量管理条例》还规定，建筑物在整个设计使用的寿命期内，必须确保地基基础和工程主体结构的质量，这就是所谓的"工程质量终身责任制"。

3. 合同履行的政策研究

① 履约过程的政策配套。履约的长效性决定了履约过程中的政策要配套。现在，我们履约过程中的很多政策是不配套的。在工程建设领域存在着严重的问题：如拖期、拖欠、垫资、压期、压级、压价、三角债等。我国固定资产的投资规模是 30 000 亿元，其中用在建筑业的占到 60%～70%，也就是 18 000 亿元以上，而拖欠的工程款就有 6 000 亿元，占的比重相当大。这些问题不解决，有可能成为社会的不安定因素。而要解决这些问题，就必须有相应的配套政策。

② 履约的长效责任政策。建筑工程的履约是长效的、不是短效的。因此，必须考虑工程质量保证期的确定问题，如结构保证期、防水保证期、装饰保证期、门窗保证期、水电热供应管线的保证期等。这就是所谓的履约长效责任政策。

4.2.4 履约风险与灾害的测不准规律

1. 风险的种类

在工程建设履约过程中有风险和灾害测不准的问题。工程建设履约过程中有一项费用叫"不可预见费"。之所以称为不可预见，就是有测不准的问题。建筑工程面临的风险大致可分为以下几类：

① 设计、施工、采购等超出了合同规定的工期；

② 遇到未曾预料到的不利的地质条件；

③ 异常恶劣的气候条件；

④ 材料费和人工费出乎意料地上涨；

⑤ 施工中的人员伤亡、设备损坏；

⑥ 施工质量问题造成的事故或缺陷；

⑦ 建设成本超出预算；

⑧ 被合同的另一方索赔或反索赔；

⑨ 不可抗力（洪水、地震、罢工、战争等）；

⑩ 项目建成后不能投产，等等。

2. 质量、安全的相关因素

质量的相关因素有很多，主要包括以下几方面。

① 人的因素。如组织机构的整体素质，个体的知识、能力、生理条件、心理状态、质量意识、职业道德等。

② 材料的因素。包括材料采购、材料检验、材料的仓储使用等。没有合格的材料，不可能有合格的建筑工程。

③ 施工设备的因素。"有了金刚钻，才揽瓷器活"，企业要拥有与工程相适应的施工设备。

④ 施工方法的因素。确定施工方法要预先充分估计到可能发生的施工质量问题。

⑤ 环境因素。包括自然环境、管理环境、劳动作业环境等。

安全的相关因素大致可分为：不安全的行为、不安全的状态、不安全的管理。而且还往往出现多种原因综合在一起的更复杂的原因。

3. 测不准条件的风险应对

① 建立科学的风险管理体系，形成完善的项目风险控制机制。在全面深入认识建筑工程风险的基础上，通过合同在业主与承包商之间确立合理的风险分担机制，使合同双方风险责任和风险管理目标明确，从而及时预见潜在的风险，为各方适时采取措施，规避风险，明确责任。

② 完善保险保障体系，建立风险转移机制。为了降低业主和承包商的风险，应建立全面的保险保障体系，使主体工程、设备采运及工程建设中投入的人财物被不同的保险险种所覆盖，通过投保有效地转移和分散风险。保证和担保也是一种风险转移方法，将经济损失的风险转移给了保证人。

③ 履约赔偿和索赔。履约赔偿和索赔是很正常和合理、合法的情况。履约赔偿是一种处罚行为。当合同一方因对方不履行或未能正确履行合同而遭受经济损失或权利损害时，可通过一定的合法程序向对方提出经济或时间赔偿的要求，从而减免损失。索赔是一种补偿行为。由于非承包商原因（也可能不是业主原因，如不可抗拒的自然灾害等）造成承包商事实上的损失，承包商就有权提出索赔。国外工程索赔有专门的索赔专家，国内还不能完全开展索赔工作，存在不懂索赔、不会索赔、不敢索赔、不让索赔的问题。因此，应加强索赔管理的宣传，提高索赔意识，使参与建筑管理的各方充分认识、了解索赔对提高管理水平，保证合同双方权益和经济效益的作用。

4.2.5 建筑工程项目文化的层次规律

1. 建筑工程项目文化的层次

文化是广泛的意识存在。每个工程项目的目标、理念、行为、环境构成该项目区别于其他项目的特色与差异，可以清晰地按照其特有文化区别于其他系统。项目文化是指项目特有的领导风格、管理方法、工作水平、成员素质、成员信仰、价值观和思想体系，是有意无意中指导项目的准绳；项目文化是项目内部环境的综合表现，是在项目实践中形成的项目成员普遍接受的对项目目标的认同感、价值观、道德观、行为规范和项目组织氛围。挪威学者安德森认为，项目文化就是基层组织对项目工作的态度和理解。项目文化决定了项目成员对精神满足程度的确认，对项目成员的行为、态度具有影响力，从而内在地决定了项目成员的行动取向。健康的项目文化能最终将项目成员引导到一个共同的总体努力方向上，而工程项目的顺利完成正需要有这样一个共同的群体意识。

建筑工程施工管理实行项目经理责任制，施工项目管理是应变管理，项目经理部是临时的，项目组织的边界是弹性和开放的，项目组织随着工程进程的不同阶段、工作重点的转移、人员的调整而需要不断变化。团体动力论认为，项目团体与其成员间的相互影响即构成了项目团体行为的动力，项目中每一成员都受环境的影响，同时又构成环境的一部分。项目文化可以分 3 个层次：在项目成员工作和交流的过程中，产生了本工程项目特有的语言习惯、人际关系、办事效率、质量、安全、环保、节约意识等行为表象，可称为项目文化的表象层，该层是评判"文明工地"的重要依据；在此基础上逐步形成了项目上的行为规范、项目制度，可称为制度层，制度层是衡量项目经理部管理水平的标尺。良好的表象层和制度层是"创优工程"的关键；最终确立处理和认识问题、判断是非、衡量事物及满意度的无形的准则体系，成为思想行为的指南，可称为价值观层，在这一层次上产生诸如"优秀项目经理"、"杰出青年突击队"等品牌。这样，从行为表象到关系、结构，再到价值观的确立，创造出自己所在工程项目的文化；已经形成的价值观又对关系与结构的确定，以及行为表象具有反作用，影响着它们的形成；关系与结构也同样影响和作用于价值观和行为表象。总之，3 个层次之间是相互作用、相互影响的。

2. 项目文化的作用

项目文化的作用主要表现在以下几个方面。

① 影响管理效率。适宜的文化可以导致高效的工作，建立一种有利于实现项目目标的无形机制，引导项目成员对项目目标的认同，并增强项目成员的责任意识，有利于项目经理全面组织对工程项目工期、质量、成本、安全及各项目标实施全过程强有力的管理。

② 创造氛围。工程项目的参加者从项目经理、技术人员到大量的民工各有其不同的背景，健康的项目文化犹如润滑剂，给有各种期望、抱负和技能的项目成员以互相了解的时间和条件，创造良好的沟通、团结氛围，凝聚人心，形成整体一起作战。优秀项目经理范玉恕带过的民工们说"跟老范干就算累死也心甘"，正是极佳工作氛围的体现。

③ 激励作用。健康的项目文化唤起项目成员的进取精神和克服困难、主动改善项目环境的意识。一种健康的项目文化，会使项目成员的潜能获得发挥而为项目目标的实现积极工作，人的自我价值也可以在"创名牌、树精品"的施工过程中得以实现，使建设者们获得极大的成就感。

④ 约束作用。项目文化约束项目成员的不良心理和行为，使之遵守项目行为规范和职业道德，严肃劳动纪律，减少质量、安全事故隐患，减少浪费，防止违纪违法事件发生。

⑤ 示范作用。项目组织都是临时的，项目文化的连续性在项目发展中起重要作用，项目结束后，项目成员可将建设健康项目文化的方法传播给新的项目，为新项目带来示范效应。正是这一点，使一些优秀的施工项目经理能带领不同的施工队伍连连创优。

总之，项目管理应体现人本原理，使其建立在"人是项目的精髓"这一核心思想上。

通过对项目文化概念、功能的剖析，将开阔施工项目管理人员的视野；项目文化建设将给项目目标的实现带来意想不到的好处；项目文化应成为施工项目管理者可以充分利用的管理方法之一。

4.2.6 建筑业承建和房地产开发的关联规律

1. 建筑业和房地产业的交叉

房地产业有 3 个环节：第一个环节开发建设是把获得的土地由生地变成熟地，实现"五通一平"，然后进行营造建设。这是建筑业的生产活动；第二个环节是流通环节，即卖房子，这实际上是建筑产品的商品化过程；第三个环节是消费，有服务、维修、物业管理。维修也是建筑业的生产活动。由此可见，建筑业和房地产业的内涵是交叉的、知识是共用的、经济是共存的、人才是共享的，二者的关系如图 4-4 所示。过去认为建筑业和房地产业是分离的，当时规定国有建筑业企业不准搞房地产，使建筑业企业吃了很大的亏，房地产开发商占了很大的便宜。许多房地产开发商并没有钱，就是从建筑业企业挖了几个人，从银行贷款盖房子挣钱。

图 4-4 建筑业与房地产业的关系

海南一家国有大型建筑业企业的一位总工讲过她的亲身经历：曾有香港两兄弟在海南搞房地产开发，这位总工既帮他们联系土地，又帮他们联系设计院，还托关系帮助他们在银行贷款，费这么大劲的目的就是为了使自己所在的单位获得该工程的施工任务。结果，施工了 3 年，赚了 600 万元，而香港两兄弟一年就赚 1.2 亿元。如果当初由自己单位去开发，赚的钱绝对不应是 600 万元。建筑业企业就像农村养猪人，一年 365 天，每天辛辛苦苦喂养，生猪卖掉没赚几个钱。而房地产开发企业就像卖肉的，把生猪买来宰杀了再卖肉，两天就赚了养猪人一年挣的钱。

当然，房地产业和建筑业也是有区别的。房地产开发商有前期策划管理（重在投资管理），有前期策划和管理的艰辛，同时也有非常大的销售风险。房地产业还有地产、产权、产籍管理等问题。但应当看到，建筑业也是可以向前延伸的，可以延伸到项目的前期策划；向后延伸，可以延伸到项目的物业管理。如同修建一条高速公路，公路能建，难道建完了不会收费、不会管理吗？通过资本的积累和营销管理的学习，遵循资质管理规定，建筑承包商的经营业务可以延伸到开发商的业务领域。

2. 有条件的共同发展原则

建筑业是我国国民经济的支柱产业之一，我国需要大量的住宅，建筑业中很大一块是城乡居民的住宅建设。因此，建筑业和房地产业要共同发展。建筑业发展不了，房地产业也发展不了；反之，房地产业不发展，建筑业也发展不快。像中建总公司这样的大企业，如果不搞房地产，整天就是来料加工盖房子，很难发展。现在有的大的房地产开发商也在收购建筑公司，开始有了自己的建筑队伍，把建筑业和房地产业结合到了一起。

4.2.7 施工企业经营利润"两低一高"规律

1. "两低一高"的内涵和对行业的影响

所谓"两低一高",是指建筑施工企业人均利润率低、产值利润率低、资本金利润率高。

一方面,建筑施工不是高附加值产业,施工企业人均利润率很低,平均人均年利润不到200元,有的企业还是负数。另一方面,建筑施工企业完成的产值很高,几个亿、几十个亿,像中建总公司年产值600亿元,但产值利润率却很低。20世纪80年代,建筑业平均产值利润率为6.15%,资金利润率为6.39%。1985年城镇以上建筑施工企业的产值利税率为4.18%,1996年4级及4级以上建筑业企业的利税率为4.3%,其中,国有建筑业企业只有3.4%。对一个建筑工程项目来说,如果不考虑垫资、拖欠等违规因素,在项目开工时有预付款,进展到各个程度又都有进度款,这样,建筑施工企业不需要自己投入太多的资本金。因此,相对而言,建筑施工企业的资本金利润率高。正是由于这个特点,使得建筑行业门槛低,很容易进来。在农村"富裕田地多栽树,富裕劳力搞建筑",谁都能搞建筑。因为搞建筑业,不需要多少投资,建筑企业比较灵活,不像工业企业必须有自己的资金、厂房、车间和专业机械设备从事生产。比如建一个啤酒厂,要土地、要建厂房、要买设备、要原料、要人员工资、要市场销路等,花大笔钱才能把啤酒生产出来再卖出去赚钱。而搞建筑不需要这么大的投资,几个人合伙可以成立一个公司,没有技术人员可以从社会上聘请,可以召集民工施工,也可以高薪聘请到大型建筑企业的高级人才,设备机具也可以从租赁公司租用等。这说明建筑业的要素市场大。

2. 施工企业的原始资本积累性

一般地,施工企业不是靠高附加值,而是靠原始资本积累发展起来的。有的企业开始靠搞建筑施工一点一滴地积累资金,然后又进入到房地产业等附加值高的行业,取得迅速的发展。施工企业的原始资本积累性给企业股份制改造和上市公司的分红带来问题。施工企业的资金积累主要不是靠投入大量的资本金获得的,如果靠股本金利润分红,辛辛苦苦创造点利润,一分红就把利润全分掉了,企业难以积累资金获得滚动式发展。

当前,关于项目经理部的组建能否搞项目股份合作制还存在着争论。1999年1月,中国建筑业协会工程项目管理专业委员会在北京召开工程项目管理专题研讨会,认为项目经理部的组建不宜搞项目股份合作制。因为股份合作制是股份和劳动相结合的企业财产组织形式,它必须有一个载体,就是按股份投入的财产应有明确的使用主体。由于项目是一次性的,项目完工、项目解体后使用主体即不存在。项目搞股份合作制,一旦资金投入以后,通常就凝固在项目固定资产之中,没有办法退出。项目实行股份合作制所带来的最大危害就是可能造成企业国有资产流失等经济损失。

3. 施工企业的成长与发展

施工企业的成长与发展在于转变经营机制、稳固主业、实行一体化和多元化经营、建立高效的用人机制。

（1）转变经营机制

在努力实现社会主义市场经济体制改革目标的大前提下，我国建筑业企业的改革正逐步从宏观制度的改革转向企业内部竞争机制的建立。建筑市场也将建立和完善主体责任机制、竞争机制、供求机制、价格机制、保障机制和监督管理机制。建筑业企业决策层在市场机制日益变化的形势下，能否以市场需求为导向，及早建立起市场竞争和市场营销观，实现从单纯的施工单位向自主经营、自主开发的经营实体的根本性转变，成为企业在竞争中可否生存，可否发挥优势，增强企业发展后劲的关键要素。施工企业应尽快实现从管理能力和市场开拓能力弱、施工力量强，向加强管理能力和市场开拓能力，保留施工技术骨干，增强项目管理能力的转变。应从过去的施工生产型转向生产经营型，并进一步转向资产经营型。通过加强资本运营，寻求生产要素的合理配置，改善公司的资本结构，实现国有企业资产的保值增值，延伸企业的生命周期，给企业带来长期稳定可观的经济增长点。

（2）稳固主业

随着经济结构调整，社会需求的扩大，建筑市场具有巨大的发展空间。建筑业企业应充分利用主业资源，强化主体，发挥技术特长，致力于建立技术优势和服务优势的综合能力，保证主业经营业绩的连续性。在政府严格建筑业企业资质管理，优胜劣汰，推动建筑业企业转向联合重组的过程中，为数不多的竞争力强、管理先进、信誉极佳的优秀大型建筑业企业应充分发挥市场机制的有效作用，在优胜劣汰的市场竞争中发展成核心企业。

过去，由于业主依靠设计院对建设工程的投资、质量、进度控制已在合同文件中做了明确的规定，承包商之间主要是价格和资质的竞争，在其他方面发挥的空间很小。随着企业法人责任制的建立，业主的成熟，承包商可通过在造价、质量、进度方面的发挥取得竞争优势。这要抓好两个关键环节：一要强化投标班子，投标班子对招标文件吃得透，反应快，能在过去成功工程经验的基础上制定合理、针对性强且富有新意的技术措施，它的中标率就会高；二是强化项目经理责任制，建立以项目经理部为考核对象，以项目经理部完成公司确定的工程利润和上交公司管理费用为主要考核内容的经营目标管理体系，其关键是选择好项目经理，项目经理是企业窗口和形象的化身。可以说，项目经理的水平有多高，工程的管理水平就有多高。

在建筑市场竞争体制逐步建立和完善的情况下，相当数量的建筑业企业被无情的市场竞争淘汰出局，其中包括在过去十多年中承建过大型建筑工程而得到一定发展的建筑业企业。这些企业因项目一时接不上，就使一支数千人的施工队伍陷于瘫痪状态。因此，企业领导要树立这样的意识：像蜜蜂采集花粉一样，无论对国家重点工程，还是地方项目，都要积极主动参加投标竞争，盯住不放，一跟到底，"西瓜要抱，芝麻要捡"。发动全体职工利用各自的社会关系，多角度、全方位搜集、跟踪信息，建立起市场开发的信息反馈网络；鼓励各项目经理部和施工处在保证完成施工任务的同时，主动向社会上"延伸"，开发工地周围的"卫星"项目。

（3）一体化战略

一体化战略包括纵向一体化战略和横向一体化战略。

① 纵向一体化战略。建筑业企业可与设计院、制造厂、涉外公司通过经营资源的互补进行联盟，强强联合，组建具备建设总承包能力的大型企业集团。这样的集团不求多，但求强，要真正具备参与国际工程总承包的竞争能力。

② 横向一体化战略。以一个实力较强的建筑业企业为核心，通过联合地域相近、结构相同的几家施工企业，组成"企业航母"，实现资源共享，并减少业内施工队伍的无序竞争。大型建筑施工企业还可将自身业务拓展到咨询、设计、监理领域。

（4）多元化经营

房屋建好后，水、暖、气、电等均需要日常维修，这是物业管理的一项重要内容。物业管理公司为了保持较少的人员编制，一般都需要外援，建筑施工企业涉足这一市场最具先天优势。

建筑施工企业可利用自身技术优势和精良设备进入到焊接、起重、电梯、消防、电气安装等领域，还可进入到金属结构、非标件制作和建材加工领域。如某建筑施工企业投资建设了一条年产 12 000 万块粉煤灰烧结空心砖生产线，取得了可观的收益；同时分流了部分职工，减轻了企业负担。

成立租赁公司，开展大型施工设备租赁业务。在建筑施工淡季，将设备租赁给市政、交通等其他行业，盘活存量资产。

适时进入第一、三产业。应当注意的是："三产"应成为真正意义上的企业全面走向市场，除为本企业提供部分服务外，更应全面面向社会开拓业务，避免出现本企业兴则兴，本企业衰则衰。

（5）精干队伍，建立高效的用人机制

大多数国有建筑施工企业都存在人员结构不合理，人员膨胀，企业包袱重，企业资金积累困难。企业应探究市场条件下的用人机制，如削减非正式职工，剥离辅助生产单位，分流后勤服务人员，提前退养，转岗就业；建立内部开放、竞争型的人才市场，能者多酬，留住人才，使人员结构趋于合理。同时，积极推进企业内部住房制度和医疗保险制度改革，与社会接轨，建立完善的社会保障体系。

第5章 建筑管理涉用的基本方法

在管理科学中，如果把管理思想、管理理念、管理体系比喻成管理科学的骨骼，那么，管理方法就是管理科学的肌肉，两者结合，才成为完整的管理科学。管理方法是管理科学的重要组成部分，没有管理方法，就谈不上管理科学。

所谓管理方法，是指为达到一定的管理目的而使用的管理手段和技巧。管理方法的内容很丰富，有什么样的管理对象，就有什么样的管理方法，但有些管理方法对不同的管理对象又是通用的。建筑管理方法，是指一般方法、建筑工程管理方法、建筑产业管理方法和建筑业企业管理方法的总称。

当前，科学的工程管理还没有受到重视，不少地方领导、部门领导不敢否定自然科学，但却敢于否定管理科学。所谓的"狠抓管理"、"从严管理"只是当做口号。结果往往是项目建成了，但落后的、盲目的、粗放的管理方式，却造成了管理成本的极大浪费。出现这些问题的根源，在于科学的管理方法还没有完全树立起来，这是建筑管理学科建立起来最重要的内容，是迫切需要解决的问题。下面是对建筑管理涉及应用的基本方法的简要归纳。

5.1 一般方法

（1）组织协调的方法

在建筑管理中，无论是建筑工程管理、建筑产业管理，还是建筑业企业管理，都与方方面面的很多要素发生关系。因此，组织协调工作非常关键。如在一个施工现场中，有砖、瓦、灰、砂石等建筑材料，有各种成品、半成品，有各种施工机械，还有各工种的工人，这些生产要素都要组织好、协调好，特别是要把各类人员组织好。同时，在工程建设管理中，还要协调来自各方面的信息。如在从事项目的开发建设时，既要遵守省一级建委的规定，也要遵守市一级建委的规定；既要遵守环保部门的规定，也要遵守公安部门的规定；在城区施工还要遵守街道办事处的规定，等等。再加上新材料、新技术、新工艺层出不穷，与项目建设有关的信息量非常大。在此环境下，建立科学的协调解决方案具有重要的指导作用。

管理工作既是一门科学，又是一门艺术，这是和硬科学的一个重要区别。工程建设领域的组织协调工作中，也应该讲究管理艺术，即创造性地分析问题、解决问题的智慧和才能，以及灵活的策略、独特的方式、恰当的手段和巧妙的方法，等等。

（2）信息化管理的方法

目前，工程建设系统的各个行业在国民经济中占有较大份额，但多属传统产业，科技水平不高、管理手段滞后，企业大而不强、小而不专、竞争能力较弱等状况普遍存在。信息技术的出现和运用，对于提升企业的技术水平和管理水平，提高产品质量和企业竞争力起到了推动作用。目前，一些先进企业在建筑施工中，已开始探索应用计算机控制和辅助管理系统进行施工组织管理、工程概预算管理、材料管理和人力资源管理。特别是在一些专业施工中应用了计算机信息处理和自动化控制等先进技术，不仅降低了成本、减轻了工作强度，而且克服了传统施工方法难以解决的复杂问题，使一些高难度的施工项目得以顺利完成。

对于建筑业企业，首先应在企业财务管理、成本管理、投标管理、合同管理、项目管理、物资管理等方面实现信息化。同时，开展技术攻关，尽快实现生产进度控制、现场施工管理、质量控制、材料选购和调配等施工辅助管理方面的信息化，最终达到利用信息技术实现企业的优化管理和科学决策的目标。

（3）调查研究的方法

这里所说的调查研究，主要是针对市场进行调研，掌握大量的信息，为决策提供依据。作为施工企业，可以对当地建筑市场在建的项目数量和进展程度，以及当地施工企业的数量和竞争力进行调研。作为房地产企业，可以对当地的写字楼市场、商品住宅市场供需情况等进行调研。

通过市场调研，利用所掌握的信息进行比较是非常重要的。具体地说，比较又可以分为3种。第一种是纵向比较。就是将今天与昨天进行比较。目前，不管是一个部门，还是一个企业，往往通过这种比较来总结现在的工作成绩。第二种是横向比较。如将这个城市与那个城市、这个项目与那个项目、国内与国外进行比较。通过这种比较，往往能找出差距。根据1996年有关资料，国内最大的建筑业企业为中建总公司，职工24.3万人，营业额49.6亿美元；日本大成公司，职工1.3万人，仅为中建的1/20，营业额136.2亿美元，却是中建总公司的近3倍。还有，美国《工程新闻记录》杂志（Engineering News Report, ENR）评选出的世界225家最大承包商中，中国在1984年仅有中建总公司1家，2001年已有34家，纵向比较进步很大，但是如果横向比较，这34家的国外收入总和却不及前5名中的任何一家，而仅是列第一位的Hochtief公司（德国）的52%。第三种比较是属于深层次的比较。这种比较不是简单地罗列数字，而是进行深入地优劣势比较、区位比较、技术特点比较等。

现在，很多管理专家都在研究比较科学，可见这种方法的重要性。实际上，市场竞争需要互相比较，比较是竞争的前提，是自身发展的源泉。

（4）因果分析的方法

无论是工程质量事故，还是安全事故，结果往往是比较单一的，而原因可能是复杂的、多种多样的。例如在施工过程中，由于脚手架突然倒塌造成了安全事故，分析其原因，可能有法律法规方面的原因，有技术方面的原因，有现场管理方面的原因，有人为的原因，还有天灾的原因，等等。当然，在这些原因中，有主要和次要的区别，只有抓住主要原因，对症下药，才能解决根本问题。目前，工程建设领域常用的因果分析法主要有层别法、柏拉图法、5W2H 法和鱼骨图法。其中 5W2H 分别指 Why，What，Where，When，Who，How，How much。

在工程建设管理实践中，因果分析法是经常要用到的。如现在世界上凡是因地震造成建筑物倒塌的，经过调查分析后，几乎都要追究承包商责任。日本神户地震，追究了一建筑公司的责任，原因是发现在倒塌的建筑物混凝土中有易拉罐；台湾地震，抓捕了十多个承包商，封了几十家承包商的账户，原因之一是发现许多施工没有遵守有关规范规定，等等。另外，对政府有关部门的决策失误，也可以通过采用因果分析的方法查明原因，避免今后再出现类似的错误决策。

（5）统计分析的方法

统计分析的方法大量地用于经济活动分析。当然，这种方法还可应用于营销管理、物料管理等方面。在工程建设领域，统计分析方法属于工程经济的范畴。从业主角度讲，项目建设初期考虑融资问题，进入实施阶段考虑如何节省投资的问题，项目竣工投入运营的时候考虑工厂的投入产出及如何降低运营成本的问题。从承包商角度讲，也分为类似的 3 个阶段，初期考虑报价问题和合同预算问题，施工中考虑降低成本问题，完工后考虑资金回收、工程评估、成本分析等问题。

对于一个经营中的企业，或是一个运行中的项目，这种经济活动分析，是分阶段不断进行的，常常是以月、季度或半年为一个周期。无论是管理一个企业，还是管理一个项目，这种统计分析都是非常重要的。对于一个施工项目来说，项目管理人员如果不注重或不善于有规律的经济活动分析，而是等到最后再来算总账，可能会面临极大的风险。

（6）管理优化的方法

管理优化也可称为决策优化。1978 年的诺贝尔经济学奖获得者赫伯特·西蒙曾提出"管理就是决策"。实际上，决策是管理的核心内容，它贯穿于整个管理过程，一旦决策得到优化，就可以节约资源，降低成本。因此，管理实际上就是决策优化的过程。这一过程大致可分为 3 个阶段：一是在有了明确的目标之后，列出所有可能的方案；二是在各种可能的方案中进行决策，确定比较满意的方案付诸实施；三是付诸实施之后，组织专门的调查小组检查决策的执行情况，以便随时反映决策的好坏优劣。若是好的决策，就继续执行下去；若是不好的决策，要及时地加以调整、改进和完善，最终使决策最优化。

任何领域的管理都存在如何进行决策优化的问题。在工程建设管理领域，常常会在可行性研究阶段把项目的若干个方案进行比较，从而选择一个最佳方案；或者在技术设计阶段进行诸多设计方案的比较；或者是在组织施工阶段把多种施工方案、施工工艺进行比较、选择，等等。这些都是决策优化的具体体现。在国外，有些咨询公司就专门提供这种管理优化或者说是决策优化的服务，有一批专门研究如何优化的人员，帮助一个部门或者一个企业进行某一方案或决策的优化。

5.2　建筑工程管理方法

（1）项目融资的方法

从事一个项目的开发建设，首先要疏通融资渠道。我国早期的项目筹资效仿前苏联的模式，全部是政府投资、政府拨款。到了改革开放初期，实行"拨改贷"。以后由于政策不到位，又出现一些无本经营的现象。如中国第一批房地产开发商，几乎都是没有任何资本，全靠银行贷款搞项目开发。出现这些问题后，国家开始推行项目法人责任制，强调从社会融资，并要求有一定比例的资本金，同时拓宽了各种融资渠道。

归纳起来，目前的融资手段有很多，既有国家拨款，也有银行贷款；既可以发行股票，也以发行债券。举世瞩目的三峡工程项目就采用了多种融资手段，包括葛洲坝电厂每年的利润、三峡建设基金、银行贷款、发行企业债券，等等。

目前，国际上对大型基础设施工程，采用较多的项目融资方法主要有以下几种。

① BOT（Build-Operate-Transfer）。即建设-运营-移交，是指由发起人（一般不是政府部门）通过投标从委托人（通常是政府部门）手中获取对某个项目的特许权，随之组成项目公司并负责进行项目的融资，组织项目的建设，管理项目的运营，在特许期内通过对项目的运营，以及当地政府给予的其他优惠项目的开发运营来回收资金以还贷，并取得合理的利润。待特许期结束后，将项目无偿地移交给政府。

② BOOT（Build-Own-Operate-Transfer）。即建设-拥有-经营-移交，它与 BOT 的区别在于项目公司在特许期内对项目既有经营权又有所有权，因而可以此作为资产抵押而进一步融资，BOOT 项目的拥有和运营时间一般比 BOT 长。

③ BOO（Build-Own-Operate）。即建设-拥有-运营，是指项目公司在项目建成之后，根据政府的特许可以长期运营，而不将此项目移交政府，即公共产品完全私营化。

④ BLT（Build-Lease-Transfer）。即建设-租赁-移交，是指政府只允许项目公司融资和建设，在项目建成后，由政府租赁并负责运行，项目公司用政府付给的租金还贷，租赁期结束后，项目资产移交政府。

⑤ BT（Build-Transfer）。即建设-移交，是指由项目公司融资建设，项目建成后立即移交政府运营使用。政府按分期付款的方式收购此项目。

⑥ ABS（Asset-Backed Securitization）。即资产证券化融资，是指由银行或其他金融机构针对原资产方所拥有的某些特定资产，通过发行证券对原资产方进行融资，而原资产方则利用这些资产所产生的固定而有规律的现金流来偿还融资方的一种融资行为。

⑦ PPP（Public-Private Partnerships）。即公共部门与私人企业合作模式，是指政府、营利性企业和非营利性企业基于某个项目而形成的相互合作关系的形式，由参与合作的各方共同承担责任和融资风险。

（2）项目管理的方法

工程项目具有建设工期长、投资额巨大、要素多等特点，在施工过程中会受到包括水文气象、地质条件、规划设计变更及其他人为因素等各种外界因素的干扰，在工期、费用、质量等方面都存在着不稳定因素。因此，建筑工程项目管理较其他项目管理显得更加特殊，涵盖的内容也更加广泛，包括项目管理的组织、项目管理的机制、项目咨询、项目监理、项目评估，等等。

作为项目管理模式，目前国际上应用较多的有以下几种。

① 传统的项目管理模式。又称为设计–招标–建造方式（Design-Bid-Build），这种模式在国际上最为通用，是由业主委托建筑师和咨询工程师进行前期的各项有关工作，待项目评估立项后再进行设计，在设计阶段进行施工招标文件准备，随后通过招标选择承包商。业主和承包商订立工程施工合同，有关工程部位的分包和设备、材料的采购一般都由承包商与分包商和供应商单独订立合同并组织实施。业主单位一般指派业主代表与咨询方和承包商联系，负责有关的项目管理工作，但在国外大部分项目实施阶段有关管理工作均授权建筑师/咨询工程师进行。建筑师/咨询工程师和承包商没有合同关系，但承担业主委托的管理和协调工作。

② 建筑工程管理模式。称为 CM（Construction Management Approach），也称阶段发包方式或快速轨道方式，是近年来在国外广泛流行的一种项目管理模式。这种模式与过去那种设计图纸全都完成之后才进行招标的连续建设生产模式不同，是一种较为科学的边设计边施工的方式。CM 模式可以有多种形式，但常用的有以下两种。

第一种为代理型 CM（"Agency" CM）。在此方式下，CM 经理是业主的咨询和代理，业主和 CM 经理的服务合同规定，费用是固定酬金加管理费。业主在各施工阶段和承包商签订工程施工合同。

第二种为风险型 CM（"At-Risk" CM）。采用这种形式，CM 经理同时也担任施工总承包商的角色，业主一般要求 CM 经理提出保证最大工程费用（"Guaranteed Maximum Price，GMP"），以保证业主的投资控制。如最后结算超过 GMP，则由 CM 公司赔偿；如低于 GMP，则节约的投资归业主所有，但 CM 公司由于额外承担了保证施工成本风险，因而能够得到额外的收入。

③ 设计–建造模式。设计–建造模式（Design-Build）是一种简练的项目管理方式。在项目确定之后，业主选定一家公司负责项目的设计和施工，这种方式在投标和签订合同时是以总价合同为基础的。设计–建造总承包商对整个项目的成本负责，他首先选择一家咨询设计公司进行设计，然后采用竞争性招标方式选择分包商，当然也可以利用本公司的设计和施工力量完成其中一部分工程。

设计–建造模式是一种项目组织方式。设计–建造承包商和业主密切合作，完成项目的规划、设计、成本控制、进度安排等工作，甚至负责土地购买和项目融资。由一个承包商对整个项目负责，避免了设计和施工的矛盾，可显著降低项目成本、缩短工期。同时，在选定承包商时，把设计方案的优劣作为主要的评标因素，可保证业主得到高质量的工程项目。

④ 设计-管理模式。设计-管理模式（Design-Manage）是指同一实体向业主提供设计和施工管理服务的工程管理方式。采用设计-管理合同时，业主只签订一份既包括设计也包括类似 CM 服务在内的合同。设计-管理模式的实现可以有两种形式：一是业主与设计-管理公司和施工总承包商分别签订合同，由设计-管理公司负责设计并对项目的实施进行管理；另一种是业主只与设计-管理公司签订合同，由设计公司分别与各个单独的承包商和供应商签订合同，由他们施工和供货。

⑤ 管理承包模式。管理承包商（Management Contractor）须与专业咨询顾问（如建筑师、工程师、测量师等）进行密切合作，对工程进行计划管理、协调和控制。工程的实际施工由分包商或各单独承包商承担。这就是常说的"交钥匙"模式。

⑥ 项目管理模式。项目管理（Project Management）的任务是自始至终对一个项目负责，这可能包括项目任务书的编制、预算控制、法律与行政障碍的排除、土地资金的筹集等，同时使设计者、工料测量师和承包商的工作正确地分阶段进行，并在适当的时候引入指定分包商的合同和任何专业建造商的单独合同，以使业主委托的活动顺利进行。

（3）工期控制的方法

工期控制也称为进度控制，其内容包括为确保工程项目按时完成所必需的一系列管理过程和活动。例如，界定和确认工程建设活动的具体内容；进行项目活动分解并分析其逻辑关系；估算各项活动内容的持续时间；编制项目计划并估算工期；考虑资源供应及成本等因素进行进度计划的优化；在计划执行过程中采取技术、经济、组织等措施实施动态控制等。

要有效地控制进度，必须对影响进度的因素进行分析，事先采取措施尽量缩小计划进度与实际进度的偏差，实现对工程建设进度的主动控制。在工程建设过程中，影响工期的因素很多，如人为因素，技术因素，材料、构配件和设备因素，机具因素，资金因素，水文、地质与气象因素，以及其他自然与社会环境等方面的因素等。其中，人为因素是最主要的干扰因素。从产生的根源看，有的来源于建设单位及其上级主管部门；有的来源于勘察设计、施工及材料、设备供应单位；有的来源于政府、建设主管部门、有关协作单位和社会；有的来源于各种自然条件；也有的来源于建设监理单位本身。

控制工期的措施应包括组织措施、技术措施、经济措施及合同措施。

① 组织措施主要包括：建立进度控制目标体系，明确进度控制人员及其职责分工；建立工程进度报告制度及进度信息沟通网络；建立进度计划审核制度和进度计划实施中的检查分析制度；建立进度协调会议制度，包括协调会议举行的时间、地点，协调会议的参加人员等；建立图纸审查、工程变更和设计变更管理制度。

② 技术措施主要包括：由监理工程师审查承包商提交的进度计划，使承包商能在合理的状态下施工；采用网络计划技术及其他科学适用的计划方法，并结合电子计算机的应用，对工程进度实施动态控制；采用先进的施工工艺、施工机械、施工方法，缩短现场施工时间等。

③ 经济措施主要包括：及时办理工程预付款及工程进度款支付手续；对应急赶工给予优厚的赶工费用；对工期提前给予奖励；对工程延误收取误期损失赔偿金；加强索赔管理，公正地处理索赔等。

④ 合同措施主要包括：推行 CM 承发包模式，对建筑工程实行分段设计、分段发包和分段施工；加强合同管理，协调合同工期与进度计划之间的关系，保证合同中进度目标的实现；严格控制合同变更，对各方提出的工程变更和设计变更，监理工程师应严格审查后再补入合同文件之中；加强风险管理，在合同中应充分考虑风险因素及其对进度的影响，以及相应的处理方法。

控制工期的有效方法是网络计划技术。即应用表达工程进度计划的网络图，分析影响工期的关键线路和关键工作，实施有序的组织协调，科学地安排工序，最终达到工程进度的优化。

（4）投资控制的方法

现代的项目管理已经从施工阶段的管理扩大到项目全过程的管理，它的主要内容之一——投资控制也已拓展到投资决策、设计和实施 3 个阶段，从投资估算、设计概算、施工图预算、竣工结算与决算、决算审计等几个环节进行控制。

在投资决策阶段投资控制的方法：一是加强可行性研究的深度，实事求是地进行市场分析，提高项目决策的科学性；二是下功夫开展项目设计优化工作，进行多方案优选；三是推行建设项目法人责任制，建立与项目法人制度相配套的监督机制。

在设计阶段投资控制的方法：一是推行限额设计，在满足设计功能要求的前提下，选出投资省、效益好的设计方案；二是把技术与经济有机结合，在每个设计阶段都能从功能和成本两个角度进行综合考虑和评价。

在项目实施阶段投资控制的方法：一是加强招投标和合同管理，在合同价款中事先考虑造价变动量，尽可能约束或减少工程变更，并加强对工程款支付额度的统计、分析和预测，以便控制全局；二是选择经济合理的施工方案，采用先进的施工技术，避免重复和无效劳动；三是发挥建设监理单位的作用，加强投资控制。

（5）质量控制的方法

建筑工程质量的责任主体可分为 3 个：一是作为勘察设计单位，由于勘察设计水平决定了工程质量的先天水平，因此应对工程勘察报告、工程的安全可靠性等方面负责，检查是否严格按照规范、标准进行设计；二是作为承包商，应严格按设计图纸施工，抓好质量控制点，做好事前、事中、事后 3 个环节的质量控制；三是作为业主，应通过监理单位对工程质量进行监督管理，由监理工程师代表业主监督承包商严格履行合同。

影响建筑工程项目质量的因素主要有五大方面，即 4M1E，指：人（Man）、机械（Machine）、材料（Material）、方法（Method）和环境（Environment）。事前对这 5 个方面的因素严加控制，是保证建筑工程项目质量的关键。为此，应该建立健全工程质量控制的各项责任制度，如工程招投标制度，工程监理制度，质量监督制度，材料进场检验制度，隐蔽工程检查验收制度，作业班组自检、互检、交接检制度，责任人公示制度，工程建设档案制度，等等。

（6）现场管理的方法

施工现场是企业生产经营的窗口，代表着企业在市场上的形象。可以说，没有文明的施工现场就不可能干出优质的工程。因此，在工程建设中，应加强现场管理，提倡创建文明工地。加强现场管理，可以引入 ISO 14000 环境管理标准体系。它是由国际标准化组织（ISO）继 ISO 9000 之后制定的又一个管理体系标准，是一种现代环境管理模式。它超越了文明现场这个概念，考虑了各种与施工有关的环境因素。引入这一体系，可以节约能源、降低成本，促进污染物全过程控制和清洁生产工作的开展，使环境保护工作更加标准化、规范化，更符合国际社会对保护环境的要求。

加强现场管理，需要处理好与周围很多共存群体的关系，如周围街道和住户，相邻建筑物及用户等。20 世纪 90 年代，上海在这方面有 3 个突破，现在全国都在普及：一是实行硬地坪干作业；二是采用密目安全网围挡封闭施工；三是使用商品混凝土。作为承包商，应严格执行各种文明施工的规定，采取有效措施加强现场管理，杜绝施工扰民、工地扬尘等现象。

（7）成品/半成品管理的方法

承包商应重视成品/半成品管理，建立完善的管理制度。成品/半成品的存放，应有专门的库房或堆场，按要求分等级堆放，做好标识，并且编制进出库台账。成品/半成品的检验检测，应检查有无出厂合格证和检验报告，并定期送检；配备必需的检验检测设备和人员，或与法定质检机构签订委托检验合同。成品/半成品的运输（包括工厂到施工现场的运输，以及场内的垂直和水平运输），应采用科学的运输方式和运输手段。成品/半成品的安装，应严格按操作规程实施，并且方便今后检修。成品/半成品的保护，应在合同中明确双方承担损坏责任的范围；承包商应制定交叉作业或平行作业时的成品保护措施，配备专人负责。

5.3 建筑业产业管理方法

（1）法律制度方法

社会主义市场经济的特征之一是法制经济。建设行政主管部门必须对工程建设实施依法管理，使全社会的工程建设活动运行在一个健全、完善的机制中。

建筑领域的法制建设分为 3 个层次：第一个层次是法律，它是由全国人大讨论通过并颁布的，如《建筑法》、《城市房地产管理法》、《城市规划法》、《招标投标法》，以及《合同法》、《消防法》、《价格法》、《安全生产法》等其他相关的各种法律。其中，《建筑法》是以法律的形式，将用来规范工程建设活动的若干项基本制度确立下来；第二个层次是行政法规，它是由国务院讨论通过并颁布的，如《建设工程勘察设计管理条例》、《建设工程质量管理条例》，等等；第三个层次是部门规章，它是由国务院建设行政主管部门颁布的，如《建筑工程施工发包与承包计价管理办法》、《工程监理企业资质管理规定》、《建筑业企业资质管理规定》，等等。此外，还有各地区、各行业自行颁布的地方性、行业性法规和规章，如《××省建筑市场管理条例》等。在这 3 个层次中，法律是最具权威性的，其次是行政法规，再其次是部门规章，后者要遵循前者的规定，不能违背。

（2）行政方法

所谓行政方法，即依靠各级政府机构，利用非经济的手段，采取组织措施自上而下进行管理，具有权威性、强制性、服从性的特点。这种方法有 3 个方面的优势：一是适用范围广，可以大到各种计划的下达，或者小到某项具体工作的安排；二是动员力量大，是发动职工完成某种统一任务的重要手段；三是纠错速度快，能及时有效地解决工作中已经出现的重大问题，迅速解除工作失误对经济工作产生的不良影响。

行政方法的目的是为了统一认识，往往采取召开会议（如一年一度的全国建设工作会议）、下发各种文件通知、开展工作调研和指导、检查、稽查、现场交流等形式。

（3）经济方法

经济方法是按照客观经济规律，通过贯彻物质利益原则，从经济利益上调动各方面的积极性，实现预期经济目标的方法。它的主要特征是激励性、灵活性和引导性。经济方法的具体体现是国家和各地区有关建筑业的各种产业政策、扶持政策、优惠政策等。如在《建筑法》第四条中就明确规定："国家扶持建筑业的发展，支持建筑科学技术研究，提高房屋建筑设计水平，鼓励节约能源和保护环境，提倡采用先进技术、先进设备、先进工艺、新型建筑材料和现代管理方式。"

此外，制定不同时期的建筑技术政策也是一种重要的手段。如《建设部"十五"重点实施技术》、《建设领域推广应用新技术和限制、禁止使用落后技术公告》，等等。

（4）执法监管方法

执法监管的方法可以分为以下 3 种类型。

① 日常的监督检查。主要是对工程承发包、工程质量、施工安全、施工现场的监督检查。政府对工程质量实施监督，应该通过工程设计审核制度，尽可能将工程质量隐患消灭在设计阶段；在施工过程中，由质量监督机构对某些主要的施工部位、工序进行直接监督，包括对业主组织的竣工验收活动进行监督，竣工验收以后实行备案制度。

② 各级建设行政主管部门的执法检查和配合监察部门的执法监察。往往表现为各种形式的质量大检查、安全大检查、执法大检查、市场大检查等。它既包括对工程建设活动的参与主体（建设单位、设计单位、施工单位、监理单位等）进行检查，也包括对执法者的监督。执法检查是一项长期不懈的工作，并且应该形成制度。

③ 稽查特派员制度。稽查特派员办公室是经过国务院总理办公会会议认定同意组建的一个机构，2001 年 5 月份开始组建，主要从离退休老同志和即将离退休的同志当中挑选有经验、有水平的人组成。稽查特派员队伍是代表国家建设行政主管部门按照国家法律法规对建筑市场交易、基本建设程序、工程质量和安全等方面进行监督检查的一支基本力量。

（5）行业组织的协助和参与

随着市场经济的发展，政府在职能转变过程中，应该将行业管理的许多职能交给行业组织，依靠行业组织实现对建筑产品生产过程的直接管理，发挥行业协会和专业人士组织（学会）在行业自律和建筑市场管理中的重要作用。我国目前有《中国建筑业协会》、《中国房地产业协会》等协会组织共 27 个，有《中国土木工程学会》等学会组织共 7 个，但其职能和作用与国外行业组织相比还有较大的差距。

在美国，其建筑行业组织主要包括美国建筑师学会（American Institute of Architects，AIA）、美国营造师学会（American Institute of Constructor，AIC）、美国土木工程师协会（American Society of Civil Engineers，ASCE）、美国混凝土学会（American Concrete Institute，ACI）、美国国家标准学会（American National Standards Institute，ANSI）、美国材料及检验协会（American Society of Testing and Materials，ASTM）、美国公共工程联合会（American Public Works Association，APWA）、美国总承包商联合会（American General Contractors，AGC）、美国建筑工程管理联合会（Management Association of Architecture，MAA）、美国咨询工程师联合会（American Consulting Engineers Council，ACEC），等等。这些行业组织的作用可以归纳为：保护行业利益、保障成员权利，沟通行业信息、交流经验成果，制订技术标准、规范合同文本，认定专业资格、维护职业道德，协调内部业务、促进行业发展。我国应广泛借鉴国外的成熟经验，充分发挥行业组织的管理职能。

5.4　建筑业企业管理方法

建筑业企业的管理主要分为 3 个内容：一是以实现社会价值为目的的生产管理。如施工企业完成一项工程，必须保证质量、保证安全，房地产企业完成一个项目，必须符合城市规划、市政条件等。企业通过抓生产管理，生产有使用价值的产品，实现对社会负责、对人民负责的目的；二是以实现经济效益为目的的营销管理。包括市场研究、竞争策略、价格策略、广告策略、谈判策略等，它贯穿于企业的整个经营活动。作为建筑业企业，应重视市场定位，搞好市场营销，提高市场占有率。对单个项目，应强调招投标的成功率，强调按期履行施工合同，重视项目索赔和项目结算等工作；三是以增强发展后劲为目的的战略管理。它是对企业明天的管理，在现代企业经营中越来越受到重视。20 世纪 80 年代初，西欧曾经对企业高层领导的时间安排做过一次调查，结果表明，他们几乎要用 40% 的时间来考虑企业的发展战略问题。对一个企业来说，这项工作最有意义，也最难做好。

（1）人力资源管理方法

人是企业的灵魂，现代企业管理应该从人的管理入手，研究如何合理开发和使用人才。人力资源管理，就是把人力看成资源来开发和使用，它是企业一种长期的战略行为，而不是简单的日常人事管理工作。

人力资源的管理，重点要解决 3 个问题：一是人力资源的需求研究。企业吸收新员工，一般可能有 3 种目的，即正常补充（如原有职工发生离职、退休、死亡等情况）、补充缺口（如企业在缩短每周工作时间的同时，又要保证完成原定的工作计划）和满足新业务需要。因此，作为企业的管理者，应根据企业的发展目标和岗位设置情况，预测出需要补充的人力资源数量和标准；二是人力资源的使用策略。人和人之间从性格、气质、兴趣到专业往往都有差别，如果能各尽所长，对企业的发展显然是有利的。反之，将会降低企业的工作效率；三是人力资源的教育培训。当代科学技术的发展加速了知识更新，因此，各种人才的培训，对企业的长远发展来说，起着至关重要的作用。松下幸之助曾有一句名言："松下生产人，同时生产电器。"作为建筑业企业，应当在生产合格建筑产品的同时，注重培养自己的人才，使经营者都成为企业家，使管理人员都成为专家，使作业人员都成为行家。

（2）质量管理方法

建筑业企业发展的最终目标，是生产出大量的优质工程，以优质工程赢得用户，赢得效益。可以这样说，工程质量是建筑业企业生命力的体现，是企业信誉的载体，是企业利益的源泉。因此，质量管理对企业来说尤为重要。

目前，建筑业企业所采用的质量管理方法，主要是 TQM（全面质量管理）和 ISO 9000 标准。两者的区别在于：TQM 是对全部要素、全部人员进行全方位和全过程的管理。它最早起源于日本，是全世界公认的一种成功的质量管理模式。它的精髓是以人为中心，发挥人的积极主动性，自觉参与质量改进和质量创新，确保企业能够长期成功。而 ISO 9000 标准是把质量管理规范化、法制化，通过一系列的规定和表格，来规范和控制人们的质量活动，改变一些不良习惯，克服管理中常有的人治倾向和怠慢行为，减少管理的随意性。

应该说，ISO 9000 把 TQM 上升到了法制化的层次，是对 TQM 的完善。而企业要实施 TQM，就必须建立质量体系，完善的质量体系是实施 TQM 的条件。因此，对建筑业企业来说，在贯彻 ISO 9000 标准的同时，应坚持抓好实施 TQM。

（3）安全管理方法

安全生产责任重于泰山。作为建筑业企业，应高度重视安全管理工作：一是应加强一线操作人员的安全教育培训，健全和完善安全教育培训制度，并贯穿于企业生产活动的全过程；二是应加强安全生产的基础工作，落实安全机构和安全人员，投入安全资金，完善安全生产设施，同时加强日常的监督检查。

建筑业企业应把安全管理看做一门科学来研究，引入国际上通用的职业安全和卫生体系（OHSMS 18000）。它是 20 世纪 80 年代后期兴起的现代安全生产管理体系，是除了质量管理体系（ISO 9000）和环境管理体系（ISO 14000）以外，企业进入国际市场的第三张"通行证"。它旨在通过系统化的预防机制，形成一种安全生产的自我约束，最大限度地减少各种工伤事故和职业疾病隐患，从而达到预防为主、持续改进的良好状态。

此外，还应研究国际上较为流行的"人机工程"理论。这种理论的观点是：安全事故是人的不安全行为和物的不安全状态的交叉点。当人的不安全行为和物的不安全状态处在平行、不交叉的情况，就不会发生安全事故。例如，塔吊处在不安全状态，人也进入到不安全区域里去的时候，就会酿成安全事故。反之，则不会发生。

（4）物资管理方法

物资管理是为实现企业在正常生产经营情况下物资消耗成本的最低化而进行的管理工作，它的核心是解决生产建设对物资的需要与供应之间的矛盾，它的研究重点是探索企业物资消耗规律和企业物资供应工作的经济规律，探讨如何运用先进的管理方法和管理技术，经济合理地组织供应，保证生产建设正常进行。建筑业企业物资管理的工作内容应侧重于物资的计划、采购、储存、周转、节约代用、维修、再生等。应严格物资管理制度，编制储备定额，减少呆滞积压，在保证供应的前提下压缩库存，用活资金。应开展综合利用，节约原材料、能源，减少分批进场和二次搬运，降低成本。

在采购环节中，可采用比价采购的方式，开展公开招标采购、定点厂家采购、就地就近采购和网上采购等多种形式。在库存管理上，我国企业的库存量普遍偏高，资金周转缓慢，存储效益低下。当前国际上都在研究"零"库存方法，使物资进场能够最大限度地发挥作用，国内也有人提出应用动态规划的实用库存模型和具体算法。建筑业企业在施工现场有大量的材料，因此，应加强现场的物资管理，提高库存管理的现代化水平。关于物资的再生技术，国际上也在研究，世界发达国家相继出台了相关的法规政策，鼓励废弃物循环利用。应该说，大力开展再生资源的回收利用，是提高资源利用效率、保护环境、实施可持续发展战略的重要途径。我国自然资源相对匮乏，再生资源的开发利用显得更加重要和紧迫。作为建筑业企业，应对生产建设过程中产生的、可以利用的各种废旧物资，开展回收再利用，提高资源使用效率。

（5）财务管理方法

目前，国内有些企业的财务管理，仍停留在简单的出纳和记账水平上。但事实上，财务管理涉及筹资管理、投资管理、营运资金管理等诸多方面的问题。在资金筹措上，现代建筑业企业可能会涉及利用货币市场和资本市场，以及资本运营等，企业应研究各种适当的融资方式和融资渠道，并对筹资的可行性做出正确判断。应加强财务制度管理，杜绝财务造假，树立良好企业的形象，取得投资方的信任。在营运资金的管理上，企业应合理控制流动资金额度及其结构，既要满足企业经营对流动资金的需要，又要避免过多占用流动资金所造成的浪费。应运用财务控制手段，减少生产经营和管理等方面的不合理费用，降低运营成本，提高资金使用效益。应全面分析和评价日常财务状况，及时准确地掌握企业偿债能力、营运能力和赢利能力，为企业经营决策提供依据。在投资的管理上，企业要注意稳健经营、科学投资，避免盲目将运营资金用于固定资产投资或多元化经营。由于这些投资不能很快给企业带来利润，往往会造成资金周转困难。

此外，由于目前社会上普遍存在拖欠工程款问题，因此，作为施工企业还要研究如何解决这一问题。当然，这一问题的产生有多种原因，但是不同的项目经理在解决拖欠工程款问题上，由于方法不同，效果也不同。归结起来，没有解决好的原因往往是只要大钱，不要小钱；或者专门在业主方资金紧张时要钱，资金充裕时不要钱；或者是在关键时候没有抓住机会、采取措施迫使业主方付款，在无能为力的时候却通过请客送礼要钱，等等。因此，讨债也是一门科学，是施工企业应该重视和解决的问题。

（6）经营方式的选择

目前，国内的施工企业大多处在照图施工的水平上，要想有所发展，就必须转变经营方式。比如，国外近年来发展起来的 CM 项目管理方式，也是边设计、边施工。但与国内"三边工程"的概念不同，它是指承包商为了节省工期，较早地介入到施工图设计过程中，被称为"快速施工法"。国内反对"三边工程"，是因为施工图设计的主动权不在承包商手中，造成设计与施工衔接不上，相互脱节，承包商的整体技术优势难以得到发挥，往往发现施工错误，再去修改设计图纸。日本很多建筑工程公司，通常集设计、科研、施工于一体，设计对科研提出要求，科研为设计提供技术支撑和难题攻关，工程细部问题再通过施工加以解决，技术开发、研究和应用结合得很好，成为一个有机整体。国内的施工企业应该努力转变经营方式，建立灵活的应变能力强的机制，由单一业务向为业主提供多功能、全过程服务延伸，从一个项目的前期策划，到施工图设计、工程施工，再到物业管理，等等，增强企业竞争力。

从设计工作看，在国外，施工图设计和方案设计是分离的。国外的设计事务所专门研究设计思路和设计方案，不从事施工图的设计。而国内的设计所竞争不过国外，往往就是因为在设计方案上竞争不过，而把大量的精力放在施工图设计上。因此，这种现有的经营方式也应转变。

（7）招投标和索赔的管理方法

招投标是国际上通用的工程承发包方式，经过多年来在实践中的不断改进，已经比较成熟。作为建筑业企业，提高中标率、扩大市场份额，既是有效营销的需要，又是企业综合素质的体现。目前国内的企业大多在研究如何送礼、如何行贿，结果是害了别人、也害了自己。实际上，招投标是一门科学，它有很多的技巧和方法。作为投标方，一是要大量掌握市场信息，以及投标项目的所有背景资料，而不仅仅依靠业主提供的材料；二是要选择优秀的项目经理，配备高效的、熟悉业务的项目经理；三是要选择先进、合理的施工技术方案；四是要综合企业情况和项目情况考虑投标和报价策略，如选择是必投必中，还是可中可不中，甚至于虚投不中，或者选择是以高价投标，还是为了顺利承接下一个项目而低价甚至赔本投标，等等。

建筑业企业还要加强施工索赔的管理。施工索赔，是针对由于非承包商原因造成的承包商事实上的损失来索取赔偿，分为工期索赔和费用索赔。国外有专门的索赔专家，在签订施工合同之初，就做好了索赔的准备。而目前国内的建筑业企业在这方面能力不强：一是不懂索赔，不研究合同，不知道用法律保护自己；二是合同文件保存不完整，无索赔根据，打官司时说不清、道不明。应该说，索赔能力的优劣，不仅影响企业的社会形象，也直接影响企业的经济效益。

（8）战略管理方法

战略管理是以今天为基础，以未来为主导的影响企业总的发展方向的管理活动，是对企业的核心产品、主要技术、基本市场有重大影响的管理活动。

战略管理要做好以下 3 个方面的工作。

① 战略的制订。包括：界定企业的任务，即内部目标、外部追求和管理宗旨；侦测支配企业生存和发展的外部环境，特别是外部环境的变化；分析企业的基本能力，以明了自己的优势和欠缺；开发指向未来发展的战略方案；从战略方案中选择最佳方案，即进行战略决策。

② 战略的实施。包括：设定年度目标、行动计划、职能战略、业务政策，将战略具体化，启动战略；将战略制度化，即通过组织结构、组织领导、组织文化，将战略渗入到企业日常活动之中。

③ 战略的控制与调整。包括：控制战略的执行过程，及时纠正偏差，确保战略的成功；在实施过程中，根据内外环境的变化对战略进行调整，以适应客观形势的需要。

（9）企业文化管理方法

企业文化是企业中长期形成的思想作风、价值观念和行为准则，是一种具有企业个性的行为方式，是社会文化系统中一个有机的重要组成部分。发展企业文化，可以促进产品创新、技术创新、管理创新，提高企业家和经营人员的经营管理水平，有助于企业目标的确立和实现，增强企业的凝聚力，提高管理效能，加强辐射作用，提高企业的社会影响力。

加强企业文化管理，可以从以下 3 个方面入手。

① 企业信用管理。企业作为市场经济运行的主体，其信用管理水平是决定整个市场信用程度的最主要因素，良好的信用关系是企业正常经营和国民经济健康运行的基本保证。作为建筑业企业，应加强守法意识，严格遵守各项法律法规，重视质量信誉和服务信誉，并掌握有关交易方的信用状况，避免因相关方信用不良而造成自身出现信用损失。

② 企业形象管理。企业形象管理既注重内在素质，又强调外在表现，是为了使企业的个性特征容易为公众接受而采取的系统化、统一化的管理。包括：产品形象管理（建筑产品造型、外观、质量等），环境形象管理（生产和生活环境），员工形象管理（职业道德、专业技能、文化素养、精神面貌等），社会形象管理（对社会负责、对公众负责、对环境负责），等等。

③ 增强企业凝聚力。现代企业除了要追求经济效益外，最重要的是要把人的因素放在第一位，增强企业凝聚力。此项工作要与企业的思想政治工作相结合，经常组织各项活动，挖掘人的内在潜力，人尽其才，才尽其用。企业还应为员工提供各项社会保障，解除员工的后顾之忧，使他们全身心地投入到生产经营中去，为企业创造效益。

（10）技术创新管理方法

技术创新是财富之本。新技术的研究与开发，是企业成长的生命源泉，也是赢得市场竞争优势的根本所在。今天的企业要取得成功，必须拥有领先一步的技术优势。建筑业企业要生存，依靠的是科学的管理和先进的工艺。技术创新主要是管理创新和工艺创新，即施工组织管理的创新，施工技术的创新，工艺的创新，以及与之相关的施工机具的创新。

建筑业企业要实现技术创新，应做好以下几项工作。

① 提高全体员工的技术创新意识，把技术创新提高到促进企业发展和提高企业核心竞争力的高度，建立科研开发组织体系，加大科技投入。

② 大力推进产、学、研联合，与高等院校和科研机构开展合作，充分利用社会科技资源，提高企业技术创新能力。

③ 坚持把技术引进和技术改造与技术创新相结合，积极引进和推广适合我国建筑业发展的先进适用技术，提高技术创新的起点。在消化吸收的基础上，研究开发适应本企业特点的成套技术，形成引进、消化、创新的良性循环。

④ 重视开展合理化建议活动，建立奖励机制，调动基层员工的积极性，使广大员工勇于探索、善于创新。企业的管理者应认识到"最接近工作的人最熟悉工作"，经常听取基层员工的意见，同他们直接对话，避免官僚主义。

（11）投资及风险管理方法

工程建设项目由于规模大、工期长，潜在的风险因素多，业主和承包商可能承担的风险很大。因此，建立风险意识，实施风险管理成为客观需要。国际上，依靠工程担保和工程保险实施风险管理已成为惯例。目前在我国，基于经济全球化的现状和中国入世这两大背景，建筑业企业应对工程担保和工程保险引起足够重视，尽快熟悉这一国际惯例，适应国际化竞争环境。

在工程建设领域，工程担保主要有以下几种形式。

① 投标担保。为确保投标人中标后与招标人签订合同而设立，可采用银行保函、担保公司担保书、投标保证金等方式。

② 承包商履约担保。为确保承包商签订合同后正常履行职责而设立，可采用银行保函、担保公司担保书、履约保证金等方式，或由承包商进行同业担保。

③ 业主支付担保。为确保业主按期支付工程款而设立，可采用银行保函、担保公司担保书等方式。

④ 维修担保。为确保承包商在竣工后一定期限内对出现的质量问题进行处理而设立，可采用银行保函、担保公司担保书、保修保证金等方式。

在工程建设领域，工程保险主要有以下几种形式：建筑工程一切险；安装工程一切险；第三者责任险；职工意外伤害保险，施工企业为投保人，施工现场人员为被保险人；职业责任险，主要为解决勘察、设计和监理单位因工作失误或疏忽造成的损失赔偿而设立。

以上4节涉及的几十种方法只是一种相对的分类方法，当然也不够完整。实际上，还可以从学科的角度进行分类，如数学的方法、物理的方法、化学的方法、哲学的方法，等等。这样可能会研究得更深、更透彻。总之，系统地收集、归纳、研究、总结建筑管理的方法，对建筑管理这门学科的建立具有重要的意义，这一工作还有待广大的管理工作者进一步深入研究。

第6章　建筑管理涉用的基本艺术

6.1　管理艺术及其特征

6.1.1　管理艺术的含义

在中国汉语中，艺术一词有两种含义：一是指运用形象思维，通过典型形象来反映社会生活的一种社会意识形态；二是指才能和方法，即更多地是以人为载体，具有的综合的才能和方法。

在管理过程中，管理的科学性和艺术性是和谐、统一的，管理科学和管理艺术是管理理论和管理实践的交融。所谓管理艺术，就是在管理实践中将管理科学的原理、原则和方法因时、因地、因人、因事灵活地、创造性地加以运用。管理科学可以指导和统帅管理艺术，管理艺术又反过来丰富和发展管理科学。诺贝尔经济学奖获得者、美国管理学家西蒙认为，凡是非程序化的决策，都需要管理艺术，如管理目标的决策、战略方向、规划和计划的制定等问题，都不能单独依靠定量的和数学模型通过直接计算来解决，而必须依靠管理者的经验、才识、思维和创造能力等管理艺术。

管理艺术是建立在管理者的个人经验、素养、学识、性格和洞察力基础上的，管理者自觉地在管理活动中运用管理艺术，有助于提高工作的有效性，密切管理者与组织成员的关系，营造和谐、愉快、统一、协调的组织氛围。因此，管理艺术是管理活动追求的一种境界，同时又是管理活动的基本形式。

6.1.2　建筑管理艺术的特征

可以说，建筑产品是商品和艺术的统一。同样，建筑管理是一门科学，也是一门艺术。建筑管理艺术具有如下的特征。

（1）直觉性

所谓直觉，就是管理者在已有的知识和经验的基础上，对某一管理事务进行思考时，不受固定的逻辑规则的约束，而直接领悟其本质的思维方式和技能。

在建筑管理活动中，管理者在对工程项目进行组织协调，将设想变为蓝图，再将蓝图转化为工程实体的过程中，表现出极为敏锐的洞察力和判断力，能够对工程项目的进展趋势做出创造性的预见。特别是在处理建筑工地现场发生的紧急情况时，在缺乏可供借鉴的经验的情况下，直觉性显得非常重要。

（2）经验性

在建筑管理工作中，丰富的工程实践经验可以孕育高超的管理艺术，工程经验将大大丰富管理者的阅历和成熟度。经验越丰富，就越能把握工程项目进展的脉搏，对管理事务的处置就越能洞察入微、游刃有余，对管理的方法、手段和策略就越明晰。因此，经验是管理艺术得以表现的前提条件。目前，大量管理的艺术还未被认识和深化，还处于经验性阶段。

（3）随机性

建筑管理工作多种多样、千变万化，有大量的常规工作，也有相对少量的非常规工作。而处理好非常规工作往往是管理工作的关键，这就是所谓"关键的少数和非关键的多数"的关系。在管理工作中，最能体现管理艺术的往往也是处理非常规工作。管理者对管理中偶然事件的处理，往往无章可循，只能是借助管理者创造性的思维，审时度势、运筹帷幄，恰当地随机处理。

（4）谋略性

管理者对工程项目方方面面事务的处理，必然要运用战略和战术。例如：如何选择前景看好的工程建设项目，如何确定项目管理组织，如何获得和应用项目管理信息，如何做好项目管理的计划、组织、指挥、控制和协调，等等。都需要管理者运用谋略和策略，谋势、识势、避势、揽势、趋势，因势设谋，因势利导，主动灵活，抓重点，抓主要矛盾和矛盾的主要方面，有声有色地处理好工程项目中的种种矛盾。

（5）个性化

集体决策是当今建筑企业管理决策的主要形式。但集体由个体构成，管理的实施也都是以富有思想和情感的个体的行为方式表现出来的。不同的个体，在解决具体的管理事务中，会反映出个人的能力、气质、性格和情趣，采取风格不同的管理方法和技巧，就带有明显个性化的处世手段和审美价值。

6.2 基本艺术的内容

基本艺术表现在辩证思维、领导、指挥、决策、经营等许多方面。

6.2.1 辩证思维艺术

辩证思维艺术是指管理者辩证地看问题、想事情，在事物的对立统一、普遍联系和发展变化中观察、分析和解决问题。

（1）系统思维艺术

系统思维是一种整体思维，它要求管理者在思维中要从系统整体功能出发，处理好系统整体与要素的关系，从整体出发，先综合、后分析，再回到综合。由于建筑工程具有系统性和整体性的特点，因此，必须全方位地综合考察和分析工程涉及的方方面面。不仅要考查分析系统中的各种要素，还要考察、分析外部联系；不仅要考察建筑工程的现状，还要进行事后分析和未来的预测。通过综合分析、比较各种可行方案的人力、物力、工期、费用消耗和前景的效益预测，从各种可能的方案中选出满意的方案，优化目标。

（2）创造性思维艺术

创造性思维是指管理者在思维活动中要善于求新、求异、求先。要求管理者在观察、分析和处理问题时，敢于打破常规，提出自己独到、创新的见解。

创造性思维是一种求异的思维方式，因此，要求管理者能产生认识上的突破，对问题提出独到的见解和解决问题的新思路。创造性思维还是一种跳跃性的思维方式，要求管理者在考虑问题时迅速地从一个思路转向另一个思路，省掉一些次要的步骤和方法，以最快的速度解决问题。

（3）横向思维和纵向思维艺术

横向思维是一种同时性的横断性思维，它截取历史的某一横断面，研究同一事物在不同环境中的发展状况，在相互比较中找出该事物在不同环境中的异同。横向思维能打开视野，看到差距，产生积极进取的紧迫感。

纵向思维是一种历史性的比较思维，它把事物放在自己的过去、现在和将来的对比分析中，发现事物在不同阶段上的特点和前后联系，来把握事物本质及其发展趋势。由过去到现在、由现在到将来的历史性思维能更好地把握事物规律性，并把对将来的推断作为一种指导现在行为的因素，因而具有明显的预测性。

（4）超前思维艺术

管理者的超前思维，是在时间和空间上超前，在认知和观念上超前，也就是思维主体对客体的超越。建筑产品的交易从某种意义上说是一种期货交易，人在工程建设之前，建筑产品已存在于人的头脑中，建设者们用图纸、规范、经验指导建设活动。因此，管理者运用超前思维去影响组织成员，使他们主动地调整自己的行动，使宏伟蓝图变为理想中的实体。

（5）模糊思维艺术

建筑管理活动面临的问题是错综复杂的，因此思考问题并非是越精确越好，应该是模糊中精确，精确中模糊，该精确的精确，该模糊的模糊。管理者对工程项目中的重大原则问题不能模糊，但要学会眼里容人，原谅他人的失误，对各方矛盾、成员之间的恩恩怨怨模糊处理，效果可能会更好。

6.2.2　指挥艺术

指挥艺术包含了指挥的方式和方法、动员的艺术、领导的人格魅力等。

（1）指挥艺术

建筑活动是多种职能、多种利益的群体活动，其管理活动中的指挥能力显得尤为重要。这种能力是动员部下完成工作目标的能力，它巧妙地使用参与和授权的艺术，调动部下的能动性和积极性，使指挥准确。部下拥有了一定的掌握和控制权，促使其能够参与到决策之中的艺术将使其指挥有效。同时，管理者要创造和运用一种鼓励向上的工作环境，尽量摆脱无意义的工作，使工作尽量地富有乐趣，以使指挥更为有力。

传统建筑企业的特点是通过行政命令来指挥，谁的地位、级别、职务高，谁就有更大的权力。今天的企业正在从陈旧的"职业道德"向一种新的"价值取向"转变，员工之所以愿意做出贡献，更多地是因为他们了解并相信自己的价值，相信自己所做的工作是值得的。领导者指挥的有效性不再依赖于等级森严的体制下所持的职务和地位，而是集中地反映在广大员工分享领导的权力而形成的相互依存的关系上。

（2）动员艺术

美国学者罗伯特·塔克在《政治领导论》一书中指出，动员支持是一切形式的领导的重要环节、普遍原则，即便是独断、恐怖主义的专制领导也需要动员支持。

所谓动员，就是领导者用一套独特的话语阐明自己的立场。根据领导学的原理，有两种体现领导关系的途径：一种是领导者阐明自己的立场；另一种是领导者行使领导职能。所谓阐明立场，就是动员。领导者首先应该掌握运用语言的艺术，任何一个成功的领导者，几乎都拥有独特的话语风格。领导从本质上来说是一种说服的艺术，要求领导者拥有有效动员的技巧，它体现了领导者的语言力量。在施工现场，即使对文化层次低的民工，强迫手段能带来的只是对命令的被动的服从而已，只有当他们真正地被说服了，认识到责、权、利的关系，他们才会主动地、全力以赴地投入工作。

（3）放权艺术

佩罗集团创始人佩罗曾说过："领导，就是放权给一批人，让他们努力奋斗，去实现共同的目标。为此，你就得充分开发他们的潜能。"放权并不意味着"最高领导者"放弃自己的责任，放权是让每个人更积极地参与和投入，共享知识，共同决策。放权是一种艺术，也是科学，它要求领导者具备多方面的素质和技巧。能否放权，本质上取决于最高领导者的信念和价值取向。最高领导者应当看到，每个员工都是十分重要的，都能在适当的岗位上发挥各自的作用。这样，领导者就能积极开发下属员工的才能，让下属感到自己在组织中是重要的。分权的艺术可以达到一种微妙的平衡，一方面分散领导的职责，另一方面帮助员工建立自信，获取知识和成为企业的主人。相互尊重是走向放权体制的前提，放权需要潜移默化的引导，有时候还得有激励的措施，其最根本的目的就是让员工发挥出最大的潜力。

放权要收到最大的效果，企业上下和各个职能部门都必须通力合作，相互信任，相互支持，为了共同的目标而奋斗。因为迎接复杂挑战的办法，大多数需要员工发扬团队合作的精神，这也是放权过程中的一项重要内容。

（4）人力资源开发的艺术

管理学家杜拉克认为，企业必须有能力生产出比构成企业的全部资源更多的或更好的东西，它的产出必须大于所有的投入。任何一个组织，包括企业，有许多的资源，但是所有其他资源都是受机械的法则支配的。人们可以把这些资源利用得好些，或利用得差些，但绝不可能使产出大于投入。因此，杜拉克的结论是，有可能扩大的资源，只能是人的资源。在所有资源中，人是惟一能增长和发展的资源。人之所以成为独一无二的能扩大、增长或发展的资源，根源在于人的创造力。因此，人力资源开发艺术也成为管理艺术的重要内容。

人力资源开发的艺术包括用人之长的艺术，即发现部下的能力并加以使用，"用人如器，各取所长"；育人艺术，就是对部下进行训练和培养；用人之短艺术，就是克服部下工作的弱点。树立指挥者即人力资源开发者的观点，就应当改进教育，尊重人才，重视个人的全方位发展，放手让他们探索，最大限度地发挥他们的才干和创造性，充分开发其潜力，从而培养出一支更为精干的员工队伍。

（5）人际沟通的艺术

所谓沟通，就是把一种事先确定好的特定的信息从一个地方传递到另一个地方去，也就是把自己打算传达的信息传递给意想中的对象。

如果把沟通分解成一些基本要素，首先要有一个传达信息的人，即传达者。其次要有信息本身。由于人们教养不同、经历不同，对同样的词语有着不同的理解，使信息产生不确定性。另一要素就是接受者。领导应是一位良好的沟通者，掌握通过多种渠道与部下、上司、客户进行口头、书面沟通，了解相关情况，掌握各种信息，传达管理意图，凝聚大家心志的艺术。要善于接触各种人，并能够与他们融为一体。要关心别人，了解他们所关心的问题，并提供可能的帮助。

（6）处理压力的艺术

运用冷静思考和果断处理的艺术，能够应付突发的和通常存在的一些突出矛盾，在问题面前保持冷静的头脑，在需要时，在矛盾冲突的双方之间发挥缓冲的作用。要具有幽默感，能够打破紧张局面。同时要有锻炼身体的习惯并有健康的身体，在单位组织一些体育活动，树立高雅的道德情操和良好的文化品位。

（7）解决问题的艺术

首先要能发现潜在的问题，鼓励下属在职责范围内独立解决问题。对于需要领导者亲自解决的问题，则要对问题进行认真分析，找出其实质和复杂性，并进行有针对性的分析，从而灵活运用一次性解决、逐步解决或拖延解决的艺术。

6.2.3　决策艺术

建筑活动的规律性往往体现在宏观方面，而具体的微观仍是大量的决策。一种能够导致成功决策的决策方法，甚至包括非理性的感觉或直觉。因此，就决策的方法来看，既要体现科学性，更要体现其技巧和艺术性。

（1）指挥者个人决策

即业主负责人、项目总监、项目经理及企业总经理等个人成为决策的主要制定者或在决策过程中发挥前卫作用，依据个人的理想、雄心壮志、价值观、商业哲学及对未来形势的判断进行决策。如果指挥者有强大的、颇有洞察力的展望和观点，这种决策就会高人一等。而种种高人一筹的决策在其确立和实施过程中，只有运用好决策艺术才能高度奏效，取得巨大的成功。但这种决策方式对个人的依赖性很强，个人一旦决策失误，整个工程或企业便会遭遇灭顶之灾，尤其是大型工程和企业，承担的风险会更大。

（2）委托他人决策

即将决策的部分任务或全部任务委托"他人"，可能是领导者信赖的一个团体，也可能是由企业多个职能部门组织起来的决策团体，还可能是企业外部人员与本企业有关人员的联合体。企业领导者在整个决策过程中只发挥指导和组织的作用，其决策一定是他人的工作成果。这种方式有利于发挥熟知情况的专家的作用，有利于借助集体的智慧完成决策。但其风险在于，团队一直认定的战略往往是所有意见的折中，甚至企业各利益集团斗争的结果，所确定的决策会缺乏魄力和创新，偏于保守。

（3）合作方式决策

这里的合作方式是指指挥者和部下的合作，领导人在制定决策的过程中获得同仁及下属的帮助和支持，决策结果是参与者的联合工作成果。合作方式决策适用于决策问题涉及多个职能领域和部门组织，必须从不同专业背景的人得出有关见解的情况。合作方式有利于使参与决策的人做出实施决策的承诺，因为参与人本身就是决策的制定者。

（4）支持方式决策

在一些大型的工程和多元化公司中，领导者需要支持各个子公司或分部各自的决策。这时，领导者担负着评判员的角色，对各个公司的决策进行评判。领导者在决策制定过程中只提出一些决策的原则和决策的框架，并且在下属单位决策制定之后为其实施创造条件，提供可能的支持。这种决策方式考虑了因决策内容的差别必须采取分散的决策方法问题，但这种决策方式容易产生决策分散，相互之间难以连接贯通问题，需要领导人进行整合，以不偏离总体的目标和资源分配计划。

6.2.4　激励艺术

所谓激励，就是指管理者根据人的行为规律，通过满足和发展被管理者的需要，激发人的动机和内在动力，发掘其内在的潜力，引导、诱发其行为，鼓励其自觉朝着所期望的目标采取行动的心理过程。

激励的艺术就是要寻找到激励的机制。激励机制一般由激励方向、激励时机、激励频率、激励程度等因素组成，它的功能集中表现在对激励的效果有着直接的和显著的影响。

① 确定激励的方向，即针对什么样的内容实施激励。当某一层次的需要基本上得到满足后，激励的作用就难以继续维持，就需要将激励转移到满足更高层次的需要上，才能起到激励的效果。在建筑活动中，涉及的人员差异很大，有高级的管理者，有设计人员，有技术工人，还有大量的一线民工，管理者要及时找到这些成员需求差异的不同，有针对性地采用不同的激励手段，达到较好的激励效果。

② 把握激励的时机。激励在不同的时间进行，其作用和效果差异很大。在建筑活动中，

过早的激励会造成纸上谈兵、虚无缥缈的感觉；过迟的激励又会造成事后补救、多此一举，使激励失去应有的作用。何时何地对何人用什么样的激励，是激励艺术的体现。

③ 调节激励的频率。激励频率的高低是指一个工作周期内激励次数的多少。在建筑活动中，工作性质、工作内容、技术含量、人员层次差异较大。一般来说，对于任务目标明确、短期内可见成果的任务，激励的频率可以高些；对于任务目标不明确、较长时间才见成效的任务，激励的频率就应当低。对于文化素质低的民工，激励频率应该较高；对于素质较高的技术人员，激励的频率就可以低些。

④ 掌握激励的程度。激励量的大小是否适当，直接影响着激励的效果，超量激励和激励不足有时不但起不到激励的作用，甚至适得其反，造成对组织成员积极性的挫伤。如过分奖励会造成唾手可得的误区，影响以后的激励程度，过分吝啬的奖励会使被激励者和其他成员产生反感或无所谓的心态。类似地，过分严厉的惩罚，会导致人自暴自弃，心灰意冷，过于轻微的惩罚又导致变本加厉，有章不循。

激励的艺术还表现在激励方式的多样性。激励方式有以下 3 种。

a. 目标激励和任务激励。目标激励是通过组织成员参与目标的制定，使其体会到自身的价值和责任，使个人目标和整体目标相一致。任务激励则通过让个人肩负与其才能相适应的重任，在完成任务的过程中获得精神上和物质上的满足。

b. 物质激励和精神激励。前者是从满足人的物质需要出发，对物质利益关系进行调节，如按劳付酬、奖金红包等。后者是从满足人的精神需要出发，对人的心理施加必要的影响，如荣誉称号，公开表扬和批评处分等。

c. 信任激励和工作激励。前者是情感激励的一种形式，信任激励使组织成员产生尊重感、亲密感、荣誉感和责任感，极大地激发组织成员的主动性和进取心。后者则主要通过组织成员的能力、水平、爱好、特长和性格特点，因人制宜地适当分配最适合自己特点的工作，激发工作热情。

6.2.5　经营艺术

经营艺术是基于对市场细致入微的调查和准确把握所采取的经营技巧，是所选择的具体的营销策略及各种策略之间巧妙的组合。如企业采取成本领先战略，在具体内容上可能会有多种选择，如不同的价值链组合。如采用差异化战略，则还要考虑成本领先战略的组合。

经营艺术包括工程报价、采购取价和推销定价的艺术。如加成定价的方法（即在全部成本之上加一定的百分比例），产品价格都确定在比整数价格稍低一点的水平的方法，新推出产品的高定价与推行一定时期即采用折扣价的方法等。经营艺术包括服务的艺术。如工程回访、培训、指导、维修承诺的服务，以及在决算、讨债、索赔过程中人员的语言、态度和气质，以提供令人满意的效果。经营艺术还包括采用信息化的营销手段，建筑管理的信息化建设正在开发和研究过程之中。

6.2.6　合作艺术

合作艺术包括合作的时机、方法，以及各合作单位之间关系的调适。

现代社会强调合作，现代企业是合作体中的组成部分，任何事业成功的方式都在于双赢乃至共赢。任何一项建筑产品也都是多方合作的过程，无论是甲乙方关系还是总分包关系，既是合同关系又是合作关系。合作的艺术在于能够发现合作的机会，合作双方或多方在某一些方面具有互补性；在于掌握合作的时机，抓住天时、地利、人和的机会；在于能够取得相互的信任具有良好的沟通；在于有一个切实可行、各方都能接受的合作方案。合作的艺术还包括当合作出现矛盾和问题时，能够进行调适、化解，保持在正常轨道上，合作的目的是如何达到双赢、多赢。

最近几年，美国的许多联邦政府部门已将 Partnering（合作伙伴）管理模式作为大型公众工程项目招投标的条件之一。美国建筑工业协会、全美建筑师协会、美国总承包商协会等都赞成在建筑工程项目管理中推行合作伙伴管理的思想。合作伙伴是两个或多个组织，为了达到具体的目标，采用使各自投入的资源实现效益最大化所做的一种努力。合作伙伴关系是基于信任，为了共同的目标和相互理解各自的期望与价值的一种关系。合作伙伴关系的预期好处包括效率的提高、成本效益的提高、创新机遇的增加，以及产品、服务的不断改善。

合作伙伴管理的方法和艺术正在逐步改善传统的合同管理的思想和理念，即采用由合作达到双赢、多赢的方式改善传统的风险转嫁、利益争斗的思想和理念。合作伙伴管理艺术的精髓在于如何在参与工程建设的各方之间，用共担风险、相互合作的伙伴关系来替代过去的互不信任、利益冲突的对立关系。

合作的艺术还表现在竞争企业的联合和合作上。目前，全球强强合作成为潮流，如奔驰公司吞并美国第三大汽车公司克莱斯勒，西门子旗下的子公司卡维屋与法国的法马通公司宣布合组世界最大的核电集团，等等。这些合并大大加强了合作双方在世界市场的地位，并达到双方在技术和市场方面共享的双赢目的。

6.2.7　公关艺术

公共关系特指一定的社会组织机构和与之相关的社会公众之间的关系，它以组织机构在社会公众中树立良好的形象为基本目标，它遵循诚实无欺、互惠互利的基本原则。公共关系的基本方针是平时努力与长远打算相结合，其基本方法是双向信息沟通、内外相互结合。

如果没有良好的公共关系，建筑企业同外界的联系就不能通畅，进而影响到企业获得信息，取得进一步的发展。建筑市场的竞争既有质量竞争、技术竞争、价格竞争、服务竞争，又有企业资信竞争和企业形象竞争。争取用户和公众的理解和支持，实事求是、巧妙地宣传企业的经营宗旨、施工能力、业绩，提高企业的知名度、可信度，就能够赢得公众、赢得市场。而这些都离不开有效的公共关系工作。

建筑产品是特殊的产品，不可移动、价值大、使用期长。建筑业企业流动性强、任务多变，经常跨地域开展经营活动。建筑业企业接触的行业和部门多，外部公众广泛，在市场交易活动中具有特殊的公关艺术。公关艺术包括向社会推介企业的方法，创立品牌、增加知名度、形成良好社会印象的方法。建筑企业应当掌握向社会推出自己的时机，同时在推出的方法上做出选择，是选用广告、社会影响大的竞赛活动、社会公益活动，还是消费者的口碑；如何建立企业文化及选择何种文化，等等。

6.2.8　权变艺术

权变管理的理论是为适应组织规模的日益庞大和复杂，管理对象和管理环境的飞速变化，以及管理任务的灵活多变而产生的。

权变的艺术就是相对于管理对象和环境的不同，而在管理手段和管理方式上所做的变化。权变可理解为：没有一种普遍适用于各种环境、永远发挥作用的管理思想和管理理论，任何优秀的管理原理和方法都总是相对于特定的管理环境而言的。为了求得适应，权变要求将管理中的人、物和环境 3 个要素结合在一起，进行全面综合的研究，既强调人在管理中对物的决定作用，又强调不断变化的现实环境对管理的影响。组织的有效性来自于组织的内部调整性和外部支持性的统一，在从管理手段到管理目的的运作模式中，权变艺术表现为不断调整和革新，以获得和环境资源的维系。

成功的管理艺术一定是成功地使用了权变艺术，建筑管理也是如此。建筑管理不能依据一些简单的原则，因此，权变方法（有时也被称为情境方法）近年来被用于取代过分简单化的管理原则，以综合各种各样的管理理论。如一些组织的实践证明，通过扩大工作范围，而不是过于专业化，可以成功地提高生产率。还有，被证明在许多条件下适用的官僚行政组织在一定的条件下可能并不一定优于其他的组织形式。因此，应当注重具体的管理环境的研究：一是组织规模，因为所领导的人员数量对管理的方方面面都有影响，起码所采取的组织结构就应当不同；二是任务技术的例常性，因为例常性技术所要求的组织结构、领导风格和控制系统，不同于非例常性技术的管理；三是环境的不确定性；四是个人差异，因为个人的价值观和对工作的要求都不相同，决定了要选择什么样的激励方法、领导风格等。

第7章　建筑工程管理学简论

所谓建筑工程管理学，是指研究工程项目策划、立项、筹资、设计、施工、运行、还贷全过程管理的科学。

建筑工程管理学研究的对象具有过程性、单件性、综合效应性的特点。过程性是指建筑工程要依照一定的法定建设程序进行，工程项目的审批有审批的程序，施工要有科学合理的施工方法，不能违背固有的过程。单件性是指最终产品既具有共性，又具有个性。建筑工程产品不同于一般的工业产品，不能够批量生产，而且每一个建筑工程都是不尽相同的，即使按照同一份图纸施工的建筑，也由于建造地点、人员、时间等因素的不同而不同。综合效应性是指建筑工程具有经济效应、社会效应、环境效应，一个工程的投资要有回报，要讲究投资的保值增值。在计划经济年代，我国政府决策部门在很大程度上忽略了建筑工程的经济性，造成了极大浪费。现在，国家非常重视投融资领域的改革，提出"谁投资，谁决策，谁受益，谁承担风险"的原则，这符合建筑工程项目管理的客观规律。

7.1　工程建设方面的法律、行政法规和有关制度

我国现行的工程建设法规体系是以《建筑法》为龙头，由相关行政法规、部门规章和地方性法规、地方规章组成的体系。整体框架可以分为工程建设法规的效力层次和规范内容两个方面。

7.1.1　工程建设法规体系的效力层次

工程建设法规体系包括中央立法和地方立法两个层次。中央立法包括3个层次：法律、行政法规、部门规章。地方立法包括两个层次：地方性法规和地方政府规章。其中，法律的效力高于行政法规、地方性法规、规章；行政法规的效力高于地方性法规、规章。

法律是指由全国人民代表大会及其常委会审议通过的规范建筑活动的各项法律，由国家主席签署主席令予以公布。

行政法规是指由国务院根据宪法和法律制定的规范建筑活动方面的各项法规，由国务院总理签署国务院令予以公布。

部门规章是指国务院有关部门按照国务院规定的职责范围，独立或同国务院其他有关部

门联合根据法律、行政法规的规定，制定并颁布的规范建筑活动的规章，由部门首长签署部长（主任）令予以公布。

地方性法规是指省、自治区、直辖市的人民代表大会及其常务委员会根据本行政区域的具体情况和实际需要，在不同宪法、法律、行政法规相抵触的前提下制定的有关规范建筑活动的法规，或者由省、自治区政府所在地的市和经国务院批准的较大的市人民代表大会及其常委会批准的规范建筑活动方面的法规。

地方性政府规章是指省、自治区、直辖市，以及省、自治区人民政府所在地的城市和经国务院批准的较大市的人民政府，根据法律、行政法规制定并发布的规范建筑活动的规章。

7.1.2　工程建设法规体系的规范内容

工程建设法规体系的规范内容主要包括以下几方面。

① 规范建筑市场准入资格的法规：主要体现在对建筑市场各方活动主体的资质管理，包括勘察设计单位、建筑施工企业、建设监理单位、招投标代理机构等的资质管理。

② 有关工程建设的政府监管程序的法规，包括招标投标管理法规、建设工程施工许可管理法规、建设工程竣工验收备案等。在该类法规中，还包括了工程建设现场管理的法规。例如，建设工程施工现场管理规定、建筑安全生产监督管理规定等。

③ 规范建筑市场各方主体行为的法规，该类法规侧重于对建筑市场活动行为人（包括公民和法人）的行为制约。例如，规范勘察设计市场的管理规定、装饰装修市场管理等。

作为规范工程建设活动的母法——《建筑法》，体现其母法地位的重要标志是：一是法律层次高，其他任何规范工程建设活动的法规和规章都必须依据《建筑法》制定；二是其规范内容广泛，包括了以上工程建设法规体系所规范的全部内容，既规范了市场准入管理原则、工程建设程序监管，也规定了市场活动行为人的行为规范。

7.1.3　工程建设法规体系框架结构

现行的工程建设法规体系的框架结构已经形成了以《建筑法》、《招标投标法》、《合同法》等为母法，以《建设工程质量管理条例》、《建设工程勘察设计管理条例》、《注册建筑师条例》等为子法，以系列部门规章为配套的法规体系。各地方出台的地方性法规和政府规章同时作为框架体系的重要组成部分，是调整各地方工程建设活动的重要法律依据。

工程建设法规体系框架结构如图 7-1 所示。

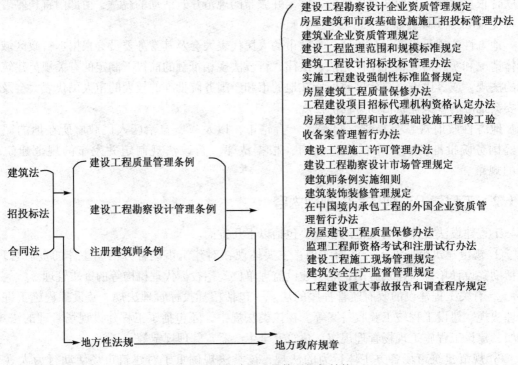

图 7-1　工程建设法规体系框架结构

7.1.4　工程建设管理制度

1. 项目法人责任制

建设项目法人责任制是我国从 1996 年开始实行的一项工程建设管理新制度。按照国家计委《关于实行建设项目法人责任制的暂行规定》要求，国有单位经营性基本建设大中型项目在建设阶段必须组建项目法人，由项目法人对项目策划、资金筹措、建设实施、生产经营、债务偿还和资产保值增值，实行全过程负责。1999 年 2 月，为了加强基础设施工程质量管理，国务院办公厅发出通知，要求"基础设施项目，除军事工程等特殊情况外，都要按政企分开的原则组成项目法人，实行建设项目法人责任制，由项目法定代表人对工程质量负总责"。实行项目法人责任制，是建立社会主义市场经济的需要，是转换项目建设与经营机制、改善建设项目管理、提高投资效益的一项重要改革措施。项目法人责任制的核心内容明确了由项目法人承担投资风险，项目法人要对工程项目的建设及建成后的生产经营实行一条龙管理和全面负责。

按照《规定》要求，项目建议书被批准后，应由项目的投资方派代表组成项目法人筹备组，具体负责项目法人的筹建工作。在申报项目可行性研究报告时，须同时提出项目法人的组建方案，否则，可行性研究报告不被审批。在项目可行性研究报告被批准后，正式成立项目法人，确保资本金按时到位，及时办理公司设立登记。

按照《规定》要求，"项目法人可按《公司法》的规定设立有限责任公司（包括国有独资公司）和股份有限公司形式"。

2. 工程招标投标制

自 20 世纪 80 年代中期，我国开始实行工程项目招标投标制度。实行工程项目招标投标，可以建立公开、公正、公平的竞争机制，保护国家利益、社会公共利益和招标投标活动当事人的合法权益，保证工程质量。根据《中华人民共和国招标投标法》等有关法律法规，招标投标管理的主要内容有以下几个方面。

（1）必须招标和公开招标的范围

《中华人民共和国招标投标法》及有关配套的法规规定，属于下列工程建设项目包括项目的勘察、设计、施工、监理，以及与工程建设有关的重要设备、材料等的采购，必须进行招标。

① 大型基础设施、公用事业等关系社会公共利益、公众安全的项目。

关系社会公共利益、公众安全的基础设施项目的范围包括：

a. 煤炭、石油、天然气、电力、新能源等能源项目；

b. 铁路、公路、管道、水运、航空及其他交通运输业等交通运输项目；

c. 邮政、电信枢纽、通信、信息网络等邮电通信项目；

d. 防洪、灌溉、排涝、引（供）水、滩涂治理、水土保持、水利枢纽等水利项目；

e. 道路、桥梁、地铁和轻轨交通、污水排放及处理、垃圾处理、地下管道、公共停车场等城市设施项目；

f. 生态环境保护项目；

g. 其他基础设施项目。

关系社会公共利益、公众安全的公共事业项目的范围包括：

a. 供水、供电、供气、供热等市政工程项目；

b. 科技、教育、文化等项目；

c. 体育、旅游等项目；

d. 卫生、社会福利等项目；

e. 商品住宅，包括经济适用住房；

f. 其他公共事业项目。

② 全部或者部分使用国有资金投资或者国家融资的项目。

使用国有资金投资项目的范围包括：

a. 使用各级财政预算资金的项目；

b. 使用纳入财政管理的各种政府性专项建设基金的项目；

c. 使用国有企业事业单位自有资金，并且国有资产投资者实际拥有控制权的项目。

国家融资项目的范围包括：

a. 使用国家发行债券所筹资金的项目；

b. 使用国家对外借款或者担保所筹资金的项目；

c. 使用国家政策性贷款的项目；

d. 国家授权投资主体融资的项目；

e. 国家特许的融资项目。

③ 使用国际组织或者外国政府贷款、援助资金的项目。该项目包括：

a. 使用世界银行、亚洲开发银行等国际组织贷款的项目；

b. 使用外国政府及其机构贷款的项目；

c. 使用国际组织或者外国政府援助资金的项目。

上述项目的勘察、设计、施工、监理，以及与工程建设有关的重要设备、材料等的采购，达到下列标准之一的，必须进行招标：

a. 施工单项合同估算价在 200 万元人民币以上的；

b. 重要设备、材料等货物的采购，单项合同估算价在 100 万元人民币以上的；

c. 勘察、设计、监理等服务的采购，单项合同估算价在 50 万元人民币以上的；

d. 单项合同估算价低于 a、b、c 项规定的标准，但项目总投资额在 3 000 万元人民币以上的。

依法必须进行招标的项目，全部使用国有资金投资或者国有资金占控股或者主导地位的，应当公开招标。

招投标活动不受地区、部门的限制，对潜在招标人不能实行任何歧视性待遇。

（2）招标投标的方式、程序和规则

招标分为公开招标和邀请招标。公开招标，是指招标人以招标公告的方式邀请不特定的法人或者其他组织投标；邀请招标，是指招标人以投标邀请书的方式邀请特定的法人或者其他组织投标。

招标投标的程序如下。

① 发布招标信息。公开招标由招标单位在工程所在地的建设工程交易中心或者国家指定的报刊、信息网络及其他新闻媒介发布招标公告。邀请招标应当向 3 个以上符合资质条件并具备招标工程承包能力的单位发出投标邀请书。投标邀请书可以采用信函和数据电文（包括电报、电传、传真、电子数据交换和电子邮件）的形式。

② 进行资格预审。公开招标的工程，招标单位应当对报名投标的单位进行资格预审；经资格预审合格的单位，方可参加投标。对于报名投标单位较少、投资规模较小的公开招标工程，可以在开标后进行资格后审。实行资格后审的，所有报名投标的单位均可参加投标。

③ 招标单位根据招标工程的特点和需要，编制招标文件。招标文件一般由投标须知、合同条件、技术规范、设计图纸，以及招标单位发出的补充通知组成，其内容包括招标工程的技术要求、报价要求、开标时间及地点、评标方法、拟签合同主要条款等。实行资格预审

的公开招标工程，招标文件应当售发给资格预审合格的报名投标单位；实行资格后审的，售发给报名投标单位；实行邀请招标的工程，招标文件售发给收到投标邀请书并报名投标的单位。

④ 投标。投标单位应当按照招标文件的要求编制投标文件，并对相应的要求和条件做出实质性响应。投标文件应当包括下列内容：

投标书及其附录；投标保证金；投标报价及工期；施工方案或施工组织设计；拟派出的项目经理及主要技术人员的简况；拟用于完成该工程的机械设备；拟安排分包的非主体、非关键性工程；对招标文件中合同主要条款的确认；招标文件规定提交的其他资料。

投标文件应当密封并在投标截止时间前送达招标文件指定的地点。投标人少于 3 个的，招标人应当重新招标。两个以上法人或者其他组织可以组成一个联合体，以一个投标人的身份共同投标。

⑤ 开标、评标和中标。开标应当在投标截止时间后，按照招标文件规定的时间和地点公开进行。开标由招标单位主持，并邀请所有投标单位的法定代表人或者其代理人和评标委员会全体成员参加。政府主管部门及其工程招标投标监督管理机构依法实施监督。

3. 工程监理制

建筑工程监理制度是我国工程建设法律规定的一项制度，也是借鉴国际惯例，进行建设体制改革的一项重要成果。建筑工程监理是指监理单位受项目法人的委托，依据国家批准的工程项目建设文件，有关工程建设的法律、法规和工程建设监理合同及其他工程建设合同，对工程建设实施的监督管理。

推行建筑工程监理制度，由具有专业知识和丰富管理经验的监理工程师对建筑工程进行全过程的监督管理，受业主委托，依据合同和相关法律、法规、标准，对以工程质量、建设工期、资金控制为主要内容的建筑活动进行制约和监督，有利于克服外行管理造成的管理成本高、管理水平低、损失浪费大等弊病，保证建筑工程质量、工期、投资等建设目标的顺利实现。建筑工程监理制度也是适应我国社会主义市场经济条件下的新型工程建设管理体制，所形成的基于市场经济关系的工程建设的社会化、专业化的监督管理的横向制衡机制，克服了计划经济体制下传统建设模式的种种弊病。建筑工程监理制度是我国工程质量保证体系的重要组成部分。我国的建筑工程质量保证体系可以概括为业主监督制约，勘察设计、施工单位自我保证，政府强制性监督。

建筑工程监理是业主监督制约的具体实现形式。在我国推行建筑工程监理制度也是与国际惯例接轨、融入全球经济一体化的需要。建筑工程监理是发达国家长期以来普遍采用的通行做法，无论是吸引外资参与我国的经济建设，还是参与国际建筑市场的竞争，都需要建立和推行建设工程监理制度。

《建筑法》第三十条规定：“国家推行建筑工程监理制度。国务院可以规定实行强制监理的建筑工程范围。”《建设工程质量管理条例》第十二条明确规定了必须实行监理的建设工程范围：

①国家重点建设工程；

②大中型公用事业工程；

③成片开发建设的住宅小区工程；

④利用外国政府或者国际组织贷款、援助资金的工程；

⑤国家规定必须实行监理的其他工程。

为了便于实施和操作，建设部商有关部委颁发了第 86 号令《建设工程监理范围和规模标准规定》，进一步明确了建设工程必须实行监理的范围和规模标准。其主要内容是：国家重点建设工程，是指依据《国家重点建设项目管理办法》所确定的对国民经济和社会发展有重大影响的骨干项目。

大、中型公用事业工程，是指项目总投资额在 3 000 万元以上的下列工程项目：

① 供水、供电、供气、供热等市政工程项目；

② 科技、教育、文化等项目；

③ 体育、旅游、商业等项目；

④ 卫生、社会福利等项目；

⑤ 其他公用事业项目。

成片开发建设的住宅小区工程，建筑面积在 5 万 m^2 以上的住宅建设工程必须实行监理；5 万 m^2 以下的住宅建设工程，可以实行监理，具体范围和规模标准，由省、自治区、直辖市人民政府建设行政主管部门规定。为了保证住宅质量，对高层住宅及地基、结构复杂的多层住宅应当实行监理。

利用外国政府或者国际组织贷款、援助资金的工程范围包括：

① 使用世界银行、亚洲开发银行等国际组织贷款资金的项目；

② 使用国外政府及其机构贷款资金的项目；

③ 使用国际组织或者国外政府援助资金的项目。

国家规定必须实行监理的其他工程是指：

① 项目总投资额在 3 000 万元以上，关系社会公共利益、公众安全的基础设施项目；

② 学校、影剧院、体育场馆项目。

4. 合同管理制

建设工程合同包括工程勘察、设计、施工、监理等合同。建设工程合同是工程发承包双方实现市场交易的重要方式和依据。《建筑法》、《合同法》和《建设工程质量管理条例》对建设工程合同都做出了明确的规定。其要点有以下几方面。

① 建设工程的发包单位和承包单位应当依法订立书面合同，明确双方的权利和义务。《建筑法》、《合同法》均规定，建设工程合同应当采取书面形式。因此，以口头方式订立的建设工程合同不符合法律规定，是无效合同。

② 发包单位和承包单位应当全面履行合同约定的义务，不按照合同约定履行义务的，依法承担违约责任。

为了保护发包与承包双方的合法权益,依照《合同法》、《建筑法》、《建设工程质量管理条例》,建设部和国家工商行政管理局联合颁发了建设工程施工示范合同文本,建设工程施工合同文本的主要内容如下。

a. 协议书。包括发承包双方全称;工程概况;工程承包范围和方式;合同工期、质量标准;合同价款;组成合同的文件;甲方关于按照合同约定支付合同价款的承诺及乙方按照合同约定进行施工、竣工交付工程及质量保修的承诺;生效日期及条件。

b. 通用条款。通用条款是双方都需认可的词语、合同文件和对工程事务的处理方法。包括双方的一般权利和义务;施工组织设计和工期;质量与检验;合同价款与支付;设备材料供应;工程变更;竣工验收与结算;违约、索赔和争议;其他有关安全施工、发现文物及地下障碍物的处理方法,工程分包、不可抗力、保险、担保、合同解除、合同生效与终止的处理办法。

c. 专用条款。规定以上内容和结合具体工程的一些特殊规定。

d. 建设施工示范合同文本的附件。如乙方承揽工程项目一览表;甲方供应材料设备一览表;工程质量保修书。

5. 施工许可管理制度

为了保证工程在开工后能够顺利进行,《建筑法》规定了建筑工程施工许可制度。这一制度的主要内容如下。

除了国务院建设行政主管部门规定的限额以下的小型工程(即工程投资额在 30 万元以下或者建筑面积在 300 m^2 以下的建筑工程)及按照国务院规定的权限和程序批准开工报告的建筑工程之外,建筑工程在开工前,建设单位应当向工程所在地县级以上人民政府建设行政主管部门申请领取施工许可证。

依据《建筑法》、《建设工程质量管理条例》,建设部于 1999 年 10 月 15 日颁布了《建筑工程施工许可管理办法》(建设部令第 71 号),并于 2000 年 7 月 4 日修改重新发布了《建筑工程施工许可管理办法》(建设部令第 91 号),明确规定必须具备下述条件,才可以领取施工许可证:

① 已经办理了建筑工程用地批准手续;

② 在城市规划区的建筑工程,已经取得建设工程规划许可证;

③ 施工现场已经具备基本施工条件,需要拆迁的,其拆迁进度符合施工要求;

④ 已经确定施工企业,按照规定应该招标的工程没有招标,应该公开招标的工程没有公开招标,或者肢解发包工程,以及按工程发包给不具备相应资质条件的,所确定的施工企业无效;

⑤ 已经具有满足施工需要的施工图纸和技术资料,施工图设计文件已经按照规定通过了审查;

⑥ 有保证工程质量和安全的具体措施;施工企业编制的施工组织设计中有根据建筑工程特点制定的相应质量、安全技术措施,专业性较强的工程项目编制的专项质量、安全施工

组织设计，并按照规定办理了工程质量、安全监督手续；

⑦ 按照规定应该委托监理的工程已委托监理；

⑧ 建设资金已经落实。建设工期不足一年的，到位资金原则上证明，有条件的可以实行银行付款保函或者其他第三方担保；

⑨ 法律法规规定的其他条件。

按照法律的规定，建设单位应当自领取施工许可证之日起 3 个月内开工。因故不能按期开工的，应当在期满之前向发证机关申请延期，并说明理由。但延期以两次为限，每次不超过 3 个月；在建的建筑工程因故中止施工的，应当向发证机关报告，恢复施工时，也应当向发证机关报告；中止施工满一年的工程恢复施工前，建设单位应当报发证机关核验施工许可证。

在施工许可管理中，《建筑工程施工许可管理办法》禁止为规避办理施工许可证将工程分解为若干部分的行为；禁止采用虚假证明文件骗取施工许可证；禁止伪造施工许可证和涂改施工许可证。

6. 竣工验收备案制

建设工程竣工后，由建设单位履行工程竣工验收的职责，建设单位依法进行竣工验收后，要将有关文件报建设行政主管部门及国务院有关部门备案，质量监督机构也要向政府上报质量监督报告。通过竣工验收文件备案手续，政府管理部门对各方主体遵守建设工程质量法律法规、履行质量责任的状况、遵守建设程序的状况进行监督，发现有违法违规行为，即可责令停止工程使用。

7.2 建筑工程管理学的基本内容

7.2.1 项目策划与立项

工程项目的策划、立项基础为投（融）资学、工程经济学等方面的内容。在工程项目管理中，一个重要的环节是项目的资金筹措问题。建筑工程管理学离不开投融资学。工程项目资金从哪里来，通过什么渠道、以何种方式筹集，我们将解决这些问题的过程称为项目融资。

在经济学上，对于投资的定义大致归纳为两类。

① 从投资行为和过程的角度分析，投资有 3 种解释。

a.《帕格雷夫经济词典》的观点是：投资是一种资本积累，是为取得用于生产的资源、物力而进行的购买及创造过程。

b.《经济大辞典》（金融卷）的观点是：投资是经济主体以获得未来收益为目的，预先垫付一定量的货币或实物，以经营某项事业的行为。

c.《简明不列颠百科全书》第七卷认为：投资是指在一定时期内期望在未来能产生收益而将收入变换为资产的过程。

② 从价值和资本的角度分析，投资有 3 种解释。

a.《经济大辞典》（工业卷）中认为：投资是指经营赢利性事业预先垫付的一定量的资本或其他实物。

b. 夏皮罗在《宏观经济学》一书中认为：投资在国民经济分析中只有一个意义——该经济在任何时期以新的建筑物、新的生产者耐用设备和存货变动等形式表现的那一部分产量的价值。

c. 萨缪尔森在《经济学》中认为：投资的意义总是实际的资本形成——增加存货的生产，或新工厂、房屋和工具的生产……只有当物质资本形成生产时，才有投资。

以上的投资定义都强调一定数量的货币、资本及实物的投入，带来新的实际生产要素的扩大和外来收益的增加。

融资的简单定义是资金的调剂融通行为，是指融资主体通过某种方式运用金融工具，从潜在投资者手中获得所需资金的过程。其主要目的是调剂资金余缺。

一般来说，工程项目的资金来源往往有以下几种。

① 权益资本，是指投资主体投入企业或项目的资本，我国称资本金。它包括国家财政拨款、企业利润留存、发行股票、外国资本直接投资等形式。

② 国内银行贷款。一般按期限分为长、中和短期贷款。

③ 国外贷款。

④ 发行债券。

⑤ 租赁筹资等。

我国投资体制的发展大致可以分为 3 个阶段：1953—1978 年，建立和改进阶段；1979—1992 年，改革和停滞阶段；1992 年以后，创新和完善阶段。在计划经济年代，我国的工程建设主要依靠政府投资，在"一五"计划时期形成的投资体制随着经济的发展逐渐显露出许多缺点和不足。

改革开放以后，市场经济体制在我国得到重视并逐步建立，投资体制改革也就日益迫切。这段时期实行的主要措施有："拨改贷"的全面实行；企业开始股份制试点；进一步扩大利用外资的力度，扩大了国家重点建设的资金来源。

1992 年以后，我国投资体制改革呈现创新的特点，这段时期的特点主要为投资主体多元化和融资方式多样化。

国家非常重视投融资领域的改革，确立企业在竞争性领域的投资主体地位，基本形成企业自主决策、自担风险，银行独立审贷，政府宏观调控的新的投资体制。按照"谁投资、谁决策、谁受益、谁承担风险"的原则，改革投资管理方式，减少对企业和社会投资的行政性审批。建立严格的政府投资项目管理机制，完善国家重大投资项目稽查制度，推动投资中介组织的市场化改革。

公共部门的一些公益性项目，投资不好回收。而对于商业性投资，是要赚钱的。建筑工程资金不够，需要从社会融资。首先要清楚不是"为了项目而融资"，而是"通过项目融资"。融资方法很多，除了项目上市、项目购买、建设-营运-移交外，还有建设-拥有-经营-移交、建设-租赁-移交、设计-建设-经营-维护、修复-经营-拥有、移交-经营-移交等诸多变种。如何做好项目融资是一门科学，要通过合法渠道，通过有限资金获得最大利润，提高项目融资的偿付能力。这需要对建筑工程项目进行科学合理的策划。

策划是为达到一定目标而进行谋划、决策的活动。即人们针对某一特定问题，从若干可供选择的有关未来事件的设想方案中做出一种选择或决定，以及为这一决定而进行的构思、规划、设计、认证、比较、选择等一系列行动过程。由于策划活动是为达到一定目的而有意识、有计划、有步骤地依据某些客观规律和原则，采用相应的手段和科学方法进行的。因此，策划活动是目标和手段、思维和行动、主观和客观、科学和艺术的辩证统一。

一般而言，项目策划应包括三大步骤：第一步是自我评估，分析项目的自身价值，了解项目的优势与劣势，确定项目目标；第二步是环境分析，项目环境可分为总体环境、产业环境和竞争环境3个层次；第三步是提出策略构想，在综合分析项目自身价值和项目环境状况的基础上，对特定项目进行目标设计和项目定义。

工程建设项目的立项阶段是建设程序的最初决策阶段。该阶段形成工程建设项目的设想，具体分为编制项目建议书、可行性研究和可行性研究报告，并进行建设场地地震安全性评价和工程建设项目环境影响评价，从而为主管部门进行该项目的最终决策审批提供可靠依据。

7.2.2 工程总承包

1. 工程总承包的特点及方式

发达国家工程总承包是根据市场需要演变和发展起来的，已有近百年历史，并且有继续发展的趋势。根据美国设计-建造学会（Design Build Institute of America）2000年的报告，设计-建造总承包（D-B）合同的比例，已从1995年的25%上升到30%，预计到2005年将上升到45%。即近一半的工程项目，将会采取工程总承包的方式。

与其他承包方式相比，工程总承包具有以下优点：

① 实现设计、采购、施工、试运行等工作的内部协调，减少外部协调环节，降低运行成本；

② 实现设计、采购、施工、试运行的深度合理交叉，缩短建设周期；

③ 实现设计、采购、施工、试运行全过程的质量控制，保证工程质量；

④ 实现设计、采购、施工、试运行全过程的费用控制，保证投资控制；

⑤ 克服了非专业机构实施项目管理的弊端；

⑥ 充分利用工程总承包商先进的技术和经验，提高效率和效益。

发达国家的工程总承包主要有以下几种方式：

① 设计、采购、施工工程总承包（Engineering, Procurement and Construction, EPC）；

② 设计-建造工程总承包（Design-Build, D-B）；

③ 交钥匙工程总承包（Turnkey）；

④ 设计、采购总承包（Engineering and Procurement, EP）；

⑤ 施工总承包（General Contractor，GC）等。

以上是几种主要的总承包方式。根据合同关系、承包范围、风险划分、计价方式的不同，还存在多种工程总承包的变型，如 EPCm（Engineering，Procurement，Construction management），EPCs（Engineering，Procurement，Construction superintendence），EPCa（Engineering，Procurement，Construction advisory）等。

2. EPC 工程总承包

（1）EPC 工程总承包的合同关系

EPC 工程总承包的合同关系如图 7-2 所示。

说明：

① 总承包商对工程设计、设备材料采购、施工、试运行服务全面负责，并可根据需要将部分工作分包给分承包商。分承包商向总承包商负责。

② 业主代表可以是设计公司、咨询公司、项目管理公司或不是承包本工程的另一家工程公司，其性质是项目管理服务而不是承包。

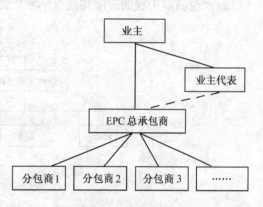

图 7-2　EPC 工程总承包的合同关系示意图

③ 分包商与业主没有合同关系。

（2）EPC 工程总承包的适用范围

① 设计、采购、施工、试运行交叉、协调关系密切的项目；

② 采购工作量大，周期长的项目；

③ 承包商拥有专利、专有技术或丰富经验的项目；

④ 业主缺乏项目管理经验，项目管理能力不足的项目；

⑤ 大多数工业项目。

（3）EPC 工程总承包项目中业主的主要职责

① 选择优秀的业主代表或项目管理承包商；

② 编制业主要求；

③ 招标选择总承包商；

④ 审查批准分包商；

⑤ 向总承包商支付工程款；

⑥ 监督和验收。

（4）EPC 工程总承包项目中总承包商的主要职责

① 按合同约定完成设计、采购、施工、试运行服务全部工作；

② 招标选择分承包商；

③ 对工程的费用、进度、质量、安全实施控制；

④ 对合同约定的项目实施效果负责，并承担风险和经济责任。

⑤ EPC 工程总承包的其他形式

根据业主的不同要求和项目的具体特点，EPC 工程总承包还有 EPCm、EPCs、EPCa 等类型。

① EPCm 工程总承包。在 EPCm 工程总承包项目中，EPCm 承包商负责工程项目的设计和采购，并负责施工管理。施工承包商与业主签订承包合同，但接受 EPCm 承包商的管理。EPCm 承包商对工程的进度和质量全面负责。EPCm 工程总承包的业务关系如图 7-3 所示。

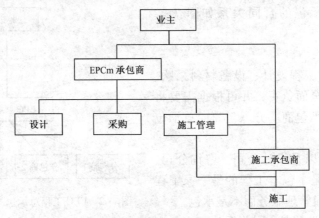

图 7-3 EPCm 工程总承包的业务关系示意图

② EPCs 工程总承包。在 EPCs 工程总承包项目中，EPCs 承包商负责工程项目的设计和采购，并监督施工承包商按照设计要求的标准、操作规程等进行施工，同时负责物资的管理。施工监理费不含在承包价中，按实际工时计取。业主与施工承包商签订承包合同，并进行施工管理。EPCs 工程总承包的业务关系如图 7-4 所示。

图 7-4 EPCs 工程总承包的业务关系示意图

③ EPCa 工程总承包。在 EPCa 工程总承包项目中，EPCa 承包商负责工程项目的设计和采购，并在施工阶段向业主提供咨询服务。施工咨询费不含在承包价中，按实际工时计取。业主

与施工承包商签订承包合同，并进行施工管理。EPCa 工程总承包的业务关系如图 7-5 所示。

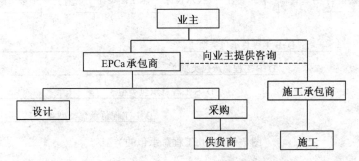

图 7-5　EPCa 工程总承包的业务关系示意图

3. D-B 工程总承包

（1）D-B 工程总承包的合同关系

D-B 工程总承包的合同关系如图 7-6 所示。

（2）D-B 工程总承包的适用范围

D-B 工程总承包的基本出发点是促进设计与施工的早期结合，以便有可能充分发挥设计和施工双方的优势，提高项目的经济性。D-B 工程总承包一般适用于建筑工程项目。但是，在下列 3 种情况下一般较少采用 D-B 工程总承包。

① 纪念性建筑。这类项目优先考虑的往往不是造价和进度等经济因素，而是建筑造型艺术和工程细部处理等技术因素。

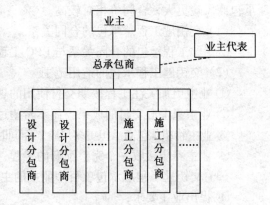

图 7-6　D-B 工程总承包的
合同关系示意图

② 新型建筑。这类项目一般都有较高的建筑要求，同时结构形式的选择和处理有许多不确定性因素，无论对设计者还是对施工者可能都缺乏这方面的经验。如果采用总承包方式，业主和总承包商的风险都很大。

③ 大型土方工程、道路工程等设计工作量少的项目。

（3）D-B 工程总承包的几种类型

根据承包起始时间不同，D-B 工程总承包可分为 4 种类型，即从方案设计到竣工验收、从初步设计到竣工验收、从技术设计到竣工验收、从施工图设计到竣工验收，如图 7-7 所示。承包时间越早，承包商的风险越大；但承包的时间越晚，由设计与施工结合而提高项目经济性的可能性亦相应减少。究竟采用哪种承包方式，要根据项目的具体特点和当时所具备的条件确定。

（4）D-B 工程总承包项目中业主和总承包商的职责

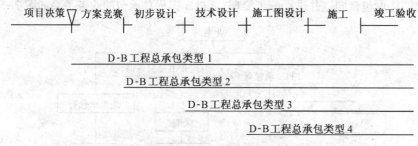

图 7-7 D-B 工程总承包的类型

在 D-B 工程总承包项目中，业主和总承包商的职责与 EPC 总承包方式的基本相同。

4. 交钥匙工程总承包

交钥匙工程总承包是 EPC 总承包业务和责任的延伸。交钥匙工程总承包与 EPC 工程总承包及 D-B 工程总承包的主要不同点在于承包范围更大，工期更确定，合同总价更固定，承包商风险更大，合同价相对较高。

（1）交钥匙工程总承包的合同关系

交钥匙工程承包的合同关系与 EPC 工程总承包的合同关系是相同的。

（2）交钥匙工程承包的适用范围

① 业主更加关注工程按期交付使用的项目；

② 业主只关心交付的成果，而不希望过多介入项目实施过程的项目；

③ 业主希望承包商承担更多风险，而同时愿意支付更多风险费用（合同价较高）的项目；

④ 业主希望接收一个完整配套的工程，"转动钥匙"即可使用的项目。

（3）交钥匙工程总承包项目中业主的主要职责

① 提出业主要求；

② 选择交钥匙工程承包商；

③ 按时给承包商付款；

④ 检查验收。

（4）交钥匙工程总承包项目中承包商的主要职责

① 按合同约定完成可行性研究、项目立项（若有）、设计、采购、施工和试运行；

② 按合同约定的工期和固定的价格交付工程；

③ 对业主人员的培训；

④ 承包商的其他责任与 EPC 工程总承包相同。

（5）交钥匙工程承包的优越性

与其他总承包方式比较，交钥匙工程承包有以下优点：

① 能满足某些业主的特殊需要；

② 承包商承担的风险比较大，但获利的机会比较多，有利于调动承包商的积极性；

③ 业主介入的程度比较浅，有利于发挥承包商的主观能动性；

④ 业主与承包商之间的关系简单。

5. 设计、采购总承包

① 设计、采购总承包是 EPC 工程总承包的一种变型，它与 EPC 工程总承包的区别，只是承包范围的不同，EP 承包方式不包括施工承包；

② EP 总承包方式适合于业主对设备材料的采购没有经验，而承担设计的工程公司对设备材料的采购有经验的情况；

③ EP 总承包方式适合于业主对施工管理有经验的情况。

6. 施工总承包

（1）施工总承包的合同关系

施工总承包的合同关系如图 7-8 所示。

说明：

① 这种承包方式的承包范围主要是施工，施工总承包商一般不负责设计；

② 施工总承包商可以承担部分细部设计；

③ 施工总承包商不得将全部工程分包出去；

④ 业主只与施工总承包商签订合同，不与施工分包商签订合同。

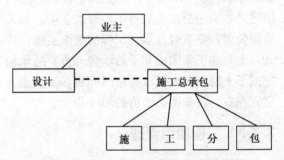

图 7-8 施工总承包的合同关系示意图

（2）施工总承包的特点

① 施工总承包商负责整个工程的施工组织与管理，有利于对工程施工进行整体优化和协调，缩短施工工期，保证施工质量，而且业主对施工分包商的协调工作量小。

② 施工总承包商一般是在施工图设计完成以后，再进行施工招标，因此合同总额的确定较有依据，业主和承包商承担的风险较小。

③ 施工总承包的招标一般是在全部设计图纸出齐后，设计、招投标、施工各阶段之间的搭接时间很少，因而整个建设工期比较长，如图 7-9 所示。

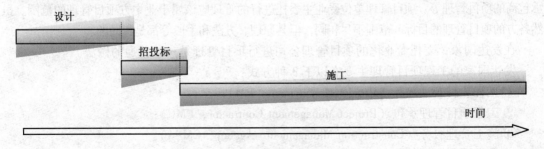

图 7-9 施工总承包项目建设工期示意图

目前我国主要开展了以下几种方式的工程总承包。

① 设计、采购、施工（EPC）总承包方式。这是我国当前设计单位开展总承包采用比较多的一种方式，约占总承包合同数量的50%。

② 设计-建造总承包方式（D-B）。多数施工企业和民用建筑设计单位大多采用D-B总承包方式。

③ 除上述两种主要方式外，还有交钥匙工程总承包、设计-采购总承包（E-P）、采购-施工总承包（P-C）、施工总承包等方式。

据对全国机械、冶金、煤炭、化工、石化、石油天然气、轻工、纺织、水利、电力、公路、铁路等22个行业236家设计企业调查，据不完全统计，自1993—2001年，共完成国内工程总承包3 409项，合同金额2 550多亿元，年平均完成合同额320亿元。一批施工企业组建的总承包公司也取得了较好的业绩，如天津建工集团重组成立了天津市建工工程总承包有限公司，负责对总承包工程的组织实施，1998—2002年累计完成工程总承包产值52.2亿元。上海建工集团成立了总承包部负责总承包工程项目的承揽和组织实施，近年来他们先后完成了上海金茂大厦、浦东国际机场、罗湖大桥等总承包项目，年完成工程总承包产值20亿元左右，占集团总产值的10%以上。

7.2.3　工程项目管理

现代项目管理起源于20世纪50年代，是指在项目实施过程中，对项目的各方面进行策划、组织、监测和控制，以实现项目的目标。作为一门科学，它主要研究项目管理的理论、模式、程序、方法和技术，揭示项目管理的规律。作为一种实践活动，是在项目管理实践中，运用项目管理的理论、模式、程序、方法和技术，提高项目的效率和效益。

工程项目管理是项目管理的一个分支。主要研究工程项目在实施阶段的组织与管理的规律，从组织和管理的角度采取措施，通过费用控制、时间控制、质量控制、合同管理、信息管理及组织协调等手段，确保项目总目标最优地实现。

参与工程项目的各方，包括业主、承包商（包括设计、施工、供货等）、项目管理单位（包括咨询、监理、招标代理企业等），都有自己的项目管理，可以分别称之为业主方的项目管理、承包商的项目管理等。项目管理单位受业主委托进行的管理应该属于业主方项目管理的范围。虽然各方的项目管理的目标、范围不尽相同，但其原理、方法和手段等都是相同的。

在发达国家，委托专业化的项目管理公司进行项目管理是一种普遍的做法。

发达国家的工程项目管理主要有以下3种方式：

① 工程项目管理服务（Project Management，PM）；

② 工程项目管理承包（Project Management Contractor，PMC）；

③ 施工管理服务（Construction Management/ Agency，CM/A）。

1. 工程项目管理服务（PM）

（1）工程项目管理服务的工作内容

工程项目管理服务的工作内容通常包括：

① 在工程项目决策阶段，为业主提供机会研究、可行性研究、项目定义等；

② 在项目实施阶段，提供招标、设计管理、采购、施工管理和试运行等服务，进行安全、质量、进度、费用、合同、信息等管理和控制。

工程项目管理的工作内容，按照业主的需要，可以是全部的，也可以是其中的一部分。

（2）工程项目管理服务的合同关系

工程项目管理服务的合同关系如图 7-10 所示。

说明：

① 业主分别与项目管理公司和承包商签订合同；

② 在项目实施过程中，项目管理公司受业主的委托，对承包商进行管理和控制。

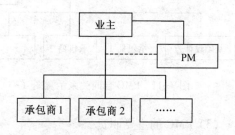

图 7-10　工程项目管理服务的
合同关系示意图

（3）工程项目实施过程中 PM 的主要职责

① 完成可行性研究（根据合同约定）；

② 协助业主编制业主要求；

③ 编制项目计划；

④ 组织工程招标；

⑤ 审查设计文件；

⑥ 在项目实施过程中进行项目的组织与管理；

⑦ 代表业主进行合同管理；

⑧ 项目实施阶段对项目的进度、费用、质量、材料、安全进行控制等。

（4）工程项目实施过程中业主的主要职责

① 与 PM 签订项目管理服务合同，并明确授权；

② 与工程承包商签订合同；

③ 报批和审查有关文件；

④ 筹措项目资金，支付项目管理费用和工程价款；

⑤ 监督和验收等。

2. 工程项目管理承包（PMC）

（1）工程项目管理承包的工作内容

工程项目管理承包的工作内容与工程项目管理服务的工作内容基本相同。其主要区别在于，工程项目管理服务一般只负责项目管理工作，不承担具体的设计工作，而工程项目管理承包受业主委托可承担工程项目的初步设计（基础工程设计）工作。

（2）工程项目管理承包（PMC）的合同关系

PMC 管理承包的范围，通常有两种情况，一种是包含基础工程设计；另一种是不包含基础工程设计。

① 不包含基础工程设计的 PMC 合同关系。如图 7-11 所示。

② 包含基础工程设计的 PMC 合同关系。如图 7-12 所示。

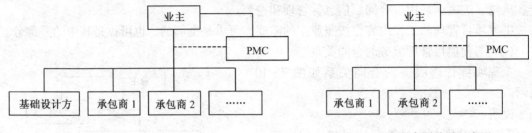

图 7-11 PMC 合同关系示意图（一）　　　　　图 7-12 PMC 合同关系示意图（二）

（3）PMC 的主要职责

PMC 除承担 PM 的全部职责外，通常还要承担下列职责：

① 根据合同约定承担基础工程设计工作；

② 根据合同约定，承担约定数额的奖罚经济责任。

PMC 与业主签订的是管理承包合同，而不是工程承包合同。因此，PMC 不承担工程承包的经济责任。但是，PMC 要承担项目管理效果（如进度、费用、质量、安全等）的相应责任。通常在项目管理承包合同中约定奖罚条件，项目管理效果达到约定指标时，业主给 PMC 支付约定金额的奖励，当达不到约定指标时，PMC 应承担约定数额的罚金。

（4）业主的主要职责

业主的主要责任与 PM 方式基本相同。

3. 施工管理服务（CM/A）

施工管理服务通常是指项目管理单位受业主的委托对施工阶段进行的项目管理服务，其主要工作内容是进行工程施工前期准备、施工招标和施工管理，对工程施工的安全、质量、进度、费用、合同、信息等进行管理和控制。

目前我国工程项目管理的主要方式有：

① 工程咨询企业主要为业主提供机会研究、可行性研究、招标代理等服务；

② 工程设计企业主要为业主提供可行性研究、设计管理、造价咨询、招标代理等服务；

③ 监理企业主要为业主提供全过程或阶段性的工程监理、施工管理服务、造价咨询、招标代理等服务；

④ 项目管理公司主要为业主提供全过程或阶段性的项目管理服务、施工管理服务、造价咨询、招标代理等服务。

⑤ 工程公司主要为业主提供全过程或阶段性的项目管理服务、项目管理承包、施工管理等服务。

据对全国机械、冶金、煤炭、化工、石化、石油天然气、轻工、纺织、水利、电力、公路、铁路等 22 个行业 236 家工程设计企业的不完全统计，自 1993—2001 年，完成工程项目管理 853 项，合同金额近 500 亿元。

7.2.4 项目设计

设计是工程建设的先行。尽管我国建筑设计业已经取得了显著的业绩，但相对国家与社会的要求来说，仍是任重道远。

评价一个建筑物设计的好坏，经济性、安全性、适用性和耐久性是非常重要的，建筑物的外观与环境的协调也同样重要。所以，这里首先谈谈建筑美学。近 15 年来，我国建筑美学研究与实践的最大收获是实现了建筑美学观念的不断提升。就建筑的价值观而言，整个建筑观念的发展史，从有文字记载的 6 000 年前到目前为止，经历了以下 5 个阶段。

① 实用建筑学阶段。自原始人类的建筑产生以来，最初主要是把建筑当做遮风蔽雨、防止野兽侵袭的生存手段。把这种观念理论化的代表人物是公元前 1 世纪的古罗马建筑师维特鲁威。他所著的《建筑十书》首次提出了"坚固、实用、美观"的建筑三原则，以安全实用为出发点，而且有了美观的要求。

② 艺术建筑学阶段。这是把建筑奉为"艺术之母"和"凝固的音乐"的阶段。以14—15世纪意大利文艺复兴运动为代表，一批高超水平的画家、雕塑家、建筑师出现（如达·芬奇、米开朗基罗、拉斐尔等），使建筑文化艺术造诣达到空前的高度，涌现出《论建筑》等许多理论和技术专著。在此基础上，1655 年创立的巴黎美术学院，开始在艺术学院培养建筑师，形成对建筑艺术形式极为重视的传统。

③ 机器建筑学观念阶段。此阶段以法国建筑师勒·柯布西埃发表《走向新建筑》一书，并译成英文版（1922 年）为标志。鼓吹建筑革命，住宅应是"居住的机器"，采取工业化方法组织大规模住宅建设，强调重视住宅的居住功能，以解决第一次世界大战后的"房荒"问题，对城市的理性主义规划、运用现代科学技术和经济观念改进建筑有很大贡献。

④ 空间建筑学观念的阶段。认为空间是建筑的主角，从空间组合、变化、构成的角度品评建筑。意大利建筑理论家布鲁诺·赛尔维是这种建筑观的代表人物，其代表作是 1957 年出版的《空间建筑论》一书。

⑤ 环境建筑学观念阶段。这是现时代的建筑学观念。1981 年国际建筑师协会第 14 次代表大会发出的《建筑师华沙宣言》指出，建筑是为人建立生活环境的"环境的综合艺术和科学"。至此，建筑学观念又完成了一次革命。

目前，我国的设计体系存在许多问题：忽略建筑美学在建筑中的地位；设计与施工脱节，很多设计人员不懂施工，往往为工程的建造过程增加不必要的环节和负担；存在很多千人以上的设计院，规模如此庞大的设计院体系运转困难，效率低下；另外，设计院的专业重复设置，除了具有本身所属行业的设计部门外，多数设计院还有房建设计部门，规模很小，专业水平不高，重复建设浪费严重。这主要是行业保护意识造成的，正所谓"肥水不流外人田"，化工部门的房子就要由化工设计院来设计，机械部门的房子就要由机械设计院来设计，其后果使得社会资源难以得到合理配置。

当前，我国正进行前所未有的大规模建设时期，社会固定资产投资规模逐年加大。据国家计委投资研究所课题组发布的一项预测认为，"十五"计划期间，中国的 GDP 将达到 560⊗442 亿元人民币，全社会投资可完成 210 992 亿元人民币，投资率逐年有所上升，平均为 37.6%，投资对 GDP 增长弹性为 1.132，投资增长超过经济增长。根据美国《工程新闻记录》于 2000 年 12 月 4 日出版物的统计，全球的建筑市场达到 3.41 万亿美元，我国建筑市场投资额为 1813.23 亿美元，约占国民生产总值的 17.02%，较 1998 年增长 10.7%，在亚洲排位第二，世界排位第四，同时也是世界上增长最快的建筑市场之一。因此，必须要加强设计管理，完善管理制度，提高设计工作效率，以适应当前的形势。

（1）加大力度，加快立法，并建立、健全各项管理制度，为市场机制的建立打下基础

① 尽早完成"工程建设勘察设计法"，以法律形式确立设计的地位，对建设过程中的业主、主管和设计部门 3 方面的行为予以约束，从根本上实现法制管理。

② 近期在总结实践经验基础上，改进、改善和建立 7 项管理制度，包括：设计资格审批制度——发证权集中在国家和省两级；对资质实行动态管理；对队伍实行总量控制；近期以整顿、完善队伍资质为主，暂停、缓发新证书；建立市场登记准入制度——建立全国统一、开放的市场，反对封锁、垄断，各省、市实行登记准入制，管好市场，做好服务；实行质量监督制度——实行质量年审和经常性质量监审制度；实行施工图监督、审查办法；实行合同管理制度——对工程业主与设计部门签订的合同实行监督管理，规范双方行为；实行项目报建制度——通过报建，规范业主与项目主管部门的行为；实行设计审查制度——审查把好建设标准和设计质量关；实行方案竞选和评优制度——推广重大建筑工程设计方案竞选，择优选择设计单位，通过评选优秀设计推动科技进步和设计水平的提高。

（2）以建立现代企业制度为目标，改造国有大中型设计单位，深化内部体制改革

要通过试点，摸索经验，加大改企建制工作力度，使其尽快成为自主经营的企业。要完善配套的政策，如明确资产界定、调整设计收费率，以及税收和社会保障政策等。与此同时，继续完善和探索小型设计单位改革及私营设计事务所的试点工作。

（3）随着注册建筑师制度的建立和全面推开，将陆续制定、颁布保证这一制度正常运作的配套法规、管理办法

明确注册人员的权利、义务，与法人的关系及职业道德规范与纪律惩戒，在注册制度建立与完善的基础上，在平等互利的原则前提下，研究、制定和国外相互承认职业资格与在对方市场执业的一系列政策和办法，逐步建立与国际标准相一致、与国际市场接轨的新市场体制。

毋庸置疑，通过全面加强政府和设计工作的管理，将从根本上逐步营建起一个符合社会主义市场经济规律，有利于设计单位发展的良好空间环境，政府通过立法、监督并实行宏观调控，实现一个在法制的前提下的公平竞争、优胜劣汰的有序市场。在建筑创作上，摒弃不正当的人为和行政干预，形成一个活泼、宽松、民主、科学的学术氛围，实现"百花齐

放",从而使那些技术先进、水平高超、管理有效的设计企业向社会提供更多的具有更高经济、环境与社会效益的作品,为人们创造更加美好的生存环境。

7.2.5　项目施工

对项目施工管理,主要包括施工组织管理、合同管理、进度控制、质量控制、投资控制和信息管理。

施工管理是施工过程中一项十分重要和十分复杂的工作,它的目的是要保证工程按设计要求的质量、计划规定的进度和低于设计预算或合同价的成本,安全、顺利地完成施工任务。施工管理就是指对工程项目施工的设计、组织、指挥、控制、协调和激励的全过程。施工管理的对象是我们常说的5M1E。

1. 施工组织管理

施工组织设计是施工组织管理的基础和依据,是以工程项目或单位工程为对象编制的。编制时要将整个工程项目分解为单位工程,将单位工程分解为各分部工程,将分部工程分解为各分项工程并进一步分解为各个施工过程。施工组织设计就是把这许多施工过程用一定的技术作业链(工艺关系和组织关系)联结起来,合理确定各技术作业链之间的关系,即确定各施工过程在什么时间、按什么顺序、使用什么材料、安排什么人员、选择什么施工方法和机具设备来完成,最终使整个工程项目以最低的消耗、最短的工期、最优的质量得以实现,达到最佳的技术经济效果。

2. 合同管理

工程施工合同是指业主就工程项目的施工建设与承包人为实现工程建设目标而以书面协议的形式缔结的明确双方权利、义务关系的具有法律效力的契约。在工程建设过程中,工程施工合同对双方都具有法律约束作用,在工程施工管理工作中,它处于中心地位。公正、准确地执行合同,有利于维护合同双方的合法权益;有利于工程施工的进度管理;有利保证工程质量;有利于加强工程建设的科学管理。朱镕基总理在九届人大二次会议上的《政府工作报告》中明确指出:"必须改革、整顿和规范建筑市场,积极推进项目法人制、招标投标制、工程监理制和合同管理制"。把加强建筑市场的合同管理提到了重要的议事日程。目前,我国建筑市场制度还不健全,合同管理存在的问题比较普遍,合同管理不严,不仅导致工程经济纠纷的发生,而且对于整个建筑市场将会产生很大的影响。因此,加强合同管理势在必行,合同管理应同治理整顿建筑市场紧密结合起来。

① 加大宣传力度,增强法制观念,认真贯彻《合同法》。

② 强化政府管理职能,建立合同审查和监督制度,建立合同签证、审查和监督制度。

③ 合同管理工作应同招投标、工程造价管理工作紧密结合起来。合同管理和招投标、工程造价管理是建筑市场管理的重要组成部分,招投标中承发包双方承诺的内容为合同的签订提供了条件,合同管理是招投标管理的延伸,为招投标的效果提供实施的保证。

④ 利用现代化手段,建立合同管理系统。随着经济的发展,建筑工程的规模日益庞大,

合同条款也日益复杂，合同文件的组成内容越来越完善。因此，迫切需要借助计算机技术，建立合同管理系统。

3. 进度控制

建筑工程施工进度控制是指对建筑工程施工阶段的工作顺序和持续时间进行规划、实施、检查、协调及信息反馈等一系列活动的总称。建筑工程施工进度控制的意义在于它能保证建筑工程按预定的时间交付使用，及时发挥投资效益。同时，又有利于提高工程产品质量和降低工程成本，产生良好的社会效益和经济效益。进度控制程序如图 7-13 所示。

4. 质量控制

工程质量是建筑产品使用价值的集中体现，只有符合质量要求的工程才具有使用价值，才能投入生产和交付使用，取得投资效果。保证工程质量是施工企业求产值产量、求速度进度、求成本节约、求企业信誉、求经济效益和社会综合效益的基础。

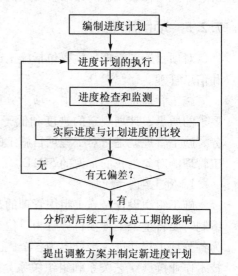

图 7-13　进度控制程序图

质量主要由以下 3 个方面的含义。

① 产品质量。建筑工程的施工质量是指建筑物、构筑物或构件是否符合设计文件和有关规范、标准的要求。

② 过程质量。即生产中人、机器、材料、施工方法和环境等综合对产品起作用的过程，这个过程所体现的产品质量称为过程质量。

③ 工作质量。施工企业的经营管理、技术组织、思想政治工作不仅是提高工程质量的保证，也是提高企业经济效益的保证。

质量管理工作是通过计划（Plan）、实施（Do）、检查（Check）、处理（Action）4 个阶段（PDCA）的不断循环进行的。

质量保证使企业向用户保证其承建的工程在规定期限内的正常使用。它主要体现在以下两个方面：

① 施工中要采取有效措施，保证为用户提供合乎质量标准的产品；

② 在产品使用过程中，提供优质服务。

质量保证体系是企业以保证和提高工程质量为目标，运用系统的概念和方法，把企业各部门、各环节的质量管理职能组织起来，形成的一个有明确任务、职责、权限、相互协调、互相促进的有机整体，是质量管理的制度化、标准化。其任务是为了建造出用户满意的工程，提供用户满意的服务。目前，我国建筑设计、施工企业采用 ISO⑩ 9000 质量保证体系已非常普遍。

5. 投资控制

建筑工程投资控制就是通过有效的投资控制工作和具体的投资控制措施，在满足建筑工程进度和质量的前提下，力求使工程实际投资不超过计划投资。为了进行有效的投资控制，业主或其委托的监理工程师在施工阶段应努力做好以下工作：

① 制定资金使用计划，并严格进行付款控制，做到不多支付、不少支付、不重复支付；

② 严格控制工程变更，力求减少变更费用；

③ 研究确定预防费用索赔的措施，以减少、避免承包商的索赔；

④ 及时处理费用索赔，并进行反索赔；

⑤ 做好应由业主方负责的、与工程进展密切相关的各项工作，并及时进行工程计量工作；

⑥ 审核承包商提交的工程结算书。

6. 信息管理

信息管理是指对信息的收集、整理、处理、储存、传递和应用等一系列工作的总称，即把信息作为管理对象进行管理。信息管理的目的就是根据信息的特点，有计划地组织信息沟通，以保持决策者能及时、准确获得相应的信息。信息管理的各个环节，包括：掌握信息的来源，对信息进行分类；建立信息管理系统；正确应用信息管理的手段；掌握信息流程的不同环节（信息搜集、加工整理、存储、检索、传递、应用）。

工程项目管理信息具有以下特点。

① 信息量大。这主要是因为项目管理涉及多部门、多环节、多用途和多渠道、多形式的缘故。

② 信息系统性强。由于工程项目的单件性和一次性，故虽然信息量大，但却都集中于所管理的项目对象，容易系统化，这就为信息系统的建立和应用创造了非常有利的条件。

③ 信息传递中障碍多。项目管理从发送到接收的过程中，往往由于传递者主观方面的因素和地区的间隔、部门的分散、专业的隔阂等造成信息传递障碍，还往往因为传递手段落后或使用不当而造成传递障碍。

④ 信息产生的滞后现象。信息是在项目建设和管理的过程中产生的，信息反馈一般要经过加工整理、传递，然后到达决策者手中，故往往迟于物流，反馈不及时，容易影响信息作用的发挥而造成损失。

7.2.6　项目中介服务

1. 中介服务组织的概念

中介服务组织是在市场经济中，联络各个经济行为主体并为之提供各种服务以保证其正常运行的一种机构。主要包括各种行业协会，商会，会计师事务所，审计师事务所，律师事务所，公证、仲裁等公证机构，招投标代理、计量、质量检测、商品检验服务机构，有关的科研、咨询和广播、电视、报纸、杂志、广告等信息服务机构，各种消费者协会及治安福利等公益机构。

中介服务组织有狭义的和广义的理解。从狭义来讲，仅限于交易行为，限于买卖关系。从广义来讲，尤其是建筑市场的中介服务应该存在于工程建设的全过程，可以延伸到房地产开发的全过程，其开发——流通——消费阶段，都有中介活动。广义上还包含金融业的中介服务，建筑业的生产经营活动要与金融业相结合。建筑业如果没有金融业作后盾，是不能够成为支柱产业的。

2. 中介服务组织的分类

从组织形式上分，有半官方的组织、民间组织、企业法人组织，还有地域性组织。所谓半官方的组织，如全国工商联就是一个半官方的社团组织，它在企业和政府之间进行协调和服务，同时又作为民间商会组织进行自律管理并对外进行交流和合作。民间组织如各种学会、协会等组织，有的作为企业法人存在。还有地域性组织，在某个社区范围内活动。

按性质划分，一种是自律型的，如协会、行会（外国称为公会），要求会员联合起来按章程办事；二是公证型的，以法律公证的形式来提供服务；三是媒介型的，指各种大众传播媒介；四是服务型的，五是公益型的。

按服务内容来划分，有综合型的、专业型的、兼营型的。

3. 建筑市场中介服务组织的类型

建筑市场现有的中介服务组织主要有以下几种：

① 咨询、监理、评估公司；

② 招标投标和造价管理代理机构；

③ 审计师事务所、律师事务所、会计师事务所；

④ 公证和仲裁机构、计量和质量检测机构、信息咨询机构、资产和资信的评估机构；

⑤ 学会、协会、联合会、研究会、公会等自律型机构；

⑥ 报刊、杂志、信息、研究、培训机构。

4. 中介服务的特点

中介服务具有以下特点。

① 中介服务的行为人和委托人之间建立的是平等自愿的委托代理关系，不是上下级之间的关系。

② 中介服务是居间服务，是介入进行，处在行为人之间进行服务，为其他主体服务。如工程监理单位，并不直接完成工程，而是依据合同规定对工程工期、造价、质量控制提供服务。

③ 行为人在与委托人等价交换中所提供的交换内容是非生产型的专业劳务，是高智能的服务。应该说，中介服务组织的劳动是艰苦的，不是谁都能干的，需要有较高的知识，较高的技能。

④ 中介服务的性质包括 3 个方面：一是智能性，它是用先进的手段、先进的管理，进行专家性的思考，提供科学的分析；二是公正性，尽管在建筑市场中为委托人服务，但它是

公正性的服务，要求做到公正、公平、公开，当然也有策略的保密。这是一对矛盾。如工程监理单位，既为业主服务又要做到公正；三是服务性，中介服务组织为委托人提供满意的服务，最终使委托人提高生产效率或增加效益。

7.2.7　项目运行

建筑物的最终目的是为了运营。当完成一个建筑物的建造过程后，就是建筑物的投入使用阶段，也就是建筑工程投资的增值保值阶段。例如，一个酒店在完成其基础设施的建造后，就要进行运营以回收资金，创造利润，工厂也是如此。这牵涉到营销学、生产运作管理学等其他学科的内容。

7.3　建筑工程管理研究课题

7.3.1　政府投资工程管理方式改革

政府投资工程的管理方式是指对于政府使用财政性资金投资建设的工程的组织实施方式。随着社会主义市场经济体制的不断发展和完善，尤其是在加入 WTO 的新形势下，我国计划经济体制沿袭下来的政府投资工程管理方式已经不适应目前形势的需要。

1. 政府投资工程的含义

政府投资工程的概念是在我国改革开放和现代化建设的实践过程中逐步形成的。通俗地说，政府投资工程就是使用"财政性基本建设资金"投资建设的工程项目。

目前，对政府投资工程的定义有很多，虽然不同的政府部门、学术界在具体描述上不同，但它们的含义和界定的范围是基本一致的。具体说来，大致有如下几种。

① 财政部财基字（1999）37 号文提出的财政性基本建设资金投资项目。财政性基本建设资金投资项目是指经政府职能部门批准立项，由各类财政性基本建设资金投资或部分投资的项目。"财政性基本建设资金"是指财政预算内和财政预算外用于基本建设项目投资的资金。具体包括 5 个方面的内容：

a. 财政预算内基本建设资金；

b. 财政预算内其他各项支出中用于基本建设项目的资金；

c. 纳入财政预算管理专项基金中用于基本建设项目的资金；

d. 财政预算外资金中用于基本建设项目的资金；

e. 其他财政性基本建设资金。

② 国家计委"投融资改革方案（草稿）"中提出的中央政府资金和地方政府资金项目。中央政府投资资金主要包括中央财政预算内建设投资、纳入中央财政预算管理的各类专项建设资金、国债投资和借用国际金融组织和外国政府贷款等主权外债。地方政府投资资金主要包括地方财政预算内建设投资和纳入地方财政预算管理的各类建设资金。

③ 1999 年下半年，由财政部牵头，组织有关专家学者多次专题讨论，最后于 2000 年初出版了《政府投资项目标底审查实务》一书，该书中正式提出了政府投资项目的定义。即政府投资项目是指为了适应和推动国民经济或区域经济的发展，为了满足社会的文化、生活需要，以及出于政治、国防等因素的考虑，由政府通过财政投资、发行国债或地方财政债券、利用外国政府赠款，以及国家财政担保的国内外金融组织的贷款等方式独资或合资兴建的固定资产投资项目。这个概念把政府投资工程的资金来源进一步扩大到财政性资金以外，即除了预算内和预算外的财政性资金外，政府投资工程的资金还包括政策性贷款和债券，如国家开发银行的贷款、国债或地方财政性债券等，以及来自外国政府和国际金融机构的贷款和赠款等。

④《中华人民共和国政府采购法》中的定义。在《中华人民共和国政府采购法》中，把政府投资工程列入了政府采购的范围之内。文中指出政府采购是指各级国家机关、事业单位和团体组织，使用财政性资金采购货物、工程和服务的行为。其中，财政性资金包括预算内资金和预算外资金。

2. 政府投资工程的分类

按照不同的划分标准，政府投资工程可以分为不同的种类。

① 按照管理权限不同，可以分为中央政府投资工程和地方政府投资工程。中央政府投资工程是中央政府投资资金投资的建设项目。中央政府投资工程应按照项目性质、资金来源和建设规模，分别由国务院、中央政府投资主管部门或行业主管部门按建设程序进行审批，并由专门组建的中央政府投资工程管理机构集中管理。

地方政府投资工程是地方政府投资资金投资的建设项目。地方政府投资工程除国家有特殊规定外，均由地方政府相关主管部门按建设程序进行审批，并由专门组建的地方政府投资工程管理机构集中管理。

② 按照资金来源不同，可以分为财政性资金投资的政府投资工程、财政担保银行贷款投资的政府投资工程和国际援助投资的政府投资工程。财政性资金投资的政府投资工程包括财政预算内、预算外基本建设资金的投资工程，包括使用纳入财政预算管理专项基金中的用于基本建设的投资工程（如国债专项投资项目等）。

财政担保银行贷款投资的政府投资工程是指由国家或地方财政承诺担保的银行贷款投资工程。

国际援助投资的政府投资工程，一般侧重于对受援国的基础设施和公共建设项目提供无偿援助或低息（无息）贷款，受援国政府是项目资金的接受者，并负责项目资金的运用。对于大型政府投资工程提供援助的国际组织主要有世界银行及其他区域性经济组织（亚洲开发银行），友好国家的援助也是国际援助投资工程的重要资金来源。

③ 按照建设项目的性质不同，可以分为经营性的政府投资工程和非经营性的政府投资工程。

经营性的政府投资工程是具有营利性质的政府投资工程。政府投资的水利、电力、铁路等工程基本都属于这类性质的工程。非经营性的政府投资工程一般是非营利性的、主要追求社会效益最大化的公益性项目。学校、医院及各行政、司法机关的办公楼等工程都属于此类。

3. 我国政府投资工程管理方式的历史沿革及现状

（1）历史沿革

我国政府投资工程管理方式的变革与我国工程项目投资主体格局的变化有着密不可分的关系。我国工程项目的投资主体格局大致可以划分为两个阶段：第一阶段为 20 世纪 50 年代初至 70 年代末，为单一的国家投资主体；第二阶段是 20 世纪 70 年代末实行改革开放以来，形成了多元化投资主体格局。

在第一阶段的不同时期，工程项目的管理方式分别采取建设单位自营、甲乙方承发包、投资包干、工程指挥部等管理方式。

① 建设单位自营方式。就是由建设单位自己设置基建机构，负责支配建设资金、对工程项目建设全过程进行组织管理，自行组织设计、施工力量，配置采购施工机械材料。这种方式仅在国民经济恢复时期有过短暂的应用。至于改革开放以后实行的所谓自营方式，则由于产权制度的改革，以及投资主体的多元化，从严格的意义上讲，已经不能算是自营方式。这种方式的优点是保证了建设单位对工程全过程的统一管理，有利于加快工程建设。其缺点是由于建设单位缺乏管理工程建设的经验和能力，难以对工程建设进行专业化管理。

② 甲乙方承发包制度。这种制度应用于"一五"时期，在这种方式下，设计院和施工企业由主管部门采取行政指令的方式指定，建设单位的资金、物资供应也由主管部门统一管理。这种方式在当时资源紧缺、任务重、工期紧的情况下，由于明确了甲乙方的经济关系，对于提高施工管理水平、节约投资起到了一定作用。但随着"一五"计划的完成，生产向专业化和社会化发展，这种方式也暴露出弊端：一是由于承发包关系是由主管部门采用行政性办法指定的，承发包双方及设计单位之间不好协调，容易扯皮；二是建设单位难以把工程的设计和施工全过程有机地进行组织；三是施工企业组织形式缺乏灵活性、适应性，不便于集中力量进行项目施工。

③ 投资包干责任制。在"二五"期间开始应用，其主要思想是由主管部门向建设单位（或施工企业）下达施工任务，以及工程所需要的资金、材料、设备，由建设单位（或施工企业）负责按期、按质、按量地完成包干任务。该方式对于加快工程建设、协调建设各方面的关系方面起到了一定的积极作用，但由于采取的是一切都靠行政指令的措施，使各单位的责任不清，经济核算制受到削弱，因而造成了投资效果、工程效益、质量等诸多指标下降的问题。

④ 工程指挥部方式。是高度集中的计划经济的产物，在"三线建设"中得到发展，我国的大型工程项目和重点工程项目多采用这种方式进行建设。该方式在初期对于集中资源、加快工程建设、清理历史遗留下来的未完工程项目起了一定作用。但在大多数项目上都不可避免地导致了"投资无底洞，工期马拉松"的严重后果。

（2）我国政府投资工程管理的基本现状

政府投资工程的管理方式。随着 20 世纪 70 年代末我国实行的改革开放，多元化投资主体的格局逐步形成，工程管理方式也出现了多种形式。目前，全国各地对政府投资工程的管理方式主要有：项目法人型；工程指挥部型；基建处、室型；专业机构型。

① 项目法人型。按照国家计委计建设［1996］673 号文《关于实行建设项目法人责任制的暂行规定》，经营性建设项目必须组建项目法人，项目法人为依法设立的独立性机构，对项目的策划、资金筹措、建设实施、生产经营、债务偿还和资产的保值、增值，实行全过程负责。最著名的当属三峡工程，深圳的盐田港及各地的高速公路建设等。

② 工程指挥部型。该机构一般临时从政府有关部门抽调人员组成，负责人通常为政府部门的主管领导，当工程项目完成后，即宣布解散。目前，一些大型的公共建筑、市政工程及环境治理工程等，多采用这种方式。一些平时没有项目或者是项目很少的单位，由于没有常设的基建管理机构，在实施项目时也常常会临时组建工程管理班子，一般称为项目筹建处，管理方式与工程指挥部基本相同。

③ 基建处、室型。各个行政部门（如教育、文化、卫生、体育）及一些工程项目较多的单位均设有基建处。在这种模式下，具体项目的实施一般由后者进行，前者主要是进行常规性的行政性管理。

④ 专业机构型。这是最近几年随着改革的不断深化，我国各省、市、地区通过探索而出现的对政府投资工程的新型的管理方式，按管理机构的性质分为政府机关型、事业单位型、企业型。

a. 政府机关型。即由政府主管部门直接负责工程项目建设管理。如陕西省设立了"陕西省统一建设管理办公室"。统建办的任务是负责全省政府投资项目的统一建设与管理，把原属于各厅局（除水利、交通等行业外）的建设项目统一管理、建设，并撤销设在上述厅局的基建处。

b. 事业单位型。即政府设立专门的事业单位，从事建设工程的管理，如上海市浦东新区建设局下设专门的工程建设管理公司，该公司为非赢利性机构，专门负责政府投资的部分市政基础设施项目的实施管理。

c. 企业型。即在项目计划确定以后，由有关政府部门委托一家企业代行业主职能。如重庆市的城市建设发展有限公司，该公司类似于国外的项目管理公司，其任务就是负责政府委托的工程项目的建设。即政府把由政府投资的工程项目托管给该公司，由该公司负责全过程的建设实施。

4. 我国政府投资工程管理方式的弊病分析

就目前国内的主导性管理方式来说，弊病突出，主要反映在以下几方面。

① 缺乏专业性。与国外政府投资工程管理设置专门机构不同，我国一般是根据项目的需要临时设立项目管理班子，管理者多不是专业人才，造成对政府投资工程的管理缺乏专业性，管理质量很难提高。

②机构重复设置，浪费现象严重。目前，大量政府投资工程是由使用单位组建项目管理班子，搞"大而全、小而全"，造成社会资源的重复配置，浪费了大量的人力、物力、财力。另外，作为工程项目的管理班子是非专业性的临时性机构，其介入政府投资工程管理具有偶然性和间断性，工程建成后，项目管理班子即行解散，使得经验和教训都是一次性的，难以完成经验的积累工作，更谈不上建立数据查询及趋势预测的管理信息系统。因此，管理水平无法有效提高，还导致业主的各项责任难以真正落实，而且解散后的项目管理班子人员又很难安置，产生的问题很多。

③同位一体化现象非常严重。我国目前大量政府投资工程是由使用单位组建项目管理班子，造成投资管理、建设组织实施管理、建设监管和工程使用单位四位一体的现象。在经营性项目中，由于实行了项目法人负责制，相对来讲，对项目管理者有一定的监督、考核机制，在一定程度上可以抑制其投资冲动。而在非经营性项目中，由于目前尚未形成有效的制约机制，难以抑制管理单位追求自身利益的行为，导致大量的工程概算超估算、预算超概算和决算超预算的"三超"现象发生，投资难以控制。

5. 政府投资工程管理方式的国际惯例

政府投资工程的资金来源于政府的财政拨款，即纳税人的税收所形成的公共资金。政府投资工程是为了实现政府职能和公共利益，没有赢利动机。政府投资工程有时候也作为政策性手段，即通过增加或者减少政府投资工程的支出，调控需求，调控经济。还可以作为保护本国产品、本国企业及政府认为应当加以保护的某类企业、某类人群的手段。

政府投资工程是政府采购的一部分。政府采购也称公共采购。发达国家一般基于以下认识去管理公共采购。

①公共采购部门履行的是管理人的职能，因为受雇的管理员花费的资金来自于别人的捐助或税收，雇主依靠这些资金代表他们的客户或捐助人提供服务。因此，非赢利机构或政府的采购职能就应该是一个受管制的、高度透明的过程，应当受到严格的法律、规则、司法、行政规定，以及政策和程序的限定和控制。

②非赢利机构和政府采购的记录可以进行公开审议，任何人都可以提出问题并期望得到解答。

③政府采购机构必须公布其采购特定商品和接受任何投标的意图，并接受他们的投标。

基于政府投资工程的这种性质，发达国家政府对这部分工作管理的基本目标是：一要公平，向所有竞争政府工程的投标者提供相同的机会；二要诚实，减少采购中的腐败机会；三要经济和效率，以尽可能最低的价格采购到理想质量的服务。

在西方发达国家，对工程项目的管理一般都分为政府工程和私人工程两大类。政府管理的重点是政府投资的工程项目。对私人投资的工程项目，政府主要是进行规划、安全、技术标准、建设程序、环保、消防等方面的控制，只要不违法，一般不加干预。政府工程一般又分为经营性投资项目和非经营性投资项目。对于经营性投资项目（主要包括大型的基础设施和公共工程），由于在营运后有赢利保证，一般都完全按私人工程的方式操作。而对于非经营性投资项目，一般采用政府直接管理的方式。

6. 我国政府投资工程管理方式改革的思路和措施

（1）总的思路

首先，将政府投资工程与非政府投资工程严格地区分开来，对两类工程实施不同的管理。前者强调建立政府投资专门机构，借助社会中介机构的力量直接实施管理；后者则强调用市场的办法进行调控，政府只管建筑市场秩序、建筑物安全、施工安全和环境、卫生等。其次，将政府投资工程进一步区分为非经营性政府投资工程和经营性政府投资工程，实行不同的管理方式。对经营性政府投资工程仍然坚持项目法人责任制，对非经营性政府投资工程设立专门的管理机构进行管理。

（2）具体措施

① 对经营性政府投资工程仍然坚持项目法人责任制。对经营性的政府投资工程，如供水、供电、供暖、排污、机场、道路、桥梁等基础设施和基础产业，以及公共企业，其公共支出的供给方式应该实行以市场为主、政府资助为辅的原则。对大中型项目，政府可以采取一定的投融资手段参与建设；对某些市场化程度较高，社会效益大的项目，政府还可以通过注入资本金参股的方式提供资助和支持；对完全可以由市场解决的项目，财政将不再安排资金。

从国外的经验看，在改善公共设施投资的管理中就采取利用私人资本融资投资功能，建立政府监督管理下私人资本对公共设施建设的"融资-设计-建设-经营-移交"一体化的管理模式。在这一模式中，政府对于经营性的政府工程投资采取自由竞争方式，经政府招标投标签约后，由私人企业出资建设和运营管理，建成后向社会收取服务费回收投资。对关系国计民生的重大基础设施，政府则实行特许权项目管理，给出资企业一定的收费权。对适于私人企业投资、为社会提供市政服务的公共设施，则采取通过服务性收费回收投资和政府依据项目建设、运营管理的不同时期实行财政补贴的合作方式。对适用于纯粹为社会服务、不能收回投资，或者不宜通过收费回收投资的项目，如高速公路，则实行私人企业出资建设和营运管理，政府出钱向投资者购买服务的方式。政府与投资者就授权服务期限和付费标准签订购买服务合同，按购买服务的数量和质量区别付费，以保证私人企业回收投资。

很显然，这一政府投资工程的管理模式，对我国调整经营性政府投资工程的政策具有启迪作用。对经营性政府投资工程采用项目法人责任制，可由政府有关专业部门按资金来源不同，分别依据《中华人民共和国公司法》设立有限责任公司（含国有独资公司）和股份有限公司，对于大多数的项目，以投资公司的形式为主。由项目法人充当项目业主，自己担负起项目法人在项目策划、资金筹措、建设实施、生产经营、债务偿还和资产的保值增值等方面的功能。

推出项目法人责任制管理，让投资企业负债投入产出和偿还债务，或采取政府特许权管理公共设施建设项目，以及政府购买服务等支出方式，可以吸引外资和民间资本参加本应由政府投资的公共工程。同时，在具体采用这些管理方式时，必须建立对经营性政府工程进行严格的风险评估和风险配置的制约机制,增强政府招标投标的透明度,增强企业履行合同的法律意识。采取特许权管理公共设施建设项目,必须将授权与财政收入能力相结合,对授权收费期限要有严格控制,防止财政收入流失。

在工程的建设方式上,可以更多地选择"代建制"的方式,充分培育和利用工程管理市场,发挥社会上专业化的工程管理组织的作用,最大可能地提高建设和管理水平。

② 对非经营性政府投资工程设立专门的管理机构进行管理。对非经营性政府投资工程,如政府办公楼、监狱、学校等公益性工程,应按照建、管、用分离的指导思路,建立专门的非经营性政府投资工程管理机构专门负责工程建设管理,在管理特点上突出"集中的专业化项目管理"与"遵循管理规则,通过市场机制,充分利用各类工程承包企业和社会中介机构"。

专门的非经营性政府投资工程管理机构的设想如下。

a. 此机构是专业性的政府投资工程管理机构。可仿照我国香港地区的做法:在中央政府和地方政府中组建建筑工务局,其编制数及属性由各级政府自行决定;该机构管辖范围应为各级政府除水利、农业、交通外的全部政府投资工程项目;这种机构的名称可以变,但其属性应定位为政府投资工程的"专业化项目管理单位",而不应具有政府的管理职能。

b. 该机构的任务是对政府投资工程的实施全面负责,包括投资/成本控制、进度/工期控制、质量控制、合同管理及其他项目管理工作。在工程建设管理中应注意充分发挥社会中介组织的作用。在与计划主管部门和财政主管部门的分工上,强调政府建筑工务局管理的项目应局限在政府投资项目的实施阶段,即组织设施、招标发包、施工监管、计量支付、合同管理、竣工验收等工作,尤其是要在办理设计与施工许可的手续上取代项目业主的地位。

c. 该机构属非赢利单位,其所需费用一般可按下列两个途径解决:首先,建筑工务局属事业单位,则所需经费由项目投资中的建设单位管理费支持;其次,建筑工务局属政府序列,则所需经费应由政府预算中解决。该项目取消建设单位管理费。各级政府建立政府投资工程专门管理机构后,应相应取消相关部门中设立的基建处、室。

d. 该机构应建立与使用单位的良好的合作机制。在由使用单位提出的项目建议书得到计委批准后,该单位应会同需求单位进行可行性研究。在项目的设计审定及工程竣工验收这两个环节,必须经过使用单位的审查。

7.3.2　工程担保与保险制度

建筑工程项目大多投资大、工期长,在建设过程中不可预见的因素较多。因此,工程建设参与各方包括业主、承包商、材料设备供应商等均不可避免地面临着各种风险。如果不加防范,将影响工程建设的顺利进行,甚至酿成严重后果。工程风险虽然无法回避,但通过建立和推行工程风险管理制度,可实现有效防御,避免或减少损失的发生。在发达国家和地区,工程担保和工程保险是工程风险管理的有效方法。

1. 国外的工程担保和工程保险

在发达国家和地区，担保通常与债权债务有着密切联系，一般包括保证、抵押、质押、留置、定金等多种形式。作为经济合同的担保，其产生的法律关系与主合同相互依存，并从属于主合同。工程保险则是通过工程参与各方购买相应的保险，将风险因素转移给保险公司，以求在意外事件发生时，其蒙受的损失能得到保险公司的经济补偿。

（1）工程担保和工程保险制度的由来

工程担保最早起源于美国。1894年，美国国会通过了"赫德法案"，要求所有公共工程必须事先取得工程担保。1908年，美国成立了担保业联合会。1935年，美国国会通过了"米勒法案"，要求签订10万美元以上的联邦政府工程合同时，承包商必须提供全额的履约担保及付款担保。美国财政部负责审批担保商的营业资格，公布审查合格的担保商名单，每年定期对其业绩进行评估。1942年，美国的许多州也规定州政府投资兴建的公共工程项目须取得担保，被称为"小米勒法案"。由于工程担保运用信用手段，加强工程各方之间的责任关系，有效地转移工程风险，保障工程建设的顺利完成。许多国家都相继在法律中对工程担保做出了规定；不少国际组织和一些国家的行业组织在标准合同条件中（如《世界银行贷款项目招标文件范本》、国际咨询工程师联合会《土木工程施工合同条件》、英国土木工程师协会《新工程合同条件》、美国建筑师协会《建筑工程标准合同》等），也有工程担保的条款。

工程保险起源于英国。1929年，英国对在泰晤士河上兴建的拉姆贝斯大桥提供了一切险保险，开创了工程保险的先例。英国也是最早制订保险法律的国家，在1867年就制订了《保险契约法》，1909年制订了《保险公司法》，1981年颁布了《保单持有者保护法》和《保险经纪人法》。第二次世界大战后，欧洲进行了大规模的恢复生产、重建家园的活动，使工程保险业务得到了迅速发展。一些国际组织在援助发展中国家兴建水利、公路、桥梁及工业、民用建筑的过程中，也要求通过工程保险来提供风险保障。特别是国际咨询工程师联合会（FIDIC）将其列入施工合同条件后，工程保险制度在许多国家都迅速发展起来。

（2）国外工程担保的主要类型

① 投标担保（Bid Bond / Tender Guarantee）。投标担保是投标人在投标报价前或同时向业主提交投标保证金或投标保函等，保证一旦中标，即签约承包工程。投标担保金额一般为标价总额的1%～2%，小额合同可按3%计算，在报价最低的投标人有可能撤回投标的情况下，可高达5%。

② 履约担保（Performance Bond /Guarantee /Security）。履约担保是担保人为保障承包商履行工程合同所做的一种承诺，其有效期通常截止到承包商完成工程施工和工程缺陷修复之日起一段时间。中标人收到中标通知书后，须在规定时间内签署合同协议书，连同履约担保一并送交业主，然后再与业主正式签订承包合同。

③ 业主支付担保（Employer Payment Bond / Guarantee）。即业主通过担保人为其提供担保，保证将按照合同约定如期向承包商支付工程款。如果业主违约，将由担保人代其向承包

商履行支付责任。这实质上是业主的履约担保（因业主履约主要是支付工程款）。实行业主支付担保，可以有效地防止拖欠工程款。

④ 付款担保（Payment Bond / Guarantee）。一些国家要求承包商提供付款担保，即由担保人担保承包商将按时支付工人工资和分包商、材料设备供应商的费用。付款担保一般附于履约担保之内，也可以做专门的规定。实行付款担保，可以使业主避免不必要的法律纠纷和管理负担。因为一旦承包商没有按时付款，债权人有权起诉，则业主的工程及其财产很可能会受到法院的扣押。

⑤ 保修担保（Maintenance Bond / Guarantee）。保修担保也称质量担保，是担保人为保障工程保修期（国际上亦称缺陷责任期）内出现质量缺陷时，承包商应当负责维修而提供的担保。保修担保可以包含在履约担保之内，也可以单独列出，并在工程完成后替换履约担保。有些工程则采取暂扣合同价款的 5% 作为维修保证金。

⑥ 预付款担保（Advance Payment Bond / Guarantee）。一些工程的业主往往先支付一定数额的工程款供承包商周转使用。为了防止承包商挪作他用、携款潜逃或宣布破产，需要担保人为承包商提供同等数额的预付款担保，或提交银行保函。随着业主按照工程进度支付工程价款并逐步扣回预付款，预付款担保责任随之减少直至消失。预付款担保金额一般为工程合同价的 10%～30%。

⑦ 分包担保（Subcontract Bond / Guarantee）。当工程存在总包分包关系时，总承包商要为各分包商的工作承担连带责任。总承包商为了保护自身的权益不受损害，往往要求分包商通过担保人为其提供担保，以防止分包商违约或负债。

⑧ 差额担保（Price Difference Bond / Guarantee）。如果某项工程的中标价格低于标底 10% 以上，业主往往要求承包商通过担保人对中标价格与标底之间的差额部分提供担保，以保证按此价格承包工程不致造成质量的降低。

⑨ 完工担保（Completion Bond / Guarantee）。为了避免因承包商延期完工后将工程项目占用而使业主遭受损失，业主还可要求承包商通过担保人提供完工担保，以保证承包商必须按计划完工，并对该工程不具有留置权。如果由于承包商的原因，出现工期延误或工程占用，则担保人应承担相应的损失赔偿责任。

⑩ 保留金担保（Retention Money Bond / Guarantee）。即业主按月给承包商发放工程款时，要扣一定比例作为保留金，以便在工程不符合质量要求时用于返工。预扣保留金的比例及限额通常在工程合同中约定，一般从每月验工计价中扣 10%，以合同价的 5% 为累计上限。在签发工程验收证书时，咨询工程师将向承包商发还一半的保留金；在工程保修期满后，再发还其全部余额。

承包商也可以通过担保人提供保留金担保，换回在押的全部保留金。

对于上述各担保形式，担保人均可要求被担保人提供反担保（Counter Bond/ Guarantee），被担保人对担保人为其向债权人支付的任何赔偿，均承担返还义务。由于担保人的风险很大（所提供的担保金额高，而收取的担保费不足 2%），担保人为防止向债权人赔付后，不能从被担保人处获得补偿，可以要求被担保人以其自有资产、银行存款、有价证券或通过其他担保人等提交反担保，作为担保人出具担保的条件。一旦发生代为赔付的情况，担保人可以通过反担保追偿赔付。

2. 关于在我国建立和推行工程担保、工程风险制度的若干意见

为加强社会信用建设，防范和减少工程建设实施过程中的风险，保证工程质量和安全生产，提高投资效益，根据《建筑法》、《招标投标法》、《担保法》、《保险法》等有关法律法规，参照国际通行做法，结合我国国情，应抓紧在我国建立和推行以工程担保、工程保险为核心的工程风险管理制度。

① 针对当前我国工程建设领域存在的主要问题，本着突出重点、先易后难、逐步推开的原则，工程担保应当先着重推行投标担保、承包商履约担保、承包商付款担保和业主工程款支付担保；工程保险除已开办的建筑工程一切险和安装工程一切险外，应逐步开办建筑职工意外伤害保险、职业责任保险和工程质量保修保险。

除法律、法规规定强制实行的外，工程担保、保险由当事人根据风险状况自主决定或者在合同中约定。工程担保的担保人可以依法要求被担保人提供反担保。

② 投标担保可以采用银行保函、担保公司担保书和投标保证金等方式。除不可抗力外，投标人在投标有效期内（指招标文件中规定的投标文件截止时间后的一定期限）撤回投标文件，或者中标后在规定时间内不与招标人签订工程合同，采用银行保函或者担保公司担保书的，由担保人按照担保合同承担相应责任；采用投标保证金的，招标人可以没收其投标保证金。

采用投标保证金的，招标人收到投标保证金后，应当设立专用存款账户，不得挪用。在确定中标人后，招标人应当按照有关规定向中标人和未中标的投标人退还投标保证金。

③ 承包商履约担保，是保证承包商按照合同约定履行质量、工期等义务所做的承诺，可采用银行保函、担保公司担保书、履约保证金和承包商同业担保等方式。承包商履约担保可以实行全额担保或者分段滚动担保。

采用第三方保证担保的，在承包商由于非业主原因而不履行合同义务时，由担保人按照下列方式之一，承担保证担保责任：

a. 向承包商提供资金、设备或者技术援助，使其能继续履行合同义务；

b. 直接接管该项工程或者另选经业主同意的其他承包商，负责完成合同的剩余部分，业主仍按原合同支付工程款；

c. 按照合同约定，对业主的损失支付赔偿。对于大型或者特大型的工程，可以由若干担保人实行共同保证担保，并按照《担保法》的有关规定承担保证担保责任。采用履约保证金的，应当按照《招标投标法》的有关规定执行。业主收到履约保证金后，应当设立专用存款账户，不得挪用。

采用承包商同业担保的，应当由高资质企业为低资质企业提供担保（最高资质等级的企业可以为其他同资质等级的企业提供担保），母公司可以为其全资或者控股的子公司提供

担保，并应当遵守国家关于企业之间提供担保的有关规定，严禁两家企业交叉互保。

④ 承包商付款担保，是保证承包商按照合同约定支付工人工资和分包商、材料设备供应商费用所做的承诺。承包商付款担保可以纳入承包商履约担保，也可以单独设立。承包商付款担保可采用银行保函、担保公司担保书、履约保证金等方式。

⑤ 业主工程款支付担保（即业主履约担保），可采用银行保函或者担保公司担保书等方式，并应同承包商履约担保对等提供。对于中小型工程，也可以依法实行抵押或者质押担保。

当前，业主工程款支付担保可先在非政府投资的工程项目，主要是房地产开发商、"三资"企业和私人投资的项目上推行。政府投资的工程项目也应当严格按照合同约定支付工程款，不得侵害企业的利益。

⑥ 建筑职工意外伤害保险，是《建筑法》明确规定的强制性保险。其法定投保人是施工企业，施工企业也可以委托该工程的项目经理部代办。被保险人是施工现场上的作业人员及管理人员，包括房屋拆除现场的有关人员。

实行意外伤害保险，应当贯彻"预防为主"的方针和奖优罚劣的原则，根据企业的安全事故频率实行差别费率和浮动费率，并将意外伤害保险同建筑安全生产监督管理有机地结合起来，最大限度地减少伤亡事故的发生。

⑦ 职业责任险（又称专业责任保险、职业赔偿保险或者业务过失责任保险），是为补救工程勘察、设计、监理等单位因工作失误或者疏忽造成损失而设立的保险。要研究制订科学合理的职业责任保险条款，促进工程勘察、设计、监理等单位加强内部管理，增强责任心，减少或者避免工作失误。工程勘察、设计、监理等单位的职业责任险，可以按照年度或者单项工程投保。

⑧ 工程质量保修可以采用担保或者保险的方式，由业主和承包商根据工程特点在合同中约定。实行保修担保的，可采用银行保函、担保公司担保书和承包商同业担保。保修担保可以纳入承包商履约担保，也可以单独设立。实行保修保险的，对于保修范围和保修期限内发生的工程质量问题，由保险公司负责经济损失的赔偿，但保修工作仍由原承包商承担。

⑨ 对于有条件的工程，业主可以将由该工程建设各方自行投保的险种，统一向保险公司投保综合险，以避免漏保或者重保的现象，并降低工程保险费用开支。

⑩ 对于从事工程担保业务的担保公司，有关部门应根据其自有资金实力、专业技术力量等，确定允许其开展工程担保业务的范围。工程担保公司提供担保书的担保总额（指所有在担保的工程），原则上不应超出其自有资金总额的 5 倍；为一个工程项目出具担保书的担保额，原则上不应超出其自有资金总额。

⑪ 积极培育和发展工程风险管理中介咨询机构，包括工程保险或者工程担保的经纪人、代理人和工程风险管理咨询公司，受业主或者承包商等委托，与保险公司或者担保人洽谈合同并代办有关事宜，从事工程风险管理技术的研究开发，开展培训和工程风险咨询（包括风险识别、评价、处理、制定风险管理方案和指导执行等）。工程风险管理中介咨询机构应

当加强职业道德建设，努力提高服务水平。工程保险管理中介咨询机构应当纳入保险中介机构的统一管理。

7.3.3 建筑工程项目环境管理

建筑工程项目对环境有着十分重要的影响，直接关系到国民经济的可持续性发展。

在20世纪70年代初，我国就开展了一些零星的环境质量评价的探索工作。我国的环境影响评价制度的建立应该以1979年9月颁发的《中华人民共和国环境保护法（试行）》为标志，该法以法律的形式正式规定了我国实施环境影响的评价制度。1989年颁布的《中华人民共和国环境保护法》第三条规定："建设污染环境的项目，必须遵守国家有关建设项目环境管理的规定。"该法还规定："建设项目的环境影响报告书，必须对建设项目产生的污染和对环境的影响作出评价，规定防治措施，经项目主管部门预审，并依照规定的程序报环境保护行政主管部门批准。环境影响报告书经批准后，计划部门方可批准建设项目设计任务书。"1998年国务院发布实施的《建设项目环境保护条例》对环境影响评价做出了明确的规定。

环境影响评价的管理程序如下。

（1）建设项目的分类筛选

根据《建设项目环境保护条例》第七条和国家环境保护总局"分类管理名录"规定，建设项目应编制环境影响报告书、环境影响报告表或填报环境影响登记表。

① 编写环境影响报告书的项目，是指对环境可能造成重大影响的项目。这些影响可能是敏感的、不可逆的、综合的或以往尚未有过的。对这类项目产生的污染和对环境的影响应进行全面、详细的评价。

② 编写环境影响报告表的项目，是指可能对环境产生轻度的不利影响的项目。这些影响是较小的或者容易采取减免措施的，通过规定控制或补救措施可以减免对环境的不利影响。这类项目应编写环境影响报告表，对其中个别环境要素或污染因子需要进一步分析的，可附单项环境影响评价专题报告。

③ 填报环境保护管理登记表的项目，是指不对环境产生不利影响或影响极小的建设项目。这类项目不需要开展环境影响评价，只需填写环境影响的登记表。

对需要进行环境影响评价的项目，建设单位应委托有相应评价资格证书的单位承担。

（2）评价大纲的审查

编制环境影响报告书之前，评价单位应编制评价大纲。评价大纲是环境影响报告书的总体设计。评价大纲由建设单位向负责审批的环境保护部门申报，并抄送行业主管部门。环境保护部门根据情况确定评审方式，提出审查意见。评价单位依据经过审批的大纲开展环境影响的评价工作。

（3）环境影响评价报告书的审批

评价单位编制的环境影响报告书由建设单位负责报主管部门预审，主管部门提出预审批意见后转报负责审批的环境保护部门，环境保护部门一般组织专家对报告书进行评审。在专家审查中若有修改意见，评价单位应对报告书进行修改。审查通过后的环境影响报告书由环境保护主管部门批准后实施。

各级主管部门和环境保护部门在审批环境影响报告书时，重点审查该项目是否符合有关要求：

① 是否符合国家产业政策；

② 是否符合区域发展规划与环境功能规划；

③ 是否符合清洁生产的原则，采用了最佳可行技术来控制环境污染；

④ 是否做到污染物达标排放；

⑤ 是否满足国家和地方规定的污染物总量控制指标；

⑥ 建成后是否能维持地区环境质量。

7.4　国际工程管理

7.4.1　世界贸易组织（WTO）原则

1. WTO 关于服务贸易自由化的一般义务和权利

根据 WTO 的分类标准，建筑业属于服务贸易。WTO《服务贸易总协定》对成员国在服务贸易自由化方面的一般义务和权利做了规定，建筑业的市场开放制度及国内管理制度也必须遵守该规定。虽然《服务贸易总协定》规定的一般义务和权利属于原则性规定，但是对各成员的市场开放制度和国内管理体制都有着重要的影响。

（1）义务

① 最惠国待遇。各成员给予某一成员的服务和服务提供者的待遇不能低于其给予其他任何成员服务和服务提供者的待遇。

② 透明度。各成员应迅速并最迟于其生效之时，公布所有有关或影响服务贸易的措施。并应立即或最少每年一次向服务贸易理事会通报影响其具体承诺的有关新的法规及法规的修改。

③ 国内法规。对已做出具体承诺的部门，各成员应确保所有影响服务贸易的措施，以合理、客观和公正的方式予以实施。

在一项服务需要得到批准时，各成员的主管部门应根据国内法规，在申请提出后的一段合理的时间内，将有关该申请的批准情况通知申请人。

各成员应保障有关资格制度、技术标准、许可制度不致构成服务贸易壁垒，为此，这些制度应符合以下要求：

a. 有客观、透明的标准；

b. 除为保证服务质量所必需以外，不应成为负担；

c. 许可程序，其本身不应成为提供服务的限制。

④ 市场准入。在市场准入方面，每个成员给予其他成员的服务和服务提供者的待遇，不得低于其承诺表中所同意和明确的规定、限制和条件。

⑤ 国民待遇。每个成员在遵守其承诺表中所明确的条件和资格的前提下，给予其他成员的服务和服务提供者的待遇，不得低于其给予本国相同服务和服务提供者的待遇。

⑥ 具体承诺表。每个成员应在承诺表中，对各个部门明确列出：

a. 市场准入的规定、限制和条件；

b. 国民待遇的条件和资格；

c. 有关附加承诺的义务；

d. 适当情况下，实施这类承诺的时间表；

e. 这类承诺的生效日期。

⑦ 磋商。各成员对其他成员提出的磋商请求应给予考虑，并给予充分的磋商机会。服务贸易理事会或争端解决机构应一成员要求，可就未满意解决的任何事项与任何成员进行磋商。

（2）权利

① 逐步自由化。可逐步开放服务贸易市场。为逐步提高服务贸易自由化程度，成员应不断进行的双边、诸边或多边谈判。

② 发展中国家的权利。发展中国家可拥有一定的灵活性，可开放较少的部门、较少类型的交易。根据发展情况，逐步扩大市场准入。并当允许外国服务者进入市场时，对该准入附加条件。

③ 安全例外。各成员可拒绝提供其认为违背其基本安全利益的资料。各成员可为保护其基本安全利益而采取必要的行动。

④ 诉诸争端。成员如果认为其他成员未履行义务和具体承诺，可以诉诸争端解决谅解。

2. 我国加入 WTO 有关建筑领域的承诺

根据 WTO 的分类标准，建筑业属于建筑和相关工程服务部门。我国的具体承诺内容主要包括 3 方面。

（1）关于市场准入

目前只允许设立中外合资合作建筑业企业，允许外资控股。中国加入 WTO 3 年内，允许设立外商独资建筑业企业。外商独资建筑业企业只允许承包以下工程：

① 全部由外国投资或拨款资助的建设项目；

② 由国际金融组织资助并通过依据贷款协议条款进行国际招标而授予的建设项目；

③ 外商投资等于或超过 50% 中外合营建设项目和外商投资少于 50% 但技术上难以由中国建设企业单独执行的中外合营建设项目；

④ 由中方投资，但中方建筑企业难以单独执行的建设项目，经省政府批准，可以由中外合营建设企业联合承接。

（2）关于国民待遇

对合资合作建筑业企业有以下两条限制：

① 合资合作建筑业企业的注册资本金与国内建筑业企业注册资本金有微小区别;

② 合资合作建筑业企业有承包外资工程的义务。同时我国承诺,中国加入 WTO 后 3 年内取消对合资合作建筑业企业的非国民待遇限制。

（3）对有关国家的承诺

我国同日本代表团在《关于中国加入世界贸易组织双边谈判纪要》中承诺:

中方将按照国民待遇原则,尽力降低外商独资建筑业企业,以及中外合资、中外合作建筑业企业的最低注册资本金额要求标准;

在新规定中,中方在确定新设立的外商独资建筑业企业的资质等级时,将尽力考虑其母公司的承包业绩;

中方将保留允许外国建筑业企业不需要在华设立商业存在即可承包工程的现行规定,直到允许设立外商独资建筑业企业的新规定开始实施;

在现行规定被取消之前,中方将提前发布有关的公告;即使现行规定被取消,按照现行规定已得到批准的工程合同仍可以继续完成。

以上承诺中提到的"现行规定"是指 1994 年建设部颁布的《在中国境内承包工程的外国企业资质管理暂行办法》;"新规定"是指根据中国加入 WTO 后 3 年内允许设立外商独资建筑业企业的承诺而将制订的规定。新规定出台的同时,现行规定《在中国境内承包工程的外国企业资质管理暂行办法》也将被废止。根据最惠国待遇原则,我国对日本的承诺将适用于所有 WTO 成员。

7.4.2　国际工程承包市场分析

我国的对外工程承包工作是在 20 世纪 70 年代后期伴随着改革开放进程的不断推进而发展起来的,经过 20 多年的发展历程,已经在全球 180 多个国家和地区开展了对外承包业务。无论是我国对外承包工程的合同额还是营业额的增长速度,都大大高于同期我国对外贸易的增长速度和 GDP 的增长速度。根据美国《工程新闻记录》评选出的 2001 年全球最大 225 家国际承包商中,我国有 39 家建筑承包企业进入行列。与 1999 年相比,2001 年入选的企业增加了 6 家。但是也应该看到,我国的对外承包工作仍然具有较大的局限性。例如,业务发展状况不稳定,从 2000 年来看,国际市场总营业额比上年下降 21.8%,仅为 48 亿元,仅占全球 225 家承包商总营业额的 4.1%;地区发展状况没有突破,仍然集中在亚洲和非洲传统市场。在大型国际承包商云集的欧美市场,中国公司开展业务的难度依然很大。加入 WTO 后,我国的对外承包工作将得到进一步的发展,我国占有国际市场的份额也会相应地扩大。

① 按最惠国待遇原则,可承包的市场范围扩大。中国加入 WTO 后,将开始行使世贸组织正式成员的权利,包括享受最惠国待遇及国民待遇等权利。因此,一些国家对非 WTO 成员的准入限制将取消,更多的国家和地区市场将对中国建筑业开放。

② 承包工程成本降低。中国加入 WTO 以后,在 WTO 成员国和地区将享受最惠国待遇的关税。中国公司的材料及产品出口的关税壁垒也将相应减少,有利于中国公司降低国际工

程的成本，在获取更多的中标机会的同时，也带动了更多的设备、材料及机电产品的出口。

③ 捕捉国际工程承包信息的机会增多。中国的对外承包工作发展至今，仍然没有一个畅通的渠道使中国公司获得更多的国际承包市场信息，各公司独自为战的办法，阻碍了中国公司整体协调的对外业务的开展。加入WTO后，由于世贸组织成员资源共享，中国公司可以通过世贸组织机构及时了解各缔约方贸易政策新动向，中国政府也将建立更稳定的信息渠道为对外承包公司提供更多的信息资源。

④ 积累国际工程承包经验的机会增加。由于国内市场的进一步开放，国际工程招标项目的增多，中国公司可以足不出户，通过与外资企业的合作，包括设立合资合作公司、联合投标承包、向外资公司分包等方式，了解熟悉国际工程项目管理经验，学习先进施工技术，在国内市场中积累国际工程承包经验，为开拓海外工程打好基础。同时，我国海外投资增加，也将带动中国公司在国际市场承包中国工程，积累国际工程承包经验。

⑤ 企业"准出"制度更加宽松。世贸组织提倡贸易自由化原则，体现在我国对外承包制度方面，就是政府部门要减少对对外承包工程的各项审批、许可。按照我国鼓励企业"走出去"的发展战略，为所有有条件开展对外承包工作的建筑业企业创造良好的"准出"条件和政策保障。因此，今后有实力的建筑业企业都将有机会获得对外承包业务。

从以上这些"利好"因素分析，我国加入WTO后的对外承包业务将得到大幅度发展。我们对外承包工程的发展目标：从2000年到2005年对外承包合同额将由现在的不到150亿美元，发展到2005年的227～300亿美元，是完全可以实现的。

第8章 建筑业产业管理学简论

8.1 基本概念

8.1.1 建筑业的产业范畴

建筑业是一个以建筑产品为生产对象、从事建筑生产经营活动的行业，是国民经济五大物质生产部门之一，被列入第二产业。主要包括以下三大类。

① 勘察设计业。指从事各行业的工程勘察和工程设计。

② 建筑安装业。包括从事各类房屋建筑，如剧院、旅店、医院、商店、学校、住宅和铁路、公路、隧道、桥梁、堤坝、电站、港口、机场等各种构筑设施的建筑业；还包括从事电力、通信、石油、天然气、自来水等线路、管道和设备安装业。

③ 工程咨询及监理业。

但是，按照国家技术监督局1994年8月13日发布、1995年4月1日实施的《国民经济行业分类与代码》（GB/T4754-94），建筑业为E门类，分为：

① 土木工程建筑业（包括房屋建筑业、矿山建筑业、其他土木工程建筑业）；

② 线路、管道和设备安装业；

③ 装修装饰业。

将勘察列为F门类，即地质勘察、水利管理业；将工程设计列为N门类，即科学研究和综合技术服务业。

目前，我国学术界对建筑业的范畴仍有争议，分为"大建筑业"和"小建筑业"。大小建筑业的区分关键在于勘察、设计是否属于建筑业。在西方工业发达国家，"大建筑业"的观点被普遍接受。

8.1.2 产业经济学及其研究范畴

现代西方经济学的基础理论包括"微观经济学"和"宏观经济学"两大部分。

微观经济学以单个经济主体（作为消费者的单个家庭或个人，作为生产者的单个厂商或企业，以及单个产品或要素市场）为研究对象，研究单个经济主体在市场上的行为规律。宏观经济学以整个国民经济活动为研究对象，研究经济体系中各有关经济总量的决定及其变动，通过研究国民经济活动中的有关经济总量，为政府制定干预和调节经济的宏观经济政策（财政政策和货币政策）提供理论依据。

然而，"产业"领域和企业的"实业"活动却是微观经济学和宏观经济学没有充分研究的两类活动。"产业"概念是居于微观经济的细胞（厂商、消费者）与宏观经济的单位（国民经济）之间的一个"集合"概念。

产业经济学（The Industrial Economics）是以"产业分析"的需要和"产业政策"的实践为背景而产生的一门新兴应用经济理论。产业经济学中的"产业"二字，表示这一经济学科的研究对象是产业，产业经济学中的产业（Industry）不仅仅指工业，还指国民经济的各行各业，从生产到流通，从服务到文化教育。建筑业便是其中的一个重要行业。建筑产业经济学包括建筑产业组织理论、建筑产业联系理论和建筑产业结构理论三大部分。

8.1.3　建筑业产业管理学

管理来源于社会生产活动。正是人类在生产活动中结成各种各样的关系（即生产关系），在共同劳动中出现了分工与协作，才需要指挥与协调，进而出现了管理。

产业管理学是介于宏观的国民经济管理和微观的企业生产经营管理之间的一门管理学科。建筑业产业管理学是以建筑产业经济学为工具，以整个建筑产业为研究对象，一方面研究如何合理组织建筑产业的生产力，表现为对建筑产业生产力要素的结合及其运动进行控制；另一方面研究如何维护和完善建筑产业生产关系的职能，按照客观过程的规律性，采取不同方式去处理建筑产业内部，以及建筑产业与其他产业之间的各种关系。

8.2　建筑市场理论

8.2.1　建筑市场的概念

狭义的建筑市场是指以建筑产品为交换内容的市场。主要表现为建筑工程项目业主通过招投标与建筑产品供应者形成承发包的商品交换关系。

广义的建筑市场概念包括：由发包方、承包方和为工程建设服务的中介服务方组成的市场主体；不同形态的建筑产品组成的市场客体；在价值规律的作用下，由招标投标为主要形式的竞争来调节市场供求的建筑市场机制；保证建筑市场正常运行的要素市场体系、为工程建设提供专业服务的市场中介组织体系和以行业管理为主的社会保障体系；保证市场秩序、保护主体合法权益的法律法规和监督管理体系等。建筑市场是工程建设生产和交易关系的总和，是整个市场体系的重要组成部分。它既是生产要素市场的一部分，也是消费品市场的一部分，它与房地产市场一起构成了建筑产品生产和流通的市场体系。建筑市场又以建筑产品的生产过程为对象，形成具有特殊交易形式和交易方式、相对独立的市场。

8.2.2　建筑产品及建筑市场的特点

建筑产品本身及其生产过程，具有不同于其他工农业产品的特点。一是产品的固定性和生产的流动性。建筑物不可移动，这就要求施工人员和施工机械在其周围不断流动。二是生产的个体性和产品的单件性，建筑产品的施工环境和施工条件各不相同，建筑产品本身由于发包方对功能、形式的要求和承包单位各自不同的特点、能力，也必然千差万别。三是产品的价值量大，生产周期长。这些特点使得建筑市场在许多方面不同于其他产品市场。

（1）建筑产品生产与交易的统一性

这个特点决定了建筑市场包括建筑产品生产和交易的整个过程。从工程建设的咨询、设计、施工任务的发包开始，到工程竣工、交付使用和保修期结束为止，发包方与承包方进行的各种交易（包括生产），以及相关的原材料供应、构配件生产、建筑机械租赁等活动，都是在建筑市场中进行的。建筑市场内容的特殊性就在于它是建筑产品生产和交易的总和，生产活动和交易行为交织在一起，必须考虑生产和交易的统一性。

（2）建筑产品的单件性

这个特点使绝大多数建筑产品不能批量生产，决定了建筑市场的买方只能通过选择建筑产品的生产单位来完成交易。绝大多数建筑产品都需要独立设计，单独施工，不可能批量生产。因此，无论是咨询、设计，还是施工，发包方都只能在建筑产品生产之前，以招标方式向一个或一个以上的承包商提出自己对建筑产品的要求，承包方则以投标的方式提出各自产品的价格，通过价格和其他条件的竞争，决定建筑产品的生产单位，由双方签订合同确定承发包关系。建筑市场的交易关系的特殊性就在于交易过程在产品生产之前开始。因此，业主选择的不是产品，而是产品的生产单位。

（3）建筑产品的社会性

这个特点决定了政府对建筑市场管理的特殊性。所有的建筑产品都具有一定的社会性，涉及公众的利益。体育馆、剧场等公共设施关系到生命财产的安全；电厂、水坝等工业设施关系到国家经济的发展；即使是私人建筑，其位置、施工和使用会影响到城市的规划、环境，以及进入或靠近它的人员的生活和安全。政府作为公共利益的代表，加强对建筑产品的规划、设计、交易、开工、建造、竣工、验收和投入使用的管理，保证建筑产品的质量和安全是非常必要的。工程建设的规划和布局、设计和标准、发包、合同签订、开工和竣工验收等市场行为都要管理部门审查和监督。

（4）建筑产品的整体性和分部分项工程的相对独立性

这个特点决定了总包和分包相结合的特殊承包形式。建筑产品是一个整体，无论是一个住宅小区、一个配套齐全的工厂、还是一座功能齐全的大楼，都是一个不可分割的整体，需要从整体出发来考虑它的布局、设计、施工。因此，由一个总承包商来统一协调、把握，是非常必要的。但是，随着经济的发展和建筑技术的进步，施工生产的专业性越来越强。在施工生产中，由各种专业施工企业分别承担工程的土建、安装、装饰工程，有利于施工生产技术和效益的提高。因此，既需要发展工程总承包，加强工程总承包管理，也需要发展专业化的分包，提高专业化分包的水平。

（5）建筑产品交易的长期性

这个特点导致了生产环境、市场环境和政府政策法规变化的不可预见，决定了建筑市场中合同管理的重要性和特殊要求。一般建筑产品的生产周期长，在这样长的时间里政府的政策、设计和市场的材料设备价格必然要发生频繁的、大幅度的变化，有些变化是一般承发包双方无法预料的。同时，产品的固定性决定了它必须露天生产，就必然受到气候、地质等环境条件的影响。工程施工承包合同中必须考虑所有这些必然或可能发生的问题。因此，施工承包必须签订书面合同，一般都要求使用合同示范文本，要求合同签订得详尽、全面、准确、严密。对可能出现的情况约定各自的责任和权利，约定解决的方法和原则。

（6）建筑产品的不可逆转性

这个特点决定了建筑生产中必须推行建设监理和质量监督等特殊的管理方式。建筑市场交易一旦达成协议，设计、施工等承包单位就必须按双方的约定组织设计和施工生产。建筑产品一旦竣工，不可能退换，也难以返工和重新制作，否则，双方都要承受极大的损失。因此，具有一定的不可逆转性。由于建筑产品的这些特点，因而对工程质量有着非常严格的要求。设计、施工必须按照国家制定的规范和标准进行，必须使用合格的材料，遵守规定的程序。特别是那些需要掩埋或覆盖的工序，必须经过规定的检查验收后，方可进入下一道工序的施工。只有这样，才能保证生产出合格的建筑产品。这就要求发包方聘请的、有专业知识和经验的监理工程师的监督和检查，保证材料的合格与施工程序和工艺的规范，控制工程建设的质量、工期，并且受业主的委托决定工程款的支付。工程要通过政府或社会的质量监督机构和检测机构的检查和验收，保证隐蔽工程和竣工工程的合格。

（7）建筑产品交易的阶段性

这个特点决定了建筑市场管理要有严格的程序要求。建筑产品的阶段性具体表现为：在不同的阶段，建筑产品具有不同的形态。在实施之前，它可以是咨询机构提供的可行性研究报告或其他的咨询论证材料。在勘察设计阶段，它可以是勘察报告或设计方案、设计图纸。在施工阶段，它可以是一栋建筑物、一个住宅小区或工业群体建筑。也可以是招标代理单位提供的招标文件或评标定标的分析报告；或代理机构制订的合同文本；或咨询机构编制的标底或决算报告。甚至可以是无形的，例如建设监理单位对工程质量、工期和造价的控制。对各个阶段严格的程序管理，是生产合格建筑产品的保证。因此，国家的有关法律法规要求，只有在可行性报告等批准后，才可以进入工程实施阶段；只有在规划设计经过批准后，才可以进入施工；只有在竣工验收通过之后，才可以投入使用。招标投标、签订合同，也都是必须经过的环节。

（8）建筑市场与房地产市场的交融性

这个特点决定了鼓励和引导建筑企业经营房地产业的必要性。建筑市场与房地产市场有着密不可分的关系，工程建设是房地产开发的一个必要环节，房地产市场则承担着部分建筑产品的流通。建筑企业经营房地产，可以使他们在生产利润之外，得到一定的经营利润和风险利润，使企业能得到一定的积累，为企业的发展奠定基础，也使企业增强抵御风险的能力。同时，使企业具有一定的独立性，逐步摆脱依附地位。房地产业由于建筑企业的进入，减少了经营环节，改善了经营机制，降低了经营成本，有助于它的繁荣和发展。

（9）建筑产品价值大、造价高及交易与生产的倒置和交叉性

这些特点决定了产品价格的形式和支付方式的特殊性。建筑产品价格根据工程的具体情况，可以采用单价的形式，也可以采用总价的形式，还可以采用成本加酬金等多种形式。可以根据合同的约定和实际发生的情况进行调整，也可以按照合同的约定不做调整。可以预付一定数量的工程款、按工程进度支付工程款，而在工程竣工后一次结算。建筑市场价格形成的特殊性，就在于每一件产品都需要根据其特定的情况，由交易双方协商确定产品价格的数量和形式；在于每一件产品的价格都必须考虑生产过程中的各种环境变化、市场价格风险和各种难以预料的情况，事先确定调整的方法，或者按照一定的风险系数确定不变价格。

8.2.3　建筑市场的运行机制

建筑市场的运行机制主要包括价格机制、竞争机制和供求机制。正是由于它们的作用，市场才能发挥其优化配置资源的基础性作用。

（1）价格机制

价格机制是指资源在价值规律的作用下流动的，客观现实所具有的，传导信息、配置资源和促进技术进步、降低社会必要劳动量的功能作用。通过价格机制，可以使价格真实反映市场供求情况，真实显示企业的实际消耗和工作效率，使实力强、素质高、经营好的企业的产品更具有竞争性，使他们能够更快地发展，实现资源的优化配置。

（2）竞争机制

竞争机制是生产者在利益机制的驱动下，为了使自己生产的商品能够实现、付出的成本得到补偿，并获得最大的利润，在生产者之间进行价格、质量、工期等竞争的本能活动，及相伴随着的优胜劣汰的机能和竞相占领市场的功能作用。在建筑市场中健全竞争机制的目的，就是让建筑企业之间，竞相降低成本、减少投入、提高质量、缩短工期、严格履约、保证信誉。

（3）供求机制

供求机制是在价格规律的作用下，人力、物力和资金等各种资源竞相涌入效益好的部门和生产环节。在供给大于需求的情况下，供求机制又使得资源在价值规律的作用下重新向其他效益更好的环节聚集。一种市场本身对供求数量的自动调节，使之达到相对平衡。在建筑市场中完善供求机制的目的，就是要根据国民经济的发展情况，合理调整国民经济结构，控制好工程项目的立项和审批，加强工程报建、开工和竣工管理，准确掌握市场供求情况，有效地调整在建工程的数量。

8.3　建筑业产业组织结构理论

8.3.1　社会经济组织结构的基本层次

从广义角度讲，组织包括了很多形式，例如单一建筑企业的组织，建筑行业中各种企业的组织，相互有关的各种行业的组织，以及国家组织等。组织不但与每个人的社会经济生活密切相关，也同人们的社会政治生活密不可分。

从一般意义上讲，社会经济组织结构的基本层次可以分为三个方面。

1. 制度组织结构

制度组织结构是指在一定的社会生产关系条件下建立起来的社会系统内部各部分的联结方式。其基本要素，一是该制度的所有制形式和产权关系，如建筑业企业按所有制形式可划分为国有建筑业企业、集体建筑业企业、外资及港澳台商投资的建筑企业，等等；二是政府行政机构与企业之间的联系方式，即管理体制，如建设部、各省市建设厅、建委与中央及地方建筑业企业之间的行业管理关系。

2. 产业组织结构

产业组织结构反映的是社会经济中各产业部门、各企业之间的联系方式。包括以下三个主要方面：

（1）各产业部门的规模与部门内企业的数量，反映了产业的集中程度与规模。

（2）部门内企业的规模结构与规模经济状况，它反映了每一产业内部经济的集中与分散程度以及相应的效率。

（3）产业联系的基本形式，即各产业之间、企业之间是交易型还是管理型（外部化与内部化）的联系，这对于各种产业的规模、发展速度及中间组织的发展有决定性的影响。

有关部门对我国各类建筑企业的经济规模与规模结构进行过计算，综合结果表明：我国现有建筑企业的平均经济规模很低，而且离散程度很大，大多数企业与经济规模的要求相差很远，利润水平更是参差不齐，亏损企业为数很多。

3. 企业组织结构

企业组织结构反映的是企业内部各部门、成员之间的联系方式。包括：

（1）决策结构。民主制还是行政等级制。

（2）内部动力结构。追求效率还是稳定。

（3）企业与外部环境的联系方式。封闭式还是开放式。

三个基本层次的结构形态有十分明显的互相依存关系，即高度的相关性。

8.3.2　建筑业产业结构理论及其研究内容

产业结构问题是现代经济学研究和解决的重要问题，因为适时调整和优化现存的产业结构，乃是提高经济效益、促进经济发展的重要途径之一。

产业结构理论是以研究产业之间的比例关系为对象的应用经济理论。产业结构理论主要研究伴随着经济发展而出现的产业结构演变的规律及其原因，它通过对产业结构的历史、现状及未来的研究，寻找产业结构发展的一般趋势，为规划未来的产业结构（即为制定产业结构政策）服务。在经济发展的过程中，产业结构往往是由劳动集约型产业为主的结构向资本集约型、技术集约型产业为主的方向发展。对某一产业而言，也往往是由劳动集约型向技术集约型方向发展。

产业之间关系结构的研究存在着两种形态：一是以研究产业之间比例关系及其变化为宗旨的形态；二是以研究产业之间投入、产出联系为宗旨的形态。

研究产业间的比例关系，大体使用两类指标：一是各产业的就业人数及所占比例，各产业的资本额及所占比例等；二是各产业所创的国民收入及其占全部国民收入的比重。前者是各种"资源"在各产业部门的分配形态，反映一个国家在社会再生产的起点上，在各产业之间分配劳动力、资金等状况及其比例关系；而后者是社会再生产的结果。前者为因，后者为果。前者决定后者，各个产业的前一类指标去除后一类指标，可以得到反映该部门经济效益的指标。

产业组织理论是由市场结构、市场行为、市场效果及公共政策等主要范畴构成体系的。

1. 市场结构

所谓市场结构，就是规定构成市场的卖者（企业）相互之间、买者相互之间以及卖者与买者集团之间等诸关系的因素及其特征。市场结构是决定产业组织竞争性质的基本因素。决定市场结构的主要因素有：

（1）集中，包括卖者的集中和买者的集中；

（2）产品的差别化；

（3）新企业的进入壁垒；

（4）市场需求的增长率；

（5）市场需求的价格弹性；

（6）短期的固定费用和可变费用的比例等。

2. 市场行为

所谓市场行为，就是企业在市场上为了赢得更大利润和更高市场占有率所采取的战略性行动。企业所采取的市场行为是由市场结构的状况和特征制约的。同时，市场行为又反作用于市场结构，影响市场结构的状况和特征。市场行为涉及三个内容：

（1）行业确定价格的政策；

（2）确定产品质量的政策；

（3）压制竞争对手的政策。

3. 市场效果

所谓市场效果，就是在一定的市场结构下，通过一定的市场行为使某一产业在价格、产量、费用、利润、产品的质量和品种，以及在技术进步等方面所达到的现实状态。同时，市场效果又是一个要伴随评价市场成果的好与坏，以及好坏程度的范围概念。市场效果涉及到如下问题：

① 产业的企业规模结构是否合理。在现实的产业的企业规模结构下所达到的生产与流通费用水平，同产业的企业规模结构处于效率最高时的水平还有多大差距。

② 产业的利润率是否合理。利润率的高低显然是和价格水平有关。如果价格能够敏感地反映供求关系的状况而浮动，从长期看，使价格经常处于趋向包括正常利润在内的最低费用水平，那么，可以认为市场机制下的资源分配过程在正常进行。

③ 产业生产能力的扩大是否与市场需求的增长相适应。

④ 产业的技术进步是否以令人满意的速度进行。

8.3.3 建筑业产业发展现状

建国以来，我国建筑业已取得长足发展。建筑业 GDP 占全国 GDP 的比重在 1960—1969 年平均为 3.3%，1970—1979 年平均为 3.9%，1980—1989 年上升为 4.7%，1990—1999 年达到 6.1%。统计数据显示：

① 全国建筑业 GDP 总的趋势是稳步增长；

② 建筑业 GDP 占全国 GDP 的比重已基本稳定，在"九五"时期和 2001 年该比重一直在 6.6%左右；

③ 西部地区建筑业 GDP 占该地区 GDP 的比重明显高于东部。

以 2001 年为例，东部地区该比重平均不到 6%（一般经济较发达的省市该比重反而偏低），而西部地区平均超过 10%，其中，西北各省区均在 11%以上。形成互补的是：东部地区第二产业中工业 GDP 占该地区 GDP 的比重明显高于西部，仍以 2001 年为例，东部地区工业 GDP 占该地区 GDP 的比重平均约为 40%，比西部地区高出约 7 个百分点。在第二产业中，西部地区采掘业、原材料加工等收益率低的产业 GDP 比重偏高，而东部地区制造业等收益率高的产业 GDP 比重偏高。

"九五"期间，中国建筑业企业的个数由 1980 年的 57⊗404 家增长到 2000 年的 97⊗263 家；从业人员也由 1980 年的 982.7 万人上升到 2000 年的 2 740.9 万人，建筑队伍有了巨大的发展，建筑企业总产值有了较为显著的提高。建筑企业在建筑市场中呈多元化发展，形成了多种经济类型并存的格局。1991—2000 年我国建筑业的总产值走势如图 8-1 所示。建筑业在国民生产总值中所占的比重如图 8-2 所示。

近十多年来，建筑行业加快了经济体制改革的步伐，中国建筑业推行建设工程招标投标制、建设工程监理制、合同管理制、岗位从业人员注册制和建设项目法人责任制等，这些举措为中国建筑业与国际接轨奠定了基础，形成了与国际接轨的基本框架。国家加快立法进程，促使建筑市场逐步走上法治轨道，出台了一系列法规、部门规章和规范性文件。同时，对国有重点企业进行现代企业制度改革，增强了国有大中型企业的市场竞争能力。长期以来，坚持用新的知识、新的技术、新的装备和全新的管理模式改造传统的劳动密集型建筑产业，并取得初步成效，使技术和管理水平明显提高。全行业机械设备净值由 1991 年的 272.22 亿元上升到 2000 年的 1 257.23 亿元；技术装备率从 2 572 元/人增加到 6 304 元/人；动力装备率也从 4.0 千瓦/人上升到 4.6 千瓦/人。

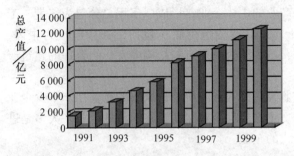

图 8-1　1991—2000 年我国建筑业总产值走势图

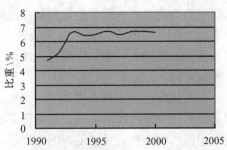

图 8-2　建筑业在国民生产总值中所占比重

目前，国家继续实行积极的财政政策，扩大内需，基础设施投资和企业技术改造投资继续加强。实施西部大开发战略，投资结构和投资布局将逐步形成由东向西、由南向北梯度递增趋势。加大房地产特别是安居工程和廉价住房建设、实施小城镇发展战略，这都为建筑业发展提供了广阔的市场空间。

"十五"规划提出中国建筑业的发展思路是：继续培育和规范建筑市场；改革和完善工程质量管理；促进建筑业结构优化和产业升级；进一步推进建筑业企业深化改革；建立技术创新机制，提高建筑职工素质。

8.3.4　我国建筑业产业组织结构

在确定建筑产业组织目标模式以前，须明确建筑业经济运行的模式：

产业组织主体——建筑业企业；

运行基础——市场；

调控主体——政府；

调控对象——市场行为。

即政府调控管理市场，市场调节经济，并引导组织企业。这一模式是以企业为本位，以市场为基础，以政府为调控主体，实行政府——市场——企业双向调节，三者相互联系，互相推动、互相配合。

我国建筑业产业组织目标模式可以概括地表述如下。

按照主导企业、专业企业、配套企业分梯次进行优化组合和配置，大中型建筑业企业和建筑劳务企业相结合，逐步分离出总承包企业、专业施工企业和建筑劳务企业 3 个层次。3 个层次企业都是法人企业，共同面向市场，但职能和市场对象各有侧重，总承包企业和专业施工企业的主要服务对象是建筑工程项目市场，劳务企业的主要对象是施工企业，发挥各自优势。

建筑企业中一部分具有较强技术、装备、管理优势的企业从建筑企业中分离出来形成建筑业的主导企业，即工程建设总承包企业，集科研、设计、施工、设备材料采购等为一体，以智力密集型为特征。这类企业数量不多，但处于产业的龙头地位。它们是否到位直接影响到对我国建筑业总体水平的评价。其他建筑企业作为专业施工企业，与具有劳动技能、弹性队伍优势的建筑劳务配套企业一起组成建筑产业的主体企业，形成以工程总分包为纽带，工程总承包企业为龙头，施工承包企业为骨干，以专业分包企业（包括劳务分包）为主体，以市场为依托的大、中、小型企业协调发展，城乡结合、所有制结构多元化的合理的建筑产业组织结构。

广大建筑业企业越来越认识到，进行企业经营方式和组织结构调整的重要性。不少企业进行了这些方面的改革实践，并取得了成效。建立现代企业制度走在前头的企业，大多是进行了组织结构调整、建立了新的生产经营方式的企业。

8.4　建筑业产业支柱地位和关联特点

8.4.1　建筑业的支柱产业地位

支柱产业是指在一定时期内，能够支撑国民经济和社会发展在一定水平上增长、能够稳定成为经济增长点的产业，支柱产业构成产业体系的主体部分，它对经济增长的贡献份额较大，是整个国民经济的支柱。

建筑业在国民经济和社会发展中具有先行和基础的作用。建筑安装生产活动形成新增生产能力和固定资产，为各行各业的发展提供了最必需的物质技术基础，并带动众多相关产业发展，对调整和优化产业结构、合理配置资源、引导消费、调整消费结构、加速经济发展有巨大的带动作用和波及效应。当今世界许多国家，无论是发达国家还是发展中国家，都普遍把建筑业作为国民经济的支柱产业。

在我国，建筑业是各行业赖以发展的基础性先导行业，我国建筑产品的60%形成各产业扩大再生产的能力，40%直接满足人民住房及其他物质、文化生活的需要。随着住房制度的改革和居民收入的增加，住房成为新世纪初的主导消费品，其在建筑产品中的比重将有较大增加。经济发展的客观需求决定了建筑业将成为长期兴旺的产业。

8.4.2　投入产出分析

投入产出表（Input-Output Table）是以矩阵的形式，记录一个国家在一定时间内整个国民经济各部门中发生的产品及服务的生产与交换关系，以及这种关系的结果的一种工具。

基于投入产出表及其所提供的数据而开展的一系列经济分析，就是投入产出分析。投入产出分析在使用的手法上大致可以分为两类：一类是结构分析，就是研究产业之间的关系结构的特征及比例关系。另一类是因果分析，所谓因果分析就是把握产业之间的相互影响。

在投入产出表中，建筑业的完全消耗系数一般在 1.6～1.8 左右，建筑业产值每增加 1
亿元，可使社会总产值增加近 3 亿元，是引发和带动力最强的行业之一，建筑业是劳动密集
型产业，能容纳较多的社会就业。

了解建筑业对国民经济各部门产生的影响，以及由此引起的各产业部门的增产需要达到
什么程度，无疑是非常必要的。如为了解决住房问题准备进行大规模的住宅建设时，如果建
材工业和其他与住宅建设有关的产业没有得到相应的发展，那么，住宅建设的投资只能招致
建材的严重短缺和价格的上涨，最后，能够建起的住宅数达不到预期的数量。因此，要进行
建筑业对特定需求的波及效果分析。建筑产品的施工生产过程同时也是各类物资材料的消耗
过程，物料消耗一般占到建筑产品成本的 60%～70%，与建材、冶金、机械、化工、纺织、
轻工、电子、交通、环卫、电力、供水等 50 多个工业部门密切相关。据统计，就房屋建筑
工程而言，我国建筑业的主要材料消耗占国内总消耗的比例分别为：水泥 70%，钢材20%～
30%，木材 40%，玻璃 70%，油漆涂料 50%，塑料制品 25%，运输 8%。

建筑业被列入第二产业，但有别于纯粹的工业。在工业化加速时期，建筑业的增长速度
往往比一般的工业增长速度要快，即发展速度的超前性，成为社会超前发展的行业。超前系
数一般在 0.1～0.8，即工业增长一个百分点，建筑业要增长 1.1～1.8 个百分点。

在工业化加速时期，建筑业是对国民经济增长贡献率最高的行业之一。贡献率是指这个
行业每增长 1% 的比重，相应地为整个国民经济增长带来了多少个百分点的增长率。比如，
建筑业的比重在国民经济中提高了一个百分点，相应带来的整个国民经济总量增加了多少个
百分点，即一个部门的发展成长度对整个国民经济发展的贡献率。建筑业在工业化加速时期
的贡献率是相当高的。

建筑业具有国民经济晴雨表的作用，当一个国家经济繁荣增长快的时期，基础建设投资
和住宅消费需求大，建筑业兴旺；反之，当一个国家经济萧条衰退的时期，基础建设投资和
住宅消费需求萎缩，建筑业也明显地表现为陷入低谷。而且，建筑业的萧条表现一般在国民
经济萧条之前先进入低谷，建筑业又在国民经济复苏之后复苏。正是建筑业产业与其他产业
很强的关联性和晴雨表效应，在市场经济条件下的国家，建筑业往往成为调控宏观经济有利
的政策工具。在我国，国家通过加强基础设施或压缩基建规模，以及住宅消费政策可以有效
地拉动或抑制国内需求和消费规模，对整个国民经济的发展起到了明显的调节作用。

8.4.3　建筑业行业统计

1. 建筑业行业统计工作的地位和作用

建筑业行业统计工作的地位和作用体现在以下 3 个方面。

① 进行建筑业行业统计工作是国民经济管理的需要。建筑业是为国民经济各部门提供
固定资产、创造物质基础的行业，建筑业的发展对于人民生活水平的提高和国民经济各行业
的发展起着重要的促进作用。全国的城市、乡村建设，能源、交通等基础设施建设的突飞猛
进，都与建筑业的迅猛发展密切相关。建筑业仅次于工业和农业，总产值位居全国第三。国

民经济管理，无论是宏观管理还是各个部门的管理，都离不开统计工作。

② 搞好建筑业行业统计工作是振兴建筑业的需要。早在 1980 年邓小平同志就指出："从多数资本主义国家看，建筑业是国民经济的三大支柱之一"，"是可以为国家增加收入，增加积累的一个重要产业部门"，"在长期规划中，必须把建筑业放在重要地位"。以后党的历次代表大会及全国人民代表大会都提出了建筑业要成为支柱产业的要求，国家也制订了支柱产业的发展纲要。从振兴支柱产业和实施统计法的要求，建筑业应该搞好行业统计工作。只有搞好建筑业行业统计工作，才能谈得上有效振兴建筑业。离开行业统计工作，我们不清楚情况，根本无法有效实施国民经济和社会发展规划目标。

③ 搞好建筑业行业统计工作是政府转变职能、加强行业管理的需要。国民经济的管理，特别是政府部门的管理，要从直接管理转变为间接管理，从微观管理转变为宏观管理，从部门管理转变为行业管理，这是政府在市场经济条件下转变职能的原则。我们不能"情况不明决心大，数据不清点子多"，那样搞不好建筑业。建筑业行业统计工作是企业管理的基础，同时也是企业管理的重要组成部分。搞好建筑业行业统计工作，是各地区自身发展的需要。没有完善的行业统计工作，无法去指导、加强建筑业管理工作。离开统计工作，只能靠传统的管理方法去管理而无法实现科学的管理。政府要转变职能，加强建筑业行业管理，必须建立、健全行业统计工作。统计工作是企业自身的需要，是各地自身的需要，是行业自身的需要，当然也是全国的需要。

2. 建筑业行业统计工作的基本要求和难点

① 建筑业行业统计工作的基本要求。主要有 3 个：一是上报及时，二是数字准确，三是统计分析得当、科学。统计工作必须及时，不及时是不行的。过时的统计只是为历史学家们服务，而不是为现在的决策指导和政策制定服务。这样，统计工作就失去了现实意义。统计数据必须要准确。有人说，不准确的统计资料加计算机处理，等于是一场灾难。有些统计工作往往是"估计"加"大概"、"差不多"，有的干脆就是"据不完全统计"，这是很不严肃的。统计分析必须具有科学性。如果不了解行业发展、产业发展的特点，而仅就统计抓统计，这样的统计分析肯定是要出问题的。统计人员的知识面要广，他不仅仅是进行简单的数据处理，还要进行数据审核和数据分析。

② 建筑业行业统计工作的难点。一是信息量大，而且处于动态变化之中，收集整理难度大；二是涉及的机构多，协调工作量大，衔接困难；三是统计工作基础差，统计手段比较落后。

为了克服各种困难，应在提高认识、加强领导、建立健全统计机构和专业统计队伍的同时，充分发挥协会的作用，并努力实现统计工作手段的现代化。

8.5 建筑业产业技术创新和技术进步

技术创新和技术进步对产业和企业的发展越来越重要。科技的竞争已经成为竞争的焦点、发展的焦点和生存的焦点。我国建筑业和建筑业企业技术含量低，已形成了行业和企业发展的瓶颈。因此，必须大力实施技术发展战略，靠技术形成新的生产力。

8.5.1 建筑业产业技术创新

美籍奥地利经济学家熊彼特在 20 世纪初提出"创新理论"，他指出"创新"就是建立一种新的生产函数，即实现生产要素和生产条件的一种新组合，包括引进新产品，引用新的生产方法、开辟新市场，控制原材料的新供应来源，实现企业的新组合等。熊彼特认为技术创新是经济发展的动力。

日本的斋藤教授认为，技术创新大体上可分为 5 类：一是追加的技术创新；二是组合的技术创新；三是飞跃的技术创新；四是巨大的技术创新；五是科学技术革命。在每一技术领域里都有其技术创新生命周期。科学技术革命创造出新科学技术，利用新科学技术又创造出新的产业，新的产业又开始其生命周期。

技术创新包括两方面的问题：一是技术首创和研究开发，二是技术转让。技术开发包含在技术创新中，而打开创新的领域比技术开发要开阔得多。技术开发又是技术创新的主要手段。建筑业企业的技术创新应立足于技术开发。建筑业企业的技术开发要使用其他产业的产品，其他产业的开发一般要经过建筑业企业的建筑安装活动予以支持。因此，建筑业企业的技术开发领域是非常广阔的。

建筑业企业的技术开发领域应主要集中在：大型施工机械；混凝土搅拌及输送机械；高层建筑技术；钢结构技术；智能建筑技术；节能绿色、生态建筑技术；地下施工技术；预应力技术；大型设备和特种结构安装技术；现代化管理技术；高新技术在建筑施工与工程管理中的应用。

建筑业企业的技术开发应结合各地区、各企业的具体需要，并区分大中小型企业、不同专业的施工企业，以及承担技术复杂程度和技术需求不同的项目的需要。外向型企业与非外向型企业的选择重点又应有所不同。我国政府颁布了《建筑技术政策》。

8.5.2 建筑业产业技术进步

建筑业产业技术进步是将科技与经济相结合，以建筑企业和重点工程为依托，树立科技兴业观念，强化技术管理系统，加强科技成果转化，加快建筑工业化和住宅产业化的步伐，提高全行业的建筑技术整体水平。建筑技术进步要与建筑业初步成为支柱产业的产业地位相适应，并进一步从建筑技术进步角度推动建筑业成为成熟的国民经济支柱产业。

发展技术的途径有很多。一靠技术改造，改造落后的技术设备，改进传统工艺，改进原有产品，改善管理手段，走内涵发展企业的道路；二靠技术引进，引进行业的、外地的、相关企业的及国外的新技术，引进专利技术；三靠创新，包括制度创新、观念创新、技术创新和管理创新。

我国建筑产业技术进步主要的战略措施有以下几方面。

（1）建筑工业化

建筑工业化是指建筑产业要从传统的以手工操作为主的小生产方式逐步向社会化大生产方式过渡，即以技术为先导，采用先进、适用的技术和装备，在深化分工和协作的基础上，发展建筑构配件、制品和设备的生产，培育市场中介机构和技术服务体系，使建筑业的生产、经营活动走上专业化、社会化道路。

（2）提高建筑功能质量，向社会提供满意的建筑产品

随着科学技术的发展和人们生活水平的提高，建筑功能和建筑环境逐渐为人们所关心。居住区的建筑设计要充分考虑建筑功能，重视环境设计。建筑节能的任务就是把改善热环境和节约能源紧密地结合起来。采取各种有效的节能技术和管理措施，把新建房屋单位建筑面积的能耗较大幅度地降下来，达到提高居住舒适度、节约能源和改善热环境的目的。

（3）推广先进、适用的建筑技术，提高工艺技术水平，建立和发展工业化建筑体系

按照建筑专业化和住宅产业化的要求，建筑行业应在标准化、通用化的基础上，开发新的建筑体系，发展产品、部件和设备的生产，形成规模经济。为加强行业企业的技术积累，要重视总结工程实践经验，形成工法或工艺技术标准。

（4）提高建筑企业的机械化装备水平

建筑企业的机械装备应按专业或工种配套，调整装备结构，提高装备素质，逐步向专业化方向发展。以高科技的产品取代质量低、性能差、能耗高、污染严重的机械设备。

8.5.3 建筑节能

1. 我国建筑节能发展概况

中国虽然是一个具有几千年文明历史的古国，但开展建筑节能的历史并不长。在世界各国经受 20 世纪 70 年代"能源危机"、动手开展建筑节能的时候，中国还在开展"文化大革命"。"能源危机"对当时的中国——一个长期自然经济、自给自足、封闭保守的大国冲击也不大。直到 20 世纪 80 年代初期，我国实施改革开放政策之后，经济快速增长，能源与环境问题越来越突出。国家开始制定和实施建筑节能政策。采取先易后难、先城市后农村、先新建后改造、先住宅后公建、从北向南逐步推进的策略，全面推进我国的建筑节能工作。

1986 年国家建设部在原国家经委的支持下，制定和颁布了中国第一部节能 30% 的《民用建筑节能设计标准（采暖居住建筑部分）》（北方严寒与寒冷地区），1996 年国家建设部又颁布实施了节能 50% 的《民用建筑节能设计标准（采暖居住建筑部分）》，同时在国家计委的支持下，制定颁布了《旅游旅馆空气调节与热工节能设计标准》。后来，又相继研究制定了我国中部与南方地区的建筑节能标准、商业建筑节能标准和旧有建筑节能改造的标准。对此，《中华人民共和国建筑法》、《中华人民共和国节约能源法》都有专门的条款和明确的要求。

2. 我国建筑节能现状

尽管我国政府有关部门十分重视建筑节能工作，但从整体上看，全国的建筑节能工作仍

处于起步阶段，还存在许多问题。这些问题包括：各有关方面对建筑节能工作的重要性和紧迫性认识不足；整体工作进展缓慢，与我国当前经济和建设事业的快速发展不相适应；技术进步速度缓慢，不少技术水平与国际水平的差距不是缩小，甚至在加大；各地发展很不平衡；组织管理能力薄弱；对未按标准设计和建设的单位或工程，不能依法管理等。

根据我国要在本世纪中叶经济发展达到中等发达国家经济水平的战略目标，我国的能源生产与供应面临十分严峻的形势。目前，一年的能源消耗量约为 13 亿吨标准煤，其中城市建筑的建造与使用能耗一般都占全社会总能耗的 13% 以上，连同墙体材料生产能耗共约占总能耗的 20% 左右。由于现有的建筑耗能方式和水平十分落后，能源浪费十分严重。目前，我国建筑单位面积能耗是气候相近发达国家的 3～5 倍。北方严寒、寒冷地区建筑采暖能耗已占当地全社会能耗的 20% 以上。尽管人均用能不及世界人均能耗水平的一半，但全国能耗消费总量已达世界第二。

如果按照国民经济发展规划所确定的中等发达国家水平，我国经济发展速度在一定时期内都将维持在 8% 左右这样一个比较高的水平，那么到 2010 年就将需要一次性能源 30 多亿吨标准煤左右，而实际可供能源的能力仅为 18 亿吨标准煤，至少有 10 多亿吨标准煤的能源缺口。如果再考虑未来人口的增加和人民生活水平的提高，建筑室内热环境向舒适性靠近，长江流域夏热冬冷地区将增加采暖和空调设施，南方炎热地区增加空调制冷设施，广大农村也必然增加相应的采暖与空调设施，生活热水也必将普及，建筑能耗必将大幅度增加，建筑能耗占总能耗的比重也会越来越大。全国能源的生产与供应缺口更大。

此外，我国的能源结构是以煤为主，煤炭占 75% 的状况将长期不会改变。每年因为建筑采暖燃煤增加了环境污染强度。环境污染问题已成为我国人民生活中十分紧迫的问题。

从世界范围看，20 世纪 70 年代石油危机以后各国实施节能政策以来，各国的节能工作大体上经历了能源的节约，即减少能源消耗，尽可能少用能源；能耗稳定，即尽可能不增加能源，保持经济增长；能源效率，即减少能源的损失，提高能源的利用效率；减少温室气体排放等 4 个历史阶段。相应地，建筑节能技术也已从最早的节能建筑、低能耗建筑、零能耗建筑、生态建筑、可持续发展建筑发展到当今的绿色建筑。特别是由于当今世界技术创新日新月异，高新技术的快速发展，大大促进了节能技术、材料技术、电子技术、控制技术和信息技术等高新技术在建筑节能方面的应用。

我国的建筑节能起步晚、技术水平低，且发展缓慢。全国绝大部分地区仍以保温隔热性能差、既毁耕地能耗又高的粘土实心砖作为墙体的主导材料，其建筑热工性能根本达不到建筑节能技术标准。窗户的保温、隔热、密封性能长期在低质量、低水平上徘徊。供热采暖方式、用能水平及效率几十年一贯制。一些先进成熟的新技术、新产品得不到及时有效、快速地推广应用。国家虽然也出台了一些经济鼓励政策，也由于管理体制和配套政策不完善等原因，没有得到很好地贯彻执行。

3. 我国建筑节能的主要任务和原则

我国在当前及今后一个时期建筑节能的主要任务是在保证使用功能、建筑质量和室内热环境符合小康目标的前提下，努力实现全国城镇建筑夏季室温低于30℃，采暖区冬季室温达到18℃左右的基本要求，非采暖区室内热环境明显改善。采取各种有效的节能技术和管理措施，改善建筑物围护结构的保温隔热性能，辅助以必要的供热、降温设施，提高用能设备的效率和居住的热舒适性，把新建房屋建筑的能耗较大幅度地降下来；对原有建筑物有计划地进行节能改造，以达到节约能源和保护环境的目的。

为完成上述任务，应遵循以下原则。

① 坚持跨越式发展。由于我国建筑节能起步晚、水平低，目前既要减少能源消耗，又要提高能源效率，调整能源结构，减少温室气体排放。建筑节能要达到节能50%的目标，只能坚持跨越式发展。从我国目前经济和技术发展水平出发，应着重从围护结构中提高墙体和门窗、屋面的保温隔热性能，提高采暖供热效率，以及照明节电、太阳能或地热利用几个方面采取措施，将减少建筑在使用期间的能耗作为我国现阶段建筑节能工作的重点任务。不管是落后地区还是先进地区，都完全有可能达到建筑节能的工作目标。

② 加强技术创新，发展高科技，实现产业化。当前要大力开发和推广外墙外保温技术、复合夹心保温技术及预制内保温复合板工业化生产与应用技术，实现工业化生产、专业化施工，走产业化道路。

全面推广节能窗。积极推广符合节能要求的塑钢窗、铝塑复合窗，适当发展木窗。对不符合当地节能要求的各种窗，坚决淘汰并取消有关企业的生产许可证。

鼓励发展热电联产、热电冷联产联供技术。充分利用当前电力结构调整中工业企业小火电、垃圾焚烧等发展供热、采暖和制冷。

积极推进供热采暖系统计量技术与装置的研制、生产与应用，发展相关产业。积极发展太阳能、地下热能与冷能等可再生能源在建筑中的应用技术，实现产业化，扩大应用水平和规模。

③ 坚持因地制宜的原则。我国地域辽阔，差别很大，各地应根据不同的地理气候条件、经济与技术水平、工作基础和实际情况，制定符合当地实际的工作计划，并认真付诸实施，最终实现建筑节能目标。

8.6　建筑业管理体制及产业政策

8.6.1　建筑业管理体制和政府的作用

建筑业管理体制是指建筑业的组织体系，包括政府建设行政主管部门对建筑业管理的任务与组织，政府建设行政主管部门与建筑市场各方主体的关系，政府建设行政主管部门对建筑市场的管理方式，以及建筑业各组成部分，如施工单位、装饰装修单位等的组织。

政府建设行政主管部门对建筑业管理的任务：政府建设行政主管部门对建筑业管理的核心是建筑产品的交易、生产活动及有关的建设行为，尽管各国政府建设主管部门设置不同，其业务范围各有差异，但对建筑业的管理主要涉及住宅建设、土地规划、城市规划与建设、建筑业管理、制定法规和监督法规的执行，教育和科研、大型项目及公款投资项目建设，国际合作和交流等方面。对建筑业管理的作用主要有：

① 建立和完善建筑市场监管的法规体系及严格的执法监督体系，依法规范建筑市场；

② 建立统一开放、竞争有序的建筑市场，提高行业服务质量，促进建筑生产活动的安全与健康，推进行业的整体发展；

③ 通过制定法规，调整行业发展政策和建筑市场准入标准等，实现对建筑市场的宏观调控；

④ 通过专业人士注册制度，承包商、供应商的市场准入制度或资质管理制度，实现对行业服务质量的管理；

⑤ 许可制度，生产过程检测、认证制度等实现对建筑产品生产的质量、安全管理等。

除此之外，政府始终把保障住房、促进住宅建设、繁荣住宅市场作为建设行政主管部门的重要工作，以提高社会各阶层民众的生活质量，促进社会稳定和增强社会凝聚力；把关系到国计民生的大型工程项目及公款投资项目建设作为政府建设主管部门管理工作的重点；重视对建筑业教育和科研工作的管理；重视信息技术在建筑业中的推广应用；重视发挥政府建设主管部门在开拓国际建筑市场、促进国际合作和交流中的作用。

8.6.2　建筑业产业政策

1. 产业政策及其特征

产业政策就是研究产业这个中观领域，其中心是企图调节产业部门的均衡和发展，即以产业结构政策为核心，由其他诸政策与之相适应，共同构成的经济发展目标与手段体系。产业政策的特征包括以下几个方面。

① 产业政策干预社会再生产的过程较深，干预了产业部门之间和产业内部的资源分配过程。

② 产业政策的目标明确，就是争取国家获得尽可能快的经济增长速度。

③ 产业政策强调尽量避免国家直接介入资源分配，而强调诱导。但产业政策一般只能诱导投资方向，但不能控制投资规模。

一个国家要具有较强的产业结构转换能力，一个重要问题就是由政府制定正确的强有力的"产业结构政策"，没有国家的干预，没有产业结构政策，单靠市场机制实现产业结构的高度化是难以做到的。

我国的产业政策是国家进行宏观经济调控的重要手段之一，它的有效实施，需要财政、金融、税收等各种经济政策加以落实，需要各有关综合经济部门、专业部门和地方政府予以贯彻。为保证产业政策制定的科学性、统一性及实施的有效性，需要建立产业政策制定、实施和修订的标准程序和制度。

2. 建筑产业政策的主要功能

我国制定产业组织政策的目标是：在充分发挥市场机制作用的基础上，根据不同产业的技术经济特点，促进合理竞争，形成规模经济，鼓励专业化分工协作。

我国制定产业技术政策的重点是：促进应用技术开发，鼓励科研和生产相结合，加速科技成果的推广，推动引进和消化国外的先进技术，显著提高我国产品的质量、技术性能，大幅度降低能耗、物耗及生产成本，努力提高我国产业的技术水平。

我国产业布局政策的主要原则是：在继续使较发达地区发挥优势加快经济发展的同时，国家将制定有力政策扶持欠发达地区加快经济发展，缩小发达地区与欠发达地区的经济差距。根据比较优势的原则，国家支持既能发挥地区自然资源和经济资源优势，又有利于发挥地区间专业分工协作的产业带的发展，以发挥我国产业结构的整体优势。

建筑产业政策有两个最主要的功能：一是促进建筑业结构的合理化和现代化，进而加快经济发展；二是弥补和纠正建筑市场的缺陷和失败，促进资源的有效配置。

建筑业产业政策不应是对建设部门和建筑业企业发展要求进行协调的产物，而是对国民经济合乎规律的发展的整体协调和推动，是一个整体性规划的概念，是行业政策的依据，而不是行业政策本身。

行业的发展应依据国家产业政策的整体结构导向来确定，而不是产业政策本身。国家制定产业政策首先要深刻把握国家产业结构的整体状况和整体属性，分析影响本国经济运行和发展的国内外各种因素，确定结构调整、改造、优化的基本方向。其次是部门发展的协调与衔接，制定资源配置的措施，制定个别行业振兴或调整的具体措施。

3. 制定建筑产业政策应考虑的问题

我国的建筑产业政策未正式出台，制定建筑业产业政策应考虑如下问题。

（1）住宅建设方面

① 国家现有住房建设规模和资金来源、管理体制和管理方法。如何划分不同类型的住房对象和确定相应的住房供应体制、资金来源和经济政策，怎样结合住房制度改革解决住宅建设资金问题。国家鼓励发展满足中低收入阶层需求的普通居民住宅，进一步完善住房公积金制度。

② 如何协调好住房建设、土地开发、房地产开发和城市基础设施建设之间的关系。

（2）城市市政公用基础设施方面

① 城市市政公用基础设施建设和维护的资金来源、构成及近年来的变化趋势。土地转让收入用于城市基础设施建设的资金是如何操作的。有哪些相应的政策，存在的问题。

② 城市基础设施筹资、建设、运营体制现状及存在的问题，影响和制约的主要方面及其原因。

③ 城市市政公用基础设施建设新增单位生产能力所需投资、建设周期、投资回报率情况，影响投资效益的主要原因。

④ 利用外资的规模、种类，取得外资的条件，操作办法、担保方式和担保人、还款期

限和利率水平；有哪些相关的经济政策；现有市政公用基础设施项目利用外资效益、还款能力及问题。

⑤ 解决和规范城市建设和维护资金的建议。

（3）其他问题

建筑业存在的主要问题和困难，如建筑市场、项目资金到位率、建筑技术进步、建筑业投融资体制、新型建材及制品开发能力、建筑机械设备供应水平、企业改革、建立现代企业制度等。

4. 我国建筑产业政策的目标

制定我国的建筑产业政策达到的目标是：提高建筑业的整体素质，高质量、高效率地完成国家重点工程和城乡基础设施建设，加快住宅建设和商品化程度，加快城市化进程的步伐。国家在制定每个国民经济五年计划的同时，都制定了《建筑业发展规划纲要》。

第 9 章 建筑业企业管理简论

现代企业管理的实质是经营。随着社会主义市场经济体制的建立和运行，企业经营管理的地位和作用日益重要，人们对此的认识也日渐深刻。现代化生产的进程决定着管理理论的进步和发展，科学技术的巨大进步、知识经济的快速发展，使企业经营管理的理论、内容、方法不断地变化。

9.1 建筑业企业及其经营管理

9.1.1 建筑业企业概述

1. 企业及其基本特征

企业是指依法自主经营、自负盈亏、独立核算，照章纳税，从事商品生产和经营，具有法人资格的经济实体。现代企业是在市场经济的演变过程中逐步发展起来的。在市场经济条件下，企业是市场上资本、土地、技术、劳动力等生产要素的提供者和购买者，又是各种消费品的生产者和经营者，因而是十分重要的市场经营主体。企业有多种类型，按照行业不同，企业可以分为：工业企业、农业企业、交通运输企业、邮电通信企业、商业企业、物资企业、金融企业、建筑业企业等。

企业具有如下基本特征。

① 是产权明确的经济实体。企业要参与市场交易，其实质是在进行商品产权的转让，要使商品能够顺利地进行产权转让，就必须要求产品的所有者有明确的产权归属关系。只有在明确产权关系的情况下，企业才能参与市场交易活动，进行产权转让。

② 是独立自主的经济实体。企业拥有独立自主经营和发展的各种权利。企业以其全部法人财产，依法经营，自负盈亏，照章纳税，对出资者承担资产保值增值的责任。企业拥有自己的独立发展目标，在市场活动中追求利润最大化和经营规模的扩张。企业的自主性具体表现为：自主经营，自负盈亏，独立核算。

③ 是赢利性的经济实体。企业从事的是商品生产经营活动，因此必须遵循商品经济的规律，追求利润最大化。只有不断获取更多利润，企业才能不断增加积累，扩大生产经营规模。这一特征使企业区别于其他非赢利性的组织和单位。

④ 是具有法人资格的经济实体。企业在筹建之初，必须依法经工商行政管理机关核准

登记，取得相应的法人资格。只有取得法人资格，企业才能在核准登记的营业范围内从事经营活动，也才能独立享有民事权力并独立承担民事责任。

⑤ 在市场交易中具有平等地位的经济实体。企业一旦进入市场，不论规模大小和经济性质如何，在法律面前一律平等，无高低贵贱之分，不存在任何特权。

2. 建筑业企业及其分类

建筑业企业是指依法经营、自负盈亏、独立核算，从事建筑商品生产和经营，具有法人资格的经济实体。建筑商品包括各种建筑物、构筑物、设备安装，以及技术、劳务服务等。建筑业企业通常包括从事建筑工程咨询、设计、监理、施工、安装及装饰装修等公司。

建筑业企业按照不同的标准，可以分为不同的类型。

（1）按企业制度分类

按企业制度不同，可以将建筑业企业分为个人业主制企业、合伙制企业、公司制企业。

（2）按资产所有分类

按资产所有不同，可以将建筑业企业分为国有企业、集体所有企业、个人所有企业，以及各种资产混合所有的企业（如中外合资企业、中外合作企业，国家参股、控股的企业等）。

（3）按经营范围分类

按经营范围不同，可以将建筑业企业分为综合性企业、专业性企业和劳务性企业。

（4）按经营方式分类

按经营方式不同，可以将建筑业企业分为建筑承包企业、房地产开发企业、构件加工企业、设备租赁企业、技术咨询企业等。

（5）按企业规模分类

按企业规模不同，可以将建筑业企业分为大型企业、中型企业和小型企业。

（6）按资质条件分类

按资质条件不同，可以将建筑业企业分为总承包专业承包和劳务分包三大类不同级别的企业。

9.1.2　企业经营管理

经营一词在我国古代就有表述，意指规划创业，筹划营谋，周旋往来。企业必须重视运筹创业，营谋发展，协调各方面的往来关系，使企业不断适应外部环境条件，以便生存发展。正如日本企业家松下幸之助所言："企业经营就是讲究生意之道"，讲究"求生之理"，"生存的意志"，"事事谋求生存发展"。

企业经营管理目前尚无统一认识。主要有两种观点：一种观点认为，企业经营管理是企业为实现其目标，对其各种主要的经济活动进行运筹、谋划的总称，包括生产活动在内的企业供、产、销活动总体。另一种观点认为，经营是商品生产者，以市场为对象，以商品生产和商品交换为手段，为了实现企业目的，使企业的生产技术经济活动与企业的外部环境达到动态均衡的一系列有组织的活动。不把生产管理作为阐述内容。

综合起来，企业经营管理可以定义为：在市场竞争中，自觉地利用价值规律，营谋筹划生产和流通过程，通过计划、组织、指挥、协调和控制等管理职能，平衡企业内外一切条件和可能，取得经济效益，实现企业目标，求得生存发展。经营管理的过程可以概括为：力求达到外部环境、内部条件和经营目标三者之间动态平衡的过程。

9.1.3 建筑业企业与工商企业经营管理的区别

建筑业企业经营管理存在许多行业特点，这些特点是由建筑产品和建筑产品生产的特点所引起的。

（1）建筑产品的特点

建筑产品具有如下特点。

① 产品地点固定。一般工业产品可以在加工场所之间、加工场所与使用地点之间流动，而建筑产品只能固定在使用地点。

② 产品类型多样。建筑产品大多按照用户的特定要求生产，导致种类繁多、形式多样，很少有完全相同的。

③ 产品体积庞大。建筑产品是具有多种功能的工程，其间要容纳众多的人和物，占有较大的空间。

④ 产品结构复杂。建筑产品由若干个分部分项工程构成，各部分的结构类型又不完全一致，其内部还有各种设备，所以结构十分复杂。

⑤ 产品使用寿命长。建筑产品具有较长的使用寿命。不论是钢结构、钢筋混凝土结构，还是砖混结构的工程，交付使用后，少则几十年、多则上百年才会丧失使用功能。

2. 建筑产品生产的特点

由产品本身的特点所决定，建筑产品的生产具有如下特点。

① 生产流动性。由于建筑产品固定不动，必然导致生产流动。

② 生产周期长。建筑产品形体庞大、结构复杂，生产中要占用大量的人力、物力和财力，由众多的人协同劳动，经较长时间加工才能最终完成。再加上由于产品固定，须按照一定的顺序施工，作业空间受到限制，也延缓了施工进度。所以，建筑产品的生产周期一般较长。

③ 单件生产。建筑产品由于类型繁多，要求各异，不可能进行批量生产。

④ 露天高空作业。一般工业产品的生产，多数在房屋内进行，而建筑产品的生产只能露天作业；此外，建筑产品体形庞大而且无法移动，造成高空作业多。

3. 建筑业企业经营管理的特点

① 经营环境多变。建筑产品的固定性和生产的流动性，使得建筑业企业的经营环境经常处于变化之中。不同的施工地点，工程地质、气候等自然环境条件差异很大；此外，当地的政策、物资供应、道路运输、物价的变动、协作条件等社会环境也有较大的差异。建筑业企业经常处于一种变化的经营环境之中，增加了经营管理的难度，使得预见性和可控性较差。

② 经营业务不稳定。建筑产品类型繁多，无法批量生产，造成建筑业企业的经营业务不稳定，管理对象多变。此外，建筑业企业的经营业务受国家固定资产投资政策的影响，市场的需求随投资的大小而波动，更加剧了经营业务的不稳定性。所以，建筑业企业经营管理必须具备较强的环境适应能力和应变能力。

③ 基层组织机构变动大。为了适应经营环境多变、经营业务不稳定等特点，建筑业企业必须建立灵活、善于变化的组织机构。具体表现在：企业的组织规模要根据市场的容量而变化；组织机构的形式要根据施工对象的特点和地点而变化；基层劳动组织的形式要依据任务的性质和多少而变化；人员的结构比例要依据施工的实际需要而变化。总之，建筑业企业的组织结构具有稳定性差、变化多的特点。

4. 建筑业企业经营管理与工商企业经营管理的不同之处

① 在与用户的关系方面。建筑业企业首先需要通过投标竞争取得承包工程任务，并通过经济合同与用户建立经济与法律关系。建筑业企业对用户负责表现为，按合同要求完成预定的任务，并在工程进行中要接受用户对工程质量的监督，在竣工交接后双方再进行工程价款的结算。

② 在管理体制方面。企业内部的管理层次和管理组织结构，不易保持固定的型式，须因工程对象的规模、性质、地理分布不同而适时变化和调整。

③ 在企业体制方面。建筑业企业计划包括两类：一类是以企业为对象编制的经营计划或生产经营计划；另一类是以工程项目为对象编制的工程施工进度计划。这两类计划关系密切，一般计划期较长的前一类计划，应由后一类计划去落实；而计划期较短的前一类计划，则又以后一类计划为编制的依据。

④ 在劳动用工方面。由于施工生产的流动性、均衡性较差等因素，建筑业企业不宜保持庞大的固定工队伍，只宜拥有精干的经营管理人员、工程技术人员和少量的技术工人为骨干，工程需要时，再雇佣合同工和临时工。

⑤ 在预算体制方面。施工产品的价格有特殊的确定方法，需要因工程而异个别地编制预算文件，作为投标报价的基础或结算的依据。

⑥ 在资金占用方面。施工生产周期长，占用资金较多。在计量支付方面有特定的要求。

⑦ 在劳动条件方面。施工生产劳动作业条件差，职工队伍调迁频繁，生活艰苦。因此，建筑业企业都要设置相应的生活基地，解除职工的后顾之忧，现场也要有一定的生活设施，还要妥善解决职工的工资福利待遇等实际问题。

9.2　建筑业企业组织机构

9.2.1　企业组织机构的主要形式

从企业组织机构的历史发展来看，主要有以下几种形式。

（1）直线制

直线制组织机构，又称为军队式组织机构，是按企业管理层次建立的一种组织机构形式。这种组织机构形式，只设管理层次，不设职能部门，企业各层次的领导对本级的一切管理工作全面负责，统一指挥。各层次之间按直线体系建立领导和被领导的关系，其结构如图9-1所示。

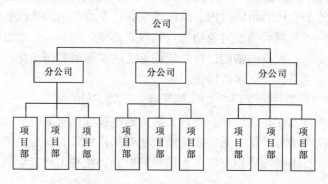

图9-1　直线制组织机构

直线制组织机构的结构简单，关系清楚，权责分明，易于统一指挥。但由于不设职能部门，领导没有参谋和助手，无法实现管理工作专业化，不利于提高管理水平。

直线制形式只适用于技术简单、规模不大的小型企业。现代建筑业企业一般不采取这种组织机构形式。

（2）职能制

职能制组织机构是在各管理层次之间设置职能部门，上下层次通过职能部门进行管理的一种组织机构形式。其结构如图9-2所示。

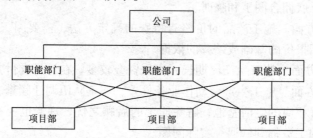

图9-2　职能制组织机构

职能制组织机构中的各级领导不直接指挥下级，而是指挥职能部门，由职能部门在所辖业务范围内指挥下级。

职能制由泰罗首创，是专业化管理发展的产物。他强调管理业务的专门化，注重发挥各类专家在企业管理中的作用，由于管理人员工作单一，易于提高工作质量。但这种机构没有处理好管理层次和管理部门的关系，是一种多头领导的模式，下级执行者接受多方指令，无法统一行动，统一指挥分不清责任。

职能制存在难以克服的多头领导问题，现代建筑业企业一般不采用这种组织机构形式。

（3）直线职能制

直线职能制组织机构是直线制和职能制相结合而形成的一种组织结构。各级管理层次下都有职能部门（或人员），职能部门只作为本层次领导的参谋，在分工的业务范围内从事管理工作，不直接指挥下级，和下一层次的职能部门构成业务指导关系。职能部门的指令，必须经过同层次领导批准才能下达。各管理层次之间按直线制的原理构成直接上下级关系，其结构如图 9-3 所示。

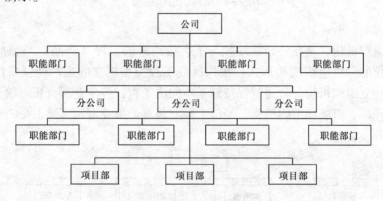

图 9-3　直线职能制组织机构

直线职能制组织结构综合了直线制和职能制的优点，既保持了直线制统一指挥的特点，又满足了职能制对管理工作专业化分工的要求。但这种机构形式中职能部门之间的横向联系差，直线系统和职能系统之间容易产生矛盾。直线职能制适用于生产场所固定的各类企业。

（4）矩阵制

矩阵制组织机构是把按职能划分的部门和按工程项目（或产品）设立的管理机构，依照矩阵方式有机结合起来的一种组织机构形式。这种组织机构以工程项目为对象设置，各项目管理机构内的管理人员从各职能部门临时抽调，归项目管理机构的负责人统一管理，待工程完工交付后又回到原职能部门或到另外工程项目的组织机构中工作。其结构形式如图9-4所示。

矩阵制组织机构具有灵活的特点，它能根据工程任务的情况灵活地组建与之相适应的管理机构。而且各个项目机构的工作目标明确，能围绕工程项目的建设开展各项工作，便于协调机构内各类人员的工作关系，调动积极性。但矩阵制的组织机构经常变动，稳定型差，尤其是业务人员的工作岗位频繁调动。

矩阵制适用于生产经营场所流动、单位性生产的企业。建筑业企业的中下层机构普遍采取这种形式。

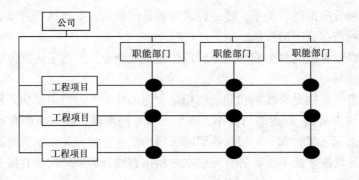

图 9-4 矩阵制组织机构

（5）事业部制

事业部制组织机构，是在公司统一领导下，按地区或工程（产品）类型成立相对独立的生产经营单位的一种组织机构形式。按地区或工程类型成立的生产经营单位，称为事业部。按事业部建立组织机构，公司制保持最基本的决策权，各事业部有相对独立的生产经营权，有自己的产品、市场和组织机构，经济上独立核算。事业部制实质上是一种分权制，其结构如图 9-5 所示。

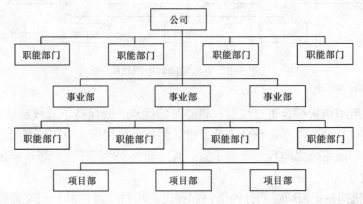

图 9-5 事业部制组织机构

事业部制组织机构，公司的下属组织——事业部有比较大的权力，可以根据本事业部业务的实际情况灵活经营；公司本部摆脱了日常事务的缠绕，能集中精力研究企业的大政方针，但公司的权力相对弱化，不易控制下级。

事业部制适用于大型企业，特别是市场分散、产品类型多、跨地区的大型企业，在建筑业企业，对于远离公司基地、又有较稳定任务的地区，往往成立事业部负责该地区的生产经营活动。

9.2.2 建筑业企业组织机构的形式

在现代建筑业企业中，一般很少用单一模式的结构形式建立组织机构，而是按上述集中结构形式的基本原理，综合形成本企业的组织结构。结合的具体形式也多种多样，可以是直线职能制和矩阵制相结合，也可以是事业部制和矩阵制相结合，等等。下面介绍两种主要形式。

（1）两级管理的组织机构形式

实行两级管理的建筑业企业，通常设置公司-项目经理部两个管理层次，按照矩阵制的原理组成企业的组织机构，如图 9-6 所示。

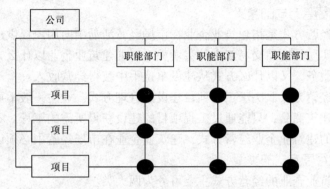

图 9-6　建筑业企业两级管理组织机构

（2）三级管理的组织机构形式

大型建筑业企业，通常实行三级管理，即公司-分公司-项目经理部，远离公司基地的地区设立事业部。具体形式是直线职能制、事业部制和矩阵制的复合体，如图 9-7 所示。

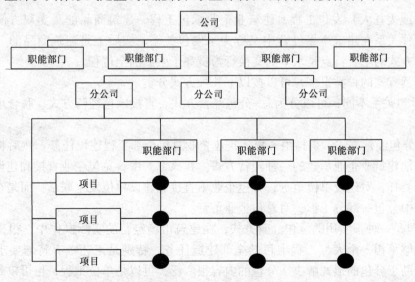

图 9-7　建筑业企业三级管理组织机构

9.3 建筑业企业的经营方式

9.3.1 建筑业企业经营方式的含义和类型

1. 建筑业企业经营方式的含义

建筑业企业的经营方式是指建筑业企业在市场经营活动中向用户提供建筑商品或服务的方式。经营方式的实质是商品交易双方的买卖关系。即建筑业企业以什么方式向建设单位出售建筑商品或提供服务，又以什么方式从建设单位手中获得经营收入。

建筑业企业的经营方式取决于工程项目建设的管理方式。业主一般不可能在建筑市场上直接购买到现有的建筑商品，只能通过工程项目的建设获得所需的工程。不同的工程项目建设方式会形成相应的建筑业企业经营方式，建筑业企业在市场经营中必须认真加以选择。

2. 建筑业企业经营方式的类型

归纳起来，建筑业企业的经营方式主要可分为两大类。

（1）承包经营方式

承包经营方式是指建筑业企业通过承包工程向建设单位提供建筑产品的一种经营方式。当建设单位采用发包、成套合同、FIDIC 方式建设工程项目时，建筑业企业就可以采取承包的经营方式。该方式是建筑业企业的主要经营方式，这主要是由建筑市场的经营特点所决定的。

业主（或委托人）发包工程，建筑业企业承包工程，建筑商品的买卖双方便结成了交易关系。这种关系在建筑市场经营中又称为承发包关系，实质上是建筑商品的一种交易方式，该交易方式的主要特点是水平的交换行为贯穿于生产的全过程。

承包经营方式的种类很多，可以按以下几种方式分类。

① 按承包关系不同，可以分为总-分包经营方式、直接承包经营方式、联合承包经营方式等。

a. 总-分包经营方式。是指由一家建筑业企业总包全部工程建设任务，然后将一部分工程发包给其他建筑业企业承建的一种经营方式。在该方式中，总包企业直接和建设单位发生联系，接受委托，对建设单位负责；分包企业不直接和建设单位发生联系，而是在总包企业承包的任务中分包一部分工程，对总包企业负责。

总-分包是一种很实用的承包经营方式，在建筑市场经营的实际操作中，很少有一个建筑业企业能够承担一个大型工程项目的全部建造任务，特别是工艺上有特殊要求的工业项目，必须借助于分包的形式解决。分包的内容很广泛，可以是单位工程，也可以是分部分项工程。总包单位一般由资质等级较高的综合性建筑业企业或土建施工企业担任，分包单位通常由专业公司或者专项分包公司担任。

总-分包经营方式的优点：工程项目施工的全过程有统一的指挥者；有利于提高工程质

量；有利于降低工程成本；各方责任明确。缺点：各单位之间的关系复杂，施工中交叉作业，容易产生矛盾。

b. 直接承包经营方式，是指建筑业企业独立地直接和建设单位签订合同，承包工程的一种经营方式。如果一个工程项目由多家建筑业企业共同施工，则各家建筑业企业分别和建设单位签订合同。

直接承包经营方式的优点：减少了总-分包方式中的中间环节，承包层次简单，关系清楚。缺点：多个承包企业在同一个现场施工，工艺上存在交叉和交接，难免会出现各种矛盾，而承包企业之间又无经济上的联系，所以很难协调关系。

c. 联合承包经营方式，指由两家或两家以上的建筑业企业联合向建设单位承包，按各自投入的资本数额分享利润并共同承担风险的一种经营方式。参加联合经营的企业，经济上各自独立核算，施工中共同使用机械设备、临时设施、周转材料等，按照使用时间分摊费用。

联合承包经营方式的优点：由于多家联合，资金雄厚，设备齐全，技术及管理上取长补短，具有较强的竞争能力。缺点：一旦联合的几方责任没有划分清楚，会产生纠纷并且容易削弱联合的优势。

② 按承包范围不同，可以分为全过程承包、设计-施工承包、施工承包等。

a. 全过程承包经营方式，是指建筑业企业对工程项目的计划、设计、施工进行全面承包的一种经营方式。它和成套合同的建设方式相对应，故又称为"交钥匙"承包或"一揽子"承包。

采用全过程承包经营方式经营的建筑业企业，必须有较强的技术力量、管理力量和资金优势，要对工程项目的规划、可行性研究、勘察设计、工程施工、投产试车、交工验收全过程实施管理。但是，可以不必拥有施工队伍，甚至可以不担任设计工作，它可以将设计和施工业务发包出去，主要从事工程项目的建设管理。

b. 设计-施工承包经营方式，是指建筑业企业承包勘察设计、工程施工业务的一种经营方式。这种方式一般为设计、施工一体化的建筑总承包企业所采用，它比全过程承包的范围要窄一些。

设计-施工承包经营方式的优点：由于设计和施工紧密结合在一起，由一个建筑业企业担任，减少了中间环节，有利于加快施工进度。缺点：如果设计和施工之间没有严格的监督制度，就很容易出现质量事故。

c. 施工承包经营方式，是指建筑业企业专门承包施工业务的一种经营方式。该经营方式是最古老而又应用最广泛的一种承包经营方式，为大多数建筑业企业所采用。这种方式其经营业务比较简单，建筑业企业可以着力提高施工水平，保证质量和工期，降低工程成本。

施工承包经营方式又可以按照承包的范围进一步划分为 3 种方式：建设项目施工承包、单位工程施工承包和分部分项工程施工承包。

③ 按承包费用不同，可以分为工程造价总包、工程造价部分承包等。

a. 工程造价总包，是指在施工承包中，对工程预算造价实行包干的一种经营方式。这种方式，建筑业企业需承担施工中的全部工作，自己购买原材料，准备施工机械和人力，建设单位按合同规定的造价（或定价方法）支付工程款。

b. 工程造价部分承包，是指只承包工程造价中一部分内容的经营方式，又可以分为两种：建筑业企业只包人工费和部分管理费，材料和设备由建设单位提供；建筑业企业包人工费、机械费、部分材料费和管理费，建设单位供应部分材料和设备。

（2）开发性经营方式

开发性经营方式是指建筑业企业按照城市统一规划的要求，将建筑工程（建筑商品）建成后出租或出售给用户的一种经营方式，从事开发性经营的企业又叫房地产开发企业。该种经营方式是在土地统一开发利用和城市统一规划建设中逐步形成的。

开发性经营方式的业务主要有以下几种。

① 房地产开发。这是开发性建筑业企业的主要经营业务。首先购买地皮，然后组织设计、施工，建成后出售或出租，同时进行物业管理。目前，我国的房地产开发企业，兼营房地产的建筑业企业，大多数从事这种开发业务。

② 代建工程。开发性建筑业企业根据用户的要求，代购地皮，组织设计、施工，建成后移交用户的一种业务。这种业务类似于成套合同方式，但它更注重地产开发经营。与一般的房地产业务相比，只是设计、施工前有了一定的目标，其他均相同。

除了上述两类主要经营方式外，根据不同的经营业务，建筑业企业还可以采用半成品加工、设备租赁、技术及劳务服务等经营方式。

9.3.2 建筑工程投标

当前我国实施社会主义市场经济体制。市场经济是国际经济的基本特点，尽管各国社会制度不同，但市场经济都是以供求关系为核心的，占领市场首先依靠竞争，而投标是市场竞争中最普遍的行之有效的方式。

1. 投标的组织

在工程承发包过程中，对业主来说，招标就是择优选择承包商，择优一般包括较低的价格、先进的技术、优良的质量和较短的工期4个方面。而对承包商来说，参加投标是一场激烈的竞争。竞争关系到企业兴衰存亡。除报价以外，竞争还包括技术、经验、实力和信誉。在国际工程承包市场中，越来越多的技术密集型项目势必给承包商带来技术和管理上的挑战。为迎接这种挑战，在竞争中取胜，承包商建立的投标班子应由经营管理类人才、专业技术类人才、商务金融类人才组成。

各类人员的分工如下：

企业经理或负责经营的副经理作为投标班子的主要负责人，主持投标工作；

总工程师或技术负责人负责施工方案、技术措施等技术方面的工作；

总经济师或经营部主管负责投标报价的合同工作；

物资供应部门提供物资供应方面的市场信息；财务部门提供本企业的工资、管理费等有关成本资料；生产计划部门负责施工进度计划等。

投标报价工作应当保密，最后决策核心人物以控制在企业经理、总工程师、总经济师、项目经理、市场经理（合同预算负责人）范围内为宜。

2. 投标程序

投标程序如图 9-8 所示。

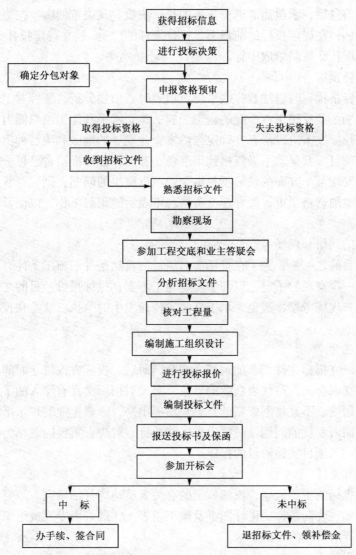

图 9-8 投标程序

（1）获取招标信息

获得招标信息的途径主要有两个：一是对建筑市场各种信息的长期跟踪，关注建设单位的项目前期工作的进展状况，以便做好投标前的准备工作，这是获取招标信息的主要途径；二是从建设工程交易中心发布的招标公告获得信息。后一种途径往往使投标企业措手不及，获得成功的机会较少。

（2）进行投标决策

在获得招标信息后，承包商应进行正确的投标决策。其决策的内容按顺序可分为：针对招标项目是否投标；在确定投标的前提下，投什么样的"标"；在确定投什么样的"标"的情况下，决定采取什么策略争取中标。

（3）参加资格预审

承包商申报资格预审时应注意一些事项：填表时要加强分析，要针对工程特点下功夫填好重要内容，特别是要反映出本企业的施工经验、施工水平和施工组织能力，这往往是业主考虑的重点；在投标决策阶段研究并确定今后本企业发展的地区和项目种类时，注意收集信息，如有合适的项目，及早动手做资格预审准备，参照评分标准给自己评分，这样可以及早发现问题。如果发现某个方面的缺陷不是本企业可以解决的问题，则应寻找适宜的伙伴，以联合体承包模式参加资格预审；做好递交资格预审表后的跟踪工作，以便及时发现问题，补充资料。

（4）投标前的调研和现场考察

这项工作的目的之一是，为了在投标前对项目的自然条件、施工条件、周围环境和当地的市场价格等有一个直观的了解，以便于确定施工方案，投标报价；目的之二是，投标要求投标人通过调研和现场考察，避免为承担某些责任而发生的争执。这是在投标前极其重要的一项准备工作。

（5）参加交底会

在认真分析研究招标文件、参加现场考察和调研后，投标方按规定时间参加招标方组织的交底会。参加交底会的人员代表企业的形象，必须对招标文件有深入的了解，有较高的技术水平，思维要敏捷。不宜将不成熟的意见轻易提出来，暴露企业管理水平不足的一面，影响中标；另一方面对发现的问题及时提出来，请招标方解决，重要问题作为补遗成为招标文件的一部分，有利于项目实施阶段的操作。

（6）分析招标文件

招标文件是投标的主要依据，投标班子的有关人员均应仔细研究。研究招标文件，重点应放在投标者须知、合同条件、设计图纸及施工量表上，最好由专人或组织小组研究技术规范和设计图纸，弄清其中的特殊要求。

（7）核对工程量

对招标文件中的工程量清单，投标方一定要进行校核，因为工程量是编报价的基础，它直接影响中标及中标后的经营，从而达到中标或扩大经营效益的目的。

（8）编制施工规划

投标时编制的施工规划与项目施工中的施工组织设计有共同点和不同点，因此编制施工规划时要注意两者之间的区别。

（9）投标报价计算

投标报价计算包括定额分析、单价分析、计算工程成本、确定利润方针，最后确定报价。

（10）投标文件的编制

投标文件是承包商参与投标竞争的重要凭证，是评标、定标和订立合同的依据，是投标人素质的综合反映和投标方能否取得经济效益的重要因素。因此，承包商应对投标文件的编制备加重视。

9.3.3　建筑工程合同管理

建筑工程合同是承包人进行工程建设、发包人支付价款的合同，包括工程勘察、设计、施工合同及物资采购合同。建筑工程合同是建筑业企业进行工程承包的主要法律形式，是进行工程施工的法律依据，是企业走向市场的桥梁和纽带。订立和履行工程合同直接关系到建筑业企业的根本利益和信誉。因此，建筑业企业应该加强合同管理。

1. 建筑工程合同的法律特征

（1）合同主体的严格性

建筑工程合同主体一般只能是法人。发包人应是经过批准能够进行工程建设的法人，必须有国家批准的项目建设文件，并应具有相应的组织协调能力。承包人必须具备法人资格，同时具有从事相应工程勘察、设计、施工的资质条件。由于建筑工程合同所要完成的是投资大、周期长、质量高的建设项目，公民个人无能力承揽，无营业执照或无承包资质的单位不能作为建设项目的承包人，资质等级低的单位不能越级承包建设项目。

（2）合同标的的特殊性

建筑工程的标的是各类建筑项目，属于不动产，其基础部分与大地相连，有的甚至就是大地的一部分，不可以移动。这就决定了每个建筑工程合同的标的都是特殊的，具有不可替代性。

（3）合同履行的长期性

由于建设项目结构复杂、工程量浩大，使得合同履行期限都比较长。不仅是合同订立和履行需要较长的准备期，而且在合同的履行过程中，还可能因为不可抗力、工程变更、材料设备供应不及时等原因，导致合同履行期限延长。

（4）合同管理的计划性和程序性

由于建设项目对国民经济的发展和人民生活具有重大的影响，因此，国家对建设项目投资计划有严格的管理制度。对国家重大建设工程合同，应当根据国家规定的程序、国家批准的投资计划和任务书签订。即使是国家投资以外的、以其他方式投资建设的工程项目，也要纳入国家计划，按国家规定的建设程序履行合同。

2. 建筑工程合同管理的主要内容

建筑工程勘察设计合同，是指业主或有关单位与勘察设计单位为完成一定的勘查、设计任务，明确双方权利、义务关系的协议。业主或有关单位称为委托人，勘察、设计单位称为承包人。根据双方签订的勘察、设计合同，承包人应完成委托人委托的勘察、设计任务，委托人接受符合合同约定要求的勘察、设计成果，并向承包人支付报酬。

施工合同是指建筑安装工程承包合同，是由具有法人资格的发包人（业主或总承包单位等）和承包人（施工单位或分包单位）为完成商定的建筑安装工程，明确双方权利、义务关系的合同，也是控制工程建设质量、进度、投资的主要凭据。因此，要求承发包双方签订施工合同，须具备相应的资质条件和履行合同的能力。发包人对合同范围内工程的建设必须具备组织协调能力；承包人必须具备有关部门核定的资质等级并持有营业执照，有能力完成所承包的工程建设任务。

建筑工程物资采购合同，是指具有平等民事主体的法人及其他经济组织之间，为实现建筑工程物资买卖，通过平等协商，明确相互权利、义务关系的协议。依照协议，卖方（供货单位）将建筑工程物资交付给买方（采购单位），买方接受该项建筑工程物资并支付价款。

建筑工程物资采购合同属于买卖合同，除具有买卖合同的一般特点外，又具有一些独特的特点。如：应依据工程承包合同订立；合同以转移财物和支付价款为基本内容；标的物品种繁多、数量巨大，供货条件与质量要求复杂；合同的卖方必须以实物的方式履行合同等。因此，物资采购合同的签订与履行，显得尤为重要。

物资采购合同的管理包括材料采购合同的管理、设备采购合同的管理和成套设备采购合同的管理。

承包人对合同管理的主要内容如下。

（1）建立专门的合同管理机构

承包人应当设立专门的合同管理机构，对合同实施的各个步骤进行监督、控制，不断完善建筑工程合同自身管理机制。

（2）承包人对合同的管理

① 合同订立时的管理。承包人设立专门的合同管理机构对建筑工程合同的订立全面负责，实施监管、控制。特别是在合同订立前要深入了解委托方的资信、经营作风及订立合同应当具备的相应条件。规范合同双方当事人权利、义务的条款要全面、明确。

② 合同履行时的管理。合同开始履行，即意味着合同双方当事人的权利、义务开始享有与承担。为保证建筑工程合同能够正确、全面地履行，专门的合同管理机构要经常检查合同履行情况，发现问题及时协调解决，避免不必要的损失。

③ 建立健全合同管理档案。合同订立的基础资料，以及合同履行中形成的所有资料，承包人应由专人负责，随时注意收集和保存，及时归档。健全的合同档案是解决合同争议和

提出索赔的依据。

④ 抓好合同人员素质培训。参与合同的所有人员，必须具有良好的合同意识，承包人应配合有关部门搞好合同培训等工作，提高合同人员素质，保证实现合同订立要达到的目的。

9.4 建筑业企业施工管理

9.4.1 施工项目管理

施工项目是指企业自工程施工投标开始到保修期满为止的全过程中完成的项目。施工项目管理是企业运用系统的观点、理论和科学技术对施工项目进行的计划、组织、监督、控制、协调等全过程管理。

1. 项目管理的内容与程序

项目管理的内容与程序要体现企业管理层和项目管理层参与的项目管理活动。项目管理的每一过程，都应体现计划、实施、检查、处理的持续改进过程。

企业法定代表人向项目经理下达"项目管理目标责任书"确定项目经理部的管理内容，由项目经理负责组织实施。项目管理应体现管理的规律，企业利用制度保证项目管理按规定程序运行。

项目管理的内容主要包括：编制"项目管理规划大纲"和"项目管理实施规划"，项目进度控制，项目质量控制，项目安全控制，项目成本控制，项目人力资源管理，项目材料管理，项目机械设备管理，项目技术管理，项目资金管理，项目合同管理，项目信息管理，项目现场管理，项目组织协调，项目竣工验收，项目考核评价和项目回访保修。

项目管理的程序主要有：编制项目管理规划大纲，编制投标书并进行投标，签订施工合同，选定项目经理，项目经理接受企业法定代表人的委托组建项目经理部，企业法定代表人与项目经理签订"项目管理目标责任书"，项目经理部编制"项目管理实施规划"，进行项目开工前的准备，施工期间按"项目管理实施规划"进行管理，在项目竣工验收阶段进行竣工结算、清理各种债权债务、移交资料和工程，进行经济分析，做出项目管理总结报告并送企业管理层有关职能部门，企业管理层组织考核委员会对项目管理工作进行考核评价并兑现"项目管理目标责任书"中的奖惩承诺，项目经理部解体，在保修期满前企业管理层根据"工程质量保修书"的约定进行项目回访保修。

2. 项目管理规划

项目管理规划分为项目管理规划大纲和项目管理实施规划。

（1）项目管理规划大纲

该大纲是指由企业管理层在投标之前编制的，旨在作为投标依据、满足招标文件要求及签订合同要求的文件。根据我国《建设工程项目管理规范》要求，项目管理规划大纲主要包括：

    ① 项目概况；

    ② 项目实施条件分析；

    ③ 项目投标活动及签订施工合同的策略；

    ④ 项目管理目标；

    ⑤ 项目组织结构；

    ⑥ 质量目标和施工方案；

    ⑦ 工期目标和施工总进度计划；

    ⑧ 成本目标；

    ⑨ 项目风险预测和安全目标；

    ⑩ 项目现场管理和施工平面图；

    ⑪ 投标和签订施工合同；

    ⑫ 文明施工及环境保护。

（2）项目管理实施规划

该规划是在开工之前由项目经理主持编制的，旨在指导施工项目实施阶段管理的文件。根据我国《建设工程项目管理规范》要求，项目管理实施规划应包括下列内容。

① 工程概况。包括：工程特点；建设地点及环境特征；施工条件；项目管理特点及总体要求。

② 施工部署。包括：项目的质量、进度、成本及安全目标；拟投入的最高人数和平均人数；分包计划，劳动力使用计划，材料供应计划，机械设备供应计划；施工程序；项目管理总体安排。

③ 施工方案。包括：施工流向和施工顺序；施工阶段划分；施工方法和施工机械选择；安全施工设计；环境保护内容及方法。

④ 施工进度计划。应包括施工总进度计划和单位工程施工进度计划。

a. 施工总进度计划应依据施工合同、施工进度目标、工期定额、有关技术经济资料、施工部署与主要工程施工方案等编制。施工总进度计划的内容应包括编制说明，施工总进度计划表，分期分批施工工程的开工日期、完工日期及工期一览表，资源需要量及供应平衡表等。

b. 单位工程施工进度计划的编制依据包括：项目管理目标责任书，施工总进度计划，施工方案，主要材料和设备的供应能力，施工人员的技术素质及劳动效率，施工现场条件、气候条件、环境条件，已建成的同类工程实际进度及经济指标。单位工程施工进度计划的内容应包括编制说明、进度计划图、单位工程施工进度计划的风险分析及控制措施。

⑤ 资源供应计划。包括：劳动力需求计划；主要材料和周转材料需求计划；机械设备需求计划；预制品订货和需求计划；大型工具、器具需求计划。

⑥ 施工准备工作计划。包括：施工准备工作组织及时间安排；技术准备及编制质量计

划；施工现场准备；作业队伍和管理人员的准备；物资准备；资金准备。

⑦ 施工平面图。包括：施工平面图说明；施工平面图；施工平面图管理规划。

⑧ 技术组织措施计划。包括：保证进度目标的措施；保证质量目标的措施；保证安全目标的措施；保证成本目标的措施；保证季度施工的措施；保护环境的措施；文明施工措施。各项措施应包括技术措施、组织措施、经济措施及合同措施。

⑨ 项目风险管理。包括：项目风险因素识别一览表；风险可能出现的概率及损失值估计；风险管理要点；风险防范对策；风险责任管理。

⑩ 信息管理。包括：与项目组织相适应的信息流通系统；信息中心的建立规划；项目管理软件的选择与使用规划；信息管理实施规划。

⑪ 技术经济指标分析。包括：规划的指标；规划指标水平高低的分析和评价；实施难点的对策。

3. 项目经理责任制

企业在进行施工项目管理时，要处理好企业管理层、项目管理层与劳务作业层的关系，实行项目经理责任制，在"项目管理目标责任书"中明确项目经理的责任、权力和利益。企业管理层还应制定和健全施工项目管理制度，规范项目管理；加强计划管理，保持资源的合理分布和有序流动，并为项目生产要素的优化配置和动态管理服务；对项目管理层的工作进行全过程指导、监督和检查。

项目管理层要做好资源的优化配置和动态管理，执行和服从企业管理层对项目管理工作的监督检查和宏观调控。企业管理层与劳务作业层签订劳务分包合同；项目管理层与劳务作业层建立共同履行劳务分包合同的关系。

根据企业法定代表人授权的范围、时间和内容，项目经理对开工项目自开工准备至竣工验收，实施全过程、全面管理。项目经理代表企业实施施工项目管理。贯彻执行国家法律、法规、方针、政策和强制性标准，执行企业的管理制度，维护企业的合法权益，履行"项目管理目标责任书"规定的各项任务。

4. 施工项目目标控制

（1）进度控制

项目进度控制以实现施工合同约定的竣工日期为最终目标，建立以项目经理为责任主体，由子项目负责人、计划人员、调度人员、作业队长及班组长参加的项目进度控制体系。可按单位工程分解为交工分目标，可按承包的专业或施工阶段分解为完工分目标，亦可按年、季、月计划期分解为时间目标。

项目经理部进行项目进度控制的程序如下。

① 根据施工合同确定的开工日期、总工期和竣工日期确定施工进度目标，明确计划开工日期、计划总工期和计划竣工日期，并确定项目分期分批的开工、竣工日期。

② 编制施工进度计划。施工进度计划根据工艺关系、组织关系、搭接关系、起止时间、劳动力计划、材料计划、机械计划及其他保证性计划等因素综合确定。

③ 向监理工程师提出开工申请报告，并按监理工程师下达的开工令指定的日期开工。

④ 实施施工进度计划，应及时进行调整出现进度偏差时，并不断预测未来进度状况。

⑤ 全部任务完成后进行进度控制总结并编写进度控制报告。

（2）质量控制

项目质量控制坚持"质量第一，预防为主"的方针和"计划、执行、检查、处理"循环工作方法，不断改进过程控制，按 2000 版 GB/T19000 族标准和企业质量管理体系的要求进行，满足工程施工技术标准和发包人的要求。

项目质量控制因素包括人、材料、机械、方法、环境。质量控制按下列程序实施：

① 确定项目质量目标；

② 编制项目质量计划；

③ 实施项目质量计划，包括施工准备阶段质量控制，施工阶段质量控制和竣工验收阶段质量控制。

（3）安全控制

项目安全控制必须坚持"安全第一、预防为主"的方针。项目经理部应建立安全管理体系和安全生产责任制。安全员持证上岗，保证项目安全目标的实现，项目经理是项目安全生产的总负责人。项目经理部根据项目特点，制定安全施工组织设计或安全技术措施，根据施工中人的不安全行为，物的不安全状态，作业环境的不安全因素和管理缺陷进行相应的安全控制。

项目安全控制遵循下列程序：

① 确定施工安全目标；

② 编制项目安全保证计划；

③ 项目安全计划实施；

④ 项目安全保证计划验证；

⑤ 持续改进；

⑥ 兑现合同承诺。

（4）成本控制

工程成本是工程价值的一部分。建筑安装工程的价值是由已消耗生产资料的价值（原材料费、燃料费、动力费、设备折旧费等）、劳动者必要劳动所创造的价值（工资等）和劳动者剩余劳动所创造的价值（税收、利润等）3 部分组成。其中前两部分构成建筑安装工程的成本。

项目成本控制包括成本预测、计划、实施、核算、分析、考核、整理成本资料与编制成本报告。项目经理部对施工过程发生的、在项目经理部管理职责权限内能控制的各种消耗和费用进行成本控制。项目经理部承担的成本责任与风险在"项目管理目标责任书"中明确。企业建立和完善项目管理层作为成本控制中心的功能和机制，并为项目成本控制创造优化配置生产要素，实施动态管理的环境和条件。

建立以项目经理为中心的成本控制体系，按内部各岗位和作业层进行成本目标分解，明确各管理人员和作业层的成本责任、权限及相互关系。

成本控制应按下列程序进行：

① 企业进行项目成本预测；

② 项目经理部编制成本计划；

③ 项目经理部实施成本计划；

④ 项目经理部进行成本核算；

⑤ 项目经理部进行成本分析并编制月度及项目的成本报表，按规定存档。

a. 成本计划。编制成本计划是进行成本控制的前提，没有成本计划，就不可能有效地控制成本，也无法进行成本分析工作。

要编好成本计划，首先应以先进合理的技术经济定额为基础，以施工进度计划、材料供应计划、劳动工资计划和技术组织措施计划等为依据，使成本计划达到先进合理，并能综合反映上述计划预期的经济效果。编制成本计划，还要从降低工程成本的角度，对各方面提出增产节约的要求。同时要严格遵守成本开支范围，注意成本计划与成本核算的一致性，从而正确考核和分析成本计划的完成情况。

b. 成本计划实施控制。工程成本控制，是在施工过程中按照一定的控制标准，对实际成本支出进行管理和监督，并及时采取有效措施消除不正常消耗，纠正脱离标准的偏差，使各种费用的实际支出控制在预定的标准范围之内，从而保证成本计划的完成和目标成本的实现。

成本控制按工程成本发生的时间顺序，可划分为事前控制、过程控制和事后控制 3 个阶段。

● 成本的事前控制是指在施工前对影响成本的有关因素进行事前的规划，是成本形成前的成本控制。

● 成本的过程控制是指在施工过程中，对成本的形成和偏离成本目标的差异进行日常控制。

● 成本的事后控制是成本形成后的控制，是指在施工全部或部分结束后，对成本计划的执行情况加以总结，对成本控制情况进行综合分析和考核，以便采取措施改进成本控制工作。

c. 成本分析。成本分析的基本任务是通过成本核算、报表及其他有关资料，全面了解和掌握成本的变动情况及其变化规律，系统研究影响成本升降的各种因素及其形成的原因，借以揭示经营中的主要矛盾，挖掘和动员企业的潜力，并提出降低成本的具体措施。

5. 施工现场管理

应认真搞好施工现场管理，做到文明施工、安全有序、整洁卫生、不扰民、不损害公众利益。承包人项目经理部负责施工现场场容文明形象管理的总体策划和部署；各分包人在承包人项目经理部的指导和协调下，按照分区划块原则，搞好分包人施工用地区域的场容文明形象管理规划，严格执行，并纳入承包人的现场管理范畴，接受监督、管理与协调。施工现场场容规范化建立在施工平面图设计的科学合理化和物料器具定位管理标准化的基础上。根据承包人企业的管理水平，建立和健全施工平面图管理和现场物料器具管理标准，为项目经理部提供场容管理策划的依据。由项目经理部结合施工条件，按照施工方案和施工进度计划的要求，认真进行施工平面图的规划、设计、布置、使用和管理。

项目经理部应根据《环境管理系列标准》（GB/T 24000—ISO 14000）建立项目环境监控体系，不断反馈监控信息，采取整改措施。

6. 施工项目合同管理与信息管理

（1）合同管理

施工项目的合同管理包括施工合同的订立、履行、变更、终止和解决争议。

发包人和承包人是施工合同的主体，其法律行为应由法定代表人行使。项目经理按照承包人订立的施工合同认真履行所承接的任务，依照施工合同的约定，行使权利，履行义务。项目合同管理包括相关的分包合同、买卖合同、租赁合同、借款合同等的管理。施工合同和分包合同必须以书面形式订立。施工过程中的各种原因造成的洽商变更内容，以书面形式签认，并作为合同的组成部分。订立施工合同的谈判，应根据招标文件的要求，结合合同实施中可能发生的各种情况进行周密、充分的准备，按照"缔约过失责任原则"保护企业的合法权益。

订立施工合同应符合下列程序：

① 接受中标通知函；

② 组成包括项目经理的谈判小组；

③ 草拟合同专用条件；

④ 谈判；

⑤ 参照发包人拟定的合同条件或施工合同示范文本与发包人订立施工合同；

⑥ 合同双方在合同管理部门备案并缴纳印花税。

（2）信息管理

项目信息管理旨在适应项目管理的需要，为预测未来和正确决策提供依据，提高管理水平。项目经理部应建立项目信息管理系统，优化信息结构，实现项目管理信息化。项目信息包括项目经理部在项目管理过程中形成的各种数据、表格、图纸、文字、音像资料等。项目经理部应负责收集、整理、管理本项目范围内的信息。项目信息收集应随工程的进展进行，保证真实、准确。

项目经理部应收集并整理下列信息：

① 法律、法规与部门规章信息、市场信息、自然条件信息；

② 工程概况信息，包括工程实体概况、场地与环境概况、参与建设的各单位概况、施工合同、工程造价计算书；

③ 施工信息，包括施工记录信息、施工技术资料信息；

④ 项目管理信息。

项目信息管理系统应方便项目信息输入、整理与存储；有利于用户提取信息；能及时调整数据、表格与文档；能灵活补充、修改与删除数据。

7. 施工项目组织协调

组织协调旨在排除障碍、解决矛盾、保证项目目标的顺利实现。分内部关系的协调、近外层关系的协调和远外层关系的协调。

组织协调包括：人际关系，组织机构关系，供求关系，协作配合关系。根据在施工项目运行的不同阶段中出现的主要矛盾对组织协调的内容做动态调整。

9.4.2　人力资源管理

1. 人力资源管理及其任务

（1）人力资源管理的概念

人力资源管理，就是以最大限度地提高人员素质和最充分地发挥人的作用为目标的劳动人事管理。与传统的人事管理相比，人力资源管理具有全过程性、全员性、综合性、科学性的特点。

全过程性是指对企业的劳动人事工作统一计划和管理，使之形成一个有机的整体。对职工从录用、分配、培训，到考核、晋升实行全过程管理，使职工始终处于最合适的岗位和最佳的工作状态。

全员性是把企业的每一个职工都看成是宝贵的人力资源，不论工人、工程技术人员或管理人员，都应有长期或短期开发能力计划，实行全员培训。为了发挥职工的最大效能，企业把各类人员进行统一归口和统一管理。

综合性是在人事管理制度、管理体制和方法上，兼收并蓄，取长补短，综合运用各种行之有效的劳动人事开发和管理手段。如管理工作与思想工作相结合，物质奖励与精神奖励相结合，按劳分配与按资金分配相结合，培养与使用相结合，考核与奖惩相结合，人员合理流动与保持干部职工队伍稳定相结合等。运用多种手段实行综合管理，最大限度地提高人员素质，发挥人员潜力。

科学性是按照人才成长和使用的客观规律进行劳动人事开发和管理，逐步实现标准化、程序化和制度化。

（2）人力资源管理的任务

人力资源管理的基本任务是组织好人力这一最重要的生产力。正确处理人与人之间、人与生产资料之间的关系，统筹安排，合理组织，充分发挥人的积极性和创造性，不断改善职工队伍素质，保证劳动生产率的持续提高。概括起来有以下主要任务。

① 建立健全劳动人事管理制度。按照市场经济和项目法施工的规律，以及国家对干部分类管理的原则，建立起适合企业发展的干部人事制度和适合施工企业特点的管理办法，以及灵活多样的用工制度。

② 加强职工教育和培训。要提高职工队伍的整体素质，增强企业竞争力，必须加强职工的教育和培训。企业的职工培训应从长远的观点出发，有计划、有系统、多层次、多方式地进行。从制度上形成有效的教育培训运行机制，保证教育培训工作的顺利开展。

③ 合理地组织和使用人力资源。对企业的人力资源按照集中、统一、协调的原则，进行合理组织和使用，最终实现人力资源在企业内的优化配置和动态管理，使有限的人力资源得到最大限度的利用。

④ 切实贯彻各尽所能、按劳分配的原则。建立以责任、权力、效益为前提的分配制度，打破平均主义，体现职工在劳动质量、数量上的差别，切实贯彻各尽所能、按劳分配的原则，以促进企业劳动组织的改善和职工积极性的提高。

2. 建筑业企业人力资源管理的主要内容

建筑业企业人力资源管理包括建筑业企业的人员招聘、工资管理、职工培训、绩效考核及员工激励。

1）人员招聘

人员招聘是指组织通过采用一切科学的方法去寻找、吸引那些有能力、又有兴趣到本组织来任职的人员，并从中选出适宜人员予以聘用的过程。组织要想吸引人才加入，其领导者首先要确定选择人才的条件，不同的组织、不同的职位，选择的条件会不一样。但是，只有一流的人才才会造就一流的公司。

组织进行人员招聘一般是在以下情况下提出的：

① 新组建组织；

② 企业业务扩大，人手不够；

③ 职工队伍结构不合理，在裁减多余人员的同时招聘短缺人才；

④ 晋升等造成的职位空缺。

一个组织不应该在"缺人"时才想到招人，在任何组织中用人是管理的核心问题。"以人为本"的观念正在逐步树立，人力资源部门成为了现代企业中一个关键的部门，而招聘又是人力资源管理工作中的一项非常重要的工作。对于组织来说，招聘有如下两方面的意义。

a. 从组织内部来说，招聘的意义在于招聘关系到组织的生存和发展。在激烈竞争的社会里，组织如果没有较高素质的员工队伍和科学的人事安排，必然面临被淘汰的后果。一个组织只有招聘到合格的人员，并把合适的人安排到合适的岗位上，并在工作中注重员工队伍的培训和发展，才能确保员工的素质。

b. 从组织外部来说，招聘的意义体现在：一次成功的招聘活动，就是一次成功的公关活动，就是对企业形象的绝好宣传，就是向竞争对手的无声宣言。

企业在招聘过程中应该坚持公开、平等、竞争、全面及量才的原则。招聘过程包括以下几个步骤。

① 制定招聘计划。根据本组织目前的人力资源分布情况及未来某时期内组织目标的变

化（比如开发新产品，或者由单一经营变为多元经营），来分析从何时起本组织将会出现人力资源的缺口，是数量上的缺口还是层次上需要提升。然后根据对未来情况的预测和对目前情况的调查来制定一个完整的招聘计划。完整的招聘计划应包括招聘的时间、地点，欲招聘人员的类型、数量、条件，具体职位的具体要求、任务，以及应聘后的职务标准及薪资等。

② 建立专门招聘小组。对许多企业，招聘工作是周期性或临时性的工作，因此，应该有专人来负责此项工作，在每次招聘时成立一个专门的临时招聘小组，该小组一般应由招聘单位的人事主管及用人部门的相关人员组成。专业技术人员的招聘还必须由有关专家参加，如果是招聘高级管理人才，一般还应有心理专家等相关方面的专家参加，以保证全面而科学地考察应聘人员的综合素质及专项素质。

③ 确立招聘渠道。根据欲招聘人员的类别、层次及数量，确定相应的招聘渠道。一般可以通过有关媒介（如专业报刊、杂志、电台、电视、大众报刊）发布招聘信息，或去人才交流机构招聘，或者直接到大中专院校招聘应届毕业生。

④ 甄别录用。一般的筛选录用过程是：根据招聘要求，审核应聘者的有关材料，根据从应聘材料中获得的初步信息安排各种测试，包括笔试、面试、心理测试等，最后经高级主管面试合格，办理录用手续。

⑤ 工作评估。人员招聘进来以后，应对整个招聘工作进行检查、评估，以便及时总结经验，纠正不足。评估结果要形成文字材料，供下次参考。

2）工资管理

（1）建筑业企业的工资形式

工资是依据劳动者提供的劳动量，支付给劳动者的劳动报酬。目前，建筑业企业的工资形式主要有计时工资、计件工资、奖金和津贴。前两种是工资的基本形式，后两种是工资的补充形式。

计时工资是根据劳动者的工作时间和相应的工资标准来支付劳动报酬的一种工资形式。按照计算的时间单位不同，一般分为 3 种：小时工资制、日工资制和月工资制。

计件工资是按劳动者所生产合格的数量和事先规定的计件单价来支付劳动报酬的一种工资形式。

奖金是对职工超额劳动的报酬。企业奖金基本上有两大类：一类是劳动者提供了超额劳动、直接增加了社会财富所给予的奖励，这一类称为生产性奖金或工资性奖金；另一类是劳动者的劳动改变了生产条件，为提高劳动效率、增加社会财富创造了有利条件所给予的奖励，这一类称为创造发明奖或合理化建议等。

津贴是对职工在特殊劳动条件和工作环境下的特殊劳动消耗，以及在特殊条件下额外生活费用的支出给予合理补偿的一种工资形式。如：补偿劳动消耗的夜班津贴；保护劳动条件特殊的职工健康的高空、粉尘保健津贴；保证职工生活的副食品津贴、取暖降温津贴等。

（2）建筑业企业工资分配的原则

① 工资含量总量控制，以企业工资总额增长低于经济效益增长、人均工资水平增长低

于劳动生产率增长为前提，考虑国家、企业、个人三者利益的统一，采取自主灵活的分配方式。

② 效率优先、兼顾公平。

③ 劳动岗位差别和严格考核。

④ 劳动者的收入与企业资产保值增值、企业利润相联系，每个职工的收入按劳动技能和贡献来确定。

（3）建筑业企业工资分配的一般方式

① 企业劳务部门与项目经理部签订劳务承包合同时，根据包工资、包管理费的原则，在承包造价的范围内，扣除项目经理部的现场管理工资额和应向企业上缴的管理费分摊额，对承包劳务费按照合同规定进行分配。项目经理部根据核算制度，按月结算，向劳务管理部门支付劳务费。

② 劳务管理部门负责按劳务责任书向作业队支付劳务费，该费用支付额根据劳务合同收入总量，扣除劳务管理部门管理费及应缴企业的部分，经核算后支付，作业队按月进度收取劳务费。

③ 作业队向工人班组支付工资及奖金，按计件工资制，在考核进度、质量、安全、节约、文明施工的基础上进行支付。考核时宜采用计分制。

④ 对项目管理人员按照岗位和项目效益考核情况进行分配，并实行责任目标奖罚制。

⑤ 班组向工人进行分配，实行结构工资制，并根据表现及考核结果进行浮动。

3）职工培训

职工培训是一种能力开发，是培养人才的主要途径，同时也是提高企业素质和企业经济效益的可靠保证。社会生产力的发展依赖于人类对文化科学知识的学习和应用，企业的发展则依赖于职工的成长和职工能力的开发。因此，企业的职工培训是一项长期的、经常性的工作，是企业人力资源管理的重要内容。

（1）培训的原则

① 理论联系实际，学用一致；

② 专业知识技能培训与组织文化培训兼顾；

③ 全员培训与重点提高；

④ 严格考核和择优奖励。

（2）培训的形式

按照不同的分类方法可以有不同的培训形式。按培训与工作的关系划分，可以分为在职培训和非在职培训；按培训的组织形式划分，有正规学校、短训班、非正规大学、自学等形式；按培训的目标划分，有文化补课、学历培训、岗位职务培训等形式；按培训层次划分，有高级、中级和初级培训。

（3）培训的管理

企业领导及主管教育培训的职能部门要按照"加强领导、统一管理、分工负责、通力协作"的原则，长期坚持、认真做好培训工作，做到思想、计划、组织、措施四落实，使企业的职工培训制度化、正规化。

思想落实，即提高广大干部群众对职工教育培训工作的认识，使各级领导从思想上真正认识到职工教育培训的重要性，就像抓生产一样，认真抓好职工教育。

计划落实，就是根据企业的实际情况，制定职工教育的长远规划和近期实施计划，因地、因时、因人制宜地落实规划。按干部、技术人员、工人所从事的业务类型，分门别类地组织学习，进行岗位培训。

组织落实，即要有专门的机构和人员从事职工教育的领导和管理工作，建立能动的教育运行机制，从组织上保证职工教育工作有人抓、有人管。

措施落实，就是要有一定的物质条件，教育用房、实验设备、师资配备、经费来源等必须切实解决。

4）绩效考核

职工的绩效考核就是通过科学的方法和客观的标准，对职工的思想、品德、工作能力、工作成绩、工作态度、业务水平及身体状况等进行评价。

绩效考核可以给人提供科学依据，通过考核全面了解职工的情况，为职工的奖励、晋升、分配报酬等提供科学依据，考核是企业劳动人事管理部门掌握职工情况的重要手段；绩效考核能激励职工上进，在企业实行严格的考核制度，并以考核结果作为用人及分配报酬的依据，必然促使职工认真钻研业务技术，努力勤奋工作，全面提高自己的政治、业务、身体素质，以便在考核中获得好成绩；绩效考核便于选拔、培养人才，通过考核可以发现职工中的优秀人才，有的放矢地培养，适时地选拔到更重要的职位上；另一方面，通过考核掌握职工全面情况后，才能对职工进行各种侧重的培训，尽快地提高他们的素质。

（1）考核的内容

① 工作成绩。重点考核工作的实际成果，不管其经过如何。工作成绩的考核，要以职工工作岗位的责任范围和工作要求为标准，相同职位的职工应以同一个标准考核。

② 工作态度。重点考核员工在工作中的表现，如职业道德、工作责任心、工作主动性和积极性等。

③ 工作能力。考核员工具备的能力。职工的工作能力由于受到岗位、环境或个人主观因素的影响，在过去的工作中不一定显示出来，要求通过考核去发现职工的工作能力。

此外，对于管理人员的考核，特别是高层管理人员的考核，还应该从德、勤、能、绩、体 5 个方面进行全面评价。

（2）考核的方法

企业考核职工应区别不同的对象，采取适当的方法。常用的考核方法主要有以下几种。

① 分等法。将全部职工按一定标准进行排队分等，等级越高说明考核的成绩越高。这种方法没有明确的考核标准和依据，只是凭印象将职工归等。

② 评分法。评分法在分等法的基础上进了一步，它不再笼统地分等，而是根据职工考

核的内容分别定出评分标准，然后由领导（或群众）对每一项打分，最后按事先定好的比例计算综合得分，以综合得分确定每个职工的考核等级。

③ 工作标准法。这种方法是以各职务的工作标准作为评价依据的一种方法。首先对各职务进行分析，定出工作标准（最好定量化），将职工的实际工作与标准相比较，判断其工作的优劣。

④ 比较法。对一些难以定量的考核项目，采取人与人之间比较的方法，得出相对的比分，达到考核的目的。

⑤ 选择法。对每个考核项目都按等级设标准，并用问号把标准表示出来，考核人员在每个项目中选择一个最适合被考核人员的问句（得小项相应分），然后将小项得分相加，计算出考核的总得分。

⑥ 关键事件法。所谓关键事件法，就是通过被评人在工作中极为成功或极为失败的事件的分析和评价，来考察被评价者工作绩效的一种方法。

5）员工激励

激励就是激发和鼓励的意思，激励的目的在于充分发挥人的主观能动性，从而提高企业的社会经济效益。在当今的知识经济时代，员工的积极性，直接关系到企业的生死存亡。

（1）激励的作用

① 激励可以把企业所需要的人才吸引过来，提高企业的凝聚力；

② 激励可以协调个人目标和企业目标，以达到"企兴我荣，企衰我耻"的共同意识；

③ 激励可以充分调动员工的积极性、主动性，使人的潜在能力得到最大限度的发挥；

④ 激励可以进一步激发员工的创造性和革新精神。

（2）激励的原则

① 目标结合原则。企业目标是一面号召和指引千军万马的旗帜，是企业凝聚力的核心。要激励员工，首先要明确企业目标，使员工了解他们要做的是什么、有什么意义、与个人的目前利益及长远利益有什么关系。同时，规定一定的工作标准及奖赏方式，奖励有利于企业目标实现的员工行为。

② 激励要因人制宜。人们有不同的需要、不同的思想觉悟、不同的价值观与奋斗目标，因此，激励手段的选择与应用要因人而异。企业应定期进行员工的需求调查，分析不同年龄、性别、职务、受教育程度的员工最迫切的需要。只有满足最迫切需要的措施，其激励强度才大。

③ 掌握好激励的时间和力度。激励要掌握好时机，在不同时间，其作用效果是不一样的。超前的激励，可能导致人们对激励的漠视心理，影响激励的功效；迟到的激励则可能让人感到多此一举，使激励失去意义。此外，激励要掌握力度，激励要以员工的业绩为依据，论功行赏。激励作用的大小很大程度上不是取决于激励面的大小或赏金的绝对值，而是取决于奖励同贡献的联系程度，过度奖励与过度惩罚都会产生不良后果。

④ 激励要遵循公平、公正原则。公正是激励的一个基本原则，如果不公正，不仅收不

到预期的效果，反而会造成许多消极后果。

（3）激励的方式

① 物质激励与精神激励。物质激励是从满足人们的物质需要出发，对物质利益关系进行调解，从而激发人们的劳动热情。精神激励是从满足人们的精神需要出发，通过对人们心理状态的影响来达到激励的目的。

② 正激励和负激励。所谓正激励，就是当一个人的行为表现符合企业及社会的需要时，通过奖赏的方式来强化这种行为，以达到调动工作积极性的目的。所谓负激励，就是当一个人的行为不符合企业及社会的需要时，通过制裁等方式，来抑制这种行为，从反方向来实施激励。

③ 内激励与外激励。所谓内激励就是通过启发诱导的方式，激发人的主动精神，使他们的工作热情建立在高度自觉性的基础上，充分发挥内在的潜力。所谓外激励，就是运用环境条件来制约人们的动机，以此来强化或削弱某种行为，进而提高工作意愿。

9.4.3　材料管理

建筑业企业的材料管理，就是对施工生产过程中所需要的各种材料的计划、订货、采购、运输、保管、发放、使用所进行的一系列组织和管理工作。材料管理是企业管理的重要组成部分，搞好材料管理具有十分重要的意义。材料管理是保证施工生产正常进行的物质前提，进行材料管理可以降低工程成本，可以加速流动资金周转，减少流动资金的占用，有利于保证工程质量和提高劳动生产率。

材料管理的任务是把好供、管、用 3 个环节，以最低的材料成本，按质、按量、按期、配套供应施工生产所需的材料，并监督和促进材料的合理使用。

1. 材料的供应

1）材料供应方式

材料的供应方式与材料供应市场关系很大，建筑业企业要推行项目法施工，就必须建立起一种新的材料供应体制。

（1）材料供应权应主要集中在法人层次上

国务院关于《全民所有制企业转换经营机制条例》中明确指出，"企业享有物资采购权"，"企业对指令性计划供应的物资，有权要求与生产企业或者其他供货方签订合同"，"企业对指令性计划以外所需的物资，可以自行选择供货单位、供货形式和数量，自主签订订货合同，并可以自主进行物资调剂"，"企业有权拒绝任何部门和地方政府以任何方式为企业指定指令性计划以外的供货单位和供货渠道"。企业取得了物资采购权以后，应建立统一的供料机构，对工程所需的主要材料、大宗材料实行统一计划、统一采购、统一供应、统一调度和统一核算，承担"一个漏斗，两个对接"的功能，即一个企业绝大部分材料主要通过企业层次的材料机构进入企业，形成"漏斗"；企业的材料机构既要与社会建材市场"对接"，又要与本企业的项目管理层"对接"。这种做法可以扭转当前企业多渠道的低效状态；可以把材料管理工作贯穿于施工项目管理的全过程，即投标报价、落实施工方案、组织项目班子、编制供料计划、组织项目材料核算、实施奖惩的全过程；有利于建立统一的企业内部建筑材料市场，进行材料供应的动态配置和平衡协调；有利于服务于各项目的材料需求，使企业法人的材料供应地位既不被社会材料市场所代替，又不被众多的项目管理班子所代替。

（2）项目经理部有部门的材料采购供应权

为满足施工项目材料的特殊需要，调动项目管理层的积极性，企业应给项目经理一定的材料采购权，负责采购供应计划外材料、特殊材料和零星材料，做到两层互补，不留缺口。对企业材料部门的采购，项目管理层也应有建议权。这样，施工项目材料管理的主要任务便集中于提出需用量计划，与企业材料部门签订供料合同，控制材料使用，加强现场管理，提出材料节约措施，完工后组织材料结算与回收等。随着建材市场的扩大和完善，项目经理的材料采购供应权越来越大。

（3）企业应建立内部材料市场

企业的内部材料市场中，企业材料部门是卖方，项目管理层是买方。各自的权限和利益由双方签订的买卖合同加以明确。除了主要材料由内部材料市场供应外，周转材料、大型工具均采用租赁方式，小型及随手工具采取支付费用方式由班组在内部市场自行采购。

材料内部市场建立后，作为卖方的企业材料部门，同时负有企业材料管理的责任。这些责任主要包括制定本企业材料管理规章制度、发布市场信息、指导编制项目材料需用计划和降低成本计划、检查计划实施情况、总结材料管理经验教训并提出改进措施。

2）材料供应程序

施工项目的材料供应程序如图9-9所示。

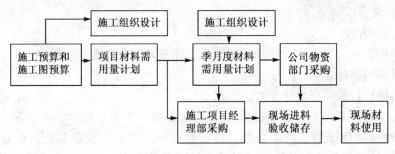

图9-9　施工项目的材料供应程序

项目经理部要根据图纸和施工组织设计进行施工图预算和施工预算，做出施工项目材料需用决策，编制需用量计划。该计划应是考虑节约量以后提出来的。根据施工项目的材料需用量计划和施工进度计划，编制季月度需用量计划，公司和项目经理部据以进行采购，运抵现场储存和使用。

2. 材料的计划、采购及保管和保养

1）材料的计划管理

（1）材料需用量计划的编制

材料需用量计划是材料供应的基础，应认真进行编制。施工项目所需的材料包括工程用料和临时设施用料，均应纳入需用量计划。

材料需用量计划的编制程序：根据图纸计算分项实物工程量，再按材料消耗定额计算各分项工程、分部工程的材料需用量，在此基础上编制单位工程材料分析表，最后根据施工进度确定分期需用量，编制出按时间需要的品种规格和数量齐全的材料需用量计划。

编制材料需用量计划的关键是计算材料需用量。计算方法如下。

① 直接计算法。这种方法是直接按施工图计算出分部、分项实物工程量，再结合施工方案和其中的技术组织措施，套用相应的材料消耗定额，逐项计算各种材料的需用量。计算公式是：

某种材料需用量 $= \sum$ （分项工程实物工程量×该种材料消耗定额）

② 间接计算法。这种方法是在图纸和技术资料不完全具备的条件下，为做好施工前的备料工作，及时编、报"计划分配材料"的申请计划，以材料定额或经验数据（统计资料）为依据编制的材料需用量计划。这种计算法准确性差，故当资料齐全后，还需要做调整，调整时仍用直接计算法。

材料需用量计算好以后，还需要做材料需用量计划表。

（2）材料供应计划的编制

编制材料供应计划前应该做好准备工作，准备工作包括掌握计划期内施工进度对材料供应的要求；掌握材料市场及加工生产信息，包括产地、数量、质量、价格、运输条件等；查清订货合同、库存量；分析影响材料供应的各种有利和不利因素。

准备工作做好以后应进行综合平衡，编制材料供应计划，这些平衡包括材料总需要量和材料资源总量的平衡；材料品种规格的需要与配套供应的平衡；各用料项目之间的平衡；公司供应与项目经理部供应的协调平衡；材料需要量与资金的平衡。最后应该编制材料供应计划表。

2）材料的采购

材料的采购管理制度是材料采购过程中采购权的划分及相关工作的规定，材料采购权原则上应集中在企业决策层。

（1）材料采购管理制度

材料采购管理制度包括集中采购管理制度、分散采购管理制度和混合采购管理制度。集中采购，是由企业统一采购全部材料，再根据各施工项目材料需用计划在企业范围内进行综合平衡，分别向各施工项目供应材料。分散采购管理制度是指企业将材料采购权授予施工项目部，由各施工项目部自行组织采购材料。它可以向企业内部市场采购，也可以向企业外部市场采购。混合采购只对大宗材料、通用材料和主要材料由企业统一采购管理，而对特殊材料、零星材料由施工项目部自行采购。

（2）材料采购方式

在市场经济条件下，现代建筑业企业的材料采购工作，无论采用何种管理制度，都要根据复杂多变的市场情况，采用灵活多样的采购方式，既要保证施工生产需要，又要最大限度地降低采购成本。常用的材料采购方式主要有以下几种。

① 合同采购。对于消耗量大，须提前订货的材料，一般通过签订购销合同把供需关系确定下来，保证供应。

② 自由选购。对于市场上货源充足，价格升降幅度较小，随时都能买到的材料，企业可采取随用随购的自由选购方式。

③ 委托代购。受采购力量的限制，企业可委托代理商代购所需材料。

④ 加工订货。对于市场上没有现货供应的材料，需要委托加工单位按所需材料的特殊要求进行加工。

⑤ 租赁。对于周转型材料、各类施工设备和工具用具，企业可以通过租赁的方式获得他们的使用权。

3）材料的保管和保养

材料的保管和保养，主要是根据材料的性能和仓库条件，按照材料保管规程，采用科学方法进行保管和保养，以减少材料保管损耗，保持材料原有的使用价值。

（1）材料保管

库存材料堆放合理，质量完好，库容整洁美观，是仓库材料保管的基本要求。

① 全面规划。根据材料性能、搬运与装卸保管条件、吞吐量和流转情况，合理安排材料货位。同类材料应安排在一处；性能上互相有影响或灭火方法不同的材料，严禁安排在同一处储存。实行"四号定位"，即：库内保管划定库号、架号、层号、位号，库外保管划定区号、点号、排号、位号，对号入座，合理布局。

② 科学管理。必须按类分库，新旧分堆，规格排列，上轻下重，危险专放，上盖下垫，定量保管，五五堆放，标记鲜明，质量分清，过目知数，定期盘点，便于收发管理。

③ 制度严密、防火防盗。要建立健全保管、领发等管理制度，并严格执行，使各项工作井然有序；要做好防火防盗工作，根据保管材料的不同，配置不同类型的灭火器具。

④ 勤于盘点，及时记账。要做到日清、月结、季盘点，平时收发料时，随时盘点，发现问题及时解决。要健全料卡、料账制度，收发盘点及时记账，做到卡、账、物三相符。健全原始记录制度，为材料统计与成本核算提供资料。

（2）材料保养

材料保养的实质，是根据库存材料的物理、化学性能和所处的环境条件，采取措施延缓材料质量变化。

① 仓库的温度、湿度管理。仓库的温度过高，一些化学材料会发生熔化、挥发，温度过低会发生凝固、硬结变化；仓库的湿度过高会使易霉物质生霉腐烂，使吸潮性化工原料潮

解、溶化，使水泥结块失效等。因此，在仓库内外要设置测温、测湿仪器，进行日常观察和记录，及时掌握温度、湿度的变化情况，控制和调节温、湿度。具体办法是通风、密封、吸湿、防潮。

② 防锈。金属及其制品，在周围介质的化学作用下，易被腐蚀。主要措施是防止和破坏其产生化学反应和腐蚀的条件。

③ 防虫害。要搞好卫生，消除虫害生存和繁殖的条件，并利用机械或化学药剂进行防治。

3. 材料的现场管理

施工现场是建筑业企业从事施工生产，最后形成建筑产品的场所。占工程造价 70% 的材料都通过施工现场消耗掉，施工现场的材料管理属于生产过程的管理，也是消耗过程的管理。

现场管理工作是指工程施工期间及其前后的全部材料管理工作，包括施工准备阶段的材料准备，施工中的组织供应，工程竣工后的盘点回收和材料转移等内容。

现场材料管理的好坏，是衡量建筑业企业管理水平和实现文明施工的重要标志。同时，它对于保证工程进度、提高工程质量、合理使用材料、降低工程成本、提高劳动生产率乃至安全生产，都具有十分重要的意义。

(1) 施工准备阶段的材料管理工作

① 了解工程概况，调查现场条件。

② 建立健全施工现场材料管理制度，并认真贯彻执行。

③ 计算材料需用量，编制材料计划。根据施工组织设计和资源供应信息，编制各类材料计划，并按计划要求落实货源。

④ 积极参加施工组织设计中关于材料堆放位置的设计。按照施工平面图的要求，进行临时仓库的搭建，运输道路及消防安全设施的布置，以确保施工过程中材料供应工作的顺利进行。

(2) 施工阶段的材料管理工作

① 把好进场材料验收关。现场材料人员对材料要严格按照施工现场材料管理制度的要求，严格把好验收关，材料进场要验品种、验规格、验数量、验质量。

② 加强现场平面管理。要根据工程的不同施工阶段，以及材料数量的变化，及时调整材料堆放位置，尽量避免或减少二次搬运，并根据施工进度搞好材料平衡，及时、正确地组织材料进场，以保证施工的需要。

③ 严格执行限额领料制度，加强对班组材料消耗情况的考核。

④ 加强材料实用过程中的监督。

(3) 竣工收尾阶段的材料管理工作

① 控制进料。竣工收尾阶段，应查清库存材料数量和班组已领未用材料的数量，采取措施，挖掘内部潜力。在此基础上，编制竣工阶段材料计划，组织供应。

② 拆除不再使用的临时设施，并充分考虑旧料的重复利用。

③ 清理现场。工程项目全部竣工后，材料部门应全面清理现场，将多余材料收集、整理，并进行适当处理。

④ 及时、认真地整理好单位工程耗材的原始记录和台账。编制施工项目工作报告，考核单位工程材料消耗的节约和浪费，并分析其原因，找出经验和教训，以改进新项目的材料供应与管理工作。

9.4.4 机械设备管理

1. 机械设备的使用管理

机械设备使用管理的目标是：保持良好的技术状态，正确使用和优化组合，充分发挥机械设备的效能，以达到安全、优质、高效、低耗的施工生产任务。

机械设备在使用过程中，由于受到各种力的作用和环境条件、使用方法、工作规范、工作持续时间等的影响，使机械设备应有的功能和技术状态不断发生变化而有所降低。要控制这种变化过程，除应创造适合机械设备工作的环境和条件外，正确使用机械设备是控制机械设备技术状态和延缓机械性能下降的先决条件。

（1）正确使用机械设备

机械设备的正确使用包括技术合理与经济合理两个方面的内容。技术合理是指按照机械设备的性能，按使用说明书、操作规程及正确使用机械设备的各项技术要求使用机械设备。经济合理是指在机械设备性能允许的范围内，能充分发挥机械设备的效能，以较低消耗，获得较高的经济效益。机械设备正确使用的3个指标是高效率、经济性和不正常损耗保护。

（2）机械设备的选用、配套与组合

在机械化施工中，机械设备的选用，将直接关系到施工进度、质量和成本。选用时应考虑以下因素：

① 根据施工现场的条件和建筑结构型式选用机械设备；

② 根据施工组织设计编制机械使用计划；

③ 通过对不同类型的机械施工方案所进行的经济分析，取其成本费用最低的方案；

④ 以关键设备为基准，其他配套机械设备都应以确保关键的机械设备发挥效率为选配准则；

⑤ 尽量减少机械组合的几种类型，尽可能采用一机多用；

⑥ 注重工序间的机械配套。

（3）机械设备的现场管理

现场管理的目的是维持机械设备良好的技术技能，以保证施工的连续、均衡、协调和高效。机械设备的现场管理包括机械设备施工现场的准备和机械设备施工现场管理。

2. 机械设备的租赁、保养与修理

（1）机械设备的租赁

随着建筑业企业经济体制改革的深化，传统的自我封闭式供给型机械管理体制，逐步转化为经营型机械管理体制，开展机械设备的有偿使用，即实行租赁制。

机械设备的租赁形式包括以下两种。

① 内部租赁。指由建筑业企业所属的机械经营单位与施工单位之间的机械租赁。作为出租方的机械经营单位，承担着提供机械、保证施工生产需要的职责，并按企业规定的租赁办法签订租赁合同，收取租赁费用。

② 社会租赁。指社会化的租赁企业对建筑业企业的机械租赁。社会租赁有融资性租赁和服务性租赁。

（2）机械设备的保养

机械设备在使用过程中，随着运转时间的增加，其技术状况会不断发生变化，使用功能也逐渐降低，直至丧失工作能力。因此，必须对机械技术状况变化的规律、现象和原因，进行分析和研究，有针对性地采取维护措施并定期检查，以延缓机械技术状况的变化，维持其正常使用寿命。

机械设备的保养是指在零件尚未达到极限磨损或发生故障以前，对零件采取相应的维护措施，以降低零件的磨损速度，消除产生故障的隐患，从而保证机械正常工作，延长使用寿命。

机械设备保养的内容有清洁、紧固、调整、润滑、防腐。

① 清洁。对机械零件表面的定期检查与清洗，以减少运动零件的磨损。

② 紧固。对机械零部件的连接件及时检查紧固，以减少因运动件的松动而引起的零件变力不均、漏电、漏水、漏油等故障。

③ 调整。对零件的相对关系和工作参数（间隙、角度、行程等）进行的检查调整，以保证零件的正常工作。

④ 润滑。按操作规程定期加注或更换润滑油，以保持零件间的良好润滑，减少磨损。

⑤ 防腐。对零件或机械表面涂抹油脂或防锈漆，以防止因零件或机械表面的锈蚀而影响零件的正常运转。

保养所追求的目标是提高机械效率、减少材料消耗和降低维修费用。因此，在确定保养项目内容时，应充分考虑机械类型及新旧程度，使用环境和条件，维修质量，燃料油、润滑油及材料配件的质量等因素。

（3）机械设备的修理

机械在使用的过程中，其零部件会逐渐产生磨损、变形、断裂等有形磨损现象，并随时间的增长，有形磨损会逐渐增加，使机械技术状态逐渐恶化而出现故障，导致不能正常作业，甚至停机。为维持机械的正常运转，更换或修复磨损失效的零件，并对整机或局部进行拆卸、调整的技术作业称为修理。

修理的方式有故障修理、定期修理、按需修理、综合修理和预知修理。

① 故障修理。指机械发生故障或技术性能下降到不能正常使用时所进行的非计划

性修理。

② 定期修理。指根据零件使用期内发生故障规律的统计资料，制定修理计划，并按修理计划，在零件使用寿命结束前更换或修理。

③ 按需修理。指通过一定的检测手段，检查了解机械的技术状态，有针对性地安排修理计划，进行修理。

④ 综合修理。指按机械设备的结构、重要程度、运行工况、使用年限等采取不同的修理方式。

⑤ 预知修理。指利用先进的检测诊断技术，对机械进行不解体检测，进行分析诊断、安排修理项目。

修理可以分为大修、项修和小修。大修是指对机械设备大部分零件进行全面彻底的恢复性修理，项修是对机械设备损坏或接近损坏的少数零件有计划地进行局部恢复性修理，小修是指对机械设备在保养间隔期间内发生的失效零件所进行的更换、修复。

9.4.5　财务管理

1. 建筑企业财务

建筑企业财务是建筑企业在生产经营中客观存在的资金运动，以及通过资金运动所体现的企业与多方面的经济关系。

（1）建筑企业的资金运动

企业的资金运动过程可分为 3 个阶段：资金筹集、资金运用和资金分配。

① 资金筹集，是指企业为进行生产经营活动确定资金需要量，选择资金来源渠道并取得所需的资金。取得资金的途径有两种：一种是接受投资者投入的资金，形成企业资本金；另一种是向债权人借入资金，形成企业的负债。

② 资金运用，是指把筹集到的资金投放在生产经营活动过程，这个过程既是资金形态变化的过程，又是资金耗费和资金增值的过程。

③ 资金分配，是指企业将取得的营业收入用来补偿成本和费用，缴纳税金和获取企业利润。

（2）建筑企业资金运动所体现的经济关系

建筑企业资金运动是在其与各有关单位的经济往来中进行的。这使得企业在资金的筹集、使用和分配过程中，产生了广泛的社会联系，形成了复杂的经济关系，即企业的财务关系。

① 与国家财政之间的财务关系。国家通过投资、入股和其他方式将资金投入企业，形成企业的国家资本金，并以生产资料所有者的身份，参与企业税后利润的分配；相应地，企业应合理有效地使用国家资本金，并实现保值和增值。此外，国家还行使财政职能，向企业征收营业税、所得税等税收。

② 与银行之间的财务关系。企业向银行存款，形成银行的信贷资金；银行向企业贷款，

是企业负债的主要方面。同时，企业与银行之间也存在着结算关系。

③ 与其他经济组织之间的财务关系。企业在生产经营活动中，与其他经济组织之间发生资金结算关系、债权债务关系和其他经济关系（如通过参股、认股进行相互投资）。

④ 企业内部的财务关系。主要是内部产供销各部门和各生产单位之间的核算关系及内部结算关系。

⑤ 企业与职工之间的财务关系。主要是指企业向职工支付工资、津贴、奖金而发生的结算关系。

2. 建筑企业财务管理

建筑企业财务管理，是企业在追求利润的同时，考虑所承担风险的大小，利润与资金占用、成本耗费之间的关系，侧重资本筹划与运作，把企业资金的筹集、投资和有效调度作为主线，采用风险防范、风险转移等措施，降低企业财务风险，确保企业持续、稳定、协调地发展。

（1）建筑企业财务管理的任务

① 合理筹措资金，满足企业生产经营需要；

② 合理使用资金，提高资金营运效果；

③ 降低成本和费用，增加企业赢利；

④ 按国家财务制度和有关规定合理分配赢利；

⑤ 建立健全企业内部财务制度，实行财务监督。

（2）我国现行的建筑企业财务管理制度体系

目前，我国的建筑企业财务管理制度体系分为《企业财务通则》、《施工、房地产开发企业财务制度》和企业内部财务管理制度 3 个层次。

①《企业财务通则》。由财政部颁布的《企业财务通则》自 1993 年 7 月 1 日起施行，是最基本的财务规章制度，是企业财务活动和财务管理的基本原则和规范。

②《施工、房地产开发企业财务制度》。该制度属行业财务制度，是财政部和原中国人民建设银行于 1993 年 1 月联合颁布的。该制度根据《企业财务通则》，结合施工与房地产开发企业的经营业务特点做了具体化规定，自 1993 年 7 月 1 日起施行。

③ 企业内部财务管理制度。这是企业为加强企业内部的财务管理工作，制定的贯彻《企业财务通则》和行业财务制度的具体管理办法，如《费用管理办法》等。

（3）强化建筑企业财务管理的措施

① 企业领导应建立财务意识。包括：第一，法律意识，如会计法、公司法、税法、证券法等，保证企业经营的合法性，同时借助法律保护自身经济权益不受侵犯；第二，求知意识，跳出传统的财务是"掌家管账"的旧框框，自觉学习新的现代财会知识；第三，现代财务管理意识，包括自主理财意识、市场意识、竞争意识、资金成本意识，要抓市场分析、预测、决策等宏观管理，注重研究企业经营环境、政府政策调整和市场营销策略。

② 强化财务人员对企业经营的参与意识。包括：一是参与经营合同的签订；二是参与

经营过程组织实施方案的制定；三是参与经营过程资金投入及运转方案的制定；四是参与经营过程中内部经济责任制的制定。

③ 强化企业产权管理，增强资产增值意识。首先要通过全面清查评估资产，弄清企业的资产存量；其次要明确企业内部的产权关系，明确资产增值责任。

④ 加强财务收支计划管理。根据生产经营计划编制财务收支计划，以组织资金的筹集和供应；根据生产经营计划和降低成本措施编制成本降低计划；根据生产经营计划、降低成本计划和企业经营水平、市场条件等因素，编制利润计划；根据利润计划编制利润分配计划；根据企业生产发展规模和专项基金结存情况编制企业再生产、扩大再生产及对外投资计划，并贯彻量入为出的原则。经营层应对财务计划加强审查和控制，以保证外部进入企业的资金有合理用途及参与运转后产生效益，有归还能力。

⑤ 抓好经营活动中的财务管理和日常财务管理工作。重大经营决策必须经过反复认真分析和预测；财务收支活动必须有制度认可的完备手续，严格按审批制度进行审批；一切财务收入必须全数入账，按规定进行核算，由财务部门统一收入和支出。

⑥ 把握住资金投向，防止资产流失。对外投资必须进行跟踪监督检查，及时掌握资金投入方的经营情况、资金利用情况和损益情况，防止投资应得的利益被侵害，保证投资者权益。

⑦ 加强财务队伍建设，建立审计机构及财务跟踪检查制度，加强财务监督工作。

3. 建筑企业资本经营

（1）资本经营的概念

资本经营是对企业可支配的资源和生产要素进行运筹、谋划、优化配置和裂变组合，把企业所拥有的一切有形无形的存量资产变成可以流动的活化资本，以最大限度地实现资本增值目标的过程，故被称为现代企业的"摇钱树"。

资本经营的运作过程一般不以产品为中介，而是通过资本的直接运作，对物化资本进行优化组合，来提高其运行效率和获利能力，实现资本增值。应该说，它属于财务管理的范畴。

我国企业引入资本经营理念是一种管理理念的创新。相对生产经营型的"内部管理型战略"而言，资本经营可称之为企业的"外部交易型战略"，这意味着对传统的单一生产经营理念的扬弃，它不仅包括产权经营活动，也包括可以使资本得到最大增值的一切活动。

（2）建筑企业资本经营

在建筑企业改革中，有一些深层次的问题长期得不到根本解决，集中表现为以下几个方面。

① 资产配置过于刚性，土地、厂房、人员、设备大量闲置，难以在流动中取得效益；

② 资产属地化，"诸侯"经济现象严重，过度重复建设和重复引进；

③ 缺乏优胜劣汰机制，国有企业效益再差，要实施破产也是非常困难。

为此，建筑企业必须通过资产的优化配置和企业重组来解决企业效率不高的顽症。最近几年，一些建筑企业勇于实践，取得了令人瞩目的成绩，先后有上海隧道、浙江广厦、中国武夷、辽宁金帝等一批企业在上海和深圳证券交易所成功上市，另外还有上海建工集团等一批企业在企业改制、重组等方面取得经验。下面简单介绍上海建工集团的资本经营情况。

上海建工集团是由原上海市建筑工程管理局及所属企事业单位于 1994 年 1 月改制重组的大型企业集团，其母公司上海建工（集团）总公司是上海市率先进行国有资产授权经营管理试点单位之一。几年来，上海建工集团不断提高企业集团开展资产经营的能力，积极探索实现"三个转变"，即由原来行使政府行政和行业管理职能向企业经营职能转变；由生产经营逐步向以资产经营为主转变；由习惯于抓具体管理向抓重大决策转变。通过资产经营与生产经营相结合，积极进行企业组织结构、产业结构和经营结构的调整，使集团的综合经济实力得到壮大，实现集团的规模扩张。具体措施有以下几个方面。

① 强化资产管理，开展资产经营。

a. 采用集团公司（母公司）、事业部（子公司）和工厂（项目管理）三级管理体制，实现积极有效的产权管理；

b. 建立资产经营责任制，有利于资产保值增值；

c. 制订具体办法和规定，强化资产管理基础工作。

② 以房地产经营为重点，加速盘活存量资产。

a. 利用地租级差效应，进行土地批租和转让；

b. 利用闲置场地自行开发，变土地资本为货币资本；

c. 采用租赁方式，盘活零星房地产资源；

d. 将房地资产进行股权投资和股权转让；

e. 开展土地资源调查，制订经营开发计划。

③ 拓展资产运作新领域。

a. 优化企业组织结构，推动公司制改造和资产重组；

b. 探索运用多种融资方式，扩大集团公司的融资功能；

c. 拓展投资新领域，优化资产增量。

9.5　建筑业企业经营战略

战略是一种设想，是一种总体设计，它具有稳定性，只要战略目标没有实现，战略的基本内容就不会改变。企业要发展，既要按照发展方向，明确稳定的目标和经营方式，增加应变能力；又要采取灵活的适应短期变化的行动，解决短期的或局部的问题。建筑业企业的经营发展离不开企业的经营战略。

建筑业企业发展战略是指企业的高层领导在现代市场经营观念的指导下，为实现企业的经营目标，通过对外部环境和内部条件的全面估量和分析，从企业发展全局出发而做出的较长时期的总体性的谋划和活动纲领。它涉及企业发展中带有全局性、长远性和根本性的问题，是企业经营思想、经营方针的集中表现。其目的是使企业的经营结构、资源和经营目标等因素，在可以接受的风险限度内，利用市场环境所提供的各种机会，取得动态平衡。

9.5.1 企业经营战略的概念和特征

1. 企业经营战略的概念

经营战略是指企业为了适应未来环境的变化，寻求长期生存和稳定发展而制定的总体性和长远性的谋划和方略。

具体地讲，经营战略是企业的最高领导层为了使企业在未来剧烈竞争的环境中求得生存和发展而绘制的一张蓝图。它是在对未来外部环境的变化趋势和企业自身实力进行充分分析的基础上，通过一系列科学决策的程序绘制出来的，是企业经营思想的集中体现，其实质是实现外部环境、企业实力和战略目标三者之间的动态平衡。

2. 企业经营战略的特征

根据经营战略的概念，可以看出其具有以下特征。

① 全局性。这是经营战略最根本的特征。它是指经营战略以企业的全局为研究对象来确定企业的总体目标，规定企业的总行动，追求企业的总效益。它们正确与否直接关系到企业的兴衰存亡。

② 系统性。它是把企业各个方面作为一个彼此密切契合的、有机联系的整体。系统有层次大小和母子系统等区分。

③ 长远性。是指经营战略的着眼点是企业的未来，战略决策和计划要决定和影响将来较长的时期，是为了谋求企业未来的发展和长远利益，而不是为了眼前利益。

④ 风险性。任何经营战略决策都不可能是在信息绝对充分的条件下做出的，都是对未来的预计性决策。很多机会往往是转瞬即逝，失不再来，同时，机会与威胁经常处于相互转化之中。所以，经营战略必须承担必要的风险。

⑤ 抗争性。制定企业经营战略的目的就是要在激励的竞争中壮大自己的实力，使本企业在与竞争对手争夺市场和资源的斗争中，在控制与反控制的斗争中占有相对优势。

另外，随着经济的不断发展，以及现代科技的飞速进步，现代企业经营战略又产生了新的特点和发展趋势。

3. 现代企业经营战略的新动向

（1）现代企业战略的特点

① 战略空间的扩大。过去，企业决策、计划多数是解决产品、资源、市场某一方面的问题，或变革某一方面，就能够使企业生存和发展。如今，现代企业战略必须同时在产品、资源、市场3个方面都进行变革，才能使企业生存和发展。此外，以往的变革幅度较小，而现代企业战略必须在这三方面做较大幅度的变革。

② 战略因素的多方向交叉。随着战略空间的扩大，必然导致诸战略因素的多方向交叉。这样既增加了决策的难度，又为企业提供了更多的发展机会。

③ 环境不连续变化的增加。随着科学技术进步及全球性信息化速度的加快，企业外部环境变化也在加快。变化的不连续性日益突出，表现在市场、资源、法律、政策等因素时有突发性的变化。环境不连续变化也引起企业内部条件不连续变化。

④ 人才、信息是企业最重要的战略因素。过去由于技术进步和环境变化相对缓慢，对人的素质要求及信息需求相对不高。现代企业对人才信息质量要求越来越高，企业竞争归根结底是人才的竞争，从某种意义上说，也是对信息资源的竞争。

（2）现代企业战略的趋势

① 战略期的延展。战略空间的扩大，影响企业生产经营的因素最多，多因素有相互作用，为了获得长期稳定的发展，企业必须对未来更长时期的企业发展做出决策。

② 全员决策。由于决策复杂程度增大和职工参与意识的增强，决策不仅仅由少数领导者来承担。现代企业战略必须是以企业最高经营者为核心的全员决策。

③ 事业构成的多元化、综合化、交叉化。现代企业环境变化快，单一品种经营的企业所承担的风险越来越大，多元化经营则是减少企业经营风险的重要途径。现代市场需求越来越多地由数量型转向质量型。多元化经营也是强化企业服务功能、提高企业适应能力和知名度必需的。

④ 联合开发战略的活跃。一个企业仅仅依靠自身内部的资源是很难适应环境的变化和要求的。因此，现代企业很重视联合开发战略。

⑤ 主动实施撤退战略。企业资源的稀缺性和经营品种、市场效益的差异化，将越来越严重。为集中力量，开发效益最好的、发展前途最大的品种和市场，企业必须主动地从某些经营领域中撤退，避免事后的、被动的、消极的撤退。

⑥ 组织能力开发是现代企业战略的核心。组织能力是由人的能力结构构成的，在人的能力及构成相同的情况下，组织能力决定于组织文化和人员激励。企业组织能力是战略实施的基础，是现代企业战略的核心。

9.5.2　建筑业企业战略管理的要素

企业战略管理是由一系列要素组成的。一般地，根据各个要素在战略管理制订过程中的关系和先后次序，包含 8 个方面的内容：企业任务；外部环境；内部分析；战略制定；战略选择；阶段目标、行动计划、职能战略和政策；组织结构、组织领导和组织文化；战略实施的评价和控制。

这 8 方面的要素提供战略管理的整体信息与概念，作为进行战略管理的总纲，共同组成设计战略管理的要素构成模式，如图 9-10 所示。

（1）企业任务

企业的任务是企业存在的理由，是企业自身的特殊使命。建筑业企业的任务是生产建筑产品。企业的任务是战略管理的起点。

（2）外部环境

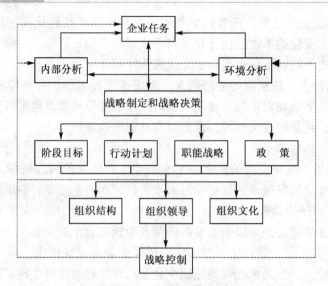

图 9-10 设计战略管理的要素构成模式

外部环境是影响企业生存和发展、而企业又无法控制的条件和力量，包括宏观环境和微观环境。经济、社会、政治、科学属宏观环境；与企业密切相关、其影响几乎无时不在的如竞争对手、顾客、供应商、替代产品和替代服务，则组成企业的经营环境。

（3）内部分析

内部分析是通过回溯企业发展的历史进程，评估在行业竞争中取得成功的关键因素，定性和定量分析企业的产品、技术、管理、资金、营销等，为企业制订战略准备条件。

（4）战略制订

战略制订，即制订可供选择的战略方案。这项工作是对环境和自身能力进行分析、对任务做出修正或者肯定后进行的。

（5）战略选择

即在既定的战略方案中选择最佳的方案。选择战略必须注意 5 个问题：第一，战略是否与企业的基本追求相一致；第二，战略是否与环境一致；第三，战略是否与企业拥有的资源匹配；第四，战略遇到风险是否适当；第五，战略是否能被有效地执行。

（6）阶段目标、行动计划、职能战略和政策

企业在一个特定的时期内谋求实现的结果称阶段目标。企业为执行其战略所进行的后系列耗费资源的工作或项目的集合，称行动计划。职能战略是用于构建职能部门的短期对策，它与一般的战略相比，更具体、详细、可计量。决策是指导管理者思想、决定、行动的方针。政策提供标准的经营程序，使日常决策制度化，以提高管理工作的效率。

（7）组织结构、组织领导和组织文化

组织结构是指组织各部门之间稳定的相互关系。不同的战略需要不同的组织结构与之相

适应。

（8）战略实施的评价与控制

在战略执行过程中，效果与计划会有差距，故需要进行评价及控制，以纠正偏差。

战略管理模式表明，战略管理同一切管理一样，是一个循环过程。在执行时，它是非程序化的。模式中的各要素并不是相互独立的，某一要素变化，会影响其他要素。信息的流动和要素之间的影响是相互的。

9.5.3　建筑业企业经营发展战略

建筑业企业的发展战略包括建筑业企业成长战略、建筑业企业创新战略、建筑业企业技术发展战略、建筑业企业人才开发战略、建筑业企业经营发展战略、建筑业企业工程质量战略、企业形象战略、企业文化战略。下面主要讨论建筑业企业的经营发展战略。

1. 建筑业企业竞争发展战略

竞争发展战略是指面对市场激烈的竞争，企业所采取的直接抗衡竞争者挑战，并在竞争中获胜，求得长期持续发展的一种战略。常见的竞争发展战略有成本领先战略、差异化战略和集中战略 3 种。

（1）成本领先战略

成本领先战略也称为"以廉取胜"战略，其核心是以较低的生产经营成本或费用获胜；宗旨在于通过为企业建立低成本优势，从而谋求成本领先地位，应付企业面对的各种竞争力量。建筑业企业创造成本优势要从以下几个方面来实现：

① 进行成本分析，找出影响企业成本的几个主要因素；

② 要全员努力进行系统的成本控制；

③ 利用规模经营来降低成本；

④ 与其他协作企业建立良好的合作关系，降低各种采购成本；

⑤ 提供各种信誉保证，建立自己的品牌"产品"。

建筑业企业要实施该战略，必须具备以下条件：

① 拥有先进的生产设备和劳动手段；

② 严格的成本控制，成本降低还有潜力可挖；

③ 要有规模化的基本条件；

④ 要有较高的市场占有率和施工的科技含量；

⑤ 具有不断再投资先进施工设备的能力。

（2）差异化战略

差异化战略也称"特色取胜"战略，其核心是以施工经营特色获胜。即企业通过特色化经营使企业的产品或服务成为行业内独一无二的，从而保证物资的需求者乐意接受的特色产品或服务，为企业在行业内建立起一个特殊的市场地位，有效地保护企业不受或少受以上威胁的冲击，使企业生产经营处于主动地位。

建筑业企业实施差异化战略应做好两方面的工作：第一，深入细致地开展市场调研，为企业独特的市场进行定位；第二，进行企业 CI 设计，宣传企业形象。

实施差异化战略的优点在于：企业利用自己独特的产品或服务赢得需求者的信任，使其对价格的敏感程度下降，可以避开一定的竞争，而且可以获得比较高的利润，也可以此来对付竞争对手。其缺点在于：要使企业长期保持这种差异化，会付出相当高的成本，有时很难有效地提高市场占有率等。

（3）集中战略

集中战略也称焦点战略或"以细分市场获胜"战略，即企业通过集中其全部力量满足一个特定的需求群体的方式，为自己建立防御威胁的体系。对于相对实力较弱的企业更适合采用此战略。

选择此战略要做好 3 个方面的工作：第一，在市场调查与预测的基础上对市场进行有效细分，选准目标；第二，选择有发展潜力的市场作为企业的目标市场；第三，根据目标市场的特点，选择企业的市场定位，进行 CI 设计和广告宣传等，以此来确保该战略的实现。

2. 企业稳定型战略

企业稳定型战略又称防御型战略或维持型战略，其特点是企业满足于已有的经济成果，只追求与过去相同或相近的目标，今后每年取得的期望值只有稍微的增长或者基本相同，这种战略的风险较小。

企业实施稳定型战略的主要优点是：该战略的着眼点不在于发展上，而把功夫下在完善企业内部经营机制上，这样可以优化企业经营要素组合结构，提高企业的管理水平，以优质的服务、精湛的施工质量与技术赢得需求者的信誉，从而大大地提高企业的知名度和市场竞争能力，也可以提高对外界环境变化的应变能力及抗干扰能力。

应该注意，企业采用稳定型战略，在激烈竞争的市场环境中有被击败的可能。因此，优秀的企业家在企业经营稳定一段时期后，必须根据外部环境和市场的需要及时调整或修订原来的战略方向，确定企业发展战略。

3. 建筑业企业紧缩型战略

企业紧缩型战略也称为退却战略，其核心是想办法主动撤退，争取平稳渡过危机，伺机采取其他战略。企业紧缩型战略分为 3 种类型，即转变战略、撤退战略和清理战略。

（1）转变战略。是指企业虽然陷入危机境地，但还有挽救和值得挽救的经营事业所实施的一种战略。

（2）撤退战略。这种战略能保存企业实力，等到一有机会就可发动进攻。选择撤退战略的主要方法有：出卖部分资产，削减支出，削减广告和促销费用；加强库存控制，削减一部分管理人员，撤退出一些市场目标，将企业经营资源集中到企业的主导项目和核心市场上。撤退战略包括放弃战略和分离战略。当企业遇到很大困难，预计难以通过转变战略扭转局面或当采用转变战略失败后，企业就应采用放弃战略。

（3）清理战略。又称清算战略，即企业由于无力清偿债务，通过出售或转让企业的全部资产，以偿还债务或停止全部经营业务，而宣告业务生命结束的战略。清理战略分自动清理和强制清理战略两种，前者一般由股东决定，后者需要法庭决定。清理战略是所有战略选择中最为痛苦的决策，所以通常情况下是所有战略失败时采用的一种战略，在毫无希望再恢复正常经营时，早期清理比被迫破产好。

9.5.4 建筑业企业核心竞争力

不同的企业拥有各自的竞争力，去占领不同的市场。普拉哈拉德和哈默认为，企业的核心能力有 3 个基本特征：一是提供了进入多元化市场的潜能；二是对它所服务的顾客体现出的价值；三是使竞争对手难以模仿。构成建筑业企业核心竞争力的要素可归纳为 3 部分：市场营销能力、项目管理能力和服务创新能力。

1. 市场营销能力

市场营销能力组成的具体要素是：深入理解和准确把握业主意图的能力，即理解标书的能力；企业的信誉和品牌；服务的能力。服务能力的重要一环是如何把无形的服务转换成有形的商品去和业主沟通，能够把为业主增加的价值信息传递给业主。

业主在签订一项新的建设工程合同时，无法预先选择有形的建筑产品，也无法预先检测工程的质量。因此，企业的信誉和品牌往往成为至关重要的评判标准，业主通过比较企业以往的业绩和在行业中的信誉来做出决策。对提供工程咨询服务的企业来说，信誉意味着技术能力和依靠技术控制风险的能力。如负责造价达 40 亿美元的南海石油项目的 PMC 联合体，其超过约定预算的最大赔付责任只有 2 000 万美元。因此，业主选择 PMC 的目的正是依靠它的技术能力和已取得的经验为业主控制风险。对施工企业来说，信誉就意味着对建筑师或设计意图的理解能力、工程质量保证能力和履约能力。

对标书的深刻理解来自于比竞争对手更理解业主，了解业主的追求、业主的理念，甚至主动发现业主，与业主结成伙伴，引导业主的需求，培育业主的个性化需要，提供竞争对手不可替代的服务，形成自己的优势。

2. 项目管理能力

项目管理能力包含了组合社会资源能力、技术创新能力、风险控制能力等。创新能力就是组合各种社会资源的能力，通过对已有资源的集成来实现。技术创新并不是一般所指的技术进步，而是指通过对已有产品或者技术的组合来产生新的产品和新的功能，不必要求企业一定要有自己的专利产品、专有技术，更主要的是要求企业要有集成各种知识、信息、技术、产品、人才的能力。

施工企业对不同的项目类型，对其技术创新能力的要求是不同的，不一定都表现为企业拥有自己的核心施工技术。如房屋建筑工程，施工技术创新的前提主要表现在方案设计的新颖性方面，如果对结构没有特殊要求，它所需要的施工技术基本没有特殊性，或者说施工技术基本上都是通用技术，创新更应注重对施工工艺的改进，以力求降低成本、提高建筑质量，从而提高竞争力。因此，从事房屋工程施工的企业掌握发展核心技术，可能更多地体现在一些大型的标志性公共建筑，建筑师的设计方案创新会对结构产生特殊要求，因而要求提供总承包或施工服务的企业具备相应的技术创新能力。对于新的结构，总是先有设计，才有施工技术和设备的改进，因此，只有把设计与施工方法相结合，才有施工的核心技术。结构体系的设计创新是施工技术创新的动力。对许多为建筑工程配套的专业公司，如玻璃幕墙、智能化等，首先从产品体系的研发需要体现出自己的核心技术，再到工程设计、生产工艺的改进直至施工安装工艺，都需要较强的技术创新能力。

对工程咨询企业来说，技术创新能力则是主要的核心竞争力，甚至包括制定标准规范的能力。如中国建筑研究院的结构所开发的 PKPM 结构设计软件已成为同类市场的主打产品，这与其是我国结构设计规范的主要编制单位有着不可忽视的关系。拥有了技术制高点，企业才能有占领市场的主动权、控制权。

在国际市场中，企业的风险控制能力非常重要，往往影响着企业的存亡。包括合同管理能力、项目索赔能力、企业资信能力等多方面。国际工程承包市场均要求企业提供履约保函和风险抵押，以化解市场风险。目前一些大型项目中普遍采用的联合总承包方式，一是联合企业的核心技术优势，二是为了分散企业的风险。

3. 服务创新能力

服务创新能力包含了制度安排、企业的文化和灵活并最大限度地接近市场的工作流程。硬件环境容易被模仿，而企业的制度安排、企业文化等"软件"是难以简单复制的，因此成为企业竞争力的不可分割的组成部分。

制度安排体现在企业的内部运行规则必须符合企业的市场需要和战略发展，其核心是产权制度，最突出的作用是人力资本化。人才作为一种可以组合配置的资源，直接构成到企业的竞争力中去。对于设计院所、施工企业中的院士、建筑大师、结构大师、有丰富经验的管理人员、项目经理、咨询工程师等，都应充分发挥其作用。制度的创新表达了企业的战略选择、经营观念、组织体制、管理方式，以及对人的价值的理解。

企业文化是人的价值观的体现，要为用户带来价值并能够被用户所认可，在一定程度上可称之为"文化营销"。企业内部管理的思想、组织、方法、手段等，都可以融入到企业文化中，文化是一种能力，在工程咨询企业表现为创新的气氛。在把低成本作为竞争优势的纯粹施工企业，则应有严密控制的精细生产文化。内在表现为能够激发企业成员的创造性思维和持续创新的能力，外在表现出来则为企业的团队精神、企业成员之间的协作关系，充分体现为追求业主利益最大化的服务创新能力。

服务创新能力还意味着通过灵活的工作流程，保证迅速转型以开发新的市场。工作流程的创新，意味着企业服务能力的重组或升级换代。如香港的保华德祥公司于 1996 年开拓澳大利亚和新西兰的道路、铁路、电网、通信网的维修市场，2001 年仅在维修服务市场的营业额即达到 50 亿港元（而在香港市场的新建工程营业额为 70 多亿港元），并且维修保养工程的利润率高于新建工程。

随着市场需求的变化，服务的模式也应有一个优化升级的过程，原来的高端产品市场现在可能会变为中间产品市场，所以虽然还是原来的服务模式，甚至表现为增长，但实际上竞争力已沦为中等水平，最明显的特征就是产值不断上升，但利润率在下降，甚至利润总额也在下降。许多企业被由于经济增长而带来的营业额增长所迷惑（有时由于原有的竞争对手已经采用新的服务模式，腾出了原有市场的部分空间），而没有看到自己在项目管理服务链中的位置在后移，也就意味着核心竞争力的下降。因此，简单地为市场份额领先而竞争，容易导致混淆竞争的原因和结果，实际上营业额增长本身对竞争并不重要，重要的是具有竞争优势。

9.6 建筑业企业的文化

20 世纪 80 年代以来，随着比较管理学的发展，企业文化开始登上管理学舞台。美国哈佛大学教授特伦斯·狄尔和管理顾问艾伦·肯尼迪合著的《公司文化——企业生存的习俗和礼仪》一书的出版，标志着企业文化理论的正式诞生。日本战后经济能够迅速发展，其成功经验之一就是建立了一种适合于民族和企业特点的企业文化，形成了具有巨大凝聚力的企业精神。因此，如何培养和树立优秀的企业文化受到越来越多建筑业企业及企业家们的关注，加强企业文化建设势在必行。

9.6.1 企业文化概述

1. 企业文化的含义

企业文化（又称公司文化）是指企业在一定的历史条件下，在运转和发展过程中形成的包括企业经营思想、价值观念、企业作风、传统习惯、道德伦理、精神风貌、行为准则和规章制度的有机整体。包括以下 3 层含义。

（1）企业文化具有特定的表现形式

企业文化对内表现为企业文化教育、职工行为准则、企业制度等，对外表现为企业形象和企业产品等。

（2）企业文化是一种亚文化

企业文化是生产文化而不是消费文化。企业文化的内容一般包括企业精神、企业哲学、企业道德、企业制度和企业形象，他们之间相互联系，相互影响。

（3）企业文化的核心是企业精神

企业精神是企业共同的价值观和心理倾向，是企业文化的精髓。

2. 企业文化的特征

企业文化具有民族性、历史性和个体性等特征，因此不同的文化背景，形成不同的企业文化，不同行业和性质的企业，其企业文化也有很大的区别。一些中国学者将中国企业文化分为：民主型、专制型、伦理型、法理型和权变型 5 种类型。

3. 企业文化的作用

现代企业的生产经营，不仅依赖于坚定的物质基础，还与精神文化活动紧密相连。企业文化具有非常重要的作用，具体如下。

① 导向作用。优秀的企业文化可将全体职工的思想、行为统一到企业发展的目标上来。

② 凝聚作用。企业文化好比粘合剂，可以减少内耗，增加内聚力。

③ 规范作用。企业文化一旦形成，便有了一个价值、意志和伦理道德标准，使全体员工按照这些标准自觉地规范自己的思想和行为，从而形成自我约束。

④ 激励作用。企业文化可激发员工的工作热情、荣誉感和奋发向上的精神，从而自觉维护企业声誉，更加努力工作。

⑤ 辐射作用。企业文化的发展，必将通过各种渠道对社会文化产生强大的影响，给其注入新鲜活力，促进社会文化的发展。

9.6.2 建筑业企业文化建设的原则和内容

1. 建筑业企业文化建设的基本原则

（1）目标原则

企业文化建设要有明确而崇高的目标。如日本松下电器公司的经营宗旨就是：面向全世界，生产世界各国适应的产品。

（2）价值原则

企业文化建设要树立共同的价值观念。如我国家电行业的海尔集团提出的"真诚到永远"、"用户永远是对的"等口号。

（3）亲密原则

企业文化建设要有和谐一致的企业氛围。如日本松下电器公司坚持的信条：只有通过我们大家的共同努力和互相合作，才能使公司发展壮大，每个人都应该以精诚团结为宗旨，为公司的发展壮大而献身。

（4）参与原则

企业文化建设要集中全员智慧。

（5）渐进原则

企业文化的建设是一个逐步的过程，并不是一朝一夕就可以完成的，因为企业领导意识的转变、员工思想的改变和素质的提高，以及组织制度的完善都需要一个长期的过程。

（6）时代原则

企业文化是同一定的社会历史阶段联系在一起的，任何企业文化都不可能超出它所在的时代、所处的文化背景。

（7）卓越原则

企业文化建设要追求卓越，永攀高峰。无论企业经营状况如何，都不能悲观、自满，要永远保持积极向上的进取精神，这样形成的企业文化对内才有凝聚力，对外才有向心力。

2. 建筑业企业文化建设的内容

建筑业企业文化建设主要从以下 3 个方面进行。

（1）加强表层文化建设

主要做好两项工作：注重智力投资、加强职工教育，使职工教育制度化、规范化、科学化；把各种文化艺术手段作用于产品的宣传方面，保证建筑产品的质量，体现企业的美好形象，加强产品和企业的竞争能力。

（2）注重内层文化建设

在企业组织管理改革中，与内层文化建设同时进行。建设内容包括企业组织机构设置的合理性；各种制度的科学性；经营管理的有效性；职工作风和精神风貌的严谨性与活跃性；人际关系的融洽性；企业系统运行的协调性等。既要吸收外国文化的精髓，更要重视民族文化，尤其要结合本企业的实际，形成和塑造具有本企业的生产经营特色、组织特色、技术特色和管理特色的文化。

（3）研究深层文化建设

首先是深入研究和挖掘民族文化优秀成果，处理好传统文化与现实文化、民族文化与外来文化的关系，有效地予以鉴别、批判、吸收、消化和融合，建立适用于企业的价值观念体系，创立具有本国特色的企业文化。要进一步研究深层文化建设的形式、方法、手段等，从而有效地保证民族文化的成果能在企业中发扬光大，成为企业的精神支柱。

9.6.3　建筑业企业文化建设的程序和途径

1. 建筑业企业文化建设的程序

建筑业企业作为一个特殊的行业，其企业文化与一般企业文化相比，有相同的内涵，但建筑业企业又有许多特殊性。例如，它是劳动密集型企业，施工地点分散，其产品的生产过程是各工序、各工种协同工作的过程，大量的隐蔽工程除靠有限的检查把关外，主要靠工人的负责精神和自觉性，等等。这就决定了建筑业企业文化有着与一般企业文化不同的特点，其文化建设工作就要更灵活，更有声势，更富有感染力，要把企业文化建设工作做到施工现场。

建筑业企业文化的形成与建设是一个长期而艰巨的过程，不可能一步到位，更不可能照搬照抄，而要根据企业特点有步骤、分阶段地进行。企业文化建设的程序大致如下。

① 全面收集资料，对企业现存文化进行系统分析，自我诊断。每一个企业素质不同，所处环境不同，现存文化均有各自的特殊性。因此，要分析企业已经形成的传统文化、行为模式、制度特点，以及企业在市场竞争中的地位等，而后归纳总结，进而确定适合本企业的积极向上的价值观。

② 明确企业文化建设的目标。在对企业情况进行综合分析的基础上，提出明确的企业文化建设目标，该目标既要有针对性，又要有现实可行性。

③ 将目标条理化、具体化。把企业文化建设的目标，用富于哲理的语言表达出来，形

成制度、规范、口号、守则。

④ 根据企业特点，设计企业文化体系。企业文化由 3 个层次构成：第一是物质文化层，包括企业生产经营的物质基础，诸如厂容厂貌、建筑设施、机械设备、产品造型、外观和质量等构成的所谓"企业硬文化"，是企业精神文化的物质体现和外在表现。第二是制度文化层，包括企业领导体制、组织形式、人际关系及其为开展正常生产经营活动所制订的各项规章制度，它是企业物质和精神文化的中介，企业精神通过中介层转化为物质文化层。第三是精神文化层，包括生产经营哲学、以人为本的价值观念、管理思维方式、企业的群体意识和职工素质等构成的所谓"企业软文化"，是企业文化的内核。企业的物质文化、制度文化、精神文化是密不可分的，它们相互影响、相互作用，共同构成企业文化整体。可见，企业文化内涵丰富，是一个立体、全方位、内外结合的综合体系。

在企业文化体系的设计上，要发动全体员工提方案、拟措施，从企业到施工现场，从干部到职工，处处体现企业文化，形成一个整体的信念和形象。

⑤ 通过各种活动，宣传倡导企业文化。通过各种形式的文化活动（如标语、广播、板报、内部刊物、现场会等），大力宣传和提倡企业文化，把企业精神渗透到生产经营的全过程，形成认同—强化—提高—再认同—再提高的循环方式，把感性的东西上升为自觉行为，不断提高企业文化的层次。

⑥ 在企业不同的发展阶段，不断重塑、更新、优化、发展企业文化。在企业的不同发展阶段，企业文化应有不同的风格和内容，要根据企业发展战略，使企业文化在不断更新的过程中再塑、优化、发展和创新。

2. 建筑业企业文化建设的途径

每个建筑业企业在发展企业文化的过程中，都有自己的实际情况和实践经验。一般来说，建筑业企业文化建设的主要途径有以下几种。

（1）领导重视，做出榜样

培育企业文化，首先要提高企业领导者的认识，制定企业文化的建设规划，采取有效的措施才能收到有效的成效。建筑业企业文化是人们意识的能动产物，而不是对客观环境的消极反应。当组织产生某种文化需要时，由于人们的意识不同，加之该种文化需要交织在某种相互矛盾的利益中，因此一开始只有少数人觉悟。这些人的素质和精神状态对职工有着一种示范力和导向力。因此，在日常工作中，企业领导只有以身作则，不断地让自己的行为符合他们所树立的价值标准，才能通过自己的言行和影响力向广大职工灌输这种价值观念，最终形成建筑业企业文化。

（2）培养职工的责任感和归属感

建筑业企业是劳动密集型企业，生产力构成中人的因素比重大，劳动者的个人素质、协作意识、责任意识直接影响工程进度与产品质量。因此，要坚持以人为本的原则，"关心人、尊重人、培育人、塑造人"，让人成为企业建设的主体。

（3）树立"百年大计，质量第一"的价值观质量是推动企业发展的主要驱动力，已渗透到社会生活的各个方面。对建筑业企业来说，由于建筑产品质量直接影响人民生命财产的安全和社会稳定，更应树立"百年大计，质量第一"的价值观，以质量求信誉，以信誉求市场，以市场求发展。要强化全员质量意识，树立一切让用户满意的质量观，建立有效的质量保证体系和运行机制，努力构筑上下参与、全员认可、可持续发展的质量文化。

（4）以多种形式宣传和推行企业文化

企业根据自身情况，可以运用多种形式和手段，宣传、推行和创建企业文化。这些形式如下。

① 通过标语、现场广播、板报、内部刊物为广大职工提供传播和扩散企业文化的阵地。

② 奖励先进，批评落后。

③ 把 QC（Quality Control）小组活动、合理化建议活动与企业文化建设活动联系起来。

④ 开展各种文化活动，传播企业文化，深化企业文化。这些企业文化活动就是企业文化的创造、培养、建设、传播和产生影响的企业管理活动。

（5）树立企业形象，实施 CIS 策略

建筑业企业应注重企业形象的树立，通过开展树立优秀企业形象活动来推动企业文化建设。

企业形象是社会公众对企业、企业行为及企业产品所给予的整体评价，是企业文化的外在表现。良好的企业形象是一种无形资产，对外部来说，可增强用户的信赖，提高招标投标时的中标率，增强企业的竞争力；对内部来讲，可使全体职工产生与企业同呼吸、共命运的价值观念，最大限度地调动职工的积极性。随着市场经济的发展，建筑业企业也逐渐认识到"品牌"的作用，纷纷争创省优工程、部优工程和国优工程。因为良好的"品牌"不仅代表优秀的企业形象，而且能大大地提高企业的知名度和美誉度。

（6）搞好文明施工，严格现场管理

建筑业企业施工现场的分散性，带来企业文化建设的离散性，因此要把企业文化建设工作做到施工现场去，狠抓文明施工。制定严格的现场管理制度，实现人与物、物与物、人与场所、物与场所的最佳结合，使施工现场标准化、秩序化、规范化，其结果是高度的文明带来高效率和高效益。

建筑业企业的文明施工是企业文化的直接表现，通过文明施工、安全生产，改善生产环境和生产秩序，培养团结协作的大生产意识，从而促进企业文化的建设。

总之，建筑业企业文化建设是一项综合性很强的系统工程，是企业发展壮大的基础。只要企业上下团结一心、脚踏实地、长期不懈的共同努力，就一定能够建设出优良的建筑业企业文化。

第 10 章　建筑管理的信息化建设与发展

当前，随着我国国民经济持续稳定的增长，以青藏铁路、南水北调、西气东输、西电东送等为代表的一大批西部开发和国家能源、交通、原材料基础设施项目，以北京 2008 奥运工程为代表的各大中城市的基础设施项目，以及随着城市化进程的加快而进行的量大面广的城乡住宅建设项目正处于建设高潮之中。中国加入 WTO，将使我国建筑业形成一个宽领域、多层次、全方位对外开放的新格局。在这重要的发展机遇中，作为我国国民经济支柱产业的建筑业，将肩负重任、继往开来，实施迎接经济全球化挑战的大战略。

20 世纪 90 年代以后，以计算机为核心的信息技术得到了迅猛发展，为生产力的发展打开了新的广阔前景。目前，利用信息技术已成为建筑领域发展不可缺少的环节，能否利用信息技术改造和发展建筑领域传统的管理模式和生产方式，应对信息化的挑战，已成为建筑业发展成败的关键。只有做好建筑管理的信息化建设和发展，才能使我国建筑业实现更高层次的技术创新和素质提高，这是时代赋予我们的重大课题。

10.1　现代信息技术与建筑管理信息化

10.1.1　现代信息技术发展现状及趋势

现代信息技术已在计算机软硬件技术、信息处理、通信技术及 Internet（因特网）技术等方面取得了巨大的发展。

在微电子技术方面，动态存储器、微处理器和专用集成电路技术等半导体技术发展迅速，芯片加工已进入纳米时代。随着芯片加工工艺的突破，今后 10 年，大规模集成电路的集成度将大幅增加，存储器与处理器的系统集成成为可能，集成电路向集成系统大跨步迈进。

在计算机及其系统方面，目前计算机已从单纯的快速计算工具发展成为能高速处理一切数字、符号、文字、语音、图形、图像乃至知识信息的工具，并行计算机处理速度已超过10 万亿次运算每秒，因特网的出现已使计算机与人们的家庭、办公等联系日益紧密，计算机系统已进入了分布、网络计算时代。不久将会出现千万亿次大规模并行处理的高性能计算机系统。另一方面，计算机系统又会向网络计算、智能因特网浏览器方向高速发展。计算机网络的计算环境将由 Client/Server 发展为 Client/Cluster，再发展为 Client/Network，最终发展为 Client/Virtual Environment。

软件技术正朝着高性能、高可靠性、简便等方向发展。面向对象的软件技术使得软件重用技术出现了突破性进展。软件的开发和服务方式也发生了很大变化，出现了诸如软件构件、软件 Agent 和共享软件等新型软件技术。今后基于面向对象的软件构件和群件技术、智能软件将得到进一步的发展，将逐步形成新的软件开发和服务模式。

在信息处理与科学工程计算方面，以计算、模拟、识别、理解和数据挖掘技术为代表的智能信息处理技术已经取得重要进展，并在多模式人机交互界面、智能软件开发环境等方面取得了实效。计算、控制理论和大规模科学工程计算的理论和算法将会得到进一步发展，并在解决前沿科学研究和复杂工程问题上得到应用。

在通信技术方面，作为互联网络核心的高端路由器信息转发率、吞吐量大幅增加，信息传输速率极大提高。今后，光通信技术将向全光化传输技术发展，全光实时交换系统将逐步被采用。大容量密集波分复用的光通信系统、高速率的新型交换设备将使带宽限制得到缓解，从而使得未来信息网络在主动性、可扩展性、实时性、安全性和可用性等方面有重大突破，信息网络将向着无线通信技术的方向发展。

因特网已成为现代信息技术重大发展的最重要特征之一，已成为信息社会的支撑结构之一，今后也更将与人类社会及国民经济紧密结合，促进人类文明。

10.1.2　信息管理的基础

信息是各项管理工作的基础和依据，没有及时、准确和满足需要的信息，管理工作就不能有效地起到计划、组织、控制和协调的作用。随着现代化的生产和建设日益复杂化，社会分工越来越细，管理工作不仅对信息的及时性和准确性提出了更高的要求，而且对信息的需求量也大大增加，这些都对信息的组织和管理工作提出了越来越高的要求。也就是说，信息管理变得越来越重要，任务也越来越繁重。实践表明，如果继续沿用传统的手工处理数据和传递信息的方式，那么往往已不能满足在需要的时间和范围内，把有用的信息及时、准确地送到有关人员手中的要求，从而将影响管理工作的正常进行。只有采用电子计算机，才有可能高速度、高质量地处理大量的信息，并根据现代管理科学理论（如运筹学、网络计划技术、系统分析、模拟技术等）和计算机处理的结果，做出最优的决策，取得良好的经济效果。由此可见，信息管理是现代管理中不可缺少的内容，而电子计算机则是现代管理中不可缺少的工具。

1. 信息的定义

信息是一个抽象的概念。对信息的定义，目前还没有统一的说法。一般可这样认为，信息是数据经过加工后，并对客观世界产生影响的数据。如对某单位所有的职工情况进行汇总统计，就可以得到该单位的文化素质、年龄结构等情况。又如，对混凝土抗压强度数据进行统计处理，就可得到有关混凝土浇筑质量的信息，这些信息可为施工项目管理人员进行质量控制提供依据。

2. 信息的特征

① 信息是可以识别的。人们可以通过感观直接识别，也可以通过各种检测手段间接识别。识别的方式随信息源的不同而有所不同。例如，对混凝土强度和墙面平整度这两个不同的信息源需采用不同的识别方式。经过识别的信息可以用语言、文字、图像、代码、数字等表示出来。

② 信息是可以转换的。它可以从一种形式转换成另一种形式。如物质信息可以转换成语言、文字、图像、图表等信息形式，也可转换为计算的代码、电信号信息。反之，代码和电信号也可以转换为语言、文字、图像、图表等信息。

③ 信息是可以存储的。人的大脑可以存储信息，称为记忆；电子计算机也可借助于内存储器和外存储器两部分来实现信息的存储。

④ 信息是可以处理的。人用大脑处理信息，即思维活动；而电子计算机则可通过人工编制的计算机软件来实现信息的自动化处理。

⑤ 信息是可以传递的。人与人之间的信息传递用语言、表情、动作来实现；施工项目管理中的信息传递可通过文字、图表和各种文件、指令、报告等形式来实现；借助于电子数据管理技术和计算机网络技术，可使不同计算机内的信息资源实现共享。

⑥ 信息是可以再现的。人们收集到的信息通过处理可以用语言、文字、图像等形式再生。信息经电子计算机处理后可以用显示、打印、绘图等形式再生。

⑦ 信息具有有效性和无效性。通常人们只对与自己工作有关的信息表示关心，至于别的信息可以不去识别它们。换句话说，在自己工作范围内的信息是有效的、有价值的，而不在自己工作范围内的信息是无效的、无价值的。当然这并不意味着在某人看来无价值的信息对另一个人来说也是无价值的，相反，也许是十分有价值的。

3. 信息的属性

① 信息的结构化程度。这里是指信息的组织是否有严格的规定。如一张报表的结构化程度就比一篇文章的结构化程度高。如果报表上所有栏目内的字数及范围都有明确的规定，那么结构化程度就更高。使用计算机自动处理信息，则要求信息的结构化程度要高，否则处理很困难，或者无法取得完整的信息，甚至无法进行处理。

② 信息的准确程度。这里是指对某一事物根据需要和可能合理安排信息的准确要求，以提高信息处理的效率，减少资源占用。例如，对混凝土的强度要求，一种报表需要填写实际平均强度值、离差值，而另一种报表要求填写平均强度、离差值的实际值和设计值，再一种报表可能仅要求填写"合格"或"不合格"字样就能满足要求。所以，不同类型的决策信息，要求有不同的准确程度。

③ 信息的时间性。所谓时间性，就是把信息从时间上进行分类。一般可分成历史信息、当前信息和未来信息3类。在信息管理中，对历史信息和当前信息的处理是不同的；对历史信息，可根据信息本身的重要程度来确定存储时间长短，一般是成批处理；而对当前信息，一般是要求马上处理，而不能等成批后再进行处理。另外，根据历史信息和当前信息可以预

测未来信息。

④ 信息的来源。根据信息的来源不同，可把信息分为系统内部信息和系统外部信息。对于外界来的信息，其格式和内容都不是本组织系统所能左右的，因此，必须做适当加工后才能进入系统（如施工项目信息管理系统）处理。由本组织系统内部获得的信息，可对其收集、整理、格式、内容等提出要求。例如，一般要求用表格的形式提供有关信息，并对表格的内容和栏目做出规定。在条件许可时，可利用计算机网络（如使用电子邮件）提供有关项目信息。

⑤ 信息量。信息量是指信息的种数和每种信息在一定时间阶段发生的数量。信息量的大小对确定信息管理人员的配备及计算机信息管理系统的软件和硬件有直接影响，是信息管理系统的重要指标。

⑥ 信息的使用频率。这里是指单位时间内使用信息的平均次数。应该准确分析信息使用频率的高低，对使用频率不同的数据，采取不同的组织和处理方法。例如，在施工项目管理中，对有关施工进度计划方面的信息，一般来说使用频率很高，因此通常存储在计算机中，以便随时查询和根据实际情况及时进行调整；而对于项目相关人员资格证明方面的信息，相对而言使用频率要低，因此，可在计算机内建立目录文件，并注明存放地点，将资格证明的有关文件存档即可。

⑦ 信息的重要程度。这有两方面的含义，一方面是指对校验功能的要求，另一方面是指保密程度的要求。按不同的要求，应对信息采取不同的校验方法和保密手段。

4. 信息管理

信息管理是信息的收集、整理、处理、存储、传递和应用的总称。信息管理的主要作用是通过动态、及时的信息处理和有组织的信息流通，使指挥和各级管理人员能全面、及时、准确地获得所需的信息，以便采取正确的决策和行动。

（1）信息管理的基本要求

为了能够全面、及时、准确地向项目管理人员提供有关信息，施工项目信息管理应满足以下几方面的基本要求。

① 有严格的时效性。一项信息如果不严格注意时间，那么信息的价值就会随之消失。因此，能适时提供信息，往往对指导工程施工十分有利，甚至可以取得很大的经济效益。要严格保证信息的时效性，应注意解决以下的问题：一是当信息分散于不同地区时，如何能够迅速而有效地进行收集和传递工作；二是当各项信息的口径不一、参差不齐时，如何处理；三是采取何种方法、何种手段能在很短的时间内将各项信息加工整理成符合目的和要求的信息；四是使用计算机进行自动化处理信息的可能性和处理方式。

② 有必要的精度。要使信息具有必要的精度，需要对原始数据进行认真的审查和必要的校核，避免分类和计算的错误。即使是加工整理后的资料，也需要做细致的复核。这样，才能使信息有效可靠。但信息的精度应以满足使用要求为限，并不一定是越精确越好，因为不必要的精度，需耗用更多的精力、费用和时间，容易造成浪费。

③ 要考虑信息成本。各项资料的收集和处理所需要的费用直接与信息收集的多少有关，如果要求愈细、愈完整，则费用将愈高。例如，如果每天都将施工项目上的进度信息收集完整，则势必会耗费大量的人力、时间和费用，这将使信息的成本显著提高。因此，在进行信息管理时，必须要综合考虑信息成本及信息所产生的收益，寻求最佳的切入点。

④ 要有针对性和实用性。信息管理的重要任务之一，就是如何根据需要，提供针对性强、十分适用的信息。如果仅仅能提供成叠的细部资料，其中又只能反映一些普通的、并不重要的变化，这样会使决策者不仅要花费许多时间去阅览这些作用不大的烦琐细况，而且仍得不到决策所需要的信息，使得信息管理起不到应有的作用。为避免此类情况的发生，信息管理中应采取如下措施：一是可通过运用数理统计等方法，对搜集的大量庞杂的数据进行分析，找出影响重大的方面和因素，并力求给予定性和定量的描述；二是要将过去和现在、内部和外部、计划与实施等加以对比分析，使之可明确看出当前的情况和发展的趋势；三是要有适当的预测和决策支持信息，使之更好地为管理决策服务，以取得应有的效益。

（2）信息管理的内容

信息管理的内容包括建立信息的代码系统、明确信息流程、制定信息收集制度及进行信息处理。

① 建立信息代码系统。在信息管理的过程中，随时都可能产生大量的信息（如报表、数据、文字、声像等），用文字来描述其特征已不能满足现代化管理的要求。因此，必须赋予信息一组能反映其主要特征的代码，用以表征信息的实体或属性，以便于利用计算机进行管理。信息的编码是施工项目信息管理的基础。在进行信息的编码设计时，一般应考虑如下几个方面的问题。

一是代码系统的可扩充性。所有的代码系统应当具有可扩充性，所谓可扩充性是指在不需调整和修改原有代码系统基本结构的前提下，代码列表增加条目的能力。为了保证适当的可扩充性，在代码系统适当的层次和位置对每一代码位要留有可扩充的余地，而不是仅在系统整个范围内的某一部分留有余地。也就是说代码在设计时要留出足够的位置，以适应未来的需要，但是留空太多，长时间不能利用，也是没有必要的。一般来说，代码越短，计算机进行分类、存储和传递的时间就越短；代码越长，对数据检索、统计分析和满足信息处理多样化的要求就越好。

二是代码系统采用的符号。编码的过程实际上是逐个把一个或一组符号指定给信息条目列表中的每一个条目，以便被编码的条目可以绝对地区别于列表中的其他条目。需要编码的条目可能是毫无规律地罗列在一起，也可能已经过分类而使条目的排列次序具有一定的含义。无论是哪种情况，所采用的编码系统都应能够处理，并且在系统内部能够进行适当的分类。通常所采用的业务信息编码系统根据编码的需要，要么使用字母进行编码，要么使用数字进行编码，或者同时使用数字和字母。在上述所有这些可能的选择中，人们较愿意采用纯数字编码系统。

采用纯数字进行编码有一定的局限性，因为仅有 10 个符号可以使用，即 0～9。这就意味着在编码的每一个位置仅有 10 种可能的变化。但另一方面，数字在表达优先次序时又易于理解并包含更多的意义。由于只有 10 个数字，这样 2 位数字编码可以表示 100 项，3 位可以表示 1 000 项，等等。

纯字母编码系统具有一定的好处：一共有 26 个英文字母，在编码的每一位上就可有多种选择。但实际上，为避免与数字 1 混淆而省去字母 I，因数字 0、2 而省去字母 O、Z，同样的理由而省去 J 和 Q，经过如此挑选后仅有 21 个字母可用，这样两位编码可表示 441 项，3 位可表示 9 261 项，等等。使用字母编码的另一个好处在于可使用某条目的首字母来代表该条目。例如，E 可用来代表土方工程（Excavation），C 代表混凝土工程（Concreting），等等。但有时需要使用两个字母才能区分具有相同首字母的两个条目，例如排水（Pumping）和粉刷（Painting），这时在原编码系统中需当做例外来处理。一旦做了这样的处理，编码的逻辑性就遭到了破坏，字母符号在此方面的优点便受到了很大的削弱。使用字母符号也有其不利之处：一是容易导致许多抄写错误；另一方面，在编码较长时，由于整个编码不易发音而导致很难读写。

在业务信息编码系统中，同时使用数字和字母进行编码没有什么很大的价值，并且也具有上述所列的诸多不利之处，而好处则很有限。但日常生活中也有组合使用数字和字母进行编码的例子，比较典型的就是负责分配机动车车牌号码的计算机系统。正如机动车车牌号码一样，在需要组合使用数字和字母的地方，可以发现，数字和字母都自成一组，而不是随意地混在一起使用，在这种情况下数字和字母的差异就变得不太明显。

三是代码系统的编码规则。在确定代码系统所用符号后，就需要建立一套编码规则，以反映编码中每一位的确切含义。通常情况下，只要不降低代码系统的可扩充性及满足被编码对象（即信息）检索或存储方面的灵敏性，代码的长度越短越好。而且，简洁的代码有助于消除抄写错误，同时也使常用的信息代码便于记忆。在代码长度方面，应尽可能保持一致，例如用 002~599，而不用 2~599。这样在没有辅助检查的情况下，有助于防止在抄写或记录时丢掉某一位。在利用计算机进行信息处理时就更需如此，因为通常在计算机里都会提供一个信息自动检查系统，用以保证输入到计算机系统中的信息的正确性。对代码名的另一个要求是，在可能的情况下要便于按类型进行成本信息的分类和统计。例如在施工项目成本管理中，可能因为某一专门合同或成本报表而需要将与土方工程或砌筑工程相关的所有成本信息摘出来，也可能需要检查一下一周全部人工费，或者需要提供成批浇筑混凝土的全部费用，等等。

四是代码系统的编码方法。顺序编码法是一种较为简单的编码方法，它仅仅按排列的先后顺序对每一项进行编号，尽管简单明了、代码短，但是没有逻辑基础，本身不能说明任何信息特征，除非碰巧是某个常用的条目，否则不查询主登记表是不可能了解代码的含义的。另一方面，这种方法使用又比较广泛，因为常遇到的情况是：在建立编码系统时，对未来系统的发展不清楚并且也无法做出恰当的估计。这时，此方法可以很方便地对条目表进行编码，而不需对条目的内涵有专门的了解，并且具有几乎无限的可扩充性。

第二种方法为表意式编码法，它通过助记符来描述，这样在没有说明详细的总条目表的情形下，也可以通过联想回忆起其含义或特征。但在信息项较多的情况下，使用此法进行编码十分困难，甚至几乎不可能。在计算机高级语言（如FORTRAN）中助记符却很普遍，人们经常用一个单词短语来代表一个变量。例如，变量Lcost可用来代表某施工工序上的各种人工费，它的值可以通过该工序所消耗的人工日及人工工资表计算后确定。助记符的使用范围很有限，通常它仅适用于信息项较少的情况（一般少于50个）。此外，太长的助记符占用过多的计算机存储空间，也是不好的。

第三种编码方法，是基于标准分类的编码方法，它可能是最重要和最有用的方法，同样也是进行施工项目统计和核算所愿意采用的方法。这种方法的基础是把要编码的条目表详细划分为若干类型。其实，这种方法很类似于图书馆中的十进制分类，即先把对象分成十大类，编以第一个号0~9，再在每大类中分十小类，编以第二个号0~9，依次编下去。在待编条目规模很大时使用这种分类编码法具有很多优越性：便于确定各信息项的分类及特性；便于信息项的添加；逻辑意义清楚，便于进行信息项的排序、检索及分类统计。

② 明确信息流程。信息流程反映了管理对象各有关单位及人员之间的关系。显然，信息流程畅通，将给信息管理工作带来很大的方便和好处。相反，信息流程混乱，信息管理工作是无法进行的。为了保证管理工作的顺利进行，必须使信息在管理的上下级之间、有关单位之间和外部环境之间流动，这称为"信息流"。通常接触到的信息流有以下几个方面。

一是管理系统的纵向信息流。包括由上层下达到基层；或由基层反映到上层的各种信息；既可以是命令、指示、通知等，也可以是报表、原始记录数据、统计资料和情况报告等。

二是管理系统的横向信息流。包括同一层次、各工作部门之间的信息关系。有了横向信息，各部门之间就能做到分工协作，共同完成目标。许多事例表明，在施工项目管理中往往由于横向信息不通畅而造成进度拖延。例如，材料供应部门不了解工程部门的安排，造成供应工作与施工需要脱节。类似的情况经常发生，因此加强横向信息交流十分重要。

三是外部系统的信息流。包括同施工项目上其他有关单位及外部环境之间的信息关系。

上述3种信息流都应有明晰的流线，并都要保持畅通。否则，管理人员将无法得到必要的信息，就会失去控制的基础、决策的依据和协调的媒介，管理工作必将一事无成。

③ 制定信息收集制度。信息收集，是指收集与管理有关的各种原始信息，这是一项很重要的基础工作。信息管理工作质量的好坏，很大程度上取决于原始资料的全面性和可靠性。因此，建立一套完善的信息收集制度是极其必要的。一般而言，信息收集制度中应包括信息来源、要收集的信息内容、标准、时间要求、传递途径、反馈的范围、责任人员的工作职责、工作程序等有关内容。

④ 信息处理。在一般管理过程中，所发生并经过收集和整理的信息、资料，内容和数量相当多。为了便于管理和使用，必须对所收集到的信息、资料进行处理。

a. 信息处理的要求。要使信息能有效地发挥作用，在处理它的过程中就必须做到及时、准确、适用、经济。

及时，就是信息的处理速度要快，要能够及时处理动态管理所需要的大量信息。

准确，就是在信息处理的过程中，必须做到去伪存真，使经处理后的信息能客观、如实地反映实际情况。

适用，就是经处理后的信息必须能满足管理工作的实际需要。也就是说，信息经过处理后，管理人员在控制上，或在管理决策上，或在协调工作上都能得心应手地随时使用。

经济，就是指信息处理采取什么样的方式，才能达到取得最大的经济效果的目的。信息处理采取什么样的方式，与其他事物一样，同样存在价值论的问题。信息处理既要求及时、准确、适用，又要考虑其经济效果。否则，采取劳民伤财的信息处理方式，就违背了管理工作的本意。

b. 信息处理的内容。信息的处理一般包括信息的收集、加工、传输、存储、检索和输出 6 项内容。

i. 收集，就是收集原始数据。这是很重要的基础工作，信息处理的质量好坏，在很大程度上取决于原始数据的全面性和可靠性。

ii. 加工，这是信息处理的基本内容。原始数据收集后，需要将其进行加工，以使其成为有用的信息。一般加工的操作有：依据一定的标准将数据进行排序或分组；将两个或多个简单有序的数据按一定顺序进行连接、合并；按照不同的目的计算求和或求平均值等；为快速查找建立索引或目录文件等。

根据不同管理层次对信息的不同需求，信息的加工从浅到深，一般分为以下 3 个层次。

● 初级加工：如筛选、校核和整理等。

● 综合分析：将基础数据综合成决策信息，供有关管理人员决策使用。

● 借助于数学模型统计分析和推断：根据具体信息或数据内容，借助于已有的数学模型（如网络计划技术模型、线性规划模型、存储模型等）进行统计计算和预测，为管理工作提供辅助决策。

iii. 传输，就是指信息借助于一定的载体（如纸张、胶片、磁带、软盘、光盘、计算机网络等），在参与管理工作的各部门、各单位之间进行传播。通过传输，形成各种信息流，畅通的信息流会不断地将有关信息传送到管理人员的手中，成为他们开展工作的依据。

iv. 存储，是指对处理后的信息的存储。处理后的信息，有的并非立即就使用，有的虽然立即就使用，但日后还需使用或作参考，因此就需要将它们存储起来，建立档案，妥善保管。

v. 检索，是指对某个或某些要用的信息进行查找的方法和手段。管理工作中存储着大量的信息，为了查找方便，就需要建立一套科学、迅速的检索方法，以便管理人员能全面、及时、准确地获得所需要的信息。

vi. 输出，就是将处理好的信息按各管理层次的不同要求编制打印成各种报表和文件，或者以电子邮件、Web 网页等电子形式加以发布。

　　c. 信息处理的方式。信息处理的方式一般有 3 种，即手工处理方式、机械处理方式和计算机处理方式。

　　i. 手工处理方式。手工处理方式是一种最为简单和最原始的信息处理方式。它对信息单纯依靠人力进行手工处理。例如，在信息收集上，是依靠人的填写来收集原始数据；在信息的加工上，靠人采用笔、纸、算盘、计算器等来进行分类、比较和计算；在信息的存储上，靠人通过档案来保存和存储资料；在信息的输出上，靠人来编制报表、文件，并靠人用电话、信函等发出通知、报表和文件。

　　ii. 机械处理方式。机械处理方式是利用机械或简单的电动机械、工具进行数据加工和信息处理的一种方式。例如，用条码识别仪器对进场建筑材料、构配件的有关数据进行自动采集，利用可编程计算器等进行数据加工；用中、英文打字机进行报表、文件的打印等。

　　机械处理方式同手工处理方式相比而言，由于利用了机械、电动工具，加快了数据处理的速度，提高了信息处理的效率，所以在一般场合下，应用比较广泛。但是，这种方式并没有改变信息处理的过程，也就是说，对信息处理没有实质性的改进。

　　iii. 计算机处理方式。计算机处理方式是利用电子计算机进行信息处理的方式。电子计算机不仅可以接受、存储大量的信息资料，而且可以按照人们事先编制好的程序（如电子表格软件、项目管理软件等），自动、快速地对信息进行深度处理和综合加工，并能够输出多种满足不同管理层次需要的处理结果，同时也可以根据需要对信息进行快速检索和传输。

　　在项目管理中，特别是进行项目目标控制时，需要对工程上发生的大量动态信息及时进行快速、准确的处理，此时，仅靠手工处理方式或机械处理方式将无法满足管理工作的要求。因此，要做好施工项目管理工作中的信息处理工作，必须借助于电子计算机这一现代化工具来完成。

10.1.3　建筑管理信息化的意义

　　建筑管理信息化是指把计算机、通信、自动控制等技术应用于建筑管理过程之中，即在政府部门、建筑业企业和工程项目管理的各个环节通过利用现代信息技术，加快政府、企业和工程项目管理之间及其内部信息的传递、加工和处理速度，使信息资源可以得到可靠的保存，能够提供有效的利用，为相关组织机构、企业和工程管理人员提供决策的依据，促进管理水平的提高。

　　建筑管理信息化是覆盖与建筑管理相关的建筑规划、土木工程勘察测量、设计、工程施工、企业管理、物业管理、物流监控、维修保养等所有专业的信息化。

　　实现建筑管理的信息化，可以对传统土木工程技术手段及施工方式进行改造与提升，促进土木工程技术及施工手段不断完善，使其更加科学、合理、有效地提高效率，降低成本；将引起建筑行业、企业、项目等管理方式的深刻革命，必然推动相关工作流程的优化及组织团队的重组，促使建筑行业、企业及工程项目管理理念和手段的革新；建筑管理的信息化是土木工程市场发展的高级阶段，必定融入现代物流与电子商务，从而实现土木工程的高效益、高效率。

建筑管理的信息化是可以使工程设计、施工与管理的工作方式和工作手段发生革命性变革的高新技术，它的推广应用会极大地提高工程设计与施工企业的创新能力和竞争力，加速创新工程的诞生。

10.2 建筑管理信息化的建设

实现建筑管理信息化应致力于三大系统的建设，即土木工程建筑设计、施工的技术和控制信息系统的建设，行业管理（包括土木工程标准）、工程管理、企业管理信息系统的建设，以及基于互联网上的与土木工程相关方面的方案优化、施工招投标、材料设备采购、人才招聘、企业商务贸易信息系统等的建设。

10.2.1 土木工程建筑设计、施工技术和控制信息系统的建立

信息技术是计算机、通信、控制及信息处理等技术的集成。应用信息技术系统及设备，现代建筑师可以充分直观地展示新时代的设计理念和建筑美学，可以尽情地表达大胆的创意和神奇的构思，超越时间和空间，塑造并优化创作成果，达到传统创作方式无法比拟的新的境界。在工程施工中，利用控制技术和计算机辅助施工技术，可有效地完成用传统控制方式难以实现的高难度施工项目。

1. 土木工程建筑设计信息技术应用及信息系统的建立

以多媒体技术和网络技术等为代表的现代信息技术的迅猛发展，从根本上改善了以计算机辅助建筑设计为核心的建筑设计系统的运行环境和建造条件，而新型信息系统的建立又可使原本难以实现的功能和目标得以实现。可以从以下几个方面考虑利用信息技术推进信息化系统的建立。

（1）以可视化表现技术为基础，建立智能化建筑设计环境

任何建筑都要从城市规划、环境设计和建设目标出发，充分考虑它应有的地位和作用，分析给定地段上建筑所涉及的社会、交通和总体环境问题，协调合理地安排建筑与四邻的关系、地形利用、绿化水面关系、体形和布局，进一步考虑满足建筑室内外功能要求和环境特点，解决有关声、光、电、水、暖、卫、消防、人防等问题，这是构成建筑的物质基础和重要信息。

现实生活中，人们是通过多种感觉来综合感觉建筑的，其中最主要的手段是视觉。因此，逼真动态地表现建筑视觉形象是需要解决的首要问题。

通过可视化技术建立智能化设计环境，在三维模型设计技术的基础上，可以充分利用可视化技术及面向对象的软件开发技术，以专家库、知识库为支撑，研究新的设计管理和设计模式，构造一个更易于操作、具备智能化的设计环境。这样，就能对相关信息进行全面的有机的综合表达，良好地进行建筑视觉构图的视觉和心理感受研究，特别是建筑环境的群体

性、建筑规划的韵律、建筑造型的透视效果和光色效果，为建筑师提供辅助逻辑思维和形象思维的双重功能。目前，渲染与动画技术是实现虚拟现实最基本的方法之一。

许多工业项目的模型设计过程已初步应用了可视化技术。实体建模使设计过程更为直接有效，并易于修改；可视化的实际校审使校审更为形象，并可与设计深度交叉；可视化的进度审核，将设计的三维模型与项目进度资源数据库相连，从项目进度资源数据库抽取信息来可视化地展现和分析项目管理的各种状态。

（2）利用计算机仿真技术，量化设计数据

建筑工程设计中采用计算机仿真技术，具有很大的使用价值和经济意义。决定建筑设计品质的首要因素是建筑物本身提供与公众的环境品质，其要素包含宏观的感受和细微的感受，且根据不同的建筑用途有差异甚大的功能要求，除视觉感受之外，不同功能的建筑要求有不同的光学、声学、热工学等要求。利用计算机技术来仿真自然条件下日照、通风、采暖、保暖及采光，创造合理的温度场、湿度场、照度场、声场等，并用直观的方式（如多媒体方式）表达出来，从而模拟人们处在相应环境中的感受。传统的方法是研究从概念上理解与处理建筑物理的要求，是从宏观上处理问题，难以数值化与精确化，而建筑物理对人们的感受又受到诸多不定因素的影响，要全面与真实地解决就需要采用计算机仿真技术，综合分析各种因素的影响。如对剧院各位置的音响频谱分析，甚至模拟试听某一位置上能听到的真实乐曲效果，从而有可能打破某些传统设计观念而创造奇迹。

（3）改善工程数据库结构模式及管理技术，建立良好平台

利用计算机信息系统所能提供的多维信息处理能力，为工程应用创造了新的基础条件，新一代的计算机辅助建筑设计系统能够支持多媒体数据结构的工程数据库管理技术。

在工程数据库包含的诸多内容中，主要包含两类信息：一是设计环境数据，二是设计对象数据。前者主要是设计规划的条件和需求，是自然环境数据、人文数据及生产要素的集成；后者则主要是设计对象的定义、约束控制条件、设计成果、方案优化、经济核算等。其中，既有大量的原始设计计算数据，也有大量的再生数据。通过数据的管理，掌握实际的关键因素，控制设计的过程，量化设计的成果与过程。

（4）运用多媒体技术，建立协同设计环境

CAD技术的发展，从单一功能性的小系统到综合各设计工作的集成化，是围绕设计目标的各类信息构成统一的信息流，以围绕设计者和管理者解决CAD系统中不同功能模块间的信息传递问题，是信息传递成为实时的和交互的过程。以网络为纽带，计算机辅助建筑设计为核心，创造协同工作的良好环境，在信息高速公路上，不同地域的设计师可以分工合作，共同完成设计任务。

例如，以模型为对象的三维协同设计模型，采用了模块化的模型设计技术，使得设计方法从平面设计走向模型设计。由于模型设计采用数据库技术和网络技术，从而实现了共享的集成化工作模式，设计人员（多专业）协同工作，减少了不必要的条件传递和确认，信息资源得到了充分共享。这些信息资源将贯穿于工程项目管理的全过程（设计、采购和施

工），图形由计算机系统自动产生，使得设计人员可以将主要精力投入到优化设计方案上，设计过程更为直观形象。

利用虚拟设计环境及因特网可发挥如下作用：

① 在世界范围内，快速高效地得到建筑技术的考察、调研及新工艺新材料新设备的发展信息；

② 传递计划与方案设计的资源、环境与相关信息；

③ 进行协同设计、远程设计、异地咨询、远程监理等业务；

④ 为管理部门提供信息资源，如城市管理、土地管理、房地产交易、项目的投标招标等；

⑤ 提供建筑设计及教学环境；

⑥ 传播工程概预算设备价格和工程实施信息。

（5）建立现代信息资料及信息收集集成与检索

信息资料是无数工程及技术人员经验的积累，是新技术、新成果的基石。传统的方法已很难有效地发挥其作用，信息的收集整理与提取都需要占用相当大的时间与空间，而利用计算机技术，便能充分发挥其优势。计算机的存储空间、高速的传递与检索机制，实现分布式的资料查询和及时智能的工作方式，尤其是利用超文本链的动态检索方式，在浩瀚的信息海洋中轻松检索出需要的相关主体，达到对某一课题进行横向和纵向的信息咨询。信息检索软件的功能模块主要由信息录入系统（包括扫描、矢量化、文字 OCR 及语音和键盘录入等）、信息管理系统（包括归类、存取检索）、光盘档案库、分布式终端，而以网络来连接以上各模块。

（6）建立综合建筑优化系统

建筑是一种特殊的产品，一般来讲，从立项、设计、施工到建筑产品本身都是一个不再重复的过程，很多产品的缺陷只能在下一次的开发中克服。所以，设计的优化能够创造很大的社会效益和经济效益。

优化有常见内在的和外在的、单一的和交互的等方式，影响优化的因素又有可能是单一的或众多的。在这复杂的前提下，把握相关的众多因素，以工作组协作的方法，从纷繁复杂中找到各控制性因素，切入重点，才能取得良好的优化效果。

如利用网络技术和群体技术，使工作组在同一环境下工作，各专业设计人员之间实时交换数据，及时调整设计、检查工艺与管网的干涉情况。又如采用预设目标参数的方式，把影响长期能源消耗与短期投资之间的矛盾、围护结构采用反射材料保温隔热与对周围环境产生光污染的问题、室内小气候与环境大气候之间的关系问题等综合起来，加权分析各种因素的影响，求出多种组合的指标，从而综合平衡各种矛盾，选取适当的方案。

（7）建立现代图纸设计系统

现代的设计软件应当是面向对象的软件，设计过程中需要操作者面对各种建筑构件及建筑的空间构成因素，具体的符合规范要求的图纸由程序来智能完成，通过交互和可逆的操作来完成理想的设计作品。在软件的学习与运用中，存在一些共性和方法，抓住它便能容易提高技术水平，主要有：

① 广泛研究各种相关软件的组成和数据类型、文件类型、多种数据文件之间的相互关系，各种数据文件对程序运行的贡献何在，了解整个操作过程的来龙去脉；

② 产生问题时，找到问题的关键所在，从而找出解决问题的办法或者回避或替代之，这是提高技术的一种好方法；

③ 了解程序的基本原理和步骤，以及对软件环境的要求，合理利用计算机资源；

④ 定制绘画环境，用户化菜单、工具、图库及资源库。

2. 土木工程施工技术及控制信息系统的建立

从 20 世纪 70 年代开始，计算机在建筑施工中的应用不断发展，从单一的庞大工程结构计算到采用单项通用软件解决某个具体问题，如工程造价计算等。如今随着科学技术的进步，原有的靠经验和传统手工的施工技术及控制手段已随着现代信息技术的发展与应用得到长足进展，可以大大提高工程施工效率及控制的精确度，这已成为当今施工及控制技术的必然趋势。建筑施工企业应当从以下几个方面着手进行工程施工技术及控制信息系统的建设。

(1) 高层及超高层建筑施工中垂直度的控制

在高层及超高层建筑施工中，建筑物的垂直度偏、扭检测的结果精确与否直接关系到施工质量和施工安全。在高层及超高层建筑物施工中的垂直度偏、扭检测中，采用计算机控制的激光定位高新技术，不仅可以使观测结果准确、直观地显示在屏幕上，而且可以实施连续观测的动态管理，以及预测垂直度偏、扭的发展趋势。

(2) 预拌混凝土的上料计算机现场自动控制技术

建筑施工企业可以利用先进的工业计算机现场控制技术对混凝土搅拌站进行技术改造，实现配料、搅拌及检测等生产过程的自动控制和管理，保证混凝土的质量。这样，可以大大提高商品混凝土的市场竞争力和市场占有率。

(3) 大体积混凝土施工计算机自动测温技术

在大体积混凝土工程中应用微机自动测温新技术，利用计算机和传感器对混凝土的浇捣和养护过程中的应力变化进行动态跟踪监控，对混凝土不同层面和深度的温度、温差进行分析，通过迅速、快捷、准确的信息反馈，可及时指导混凝土施工和采取有效的养护措施。这样可以有效地保证施工质量，防止大体积混凝土有害裂缝的产生，创造良好的经济和社会效益。

(4) 建筑结构仿真技术

在建筑施工中，特别是钢结构施工中，应用空间分析软件（目前国际上先进的软件有 ANSYS，SAP 等），对施工方案中的每一工况下的结构内力及形变进行模拟验算，达到优化施工方案和确保施工质量与安全的目的。

(5) 建筑施工虚拟现实的实现

对于结构复杂、体积大的钢结构，吊装工程成为施工中的重头戏，施工中任何失误都可能导致难以估量的损失。运用虚拟仿真技术在计算机上进行模拟安装演示，能直观地了解各种构件在实际施工中的相对位置及相互关系，试验多种施工方案，并利用仿真手段对施工组织设计的可行性进行动态验证，确保正式施工万无一失。

在工程施工中，应用计算机信息技术，还可以实现采用同步提升技术进行大型构件和设备的整体吊装和安装控制、大型桥梁悬索受力的控制、幕墙的生产和加工控制、高温高压的焊接质量控制、建筑物的爆破、整体搬迁、沉降观测和数据采集、大型工业设施的三维空间管线布局的计算机模拟等。

综观现代建筑工程管理发展趋势，信息化技术将全面革新设计技术和施工技术，其应用领域将越来越广，应用程度将越来越深，建筑工业化水平将越来越高，给建筑师、工程师们以超现实、超时代的跨越，同时也带来了无限的挑战。

10.2.2　建筑行业管理（包括土木工程标准）、工程管理、企业管理信息系统的建立

管理信息系统是在管理科学、系统科学、计算机科学等的基础上发展起来的。建筑业相关政府部门、企业，以及工程项目管理机构通过建立管理信息系统，利用现代管理的先进技术、方法和工具，来获得对管理层的决策支持。

1. 管理信息系统及其应用

管理信息系统是一个由人、机（计算机）组成的能进行管理信息的收集、传递、存储、加工、维护和演用的系统，它能实测组织的各种运行情况，利用过去的数据预测未来，从全局出发辅助进行决策，利用信息控制组织行为，帮助其实现长远的规划目标。

管理信息系统是个技术系统，更主要的是社会系统。其发展过程大致如下。

20 世纪 50～70 年代为数据处理系统、管理系统报告阶段。主要指电子数据处理、业务处理、信息管理系统、传统的簿记应用等方面，单纯以减轻人的重复劳动，提高处理效率为目的。

从 20 世纪 70 年代初开始，发展到决策支持系统、管理支持阶段。此时，管理信息系统从处理事务型子系统为主逐步转向处理控制子系统为主（即精度、成本等）。

进入 20 世纪 80 年代以后，管理信息系统进入成熟阶段，发展到终端用户运算、主管信息系统、主管支持系统、专家系统、战略信息系统等形式。其特点是在大量收集处理信息的基础上引入决策机制，应用数学模型进行优化处理，大量应用以微机为主的计算机网络，采用数据库达到资源共享的目的。

近年来，信息技术进一步提高，管理信息系统在技术上可以达到办公自动化，更进一步达到支持协同工作的计算机系统，技术上最高阶段是智能化决策支持系统。随着通信网络的普及，传统的组织结构发生了深刻的变化，基于内联网（Intranet）、外联网（Extranet）和国际互联网（Internet）的管理信息系统向如下方向发展：电子数据交换（Electronic Data Interchange，EDI）、电子商务（Electronic Commence，EC）、使用计算机的后勤支持系统

（Computer Aided Logistic System，CALS）、企业流程再造（Business Process Reenginnering，BPR）等。

当前，计算机集成制造系统、智能制造系统、虚拟制造、敏捷制造、柔性制造等成功应用于制造业的管理理念，管理系统也逐渐移植到建筑业中，而建设项目全寿命信息集成化是国内外研究和开发的热点。

建筑管理信息系统作为管理信息系统在建筑行业管理、企业管理、工程项目管理上的应用，通过建立以网络为支撑，实施政府建设管理信息化，构建建筑业企业业务管理信息应用系统，实现"企业-工程项目管理"一体化，从而达到资源共享。

国外建筑业在建筑管理信息系统上的应用已较为普遍。计算机辅助项目管理软件已很成熟，P3（Primavera Project Planner）、Microsoft Project 等被普遍使用，国外建筑企业利用计算机网络将企业总部与在各地的工地连接，得到决策所需的各种信息，开发工程项目管理信息系统实现信息的综合应用及与总部一体化决策管理。

我国建筑管理信息系统也已涉及建筑管理的各个层面。但从总体上看，与国外相比，由于业务管理落后、生产方式落后、支撑技术不配套、应用基础薄弱，建筑管理信息系统存在不少问题，成为我国建筑管理信息化的障碍。

2. 建筑行业信息管理系统的建立

信息技术是一项各行业普遍适用的高新技术，必须与行业技术有机结合才能发挥作用。

建筑管理行业涉及的门类很多，例如土木工程建筑业、房屋建筑业、设备管线安装业、装饰装修业，以及相关的房地产业、勘察设计业、设备半成品、钢结构加工业等。包含的企业众多，构成了一个庞大而复杂的行业信息集合，其信息量非常大。没有一个规范有效的行业管理体系和高效的运作机制，将难以保证行业内各项工作健康、有序、高效发展，传统的管理方式及信息处理手段是难以实现这一目标的。应用现代信息技术建立高效的行业信息管理系统，可以方便有效地对行业的有关情况进行统计分析，为产业发展政策、产业技术政策、产业发展规划和发展战略的制订，提供了全新的条件和可能。目前，信息技术的应用已使全球产业信息的获得非常便利，可非常方便地在国内外市场同时研讨，掌握人类最新管理成果，可以为作为人类生存和发展密切相关的建筑行业管理提供前瞻性、战略性更为科学的依据，使建筑行业的管理水平上一个新的水平。

为实现建筑行业管理的信息化，可以通过政府行业管理信息化来建立统一和权威的信息流通媒介支持系统，可以极大提高管理效率，改变固有的工作方式和管理模式，增强管理政策和规则的透明度。各级政府建设行政主管部门应建立政府管理的计算机信息系统，使社会公众能方便查询政府在管理方面的法律法规，政府行政主管部门的组织机构、相应职能、有关投资法规、产业政策、行业政策，相关的建筑规范和技术标准，建造许可和检查程序，有关的资格条件、许可条件、注册程序和要求，专业资格的认定，政府工程采购名单，政府工程招标程序和规定，环境标准和规定，相关的管理制度，有关的统计资料、数据等，充分利用信息技术，建立市场管理和行业管理的综合数据库系统，建立政府工程的综合数据库系统。在土木工程标准方面，为使土木工程施工规范、有序，利用信息技术，能够准确高效地制定土木工程技术应用标准和标准化管理信息系统，及时修订编制相关标准，便于检索查询与管理有关的标准，随时随地选用标准和对标准的执行状况进行检查验收，从而有效地推动标准化管理。

3. 企业管理信息系统的建立

企业管理信息系统的建立，可以使工程建设相关各方充分利用信息技术，建立信息平台，优化管理手段，有效提高管理效率，使工程管理进入新阶段。包括拓宽项目融资渠道、工程项目策划优选优化、进行动态投资分析和投资偿还分析等；可以实现更宽范围内的人力资源管理、更准确的会计管理、成本管理、融资管理、投资管理、决策管理、计划管理等。同时，企业信息管理系统的建立，可以使建筑师、结构工程师、监理工程师，以及项目经理的信息更加丰富、相互间沟通更加便捷，从而淡化或消除在建筑业传统的运作模式下由于对市场竞争形势的信息不足或企业间信息交流不力而对双方合作产生的不良影响，为新产生的团队合作关系甚至跨国的伙伴关系提供前提条件。高技术的办公环境，促进新技术的采用和人力管理理念的创新，对更有效地提高生产率提供了可能，也促进了企业文化的升级。

建筑企业对信息技术的应用主要包括两方面的内容：

① 利用计算机网络技术，构建企业的计算机网络信息系统，进行信息资源的深入开发和广泛应用，提高企业的管理水平，增强企业经济效益和竞争力；

② 利用以计算机为核心的信息技术对建筑企业的传统生产方式进行现代化改造。

企业网络信息管理系统应当是一个局域网与广域网相结合组成，网络的拓扑结构应当与企业的组织结构相适应，整个网络中的任何一台远程工作站，经过授权许可，均可通过拨号上网访问上级单位的服务器。整个网络体系是一个树型网络体系结构，各层次网络在行政上是上下级关系，从网络架构的信息组织上属父子关系，所有共享信息保存在企业信息网的各级服务器中，各单位的服务器上保存有本单位的共享信息。

信息交流平台是整个企业网络信息系统的重要组成部分。目前，企业内部信息网已成为企业各部门之间信息查询的通用平台。通过这个网络平台，上级领导可以 Web（网页）浏览器清楚地了解企业生产经营情况，可以用电子邮件收发文件，可以召开网上会议等，最终实现企业各部门纵横向的信息资源交流与共享。在业务应用方面，达到将企业各部门业务信息管理系统构筑到网络平台之上，帮助企业实现决策支持。在内部信息发布方面，发到企业的新闻消息、重大事件、生产行为、决策信息，可以快捷准确地发布到内部网上，每一名关心企业发展的员工都可以在第一时间了解企业的有关情况。

与国外企业成熟的管理信息系统相比，我国企业信息管理系统存在的问题不少。

① 单项开发多，系统集成少。目前，大部分建筑企业的管理信息系统涉及各方面的管理业务，如投标报价、合同管理、进度管理、质量管理、成本管理、材料管理、现场管理、财务管理等信息系统，但大部分是单项低水平开发，工作重复，不能形成信息集成、资源共享系统。

② 管理信息系统有效性差，不能适应急剧变革的企业外部环境和内部需求。有的企业花巨资建立了管理信息系统，但因基础工作跟不上而不能进行有效的管理和利用，使得大量数据和信息重复存储于各个子系统中，系统资源得不到共享，综合性能难以实现，系统作用不能充分发挥。

③ 在引进国外的管理信息系统方面，由于我国文化、社会环境、规章制度与西方不同，引进的软件需要修改后才可使用，而修改的效果又难以把握；同时，信息技术日新月异，而国内引进的软件却往往跟不上环境的变化。

在企业构建管理信息系统时，应注意吸收引进先进的管理信息系统理论和方法，结合高新的信息技术和利用便捷的通信网络，改变传统的管理组织形式，重新设计和优化管理业务处理流程，使建筑企业管理朝网络化、智能化、虚拟化方向发展，发展电子数据交换、电子商务、企业流程再造等，更好地共享信息、利用信息。

我国的一些企业通过加快企业管理信息化的建设，取得了可喜的成效。例如，中石化工程建设公司把现有工作模式转变成以信息集成为核心的协同工作模式作为信息化建设的目标，扩充和提高计算机平台体系，满足信息技术应用的要求，保持与国际先进工程公司同步；扩充和完善工程设计集成化系统；建立以工艺数据库、设备数据库、管道数据库、智能P&ID数据库、实现工厂生命周期内的信息共享；建立和完善项目集成化系统，完善项目管理数据库；扩充和完善办公自动化系统，建立企业管理资源数据库；建立项目电子文档管理系统和项目文档数据库；建立和完善费用估算和报价数据库。

4. 工程项目管理信息系统的建立

工程项目管理是一个多目标、既分别独立又相互联系的多工序、复杂和庞大的系统工程。一个大型复杂的工程项目的管理实际上就是利用能够控制的资源（人力、机具、材料、资金、工期），在一定的条件下对一个既定目标（进度、质量、费用）进行科学的计划，并以定量的数据做深入动态分析，对于工程实施有效的调整控制，以尽可能小的投入，获得最大的效益。

工程项目的单件性、时代性、多门类性、环境性决定了工程项目信息的大规模性、变动性、多门类性。信息技术使工程成为数字工程，并通过数字化工程实体，更好地把握工程项目本质，有效地进行工程项目全过程的控制。

建立工程项目管理信息系统，可以在项目实施中，在项目管理的各相关职能间，将发生的大量的数据和信息流动起来，形成数据信息网络，达到资源共享，实现无纸办公，为决策提供科学的依据，使管理更严谨、更量化、更具追溯性。

工程项目管理信息系统是一个由投资管理、质量与安全管理、进度管理、合同管理、成本管理等多个子系统组成的系统。子系统的划分与项目组织机构及其职能密切相关。每个子系统都有处理本部门业务所需的软件，以及必要的事务性决策支持软件，由大量的单一功能的"功能模块"，配合数据库、模型库、知识库组合而成。

工程项目的管理必须依靠一整套先进的管理理念，这种管理在国外的工程项目管理软件中体现得淋漓尽致。目前，国际上流行的工程项目管理软件较为著名和优秀的有美国 Primavera Systems 的 P3 和软件大王 Microsoft 开发的 Microsoft Project 软件。

P3 是目前美国工程项目管理使用最广泛的软件，并且在美国同类软件中也是最好的。1995 年由建设部组织推广，在我国许多建筑企业工程项目中得到使用并取得良好的效果。

P3 是在 Windows 窗口操作系统下工作的，在中文 Windows 环境下，可使用汉字绘制横道图及单代号网络图。它既可在单机环境下运行，也可在网络环境下运行。

基本功能主要有以下几方面。

① 项目计划的编制。在工程项目的招投标阶段，以及中标授标之后的合同条件都要求承包商编制切实可行的"细化的施工进度计划"，对工程进行详细的剖析。软件对一个工程项目的所有任务做出精确的时间安排，同时还对完成任务所需要的原材料、劳动力、设计和投资进行分析和比较，在千头万绪的任务中找出关键要紧的任务（关键线路），以及对任务做出合理的工期、人力、物力、机具等资源的安排。

② 项目过程跟踪。软件对工程进度能够进行动态管理和控制，它要求项目各级管理人员根据所制定的计划和目标，在项目实施的过程中对影响项目进展的内外部因素进行及时、连续、系统的记录和报告并输入计算机，即真实、实时地反映工程进度，分析工程进度数据，及时反映工程项目的变化。

③ 项目的分析、控制与优化。由于管理软件实现了广义的网络技术，项目管理者根据跟踪提供的信息，对比原计划（或既定目标），找出偏差、分析原因、研究纠偏对策、实施纠偏措施。软件不但考虑时间问题，还根据资源和费用进行分析，求得一个时间短、资源耗费少、费用低的计划方案，并通过软件进行网络计划的优化，即利用时差不断改善网络计划的最初方案，使之获得最佳工期、最低费用和对资源的最有效利用。软件有对工程数据与作业活动的强大过滤功能，将现行计划执行情况与目标计划进行数据库比较，然后再将目标计划的所有工作活动过滤出来，进行单独的追赶或特别跟踪。对发现工期滞后的工作项目及时地采取补救措施，制定相应的追赶计划。对现行超前于目标计划的工作，可有意识地放慢部分超前工程项目的施工速度来降低工程成本或使总体计划更趋于合理。

5. 决策支持系统的建立

决策支持系统 DSS（Decision Support System）是以计算机为基础，帮助决策者利用知识、信息和模型，解决多样化和不确定性问题的人机交互式系统。它主要借助知识库及模型库，在数据库大量数据支持下，运用知识来进行推理，提出企业各层，尤其是高层决策时所需的决策方案及参考意见。

决策支持系统的主要功能是如下。

① 识别问题：判断问题的合法性、发现问题及问题的含义。

② 建立模型：建立描述问题的模型，通过模型库找到相关的标准模型或使用者在该问题基础上输入的新建模型。

③ 分析处理：根据数据库提供的数据或信息、模型库提供的模型、知识库提供的处理

问题的相关知识和方法进行分析处理。

④ 模拟及择优：通过过程模拟找到决策的预期结果及多方案中的优化方案。

⑤ 人机对话：提供人与计算机之间的交互，一方面回答决策支持系统要求输入的补充信息及决策者的主观要求，另一方面输出决策者需要的决策方案及查询结果，以便作为最终决策时的参考。

⑥ 根据决策者最终决策执行结果修改、补充模型库与知识库。

决策支持系统是 20 世纪 70 年代发展起来的，发展相当快，有面向市场预测、投资决策、编制计划、生产过程控制、工程项目管理、财务及物资管理等多方面的决策支持系统。随着人工智能及计算机发展，将会提供建筑企业工程建设项目全面管理的决策支持系统。

建筑行业管理、建筑业企业管理及工程项目管理的信息化建设应在 3 个层次上展开。建筑业行业管理是根，体现了行业的经营特性和行业的市场特点；建筑业企业信息化是枝，必须建立在对行业深层次的了解上，必须符合行业运作规律；工程信息化是果，推进信息化的根本目的，包括产业、企业的发展根本宗旨是为国民经济的发展服务，为推进城镇化服务，向社会提供高水平、高质量、高效益的建筑产品服务。

10.2.3 基于互联网的企业商务贸易、经营等的信息系统的建立

计算机互联网正在逐步深入建筑业，不仅仅在提供信息服务方面发挥越来越大、越来越广泛的作用，同时为建筑设计方案、施工组织方案、技术措施方案、种种合作方案等进行有效的比较，高效进行优化，将大大提高企业的决策能力。

通过电子邮件及其他互联网上的信息形式，可以使建筑项目和承包商、材料供应商之间信息交流更加畅通，有效地克服招投标过程中的信息不对称状态，同时由于信息的公开化，增加了透明度，使网上招投标等工作的开展更加公平、公正、公开，建立更加规范的市场竞争体系，规范市场行为，从而可以提高工作效率，降低工作成本，使招投标的市场竞争建立在更广的范围、更高的层次上进行。

电子商务的出现为企业的经营提供了更广阔的天地。电子商务可以分为 3 个层次：企业形象的网上展现、供求信息的网上发布，以及利用互联网平台进行业务处理。电子商务拓宽了建筑材料、机械设备及机具的采购范围，甚至可以进入物质流通领域的相关环节，对货物质量、价格、物质生产方式、供货方式、对方市场信誉等方面可以有更深入的了解、透彻的把握。网上交易为提高交易效率，降低交易成本、监督交易全过程提供了可能，同时还为买卖双方的合作经营伙伴关系起主导作用，对不正当市场竞争行为，诚信失缺行为进行有力遏制，促进市场健康发展。

当今市场、企业的竞争的一个焦点在于人才的竞争。通过互联网，建立企业网上人才库，一方面可以通过网上广揽人才，进行人才储备；另一方面，通过建立网上各专家组，组织国内外专家通过互联网平台，对技术难关、质量难题进行网上会诊，这样可以克服诸多客观因素的困扰，充分利用人力资源，为企业经营提供有力的支持。

互联网为项目管理提供了一种先进的现代化信息传递和交换手段，利用项目管理信息平台、E-mail、视频会议系统，可以使项目信息共享更及时、更灵活、更广泛，并具备了实施异地交互讨论的环境。参与项目的人员在世界范围内的任何地方都可以方便地查看项目管理信息，可理解为将办公室延伸到了全球，总部管理人员也可以同时访问其他地方项目管理信息，随时了解项目总体情况。通过这个数据库把公司本部、公司分布、施工现场、分包商等紧密地联系在一起，创造了一个异地协同工作的环境，并可实施异地指挥和控制。

建筑管理信息化建设要与产业的结构调整和企业的"三改一加强"相结合，与企业的科学管理、技术进步相结合，要借鉴全球信息产业推进的经验，学习各行各业推进信息化建设成果，从产业、企业和工程实际出发，研究开发一般解决方案和个别解决方案，遵照"政府推进、市场引导、企业主体、行业突破、区域展开、稳步推进"的方针，充分发挥大专院校、科研院所的作用，特别是相关学会、协会要不断开拓创新，努力使自己伴随着建筑管理的信息化建设走进新时代，充分发挥跨行业、跨部门专家荟萃的优势，做出新的贡献。

A1　关于国家大剧院业主委员会工作几个问题的建议

（1998 年 3 月 2 日）

青春并嗣铨同志：

在召开了三次文化界知名人士座谈会和一些调研工作后，根据朱镕基同志"工作做在前面，抢时间"的指示，我对业主委员会的工作指导思路做了如下思考。这次业主委员会的工作也是一次建设项目管理工作的改革，要创立出一个按市场经济机制运作与国际惯例接轨的项目管理模式，使方案、技术、人才、资金等资源实现最佳配置，避免传统的"首长重视，工程指挥部式"的管理模式的弊端，以确保建设一个世界一流水平的国家大剧院这个任务的顺利完成。为此，我提出以下建议供决策参考。

一、明确大剧院建设的意义和目的，取得广泛的共识和认识

国家大剧院的建设是我国至今最大的文化设施投资项目，投资额最终为 30 多亿元人民币。对于我们这样一个发展中的大国来说，建设一个划时代的大型文化设施，意义是非凡的，但是各方面的认识并不统一。因此，业主委员会的工作之一就是组织探讨研究，加深对建设大剧院的认识深度，取得广泛的社会共识。我个人粗浅地认为，大剧院建设的意义和目的有以下几点。

（1）时代的需要

经过 20 年的改革开放，社会进步，经济发展，在世纪之交的历史时期，中国成功地完成了实现小康社会的第一步战略，开始迈向一个新的历史发展阶段。社会在阶段性的转变时期，需要有卓越的、超前性的思想和文化的引导。江泽民同志指出"时代需要高雅艺术"。国家大剧院的建设既是我国文化成就的展示，也必将标志着 21 世纪我国文化事业发展的启动。

20 世纪 50 年代末到 60 年代是战后新牌资本主义大国经济迅速发展、社会多样化的新阶段，正是在这个时期，当今世界的经济第一和第二大国，美国、日本及加拿大、澳大利亚建成了许多世界著名的大剧院，如：纽约林肯表演艺术中心（1965 年建成），华盛顿肯尼迪表演艺术中心（1971 年建成），东京国立剧场（1966 年建成），渥太华国家剧院（1969 年建成），悉尼歌剧院（1973 年建成）。此外，进入 90 年代，日本在经济上成为世界第二大

国，而社会对发展的要求则进入了更高的层次。1997 年建成的东京新（第二）国立剧场反映了这种时代的要求。从这些国家的例子中可以清楚地看出，国家级大剧院的建设和社会发展新阶段在时间上的吻合关系。建筑是国民经济的晴雨表，而建筑中最复杂的类型——剧院是反映社会和时代的一面镜子。

（2）国家形象的需要

世界许多国家一直把国家剧院作为国家的形象、财富、品位和尊严的象征。国家大剧院是外交活动和国际文化交流的重要舞台，也是国外来京旅客的一个主要活动场所和景点。同时，由于国家大剧院地处天安门广场，它的风采将经常性地通过影像和图片展现在世界各国人们的眼前。因此，国家大剧院必然在世界各国人民心目中形成代表中国的形象之一，其影响和宣传的作用是巨大的。

我国现有乐团 20 多个，约占全世界 1/10，我国有歌舞团、轻音乐团 300 个左右，曲艺有相声、地方大鼓、评书、评弹等十余种。我国有 300 多个戏曲剧种，近 2 000 个戏曲剧团，可谓中华多民族文化艺术历史悠久，繁花似锦，切实渴求一个能代表国家的艺术圣殿——国家大剧院。

国家大剧院也是中国改革开放这个主旋律的象征。从它的设计方案采用国际邀请赛方式这个决定上就能看出，中国打破传统观念的束缚，将世界文化的精髓吸收到民族文化中来，重视人类智慧，共创人类财富的决心。国家大剧院是改革开放后的中华民族新面貌的象征。

（3）艺术与经济的可持续发展的需要

经过 20 年的经济发展，我国完成了小康社会的第一步战略目标。面向 21 世纪，第二步和第三步的社会发展目标将定位在更高的水准上，即中国的每一个国民不仅要实现物质生活上的丰富，而且要实现内心世界的丰富。

内心世界的丰富是通过与卓越文化财富及文化的创造活动的接触而实现。文化是孕育创造力和美的感性的母体，文化对每个人来说是活着的证明，对国家来说是存在的基础。

经济的发展会使人们对艺术产生更多、更高的需求，而艺术本身又是激发人类创造力的重要因素。因此，艺术是人们生活中最终需求的一种，也是创造财富的动力。发展文化事业是实现社会和经济可持续发展的重要举措。

二、明确大剧院的指导方针

大剧院的建设应该本着"弘扬民族文化，体现时代精神，科学、合理、优质，追赶世界一流"的指导方针。这里主要有两个内容。

（1）"弘扬民族文化，体现时代精神"是选择什么样的建筑形式这个中心问题的基本思想

在弘扬民族文化的主张上，以与天安门广场及人民大会堂等建筑的相和谐为表现特征。在体现时代精神上，以当今全球经济、知识经济、社会略超前为表现水准。我认为，作为国家大剧院建筑形式的指导方针，重要的是今天的国家大剧院要赋予天安门广场一个新的灵魂，这个灵魂是什么？它就是当今中华民族开放、进取、高尚、善美这种崭新的精神面貌。

对民族文化和时代精神相协调的理解不能局限在"形态"的协调上,而应该强调"神态"的协调。

此外,在设计要点中,对天安门广场地段的描述仅仅强调了该地段的经济价值和土地的合理利用。建议应加上一段对其政治和文化意义的定位描述。对此,马建设计事务所焦总向我提出如下两点意见,我认为是值得研究的。

意见1——设计招标范围应该扩大。

建议在更广泛的范围内进行设计招标活动,原因有以下3点。

① 鉴于国家大剧院工程建设的重要性及其在我国文化艺术事业中的深远意义,它的设计引起了国内外建筑师的广泛关注和设计热情,这是出于广大建筑工作者的爱国心,对于这种民族感,我们应予以重视,吸收更多的设计力量参与这项工作。

② 改革开放以来,建筑设计逐步走向市场化。近年来也搞了许多项目的设计招标工作,但因设计市场的不成熟,招标工作极不规范,这在某种程度上严重影响了建筑市场的健康发展。由于国家大剧院工程的重要性及其影响范围的广泛性,它的招标工作应尽趋规范性、公正性,使其成为设计招标工作的一个典范。

③ 国家大剧院的设计,应能代表我国建筑设计的整体水平,应尽量充分调动较全面、较广泛的设计力量来参与此项工作。而局限设计单位的参加范围,则很难反映我国建筑设计领域的真实水平。

意见2——对国家大剧院设计的一些看法。

国家大剧院的设计应充分体现人民性、现代性和民族性。

① 人民性。国家大剧院是人民的建筑,应该是所有人均可亲近的,尤其处于天安门广场的特殊位置,它的建筑空间应使更多的人可以享用,而不是仅供一部分人享用的艺术宫殿。国家大剧院工程早在20世纪50年代酝酿时,国家领导人对此均做过指示,我理解这些指示的核心是为人民服务,这是应该继承和发扬的。

② 现代性。国家大剧院将在科学、技术、经济高度发展的21世纪建成,由它的时代性决定,它必定是一座现代建筑,而不是古典建筑。作为一座国家级大剧院,它既要反映我国建筑设计的最高水平,也要体现国际建筑设计的最新潮流。因此,它的设计就要超过50年代天安门广场周围建筑的设计概念和手法。

③ 民族性。国家大剧院应当体现出我国的民族性和传统文化,但在这个问题的理解上,不能搞机械化和简单化。当年人民大会堂的设计尚且不是对故宫的简单翻版,在今天,我们更应该创造性地处理民族性与现代化的关系。

以上是马建设计事务所焦总向我提出的两点意见。

(2)"科学合理优质,赶超世界一流"是对大剧院功能设计和工程建设的指导方针

我国仍然处于社会主义的初期阶段,还属于经济欠发达的国家。项目建设不能只从控制投资出发,限定建设水平,也不能不顾国家经济实力,片面追求建筑和设备的完美。要启发民族的智慧,集中全国工程建设备方面的优势,在不发达的经济条件下,创出一流工程。

所谓科学，首先是建设管理机制要科学，要探索出一条符合国际惯例的大项目建设的科学管理机制和手段。科学也不仅仅是狭义的剧院功能要求，而应是广义的剧院功能要求。国外一位建筑师曾经指出"建筑是什么？建筑是教育"。优美的建筑，以及它形成的街区空间的确是对人们产生潜移默化影响的老师。大剧院的功能一定要具备易接近的亲民性，要充分使它高雅的感染力发挥更广泛的社会作用，不能成为不易接近的存在。这个问题在剧院的外部空间设计和内部设施的功能设计上都应考虑进去。

所谓合理，一是要合理地确定建设项目工期。国家大剧院工程从1958年就开始筹划，但40年来并没有运作起来，文化艺术界对此盼望已久，热切希望工程早日竣工，心情是可以理解的。但应该本着对历史负责的精神，按照朱镕基总理"工作做在前面"的指示，以科学的态度，充分准备，精心组织，合理确定建设工期，国际上类似的项目都是历经十多年，经过社会各有关方面的论证、筹划、计划、建造起来的。当然，我们不能把时间拖得很久，但也决不能急于求成，更不能把国家大剧院搞成"首长工程"、"献礼工程"，盲目赶工期，给历史留下遗憾和后患。我们确定总工期为5年，1998年为设计方案竞选年，设备、监理、施工招标年，1999—2000年为土建年，2001—2002年为设备安装年和装修年。

合理的另一层含义是合理确定造价，待扩初设计完成后，要认真计算工程合理投资额，按建设工期5年期间价格变动指数，较为准确地估算，力争消除"两超"（决算超预算，预算超概算）的现象。关于大剧院建设资金，请财政金融部门认真研究批准设立"基金"制度，增强业主委员会的融资和筹资能力，包括吸引外资和吸引团体及个人捐款的办法。防止建设资金不足而中止工程建设或拖欠工程款、转嫁困难的现象发生。

所谓优质，一是要注重大剧院工程的高技术投入，体现时代最新建筑技术和声、光、电设备水平。二是要认真按规范标准施工，包括竖向布局、市政设施、主体结构、内外装修装饰，消除一切工程质量通病，在具体施工选材和工艺上，要吸纳国内民族特色的技术，如浙江东阳的木雕艺术等。同时，国内尚未达到高水平的，要引进国际上最新材料厂设备和工艺，起到为民族工业赶超国际一流的示范作用。

"追赶世界一流"是留有余地的提法，在实际工作中一定要赶超。一要体现在建设水平上，对历史、对人民、对全世界要有一个满意答案。二要体现在管理水平上，对于建设过程中的科学管理，在以上的"科学"解释里已提到关键是建成后的物业管理，更要提早着手进行国际培训，最迟在2000年。无论是文化、艺术，还是政治、国度，或是商务、旅游，都要有一个高素质、世界一流的管理体制和管理队伍。同时，文化部要加快文化艺术团体的改革和发展，以国家大剧院建设为契机，赶超世界一流水平。

三、业主委员会的工作职责

我们的业主委员会是在我国由计划经济向市场经济转轨过程中成立起来的特殊的工程项目管理机构。为摆脱传统的计划经济体制的影响，建立与市场经济相适应的项目管理运行机制，在项目实施过程中要大胆引入和采用工程建设管理的国际惯例，以及我国工程建设十几年来改革的成功做法，高水平、高质量建设好国家大剧院工程。同时，总结出一套大型政府投资项目的管理经验。具体地说，就是实行以项目法人责任制为核心的一整套项目管理运行制度。

项目法人责任制是指项目法人对项目的筹划、资金筹集、建设实施、生产经营、债务偿还和资产保值增值实施全过程负责。虽然国家大剧院工程是国家财政划款的项目，但是，为保证项目的质量和效率，业主委员会应该借鉴和采用项目法人责任制的基本原则和主要做法。按照项目法人责任制的要求，在项目实施中，要采纳以下6项制度。

（1）工程招标制度

国家大剧院工程实行招标制度是保证这项大型工程的投资得到合理配置的非常重要的措施，也是实现在市场经济条件下管理建设项目的表率。国家大剧院前期阶段将进行四大方面的招标工作：

① 设计方案的国际竞选；

② 剧院设备的招标；

③ 监理单位的招标；

④ 工程总承包的招标。

设计方案实施国际竞选是当前国际上建设大型文化设施时的普遍做法。在我国，上海市等地近年进行了一些国际竞选，如上海大剧院和东方音乐厅等项目，取得了设计方案国际竞选的初步经验。北京市至今举行的设计方案国际竞赛事例并不多，这将是一次很好的尝试。设计方案国际竞赛是吸收人类智慧的好机会，其意义在于它不仅仅是学习世界先进的设计技术，更重要的是学习世界先进的文化和思维。因此，也是提高我国设计院所的国际竞争能力、开拓国际市场的途径。

为了保证国家大剧院的装备水平，从投资的长远效益出发，舞台、音响等剧院设备应该实施国际招标。文艺界的专家反对电声，主张建声的愿望是可以理解的，但随着时代的发展、科技的进步，文艺与现代声、光、电技术的结合是必然的趋势，剧院建筑应考虑生态建筑、节能建筑、智能建筑的最新成果的应用，除声学设计高水平外，声光电的设备水平至关重要，如环绕式声响、空间耦合系统、高性能的电脑控制效果、自然光、电光和激光的和谐效果，所有启动、停止、升降、平移机械的人机工程和无噪声的保险效果等。要全面考察当今世界最新成果，采用国际招标，以示范推动我国的科技发展。

监理和施工采用国内招标，必须体现公开、公平、公正的市场竞争原则，打破部门封锁和地区封锁，竞选出我国当今最一流的监理队伍和施工队伍，使得在该工程的投资控制、质量控制、工期控制及安全控制严格有序，使该工程的合同管理、信息管理、现场文明施工管理为全国示范。该工程所有单位的组织协调要探索高效率、规范化，努力建设一个代表型工程，造就一批优秀管理者和操作者，总结一套和国际管理接轨又符合我国国情的管理经验。

（2）合同管理制度

项目建设应参照我国的《建设工程施工合同示范文本》、《建设监理合同文本》，以及国际咨询工程师联合会制定的 FIDIC 合同条件，严格合同管理。建立完整、系统的合同管理体系和工程索赔机制。在合同管理上，无论是业主还是所有参与单位，都要按 ISO 9000 的要求进行管理。另外，合同要实行公正，维护合同的严肃性，合同要严密，履行要有法定程序，要守信誉。此外，对分包的合同管理也要给予指导。

（3）建设监理制度

业主委员会应设工程监理部，负责或参与工程建设的"三控制、两管理、一协调"，即负责投资（造价）、质量、工期控制，负责合同管理、信息管理和工程的组织协调。工程监理部通过招标，选择一个总监理公司和若干个监理公司，与之签订工程监理合同。监理公司必须对所监理的分部分项工程的造价、质量和工期控制全面负责；代表业主委员会做好合同和工程信息的管理工作。

（4）中介服务制度

在项目实施过程中，工程招标、法律服务、工程的咨询与监理、工程质量的检测、工程风险的投保与理赔，翻译和计算机管理系统等方面的工作应当推行委托化、专业化。业主委员会应当委托各专业的中介服务机构，从事相关业务。这样可以利用专业中介机构的经验和技术，提高工作的效率和水平；可以精干自身的管理班子，减轻工程竣工后人员安置的压力。

（5）总承包制度

为便于工程建设的统一协调，采用先进的施工技术，保证工程质量和工期，节约工程造价，项目建设应实施总承包。考虑到目前国内建筑业和勘察设计单位的实力，工程的规模和复杂程度，总承包的形式可以采用施工总承包；或由数家承包企业组成的联合体实施总承包。业主委员会与总承包企业签订合同，总承包企业经业主委员会同意，选择分包企业。

（6）政府监督制度

建设项目的工程发包承包、现场管理、工程质量、施工安全等，均应遵循国家和地方相应的法规和管理条例，接受建设部和北京市建委的行政监督，项目审计等接受政府有关部门的监督。

四、实现管理手段的现代化

为了提高国家大剧院工程的项目管理水平和工作效率，需要导入现代化的管理手段。主要工作有以下几个方面。

① 在项目管理的全过程，如目标控制、合同管理、信息管理、财务管理等方面实施计算机管理。为此，应采用先进的项目管理软件。

② 充分利用计算机网络，提高国际通信效率。国家大剧院工程涉外事务比较多，文件、信息的通信往来频繁，而当前国际上最普遍使用的通信手段是电子邮件，电子邮件具有速度快，通信费用低，易管理的优点。因此，业主委员会应尽快加入因特网，各部门负责人应有各自的网址，以适应国内外的通信需要。

③ 决策的科学化。在国家大剧院整个建设过程中，业主委员会要做出许多决策和判断，或做出方案上报领导。大剧院工程复杂，高科技设备多，各个项目的投资额度都很大，因此

我们的责任很大。这就要求决策一定要科学化。首先，一定要充分发挥专家组的作用，认真听取专家的意见。其次，决策要有根据。在实施调查、充分掌握具体情况和细节的基础上，整理成较详细的调查报告，供大家讨论后，做出决策。不能只凭经验或大家演绎式的讨论便做出决策，以减少失误的发生。

④ 革新人事管理制度，实行管理职和文秘职的分层管理，各处室应配备文秘，分工明确，使优秀的管理人员能集中时间从事本职专业工作。文秘的人事实行短期合约制，加强责任感和竞争淘汰机制。严格用人的入口管理，吸引优秀人才。

五、业主委员会的自身建设

国家大剧院业主委员会是由北京市、文化部、建设部组成的，应当本着廉洁、创新、统一、高效的原则，加强自身建设。

"廉洁"指建立健全规章制度和监督机制。在工程招标、设备采购、工程结算等重大问题上，实行集体决策，制定严格的审批程序，增加工作的透明度，杜绝营私舞弊、行贿受贿等腐败现象的发生。

"创新"指借鉴国际上通行的工程管理机制和方法，探索大项目建设管理的国际惯例在我国的应用，探索和培育建设要素市场，以及社会化、专业化的中介服务组织在建设中的作用，探索建设市场经济的法律化、契约化在建设中的实际操作方法。

"统一"指业主委员会实施主席负责制。副主席作为主席的助手，按其分工职责对主席负责，主席对领导小组负责，尽管人员来自三家，一定要保持统一，维护团结，形成坚强的领导核心和指挥堡垒。

"高效"指层层建立岗位责任制，科学合理地设置工程指挥系统和项目建设管理机构，明确每个部门、每个管理人员的工作职责，避免推委扯皮的现象，提高项目运行效率。

以上建议供决策参考。

A2　靠竞争出精品出人才

——与建筑设计院院长、建筑师商谈国家大剧院的设计创作事宜

（1998 年 3 月 22 日）

因本人多年从事工程建设和建筑业的实施和管理工作，对活跃建筑设计思想、繁荣建筑设计创作研究深度不够，但出于对国家大剧院建设的使命感和责任感（惟恐出不了精品，遭人唾骂，有负于历史、有负于人民），所以自接手工作以来，向多位建筑大师求教，阅读有关建筑文库资料，实地考察了一些城市的歌剧院、音乐厅、戏剧影院等，深感寄希望于建筑设计院院长们、建筑资深大师、专家和广大中青年建筑师们，恳切希望在建筑设计领域，在明年将在我国召开的世界建筑师大会的前夕，来一次拼搏，重在参与，靠竞争出精品、出人才。

一、深入开展建筑学术研究，以活跃建筑学术思想，促进国家大剧院精品之创作

中华人民共和国成立以来，特别是改革开放以来，我国成长了一大批建筑大师、建筑师，在祖国大地上也耸立了一大批具有炎黄子孙新貌的美的建筑，这是中国人"从此站起来"的骄傲。但也要看到，由于多年计划经济体制的禁锢，目前市场经济的不完善所导致的设计创作思想和建筑作品方面不尽人意的事还不少，如项目法人的不成熟，有的业主片面追求用地规划"越满越好"，建筑容积率"越大越好"，有效面积"越多越好"，平面利用系数"越高越好"，建筑造型"越奇越好"，设计期限"越快越好"，种种违反科学的要求，弄得建筑师们很为难，很尴尬，而有的建筑师们钻心于赚钱的技巧，懈怠了创作智商的提高，缺乏时代的责任感和攀登艺术高峰的韧劲，从而导致理论功底的浅薄和创作思维、心态的浮躁。综述各方因素，也就会带来遗憾的作品，有的甚至是"丑陋的城市"。

本人认为，在国民经济可持续发展，改革开放进一步扩大的大潮中，深入开展建筑学术研究尤为必要，这种研究将有利于建筑师们勇于竞争，在竞争中出精品、出人才。对此，我抄录《建筑时报》登载的李武英同志的两篇文章，全文如下。

（一）"夹缝中的尴尬"——中外建筑师合作引出的话题

不久前，在上海召开了第二次中外建筑师合作设计研讨会，中外大师汇聚同济大学，在中外对比中，中国建筑师对自己眼下的境遇颇有一番感慨。

近年来，国外建筑公司、建筑师事务所纷纷抢占大陆市场，仅在上海注册取得资格证书的就有几十家，都是世界知名的大公司。国家有关主管部门规定，境外公司在境内做工程，必须要有境内合作单位，这样境内外之间有了更多的学习机会。在合作过程中，我们的建筑师看到了自己水平与境外建筑师相比的差距，也体会到了在业主的经济限制和素质低下的压力、政策和规范的约束、不公平竞争的打击共同构筑的夹缝中求生存的滋味。

在众多的合作过程中可以了解到，国外的设计师为一个工程的初步设计所耗费的精力、所投入的劳动量是我们的设计师的数倍。一般说来，设计师从熟悉现场、构思到表现图、初步预算完成，普通的国内工程，最长的周期是半个月，平均是三四天，"效率"之高，令国外同行叹为观止。并非我们的建筑师个个都是"快手"，实在是因为业主催逼太急，业主总是今天有一个想法，明天就想看到它变成实物，没有看到这是一个创作的过程，而在"顾客就是上帝"的信念下，业主的意见就是御旨，建筑师岂敢违抗。不仅如此，建筑师的设计方案的诞生就是跟着业主的思路削足适履地完成。这样的例子俯拾即是：首都的某工程因为必须要有"民族帽"，投标的公司尽管对此有看法，为了避免被淘汰出局，也还是用心做了十几顶正宗的"民族帽"供业主挑选，而更多的时候是业主以"外行"眼光横加指点，设计者也只有去投其所好。虽然业主水平有限，而我们的建筑师地位更低，当然结果还只能是出钱的发令兼看路，干活的只管拉车了。

中外合作的操作方式一般是外方负责方案设计，从扩初开始，中方建筑师逐步介入，施工图由中方出，在初步设计过程中，中方建筑师不容插手，这种貌似公平的"合作"，不客气地说，就是"打下手"。因为对外国建筑师来讲，方案是灵魂，他们认为这个工程是建筑

师的个人作品，所以才会出现一个合作工程结束后，外方只字不提合作的中方设计者而令我们的建筑师非常气愤却无处说理的事情。其实，这样的合作不止中方建筑师不满意，外方也有怨言，因为一个自己的作品，意味着从构思到完成工程的整个过程都受控于建筑师，这是他的责任，也是他的权力。国内也有不少这样的例子，如某高校的一个重要工程，是一位老教授的得力之作，在施工时，她日日坚守在现场，不允许别人随意更改她的任何一个细部，所有材料都要经她亲自认定后才能合作，这就是一个建筑师的权力，这样的态度才有可能出精品。所以，就一个工程而言，失去了外方优秀设计全过程的参与和把关，岂不是有点买椟还珠之嫌。

目前，国内市场的国际公开招投标工程，外方中标的机会比较多，这当然不能否认外来的和尚经确实念得好，但也不能排除有不少时候是因为这里边有幕后交易——把工程给老外做，有关负责人就有机会到国外去"考察"以及诸如此类的别的什么好处，由此而成倍增加的设计费反正是慷国家之慨。苦的是我们建筑师，每每被招去当"绿叶"，做陪标，方案做得不好没什么可讲，做得好可以让你"中奖不中标"。

因此在设计过程中，我们的规范条例对外国人没有约束力也就顺理成章了，设计费更不用说是中国人的几倍。有建筑师透露，即便是"打下手"工程，所收的到设计费也比整个工程全部自己拿下要高，这得感激沾了老外的"光"。再比如，贝聿铭先生在设计香山饭店时，使用的砖据说是十几元一块的澄浆砖，庭院里的山石是专门从云南石林选拔出来的，国内建筑师哪里敢奢想这样经济和意志上的特权。不过，这一点别人也不敢有什么非议，卢浮宫前面的金字塔，起初遭到几乎所有人的反对，但因为有法国总统支持，贝先生的又一伟大作品、又一座建筑丰碑才得以问世。没法比的就不去比，国外建筑师个人的名气就是事务所的实力，他一个人就能说明任何问题，而我们的设计师一向被看做仅是沧海中之比较重要的一粟罢了。

一些国外建筑师疑问，在中国搞设计，做来做去，怎么方案越来越像中国人的作品，大家的水平好像也逐渐趋近。究其原因，在于我们对设计有太多的限制条件，各种规范令人应接不暇，大量的时间和精力都用来应付各方的审批，很难再花精力对方案精雕细刻。这就是国内的建筑师的工作环境，实属非不力也，乃不能也。

中国的经济快速增长，基本建设如火如荼，而发达国家的建设已基本饱和，他们必定向外寻求市场。据说，在美国有一本《打进中国市场指南》，颇为详细地指明了攻入中国市场的策略，包括该上什么庙为哪些菩萨去烧香，烧多少香都有，在这种状况下，真不知该拿他们当敌人还是朋友。不管怎样，闭关自守已被历史证明是错误的。寻求"对等"也确实有一定的难度，坚守在目前我们的一些"地方保护"政策的羽翼下时日不会太久，建筑师在提高自我素质和水平前提下，希望能为他们才能的发挥尽可能地创造一些宽裕的空间，让他们也能在公平的环境中与国外建筑师一比高下。

（二）精品建筑——时代的呼唤

就像变魔术似的，城市之中新建筑一座座耸立起来，令人眼花缭乱，目不暇接。然而，千楼一面如孪生，甚至于连眼神表情都颇为相似，给人一种内容空洞，文化贫乏的感觉，内行更是一眼就能识破某些建筑不高明的抄袭仿制。建筑与时装一样有"流行"的特征，建筑风格体现建筑师个人的素质，更是分明地打着时代的烙印。20 世纪 90 年代的建筑所体现的是中国改革开放进入一个实质性阶段的人的心态和社会价值观。建筑作品不能令人满意，这其中有设计师个人的因素，更多的是社会因素，因为人本身就是社会的缩影。

从建筑师个人的因素来讲，主要表现是创作心态的浮躁，创作思想的含混和理论基础的薄弱。在一切以经济效益论成败的价值观之下，浮躁是社会人的普遍心态。设计院和设计师也不例外，既不以出精品为目的，则只要功能、造型、预算都能对业主交待得过去、拿到设计费就算功德圆满，便不去探讨什么设计思想、设计方法、艺术风格。所以，"拿来主义"哲学便很盛行，造就了一大批"孪生兄弟"。不少设计院名为"设计研究院"，实际上没有几个真正在搞研究，如果不是为了评职称，设计院里会主动动手写文章的人寥若晨星，也难怪做出来的没有"文化"。在设计院流行的一句话，很精彩地一言以蔽之：画靓透视图，套熟标准图，应付好业主，不愁没钱途。

一次，与一位年轻的设计师聊天，他坦言，建筑设计是一个创造过程，必须得有天赋、耐心和勇于创新的精神，才可能成为大师。而事实上，平凡的人十之有九。既然成不了大师，不如想办法赚钱，也算是一种成就吧。"开始的时候我是特想做出惊世骇俗的作品，但是渐渐地我发现这个想法有些幼稚，于是我选择折中，具体地说，就是设计求合理而不是精品，而我也常'公私'兼顾，虽没有发大财，总算心理平衡。"像这样的例子并不个别。

为什么出精品的想法会"幼稚"呢？环境决定论。颐指气使的普通业主就不再提了，总之，任何顾客做"上帝"都不如业主"上一帝"的感觉这般良好。而一些稍具规模的项目一般都是有后台的，由巨头说了算，一夫当关，几十位专家旋即便被横扫于马下。这样的工程大多"后墙不倒"，即竣工时间是有期的，所以，从开始便是倒计时的"三边"工程。边设计、边施工、边修改，已经被设计和施工企业以乐观主义的精神当做一条可以证明实力的"保留"经验，这其中的苦衷自是哑巴吃黄连。

业主只是"一小撮"人，他们之所以能"得逞"，得"归功"于大众的无知和懦弱。在建筑史上比较著名的一件事是 1972 年 7 月 15 日下午 3 点 32 分，密苏里州圣路易斯城帕鲁伊格居住区的几座板式建筑被炸掉，原因是居住区设计缺乏人情味，导致犯罪现象屡屡发生。这一时刻，现代建筑被宣判死亡，我们的百姓怎么能想像他可以因为住区有小偷来光顾就要求政府炸掉这幢楼。"建筑是凝固的音乐"，建筑师不敢奢望大众能像对音乐那样"发烧"，至少给予一点关注，多点"人民的力量"，这样在处理一些关键问题时建筑师才不至于势单力孤。

大环境是一方面，而设计院的"微环境"的运行机制似乎也不利于出精品。大锅饭现象在不少的设计单位根深蒂固，设计任务不是从怎样做最好来分配，而是很多复杂的因素在起作用。大环境决定以量而非以质论价，平衡的结果总是牺牲"求最好"的原则。比较可贵的是很多建筑师还是有良知的，在尽可能的条件下为出精品而奉献。杭州市建筑设计院总建筑师程泰宁先生在几年前成立了一个工作室，相对独立于设计院，但也绝对不是国外事务所的概念。它相当于一个实验室，一个"精品实验室"。工程严格挑选，人员量才是用，收益不以量计，而是根据每个人的能力和工作态度设定一个系数，过一段时间，调整系数。可以两个月出一个方案，但一定要有创意；绝不许私自"炒更"——设立了一道道防护网堵住不利外因，专心只为出精品，用程先生的话讲就是用这段时间的作品来记住这段历史。两三年来，他的"实验室"确实出了一些比较好的作品，如杭州火车站等。但是，程先生很担心这一个"理想王国"不可能是长久之计，因为他并没有为他的"臣民"们带来比其他人丰厚的回报，这些最出色的选手如果有"自由"，可能也会是通俗意义上的"成功人士"了，因为"某建筑的设计者"远不如"某某腰缠万贯"听起来激动人心。"精品实验室"陷于四面楚歌之中。

"精品意识"不是一个新话题，也不是一个人的呼吁，而是一个时代的呼吁。建筑师伯纳德·屈米说："现在的世界是一个缺乏共同标准的、紧张而混乱的空间，然而，我们仍需记住建筑不可能离开日常生活、社会活动和人的行动，这是建筑的原则。在这个特殊时期，人们都充满了希望，如果我们没有尽力的话，几十年后我们会发现自己有愧于这个时代。"

再抄录《建筑报》登载的杨永生同志写的 4 篇对话，全文如下。

（一）关于建筑创作的对话

1997 年 9 月 12 至 14 日，由全国政协委员、香港建筑师学会前任会长潘祖尧先生赞助的"建筑论坛"第三次研讨会在南京东南大学举办。这次会议的主题是"现状与出路"。收到陈志华（清华大学教授）、彭一刚（中科院院士、天津大学教授）、钟训正（东南大学教授）、张钦楠（中国建筑学会副理事长）、戴志中（重庆建筑大学教授）、仲德昆（东南大学建筑系主任）、邹德侬（天津大学教授）、潘宜尧、左肖思（深圳左肖思建筑设计事务所总经理、总建筑师）、齐康（中科院院士、东南大学教授）、程泰宁（杭州市建筑设计院顾问、前任院长、总建筑师）、戴复东（同济大学教授）、罗小未（同济大学教授）等 14 人的论文（以论文提交先后为序）。这些论文将由天津科技出版社出版专辑。

这次会议由东南大学建筑研究所、建筑系和天津科技出版社三家主办。

本报特请研讨会主持人杨永生（《建筑师》杂志编委会主任、编审）根据会上的发言及各位专家、教授的论文，整理出 4 篇对话，陆续发表，同建筑界人士交流。

杨永生："建筑论坛"已经开了两次研讨会，第一次会的主题是"建筑与评论"，第二次会的主题是"比较与差距"。这两会的论文都已由天津科技出版社出版了专辑。

这次会议的主题是"现状与出路"。我想，还是请大家着重谈谈建筑创作的现状并讨论一下出路何在的问题。不言而喻，"出路"这两个字即已包含了对现状不大满意的意思，确切一点说，所谓出路无非是如何进一步提高的问题。

张开济大师说过，现在各种奇形怪状的建筑体形都出现了，明目张胆地大搞形式主义。

程泰宁把建筑创作的现状概括为"亦喜亦忧的现状"。周凝粹认为"目前我国建筑创新的热情被困扰在形式主义之中，设计中新科技含量低、建筑技术发展滞后已经成为阻碍建筑业发展的瓶颈。"现在，请大家谈谈你们的看法。

彭一刚：当前建筑创作中确实存在着十分严重的形式主义的倾向。过去，在计划经济条件下，建筑形式单调无味，千篇一律。现在，改革开放，经济发展迅速，广开眼界向西方学习，这是一大进步，十分可喜。但是，市场经济又给建筑创作带来了剧烈的冲击。

建筑行业说到底是一种服务性行业。侍之于人，必取悦于人。建筑师要想揽到项目，就必须取悦于业主，而他们的文化素养，审美情趣又千差万别。（杨永生：应该承认，由于种种历史的原因，我们的业主往往文化素养不高。）建筑师要想揽到项目，就要迎合他们的口味，首先是以建筑物的外形去取悦。因而，在评选、决策过程中，往往忽视功能，忽视经济、技术的科学性和合理性，忽视与周围环境的和谐统一。最终，多以形式的"奇特"、"新颖"而一举中的。于是，便出现了张开济大师所指出的夸富嫌贫、崇洋媚外、相互攀比、追求豪华等风气。

杨永生：张老指出的这点，非常中肯。中央号召反对奢侈铺张浪费，我看，近几年，建筑上的奢侈浪费也不小，建筑上的那些无谓的装饰物既非功能所需，又非美观所要，画蛇添足，统统加起来，浪费多少钱财！还有，本来很有特征的建筑，重新装修，花了不少钱，弄得不伦不类的实例也不少。我们建筑师看来也要在可能条件下说服业主，注意节约人民的财富。

彭一刚：从建筑师本身来谈，缺乏敬业精神和创作激情，这是个态度问题。当然，为时间所迫，粗制滥造的现象也屡见不鲜。再就是功力和素养问题。虽然主观上想做好，但能力所限，于是急于求成，妄图以出奇制胜之法而成名，结果不免流于媚俗，流于形式。这些都妨碍提高创作水平。

至于出路，我也茫然，涉及的面很广，如提高科技含量，可持续发展，智能化等。

陈志华：十几年来，多亏改革开放的好政策，建筑创作真个是繁花似锦，好一派阳春三月景象。与世界先进水平差距固然不少，照这些年样子如火如荼地发展下去，只要观念更新，赶上的日子也不会太远，有半个世纪总差不多吧。

张钦楠：现在的问题不是复古主义、形式主义的问题，而是"文抄公"，抄的又不像。形式还是需要的。20 世纪 50 年代反对过复古主义、形式主义，结果弄得大家在大帽子底下不能创作。

今日中国建筑学所面临的矛盾和问题比过去任何时候都更多、更复杂，好像处在好几个十字路口的交叉点上。这些矛盾，举其要者来谈，有：市场经济与"吃大锅饭"、勤俭节约与追求豪华、持久发展与"破坏性建设"、功能要求与哗众取宠、创新探索与墨守成规、社会效益与惟利是图、城市整体与各自为政、行政与创作自由、职业道德与损人利己等。

在这些矛盾和问题面前，可以有几种态度。一种是无视社会已经或正在发生的变化，我行我素，当然会碰壁。另一种是以短期适应或者说以带投机性的行为去适应变化。由于建筑是一种长期存在的产品，短期行为只能带来更多的问题。再一种就是正确理解和阐释社会的变化趋势，区别不变和可变、长期和短期、积极和消极的因素，不断通过实践去检验自己的认识，以便取得主动权。这最后一种是最有作为的途径。

再谈到十字路口。昂首阔步穿越，难免有遭车祸之险。老老实实等待绿灯，未必妥善。有段时间，某城市只对某种"风貌"开灯，效果如何，人们已有定论。在我看来，当今不如左顾右盼，看准了，插空子过街，最为有效。

潘祖尧：改革开放后大开门户，引进外来技术。近几年才有海外建筑师在国内做设计，但还属少数，还未能大显身手，更未能堂堂正正地自立门户。近年来的建筑设计大多属表面功夫，与国外比，尚有很大一段距离，主要是深度不够，产生大量浪费。各大城市都有大量的大而无当，花枝招展的建筑物，实是遗患无穷。

另一方面，经济改革后，钱的价值突升，引起不少不正规行为。有的建筑师在业余时间甚至工作时间内接外面私下委托的项目，因没有设计院的技术支持，且个人经验所限，多数成果水平不高，贪图私利，危害不浅。又因公私兼顾，导致精神紧张，本职工作也受到影响，结果是两败俱伤。

左肖思：引进境外名家、大师设计或国内外合作设计，几个大城市不乏成功实例。但也有名义为国外著名事务所的方案，实则由在国外打工的中国建筑师为主搞的，水平也不怎么高。

潘祖尧：设计费太低，请不到高手。我以为宁可多花点钱，也要请高手，这对提高国内的设计水平有好处。

杨永生：我们建筑设计如同足球，不肯花钱请国外优秀教练，请来的是三四流的，怎么也提高不了。名师出高徒嘛！

左肖思：近年来，整体设计水平迅速提高，涌现出不少优秀作品和一些颇有成就的建筑师（不少是年轻新人）。与此同时，创作质量粗俗的劣质建筑大量出现，几乎把城乡联结成片，令人透不过气来。房地产发展过热，盲目开发，急功近利，追求高容积率，导致环境质量下降。单体设计时为尽可能多销售建筑面积，建成大量如同罐头般的容器，缺乏公共空间、生活情趣，更谈不上建筑艺术。

每遇大型工程，总有人提出要创建标志性建筑、全国之冠、亚洲第一、保证几十年不落后等，无非是"形式"和高度。建筑师全部精力花在形式上大做文章，一幢房子包罗种种"主义"和"符号"，不自觉地陷入形式主义，滋长华而不实的作风。

为正确引导建筑创作，从保证方案确定的正确性出发，对当前建筑方案招标的具体办法应认真地进行再研究并做出统一的规定。

程泰宁：对设计招标问题希望主管部门认真研究其利弊。看来，弊大于利，而且设计招投标并不能与施工招投标等同起来，施工招投标面越大越好，而且有一些硬性指标，比较容易权衡。设计则不然，似乎不应该用多少平米以上的必须实行招投标来显示成绩。其实，只有那些重要的，重大的工程实行招投标即可，同时，评标在设计上还是应以专家为主。

张钦楠：据我了解，国外只有设计竞赛，并没有设计招投标。设计招标不是万能的办法，不一定去追求高比例，要按重要性来规定是否实行招标，需要搞一部设计招标法来规范一下，从实践中看，在招标评标当中，人际关系起了不小的作用。看来，弊多利少。

杨永生：关于设计招投标问题，我们这个会不可能进行深入的讨论。这个问题，大家提得很好，也是一个重要的问题。我们又都是专业人士。只能提出来，供主管部门参考，请他们认真地去研究，并重新讨论；做出适当的决策。现在，继续请左先生谈谈设计体制改革问题。

左肖思：根据党的十五大的精神，在总结前一阶段设计体制改革试验的基础上，加强改革的力度和速度，在全国各省市较普遍地增设（可以多种经济成分或形式）以一级注册建筑师为主持人的设计事务所。

这样，对改善设计环境、引导公平竞争、发挥建筑师的积极性和创造性，对繁荣和提高建筑设计水平，都会有积极的推动作用。

杨永生：设计体制改革，已经迈出了可喜的一步，在党的十五大精神鼓舞下，步子应该迈得大一些，只要政策对头，更大范围地增设一批集体的、私人的建筑设计事务所，对提高建筑创作水平，无疑将起到重大的推动作用。

潘祖尧：我还建议，各大城市有关政府部门支持成立一些特种的“建筑设计工作室”（Architectural Design Workshop），以私人有限公司方式经营。这种工作室可以适量聘请海外高水平的建筑师或邀请海外设计单位加入合作经营，不仅做设计，还要对建筑师进行“再教育”，利用三分之一的工作时间来研究建筑创作问题，实行边执业、边教育。虽然，这与建筑设计研究院组建时的出发点可能有些相同，但现今大多数设计研究院已经变相。在前路茫茫之际，及早回到边设计、边研究、边教育的路上来。

杨永生：现在的设计研究院实际上是只设计不研究，或者是很少投入去做研究工作。

齐康：社会现象是复杂的，反映在建筑现象上也是纷繁多样的。也只有这种多样才构成整个建筑文化。在运转、滚动、扩散的过程中，增长我们的经验和知识，加强实践和理论相结合的研究。我们要持之以恒地探索，多出精品。

我国的工程建设取得了前所未有的成绩，也产生一定的负效应。我们所做的工作有的是良性循环，有的是负面效应，有成绩，有缺点，甚至有错误。今天我们赞誉的，也许到了下个世纪某个时期看，是不可取的，甚至是错误的。建设中的人口问题、土地问题、环境问题、资源问题，在我们研究持续发展的对策时，始终是困扰着我们的课题。

城镇发展中的保护问题，在城市化演进中十分重要，将贯彻始终。资源的保护、水源的保护、人才的保护、文化的保护等都是跨世纪的重要课题。我们的建设目标和标准不可超越时间、空间及具体地点的经济承受能力。

程泰宁：面对近年来城乡面貌的巨大变化，不禁产生一种困惑和忧虑。现在似乎又在“现代化”和“世纪文化趋同性”大旗下，到处可见那种廉价的西方建筑仿制品。一些城市特色在消失，地域特征在弱化，建筑的整体文化素质停在较低层次上。忽视自然条件及政治经济文化发展阶段的不同，无视地域性对建筑文化发展的巨大影响，以致造成当前建筑风格的千篇一律和城市面貌的平庸化。地域性是一个外延和内涵十分丰富的概念，不同的建筑师都应有自己的理解和诠释，建筑师须在作品中突出"自我"。一个建筑师、一件作品，只要能在某一个方面突出自己的特色，就是成功。而众多建筑师从不同方面探索，才能使建筑的地域特色表达得更为丰富和完善。

钟训正：我要谈的主要是给城市多一点绿地和公共活动空间问题，在发言稿里都写了，这里不再多谈。只想谈谈建筑高层化是否等于城市现代化的问题。现代城市，在某些人心目中就是高楼大厦，有的市领导还责令有关单位在 3～5 年内完成 100 幢高层的计划。一般主干道上的高层，多是综合体，下部裙房一律是商场，上边用于娱乐或餐饮，主楼不是写字楼就是旅馆，在市中心一般不许建高层住宅。这就带来几个严重的问题，交通问题、能源问题、出售和出租问题。现在，这些问题都没有解决好，正在造成难以克服的隐患，且有的问题越来越严重。当然，这些问题并不取决于建筑师，但我们也不能袖手旁观，不言不语。我们在城市建设上不能不认真考虑当前依然是初级阶段，尤其是底子薄、地少人多、资源不足等问题，并要极力避免浪费、奢侈。如果大家注意到近年新建的一些政府大楼（包括县级的）及其广场，就会发现其气派是非凡的、浪费也是惊人的。

罗小未：目前，是什么妨碍我们出优秀作品、精品？概括地说，不外乎是建筑师创作心态的浮躁，创作思想的困惑和理论基础的薄弱，这三点是程泰宁说的，我同意。在市场经济大潮冲击下，建筑师为了自身、集团的利益和生存不得不抢米下锅，急功近利，惟业主利益而忘却建筑师为公众利益服务的天职。此外，业主提出"帝王气派"、"霸王风度"，也使建筑师伤透脑筋，只好盲目抄袭，东拼西凑，不管恰当与否，美与不美都搞成大片玻璃幕墙，毫无根据地滥用象征高科技的结构构件，杂乱无章与手法拙劣地仿西方古典建筑，以及各色"假贵族"、"假皇宫"满天飞。

更加有趣的是，近两年不知从何处又吹来一股所谓"欧陆式"之风。所谓欧陆式究竟是什么时期、什么地方的样式？如果是一种混合，又综合些什么？有人说，这有什么好问的，入乡随俗，既然有人要、有人喜欢，那就做吧！但这是要我们建筑师去做的，怎能不搞清楚？

那么，出路何在呢？我除了同意必须调整心态，走出误区和强化"自我意识"之外，还想呼吁建筑师要像艺术家那样热爱自己的作品，要把建筑设计看做是一个艰苦的创作过程。最近，寿震华给我们看贝聿铭设计的北京西单中银大厦的图纸，设计模数从室内地坪的图表至整幢建筑的空间乃至结构模数都是一致的。上海人常在谈到金茂大厦时，为美国SOM 公司大额的设计费而咋舌，但任何人见到过他们送来的大宗极其精细的图纸后，无不叫绝。SOM 的人说，他们认为自己并没有收足费用，只是尽责而已。

张钦楠："欧陆式"指的是西洋古典，还是什么综合概念？这是我们中国人自己创造出来的"风格"。为什么又喜欢上"欧陆式"？是怀旧？是对目前的不满？看来，中国非常需要建筑科普。我们建筑师有义务向全社会、向业主、向领导普及建筑知识。要学会向开发商做工作。建筑师如何与开发商找到结合点，成为开发商的顾问，是一个值得重视的问题。

彭一刚：建筑师要使自己的作品既悦目又赏心，除功力和艺术修养外，还必须树立精品意识，即把设计工作当做一种创作来对待。当然，这并不容易，特别是在市场经济条件下，必须排除来自各方面的干扰。

就整体而言，精品只能是少数。不过它可以开风气之先，在它的影响带动下，自然会推动整个建筑创作水平的提高，精品的层出不穷，才能有所提高和突破。反过来，它们又会潜移默化地改变人们的审美情趣，从而为精品的推进创造有利的条件。

杨永生：大家关于建筑创作的现状，看来取得了共识。至于出路问题，大家都谈了许多中肯的意见，可供建筑师们参考。此外，还谈到了设计体制改革问题、设计招投标问题，以及继复古风之后近一两年从南到北或是从北到南刮起一阵阵的风，只要吹起来，就遍及神州大地。这是为什么？是否还要从深层次上去探究其原委？这一股股风所造成的浪费，有目共睹，对城市面貌的负面影响，也有目共睹。现在确实需要认真地去认识、去总结。否则，过几年，对"欧陆风"厌倦了，不知又要起什么风。

经过这些年的发展，我认为，除了提倡"多元化"的方针之外，还要强调"适用、坚固、经济、美观"的建筑创作方针。

（二）关于建筑学术研究的对话

杨永生：我国建筑理论与历史研究工作，起步较晚，只是从 20 世纪 30 年代才开始，而且人数不多。梁思成、刘敦桢他们这些学者是开拓者，取得了非凡的成果。解放后，又有一批青年学者在他们的带领下也积累了相当丰硕的成果。但是，从 20 世纪 60 年代初"阶级斗争一抓就灵"以后，建筑理论与历史的研究工作，就无法再做下去了，专业人员都被遣散或改行，直到 80 年代初期，才又逐渐复苏。时至今日，在商品经济大潮冲击下，在各个单位（包括大学）都致力于创收的情况下，建筑理论与建筑历史的科研工作又是一种什么状况呢？请大家谈谈。

陈志华（清华大学教授）：咱们建筑这行当，大致粗谈一下，可以分为两大部，一个是建筑创作，一个是建筑学术。它们哥儿俩，创作是老大。不过，哥儿俩相亲相爱，互相作用，互相促进，才能家道昌隆，不能太亏待了老二，总得吃饱穿暖。建筑创作要赶先进国家，少不了建筑学术搭帮一把。建筑学术目前很不景气，身子骨单薄，助不了大哥一臂之力，这恐怕很不利于创作赶先进。

咱们中国，建筑学术工作大多是建筑师顺手做一做，外加寥寥几个学校里的教师。创作与学术之间产生一个奇怪的关系：创作繁荣了，学术便没有人去做，衰落了；什么时候学术有了点起色，必是创作不大活跃，建筑师闲下来了，创作与学术没有同步发展，反倒是此长彼消，此消彼长。

那么，出路在哪里？出路在培养一个稳定的、独立的、相当专业化的建筑学术界。进一步，就得设立一些专门的研究机构，包括学校里的教研组或者研究所。这样，才能有人才积累、学术积累和资料积累。眼前说来，先要创造条件，让有志于学术工作的人，收入不要比搞设计的人差得太多。这样的机构，如果要正规编制的研究人员自筹经费甚至生活费，那不如趁早别挂招牌，若把有志于学术工作的人的心气儿伤了，十年八年也缓不过气来。有了机构，还要使研究人员科班化，要在大学的建筑系里制度化地培养专门的学术工作者，到了这一步，学术界的长远发展才算有了保证。

杨永生：说到这里，我倒想起了一件事，20 世纪 70 年代以前，我们的建筑设计都是设计院，80 年代以后不知从哪里吹来的一股风，几乎所有的设计院都加上了"研究"两个字。可事实上，设计成果不少，就是很少见到他们的研究成果。有人说他们不研究"建筑"。那么，研究什么呢？改名称，本意可能是好的，就像刚才陈先生说的老大、老二结合得更好，经费上更有保证，更能出成果。据说，一些设计院并不是养不起一班研究人马，搞设计的油水都不少。个中原委，我说不清，还是让设计研究院的人们自己去说吧。

陈志华：建筑界的现状是：没有形成一个正儿八经的学术界。这是咱们跟先进国家建筑界的差距之一。要追上这段差距，就得靠政府行为，有见识、有计划地赶紧建立一个稳定的、独立的、相当专业化的建筑学术界。建筑是一个很容易蒙混的专业；落后一大截还可以满不在乎。不过，咱们要是真的想把事情办得好一点，那可是另一回事了。

邹德侬（天津大学教授）：在我国，眼下政府部门给建筑理论方面的科研经费，很少很少。从事理论研究的多半是散兵游勇，甚至没有几支游击队。他们选题自由、经费匮乏、缺少协作和指导，难以正确选题和及时完成任务。建筑理论研究迫切需要"国家队"和其周围的"协作网"。

关键的问题是资金，一提到钱就令人气短，这种投资的整体效益、长远效益人人皆知。由于设计思想上的偏差，在建筑设计中造成的浪费绝不在少数，比如那些运用不当绝对可以取消的花架子，如果在全国检查一下，所耗费的资财肯定是以亿元计，而基础理论研究的投入肯定用不了其十分之一。

再一个问题就是学术界应当把理论的研究和引进，从外学科和边缘学科拉回建筑本身，以确立建筑在现代科学技术的支持下，为解决现代社会需求而服务的目标。

戴志中（重庆建筑大学教授）：我们自己的建筑理论体系并不成熟。一方面，关于建筑文化的研究尽管不断深入，但还未影响到多数设计人员。另一方面，国外众多建筑风格流派随着国门的开放不断涌入。片面地挖空心思进行建筑物形式变换已是相当一部分设计人员做建筑设计的惟一指导思想。国外杂志上的新奇建筑形式成为人们的创作源泉，表面上是百花齐放，实际上是杂乱无章。这反映出我国建筑理论工作的滞后和高水平建筑设计人才的匮乏。

左肖思（深圳左肖思建筑设计事务所总经理、总建筑师、高级建筑师）：我们建筑界的学术理论研究一向薄弱，针对某一问题的学术争鸣更是难以展开。对城市建设和建筑创作来讲，缺乏有镜子或路标一样的理论指导，就等于失去了正确的导向。近年来，建筑潮流几乎与时装一样变幻多彩：诸如后现代、解构主义……阵阵风过以后，留下一批似是而非的作品。近年又热衷于欧陆风情，到处都在刮欧陆风，几乎深入到偏远乡镇。如果真有欧陆人士亲临其境，恐怕会使他们感到处于假冒伪劣商品包围之中。

陈志华：建筑史是建筑学术的基础。不懂古文，怎么研究建筑史？只有精通中外古今的建筑史，才能真正搞好理论。如今的年青人有几个真正精通一门外语，更不用说精通两三门外语了。再就是还有一个思维能力问题，学风端正，概念准确，逻辑严谨，简练明白，教人能看得懂的文章，可不好写。这些都不是"一抓就灵"的，没有十几、二十年的磨炼大概不行。断档不断档，是从这个尺度来说的，不能看眼前三年五年就出个硕士、博士。更不用说等老专家吹灯拔蜡以后才找人来接班，那更来不及了，事情误大了。

这事还有一急。有些很有价值的、很重要的课题，比方说乡土建筑研究，还没有以相称的规模展开，可是民居呀、宗祠呀、文昌阁呀、书院呀，倒的倒，拆的拆，眼瞅着一天比一天少。再过几年，想研究恐怕都找不到几幢残剩的对象了，那时候，您心痛去吧，后悔药治不了千古遗恨！现在动手已经晚了，已经是抢救性的了。再不做，咱们这一代人就上对不起祖宗，下对不起子孙了。您说急不急人！

杨永生：建筑学术研究工作也到非抓不可的时候了。现在，许多单位都带着研究人员去创收，自然把研究工作撂下。建筑历史研究所人员无几，还要搞设计，无可奈何呀！甚至连惟一的建筑图书馆，为了让出房子，不得不把非常有价值的图书资料当废纸卖掉或者干脆存放在仓库里，无法借阅。但也不尽然，比如北京市宣武区政府就组织人力，动用资金，用了两年功夫，由王世仁挂帅，实地测绘、编著了一部非常有价值的《宣南鸿雪图志》。

至于说到理论历史研究人员的素养问题，不得不使我想起，我们当前的某些硕士生、博士生的论文，文字别扭，言不及义，有生搬硬套之嫌，令人看不懂。本人才疏学浅，不知你们这些领导们、博导们体验如何？我建议，你们在这方面也把把关口。

众曰：有的确实看起来非常吃劲，甚至看不懂。同感。

（三）关于建筑教育的对话

杨永生：我国建筑创作和建筑学术研究在下个世纪什么时候能够赶上世纪先进水平，关键是当前及今后一个时期，建筑教育的状况如何。所以，我要请东南大学建筑系主任仲德昆教授和重庆建筑大学城规学院前任副院长戴志中教授着重谈谈建筑教育的现状与出路问题。

戴志中：尽管在改革方面做了不少努力，由于教育指导思想不明确，总有治标不治本的感觉。因此，还面临着从教育思想、教学管理、课程设置等方面进行深层次变革的必要。

现在，我就一个建筑学院的具体情况谈谈，它也具有典型性，教师年龄老化，数量短缺。35～45 岁的中年教师在教设计课的 76 名教师中仅占 9 名，这是一个大断层。老教师退休后，怎么办？此外，在研究学科方面，也会产生缺口。

在国家不对教育经费大幅度增加的条件下，与建筑教育相关的消耗成本却成 10 倍地增加，形成巨大的剪刀差。国家拨款和学杂费收入只占一个建筑学院实际教学行政费支出的四分之一到五分之一，其不足部分则必须由学院去创收。这样，产生的负面影响，诸如教师负担过重，影响教学精力投入和教师队伍稳定。从教授、副教授、讲师到助教的平均月收入为823 元、538 元、421 元和 339 元，院系主要领导不得不用相当大的精力去组织创收，教学科研设备落后于实际需要，影响教学科研水平的提高，等等。

另外，据调查，今后每个建筑系学生平均每年交学杂费 2 000 元，毕业时再交 2 200 元，五年制学习后，平均交费 1.2 万元左右，但实际分配到培养学生的教学部门却只占 1/6。如果提高这个比例，日子也好过一些。

仲德昆：近 10 年来，我国建筑教育生源充足、发展机会空前，但在这繁荣景象背后有困难和危机。首先，国家拨款不多，办学经费严重不足；其次，教师工资过低，造成师资流失；再次，设计市场繁荣吸引教师从事设计，教学精力投入不足，更有人"投笔从戎"，弃教而去；最后，教师对教学研究和学术追求的兴趣大不如前，学生的求知欲望和刻苦精神也今不如昔。

杨永生：在建筑教育这种现状条件下，怎样进行教学改革，怎样解决教师断代问题，请你们发表一些意见。

仲德昆：我国的建筑教育，本质上仍是"教"建筑，仍是"师徒相授"，学生主要是"教"出来的，不是"学"出来的。而当前国外强调的是"学"建筑，强调学生在学习过程中的主动性。建筑教育应该是教师"教"与学生"学"两个方面相结合。教师的主导作用与学生的主动性应该同等重要。

此外，当前还应强调确保教学、科研的中心地位，在此前提下，把建筑实践作为教学、科研的延伸、扩展，另一方面把建筑实践作为提高教学质量和科研水平的手段。

戴志中：针对教师断层和教师的研究学科有缺口这两大危机，可以有针对性地充分利用现代高科技手段，对老教师的知识资源进行抢救性的保护。其次，加强校际交流，互通有无。第三，利用各种途径加强对青年教师的培养。最后，做好引进外援的工作，包括引进外籍教授和聘任国内经验丰富的建筑师兼职。

杨永生：过去，我们在大学建筑教育里，强调的是设计能力的培养。现在，在新的历史条件下，在科学技术及社会环境发展变化的条件下，对建筑师的培养，应该强调一些什么，增添一些什么？

戴志中：我以为，未来的建筑师应具有更加广博扎实的专业知识，应具有竞争能力，具有强烈的社会责任感、执业知识、职业道德和待人处事的能力。此外，还应具有一定的理论研究意识。

仲德昆：《建筑教育宪章》指出："建筑学是一个多学科的领域，它主要涉及人文学、社会和自然科学、工艺学和创造艺术。"该宪章还提出了如下建筑教育的具体目标，即：

① 能够使建筑设计创作满足美学和技术的要求；

② 具有对建筑及相关艺术历史与理论、工艺技术和人文科学方面的足够知识；

③ 具有将艺术作为影响建筑设计质量因素的知识；

④ 具有关于城市设计、规划及涉及规划过程的技能的足够知识；

⑤ 了解人与建筑、建筑与环境的关系，以及将建筑物及其间的空间与人的需要和尺度相联系的需要；

⑥ 了解建筑学和建筑师在社会中的作用，尤其是能从社会因素考虑来制订任务书；

⑦ 了解调查研究的方法并为设计项目制订任务书；

⑧ 了解结构设计、施工及与建筑设计相关的工程问题；

⑨ 对建筑功能中的物理问题及工艺技术具有足够的知识，可以为其提供舒适的条件及气候保护；

⑩ 具有在成本因素和建筑及将设计平面演变为总体计划所涉及的工艺、组织、规程及程序等的足够知识。

我以为，最重要的是培养学生具有建筑师的社会责任感，使他们能够批判地了解建筑法规和建筑业主的要求背后的社会政治和经济动机，以便能够建立在建筑环境中做出决策的技术和美学的构架。

21 世纪的建筑教育当是适应全球建筑事业发展要求的建筑教育。以怀旧的情结和僵化的思路，办不好当代的建筑教育。

（四）关于建筑评论及其他的对话

杨永生：我们的建筑评论工作，近几年来由于有关领导一再强调，由于新闻传播媒体的支持，虽然仍不够活跃，但也应该说，有了前所未有的进步。除了专业报刊发表了不少评论文章之外，一些大众媒体也开始注意到建筑学这块领域。譬如，中央电视台播发了一些关于建筑大师的专题片，介绍其人、介绍他们的作品；主要城市的晚报和一些大报（如《光明日报》）、一些文化刊物（如《读书》杂志）也刊登了一些建筑界和文化界人士的有关建筑的文章，这是几十年来少见的，令人兴奋。我还是那句话，建筑要走出百万庄（建筑主管部门、中国建筑学会都设在百万庄），也就是说，要走出建筑学的殿堂，走向社会，争取全社会都来关心、评论建筑的方方面面。让全社会都来关注建筑，这无疑是提高人们的建筑意识、环境意识、审美意识的重要途径，社会民众是尽快地提高建筑设计水平的驱动力。

潘祖尧（全国政协委员、香港建筑师学会前任会长）：内地报刊上缺乏有建设性的评论文章，以致绝大多数的评论都是称赞的，所以常常使读者误以为是极品，人们也不再作必要的检讨。这样，坏东西经过传播媒介一吹，变成了好东西，于是到处翻版，结果是一片滥竽。

张钦楠：中国的确需要建筑科普，这也是一条出路。建筑师有义务向全社会、向领导、向业主普及建筑知识。

杨永生：建筑评论也好，建筑科普也好，学界谈了好几年，现在总的说是有关学术团体要下一点功夫，每年哪怕是办那么几件实事也好。光是号召，还不够。看来，没有一支常年活跃的建筑评论队伍，没有一支科普队伍，也不行。再就是加强同传播媒介的沟通，创造机会使他们更多地、更深地了解建筑学上的种种状况。

齐康：关于建筑科普问题一是住宅和住宅群的规划设计，我认为，至关重要。房地产的兴起促进了城市建设，但片面追求高容积率、高利润，必然伤害居住环境质量。那些低质高密的住宅，有朝一日，又会产生更新。住宅设计要有一定的灵活和可变，要精心研究人居活动，建筑空间要有更新的可能。我们还要去探求公寓式的公共活动空间，扩大到城市，要有城市公共广场，这种广场还要适应中国人自身的行为特点。

城市道路的不断拓宽，特大城市高架桥在不断修，却仍然堵车，且日益严重。能否采取措施来控制城市中心的企业和人口。现在，城市建设就采用美国 Down Town 模式，我们难道不可以寻求其他的城市模式？

美国的 Down Town 集中于中心区，而中国则在城市中分散得到处都是，我们又何以处之。建设就像摊大饼一样，不断"摊"，城市中心地段的空地仍然有。

刘管平（华南理工大学教授）：温饱线已过的人居环境，有些地方大大地恶化了生存条件，甚至找不回来原来贫困时尚存的生息空间。

1987 年以来，广州市被征点的公共绿地达 29 万平方米，人均绿地到 1995 年下降为 4.69 平方米，这与联合国世界卫生组织提出的最佳居住环境人均绿地平均面积 20 平方米，差距大矣！

在粤东山区，有的穷乡在改革开放之后也热火起来，铺天盖地建了许多住房，由于没有规划，各自建屋，都往边上挤，原来前塘后山的风景不见了，留下的巷道不但窄小，还奇形怪状，连排水沟也没有，种树的地方更没有，挑柴牵牛都得十分小心，真有忧甚于喜的感觉。也许是发展急速的缘故，在发展中带来的问题也比较集中地、充分地暴露出来了。

去年 5 月，在伊斯坦布尔召开的联合国二次人居会上，我国佛山市被评为"人类住区优秀范例"。这也不是偶然的，主要是由于该市领导重视环保和城规，措施得力，使城市建筑得到有机运转，真正做到持续发展。

杨永生：从刘先生谈的这两个实例也可以说明，知与不知，做与不做，其结果是迥然不同的。可见，向全社会普及建筑知识是多么重要！

这两年，关于建筑创作问题谈了不少。除了建筑师本身的一些因素外，在创作环境条件方面是否还有值得注意改进的问题，请大家再谈具体些。

左肖思：由于经济时期设计不是商品，也不收费，建筑设计取费标准从一开始就取值偏低（即使不与发达国家 5%～11% 相比，与国内室内装修设计行业一开始所定设计费取值 3%～5% 相比也低得多）。近来，惟建筑设计费非但涨不上去，甚至还在恶性竞争中不时下降。国家对建筑设计缺乏一个统一而明确的标准或规定。建筑设计与室内（装修）设计被分开为两个各自独立的行业。室内设计很少委托建筑设计部门，通常是由承揽室内装修施工的装修公司来设计；因为他们不另收设计费。实际上，当然不是白做，却起到了买一进一的商业效果。名义上甲级设计单位都有资格承接室内设计任务，但由于没有装修施工队伍，就没有承包装修施工的资格，实际上也就失去了设计任务的机会。因此，建筑设计单位只能是完成一座大厦的骨架和外壳，而不是整体的建筑创作。

建筑创作如果不是从环境设计、建筑设计并包括室内设计三者在内，综合统一、内外融合，有整体风格的构思和雕琢，怎么可能会有成功的建筑创作。

以上我抄录了两个报纸的报导内容，其宗旨是希望有更多的建筑师投入到这方面的研究、对话中，发表更多的论文，以活跃建筑学术思想，迎接世界建筑师大会的召开，以活跃建筑学术思想，繁荣国家大剧院等引人注目的精品之创作。

二、深刻认识国家大剧院建设的重大意义

建设国家大剧院是基于时代的需要、国家形象的需要，以及艺术与经济的可持续发展的需要，只有在深刻认识其建设的重大意义，才能确立"弘扬民族文化，体现时代精神；科学合理优质，追赶世界一流"的设计方针。

在这里，我坦言地说，我国建筑师们绝不能妄自菲薄，无论是建国前孙中山陵墓海内外征集图案活动，还是建国后以人民大会堂为代表的十大建筑，特别是改革开放以来，百名建筑师的现代精品之作，都令人振奋。当然，我们也不能妄自尊大，当今知识经济、信息时代，全球技术发展很快，需要我们聚集全人类的智慧为我所用，近两年上海歌剧院、浦东音乐厅、江苏剧院、深圳文化艺术中心的设计方案的国际征集结果，也令人深思，我们要承认与国际先进的差距，而我们这一代建筑师的使命就在于能抓住这一机遇，努力缩短这一差距，奋力追赶世界一流。

三、正确处理国家大剧院设计创作中面临的矛盾和问题

世人认为，剧院建筑是最繁杂的建筑，剧院设计创作是偏重精神生活的高难度创造性思维活动，而作为国家象征的国家大剧院的设计创作更是体现文明大国、时代风貌、民族文化、现代建筑美的开拓、攀登和创新。对建筑师来说，面临的是拼搏和挑战、机遇和较量。一些建筑师认为，国家大剧院创作矛盾主要有 3 点。

（一）东方文化与西方文化的矛盾，这就要求如何处理好国际性和地方性的关系

从 20 世纪 70 年代末"地球村"的概念被提出以来，全球化趋势越来越强劲。跨国经济、全球市场、信息高速公路等使得人类开始冲破国家和地域的藩篱、共同携手走向未来。我国作为国际大家庭中重要的一员，不但不可避免地要受到其影响，更要积极地参与其中，这也是改革开放这一基本国策的要求。北京作为我国政治文化和开展国际事务的重镇，确立自己的国际化大都市的形象非常重要，其中建筑是很重要的一个方面。国家大剧院作为中国的象征性建筑，一定要体现"国际化"特色，不但要产生国际影响，而且要体现国际先进的思想意识和技术水平。国际范围的热点，如环境、可持续性发展、生态、能源等问题，都应是我们关注的重点。

外来文化冲击与建筑传统的继承与创新。中国近现代史上有两次大范围的建筑文化交流。第一次出现在"五四"运动前后，西方现代主义等建筑文化随着其他殖民文化一起侵入中国。这是一种不对等的交流：一方面这些西方建筑文化代表了先进的观念；一方面中国建筑文化当时正处在已衰落的时期，不可能去对抗这种入侵。在被迫的转变之下，中国传统出现了断裂。过去的被抛弃，但是新的建筑语言还没有建立起来。

另一次文化交流出现在 80 年代改革开放之后，随着打开国门，西方的各种建筑思潮也涌入中国。但是中国建筑在经过几十年封闭与自发的发展后，仍没有形成一套成熟的理论和语言，只能看着西方的理论思潮占领国内的市场。因为我们这一方面仍旧是空白。

这不能不使人意识到建筑传统的重要性。我们不要传统是不行的，但是照搬传统同样不行。国际化并不意味着抛弃民族性，诚然，现在有"国际文化趋同"的倾向，但一些城市现在到处可见的廉价的西方建筑仿制品，城市面貌的千篇一律，完全失去了民族的特色的做法并不可取。

过去的 100 多年中，我们的民族经历了巨大的动荡，从社会制度到生活方式都产生了变革。从表层上看，我们民族性已被历史的浪潮冲刷，但从深层次上看，具有几千年发展历史的民族性仍深深扎根于人们的思想中。同时也有越来越多的人认识到，抛弃民族性将使我们成为文化上的孤儿。至于我们的民族性是什么，我比较同意辜鸿铭的说法，那就是博大、深刻、淳朴和灵敏。国家大剧院作为国家级的文化殿堂，应是民族的象征，建筑师应给其烙上深刻的民族印记。

但不要狭隘地理解民族性，民族性并不代表保守和封闭，我们需要的是开放的民族性，代表精神实质的民族性，我们应表达民族性中具有生命力的特征。

国家大剧院应是国际化和民族性的有机结合体，应是开放而有内涵的。许多东方的民族现在越来越注重在城市和建筑中体现民族性，日本尤其走到了前面，从 20 世纪 60 年代东京代代木体育馆到 90 年代的关西国际机场都是这方面的范例。

（二）传统和现代的矛盾，这实质是一个建筑传统的继承与创新的问题

（1）建筑传统的含义

"传统"是一个复杂的概念，从心理学角度来说，传统是经过许多代人沉淀下来的一种集体无意识。它是无形的、不可捉摸的，但又无处不在。建筑传统是关于建筑空间、形式、功能的一种集体无意识，它包含了上述三者的关系，构筑的方法及生活的方式。建筑传统不仅仅是一种物化的概念，而且是一种基于人的概念；不仅仅是一种时间的概念，而且是一种空间的概念。全面地、完整地理解建筑传统的定义对于讨论建筑传统的继承与创新问题是首要的前提。那么建筑传统有哪些特性呢？

① 建筑传统的连续性。我们说建筑传统是一种连续的概念，不仅仅说它在时间上是连续的，而且在空间上也是连续的。建筑传统的连续性是其核心。我们不能把传统割裂来看，认为它是一成不变的，那样将会导致复古主义；我们也不能把传统断章取义，认为传统可以用简单的片段来表达，那样会导致传统继承的简单化和表面化。难道满京做的"瓜皮帽"给我们的教训还不够么？因此，只有深入地在过程中去把握传统，才能掌握传统的精髓。

② 建筑传统的更新机制。建筑传统有着它内在的运作与更新体制。它与当时当地的文化状况、经济状况、气候及生活方式等诸多方面紧密相关。建筑传统在某些方面像一个有机体，有着生长、成熟、衰落……的过程。从这个意义上来说，我们不能单纯把建筑传统看做是旧的东西，而应该把它看做一种不断更新的过程。如果我们静止地看待传统，那么，建筑创作势必被束缚；传统的东西也会逐步失去它的生命力，变得僵死而最终被淘汰。对照中国木结构的演变就可见一斑。

③ 建筑传统的突变。正如我们看到，中国建筑在三四十年代发生了一次转变。混凝土、砖石建筑取代了木结构建筑，传统的空间构成及其功能和生活方式也发生了巨大变化。这是一种突变，是现代文化之建筑传统的一种转变。事实上，当时中国木结构建筑已经走到了尽头，中国建筑随着社会的进步，经济的发展也在不断地脱胎换骨，发生变化。

这里实质上涉及一个文化交流的问题。在两种或多种文化交流的方式上，有融合、碰撞、侵略 3 种方式。文化的差别、强弱的地位差异，带来文化交流的地位和方式是不一样的。

（2）要掌握好建筑传统的继承和创新，也就是说我们将继续什么样的传统

对于中国几千年的建筑传统，我们在继承上必须有所取舍。不能说传统的东西都是好的，也不能认为传统的都是一无是处。我们将继承什么样的传统呢？

首先，对中国建筑传统中切合本地区特点而且在现今仍然适合部分应加以继承。比如中国的四合院建筑，其和睦的邻里关系，在现今居住区设计中应加以继承利用。

其次，对中国建筑传统中有特色的空间、形式可以有选择地加以继承。比如苏州园林富有情趣的空间构成方式在现今仍然值得借鉴。

再次，对于中国建筑传统中基于当时材料、结构的形式，在继承中应慎重。比如中国的大屋顶结构形式，虽然气派，但它是建立在木结构材料与做法的基础上的。

最后，对于中国建筑传统中的装饰及其做法在继承中应该加以取舍。

继承什么样的传统，如何在传统中真正汲取它的精髓，不仅取决于社会经济、文化状况等诸多因素，还取决于建筑师的观念和态度。

（3）古都风貌与现代主义设计

其根本仍是建筑传统继承与创新的问题。对于目前的"古都风貌"，建筑界的争论很多。对还是错，美还是丑固然很重要，但更重要的是建筑界的观念和建筑师的行动。对于现今的"古都风貌"，大家基本达成了共识：大多数建筑在传统的继承上仍停留在表面。其中包括人民常谈论的"小亭子"、"小帽子"。应当看到这是对传统继承与创新认识的一个阶段。但是这种片面的、肤浅的继承传统的做法犹如搞化装舞会，不严肃，虽然本意是在维护传统，实质上适得其反，啼笑皆非。对比日本就可以看明白：对传统继承与创新也不是一蹴而就的。

另一种担忧是现代主义建筑对"古都风貌"的破坏问题。走国际式的道路固然不可取，但排斥现代主义也不可取。因为现代主义毕竟代表了先进的设计手法。如何对传统进行继承与创新，这是建筑师面临的重要课题。

从宏观上讲，两者并不矛盾；中国的传统文化也不是拒绝发展的。

现代化是无法抗拒的进程。随着科学的加速发展，人类过去几十年的发展超过了历史几千年的总和。从整体来说，我国的现代化步伐落后于世界先进水平，建筑业尤甚。我们要迎头赶上除了材料施工的现代化以外，设计思想的现代化也很重要。这里有必要提一下建筑形式问题，现在我们有一些建筑，虽然有钢筋混凝土的现代化躯体，却仍抱住木结构时代的形

式不放，一味复古，表达了设计思想上的落后。

复古的弊端很多，简而言之，一是造成极大的浪费；二是不符合现代生活模式和审美情趣；三是阻碍创新和进步。这种做法实际上是对传统文化的肢解。作为建筑师，应挖掘传统文化的精神内核，并以本时代的语言表达出来。对于传统文化的精神内核，不少建筑师和学者都有深入的研究和精辟的认识。

博大精深的传统文化是祖先留给我们的丰富遗产。由于我国传统文化具有的包容性和辩证的思想，在现代社会仍具有很强的生命力。例如"天人合一"思想，其对自然的尊重，注重统一和各部分之间相互关系的思想，在现代社会日益显示出价值。我们要做的是挖掘这些东西，让优秀文化被继承和发扬。我认为设计中应秉承以下态度。

① 要坚持"扬弃"的原则。"皮之不存，毛之焉附"，对已不具有时代意义的内容，随其自然成为历史。

② 追求深层次的表达，要着重表达在建筑的空间、尺度、色彩等方面，而不只是样式的重复。

③ 建筑师要进行个人再创造。建筑设计是个艺术创作的过程，对传统文化形式的生搬硬套只会使建筑成为一种无序的拼凑物。

现代化和传统文化一直是具有悠久传统国家的建筑师们研究的课题。我国的建筑师也在这一领域倾注了许多心血，但由于各种历史原因也走了许多弯路，在国家大剧院的设计中，我们鼓励建筑师寻求传统文化的现代化之路。

（4）乡土设计和建筑传统继承与创新的问题

中国是一个地大物博的国家，不同的地区有着切合本地区实际情况的不同建筑。地方性也是建筑传统继承与创新中的重要问题。基于地方性的乡土设计在近年来得到越来越多的重视，也得到越来越多的发展。但是乡土设计在建筑传统继承与创新的问题上走了一些弯路。

现在的乡土设计用现代主义的原则来诠释地方性，其功能和空间关系仍然遵循现代主义的法则，只不过在形式上运用了乡土的符号和片断。而在地方性中更应该被重视的一些因素和空间关系、生活方式、建筑过程等被严重忽略了。这样的乡土设计实际上违背了地方性的原则，在试图诠释地方性的过程中逐渐失去了地方性。

考虑到建筑传统连续性的特点，乡土设计应该试图去复原建造的过程，在这种过程中达到对地方生活方式、空间关系等其他因素的再认识，达到对地方性的创造性再现。这种设计方式叫过程设计（Process Design）。

（5）市场经济中的建筑传统的继承与创新问题

我们不得不承认，中国走向市场经济之后，建筑业发生了重要的转变。相当一部分建筑不可避免地成为市场经济中的商品，也就是说"适应性、商品型"成了今天大多数建筑的"第一性"。同时，出现了一种现象，一部分建筑师为迎合一些业主逐利的目的，违背自己的意愿去设计一些商业化很强的、拼凑的建筑。这些商业性的短期行为对城市环境景观造成了相当大的破坏，既不利于建筑水平的提高，也不利于建筑市场的繁荣。这种行为对中国建筑传统的继承与创新过程也是严重的阻挠。

如何解决市场经济中的建筑传统的继承与创新问题？一方面，我们呼唤精品建筑，大量的精品建筑对建筑市场是一种促进。它要求建筑师与业主多一些责任感，多一点长远眼光。因为精品建筑与市场经济并不矛盾，建筑是商品但更应该是精品。另一方面，健全的建筑法规对建筑市场中的逐利行为是一个有力的约束；同时它也有助于一些传统建筑、传统空间的保护。

（三）政治中心和文化建筑的协调矛盾，这实质是要搞好城市环境设计问题

我国的传统建筑是很重视整体城市环境的营造的。实际上，生活在城市中的人们是动态地对城市进行感受，这时往往是一群建筑构成的城市环境在起作用。天安门广场可说是我国最重要的城市空间，在几代建筑师的努力下，它的场所特质已深入人心，在这样一个环境中的一个新建筑，一定要从城市角度进行思考。

我的思考有以下几点。

① 整体考虑整个天安门广场，除了思考建筑形式的对话方式，空间气氛的协调，更要在设计理念中和天安门广场取得一致。天安门广场的一大特点是"人民性"，是民众集会活动的广场，表达了人民当家做主。国家大剧院作为民众公共空间，要有亲和的气质。天安门广场还有一大特点是"纪念性"。天安门广场是共和国历史的见证，广场上还有一些重要的纪念性建筑，大剧院要符合纪念性气氛。当然，纪念性并不等同于对称、沉闷和大屋顶，纪念性要具有永恒庄严的气质。

② 要用历史的眼光看待城市。城市是一部石头的历史，是一个生长的有机体，要真实地反映各个时代的风貌。因此，建筑要真实地反映各自的时代。天安门广场也是各个时代建筑的集合体，在 21 世纪建成的国家大剧院，也要真实地反映我们这个时代。建第二个人民大会堂是不可取的。

在具有历史意义的地段建新建筑，对建筑师来说是一项挑战，要富有激情和想像力。贝聿铭的巴黎罗浮宫扩建工程是这方面的杰作。

以上讲了国家大剧院设计创作 3 方面的矛盾，其实远不止这些矛盾。建筑之美正是研究并解决了各方面问题后的创造。诸如"功能论"和"情感美"、"形式美"和"艺术美"、"抽象美"和"象征美"、"共性美"和"个性美"、"技术美"和"材料美"、"城市中的建筑美和建筑美的城市"、"环境中的建筑美和建筑美的环境"，等等。建筑美属于时代，现代建筑美属于改革开放的新时代，时代也造就了建筑师，建筑师创造了建筑美，我相信更多的建筑师关注跨时代的国家大剧院的设计创作，创造国家大剧院世界一流的美的建筑。

四、勇于参赛、敢于竞争，出精品、出人才

国家大剧院早在 39 年前便立项准备修建，从三年困难时期到十年浩劫，再到拨乱反正，已经是一波三折屡被搁浅，后来在中共十四届六中全会作出《关于加强社会主义精神文明建设若干重要问题的决议》，明确将国家大剧院工程列为国家重点文化工程之一。现在，在中央领导的关怀下，成立了国家大剧院建设领导小组和业主委员会。业主委员会正式按领导

小组的要求，着手设计国际邀请竞赛工作。

国家大剧院工程选址在天安门广场人民大会堂西侧，建筑面积约 12～14 万 m^2，内有一个约 2 500 座的歌剧院，一个约 2 000 座的音乐厅，一个约 1 200～1 400 座的戏剧场，一个约 300～500 座的小戏剧场，总投资约 30 亿元左右．预计 4 年左右建成，今年是设计方案确定年，设计方案采用国际邀请竞赛方式进行，初步打算邀请国内外从事剧场创作的有一定实力的近 20 家设计单位，同时也欢迎有兴趣自愿参加的设计单位投入竞赛。所谓邀请参加和自愿参加，只是在成本支付有无方面的区别，其他一律平等对待。从目前工作进展看，初定四月上旬发出竞赛文件，三个月后能收回参赛方案，组织高层次评标小组，从参赛方案中评定出 3 个入选方案。

对我们来说，如何能科学、公正地组织好这次方案竞选，也是建筑师们特别关注的，在领导小组的领导下，在两个专家组（一个是建筑专家组，一个是设备专家组）的咨询下，我们将广泛听取社会各界的意见，精心组织这次竞赛活动，我们希望国内的建筑师积极参与到国家大剧院的设计工作中来，这对广大建筑师是很有好处的。我看益处主要有以下 4 点。

① 能提高建筑师的地位，树立公众形象。在西方，建筑师具有很高的社会地位，除了文化传统的原因以外，更因为现代公众生活的许多方面都具有建筑师出场，人们普遍了解和关心建筑。中国历史上建筑师这一职业是近代才出现的，人们对其往往了解不多，整个社会对建筑的理解只是盖房子。一个建筑开工或落成，往往业主和施工单位被大书特书，而建筑师则被遗忘了。国家大剧院是获得社会普遍关注的项目，我们要把建筑师推到前台来，介绍给公众，让人们了解建筑师的工作内容和意义，树立其公众形象。在这里，我向大家介绍一下《建筑工人》杂志上登的一篇文章《乌茨与悉尼歌剧院》，其内容如下。

乌茨与悉尼歌剧院

屹立在南太平洋之滨、贝内农角上的悉尼歌剧院，不仅是澳大利亚至高无上的骄傲，也早已成为世界奇观之一。每年纷至沓来的旅游者们到澳大利亚一定要看三样东西：悉尼歌剧院、大堡礁和安业巨石，其中，歌剧院名列第一。

悉尼歌剧院自 1973 年落成后，许多著名的歌剧争相在这里首演。来自世界各地一流的交响乐、芭蕾舞团，以及音乐家、艺术家都以在此一展风采为荣，这是悉尼歌剧院有名气的内涵。从外观上看，悉尼歌剧院则更令人叹为观止。那贝壳般的流线造型，衬以蔚蓝色大海和雄伟的悉尼桥，其主体建筑恰似一朵凝固的浪花，或像一艘扬帆起航的征船。歌剧院的建成使澳大利亚踏上了世界舞台，它被称为"20 世纪的奇迹"。歌剧院的建成，历时 16 年，一亿多澳元，期间几经沉浮，为万众瞩目的中心。在建筑这座实属圣殿的过程中，有 3 个人起了巨大的作用。他们是音乐家高森、建筑师乌茨及 50 年代的首相卡希尔。

高森是英国著名指挥家，当时正在澳洲广播公司交响乐团任常任指挥。高森地位显赫，工资比澳大利亚首相还要高。澳大利亚的音乐家为自己拥有世界一流的指挥而深感幸运，而高森更决心把这支交响乐队训练成为世界最著名的交响乐团之一。在高森的指挥领域中，歌剧占据着重要的地位。但他发现，悉尼竟没有上演一流歌剧的场所。于是他开始在上层人士中呼吁：建立一个歌剧院有多么重要。他对当时的首相卡希尔说：一个没有歌剧院的都市不能称为都市。作为首相，卡希尔面临着许多紧迫的工程，但在高森强有力的感染下，他同意了这个计划。

1954 年 11 月 30 日卡希尔宣布，悉尼歌剧院筹委会成立。1955 年 9 月 13 日由首相卡希尔宣布歌剧院的设计方案将从世界范围内招标。建筑方案设计评委会由美国著名建筑师萨瑞尼，剑桥大学建筑系教授马丁，悉尼大学建筑系教授、新南威尔士政府建筑师爱斯沃斯及建筑学家帕格斯 4 人组成。当时有 32 个国家的建筑师参与竞争，方案达 233 个。遴选进行了两年。

1957 年 1 月 29 日，卡希尔宣布歌剧院设计获奖者名单。一等奖给了一位叫乌茨的丹麦设计师。对于建筑界来说，当时 38 岁的乌茨还是个默默无闻的小人物，他的设计方案也并不像其他选手那样装潢精美、精雕细刻，只不过是一幅草图而已。但乌茨的设计实在是超尘拔俗。当时的评委宣称："我们反复推敲，终于确信，乌茨的方案不同凡响，是我们所能看到的世界上的第一流设计"。

如今，在悉尼歌剧院附属博物馆中，仍能看到乌茨和其他设计师当年为歌剧院绘制的图案。乌茨的草图融合了位于南太平洋这个大国的海洋、天空及其他周围环境因素。人们可以从这几个几何形态组合中看到这个年轻国家发展的历史和前景，它继承了古老的欧洲文明，又召唤着未来。总之，标新立异、意蕴无穷，使乌茨的设计一举夺魁。

乌茨的家乡在丹麦北部海滨世界著名的海港附近。那里有一些类似莎士比亚戏剧《哈姆雷特》中古堡式的建筑。这些，对他的设计"具有重大影响"。

我相信青年建筑师能从丹麦建筑师那里得到点精神力量。

② 能增强建筑师的社会责任感。近代以来，建筑师一直是社会责任感很强的职业，现代主义建筑运动就是以"改良社会"的梦想开始的。许多世界级建筑大师都关注社会问题，并把他的关注体现到建筑设计中去，这样创造出来的作品才具有社会意义。但现在，我国有一些建筑师对创作失去热情，一味"向钱看"，淡漠了社会责任感。这里自然有大环境的原因，如业主的经济限制和素质低下，行政部门的过分干预，设计院运行机制的不合理，都在一定程度上打击了建筑师的热情。但建筑师本身创作心态浮躁，也难脱其咎。这样设计出来的建筑作品往往只重经济效益，忽视社会效益。在国家大剧院的竞赛工作中，我们力争创造宽松的外部环境，希望建筑师们以强烈的社会责任感参与到这项工作中来。只有具有社会责任感的建筑师才能成为建筑大师。

对于建筑师来说，也要看到当今世界建筑正在发生着审美重心的转移。就是从自我意识（建筑师）转向大众意识（社会公众），同时出现了能照顾到某种新的大众主义的建筑艺术。查尔斯·詹克斯把这种审美意识表述为"向两个层面说话"，一层是对广大公众，当地的居民，前者关心建筑学的特定含义。后者则是对舒适、传统形式及某种生活等问题感到兴趣。这种审美层面的划分，符合当今社会的人情心理，它使一大批建筑师大胆闯入正统现代派建筑艺术及其美学思路的"禁区"，运用传统和现代相结合，专家和群众共欣赏的"双重"建筑语言，创作了不少新奇多变而又"关联历史和环境"的建筑形象来。这就要求建筑师们对社会责任感进一步加强。就好像酿酒大师也要面对好多不会酿酒的品酒大师，社会上人们对长安街上的建筑从东到西都会有人品头评足（如果有水平或评价能力很强，我们不妨称他们为不会设计的建筑鉴赏师）。不管他们评得是否内行，是否科学。它都证明了建筑师的社会价值，它也促进了建筑师们社会责任感的增强。我尽管不敢有更多的奢望，未来大家众口一词，来高度评价我们的"国家大剧院"，但仍梦寐以求，通过各方面努力，届时能在天安门广场、人民大会堂西侧将出现一个精美壮丽的艺术殿堂群体。

这里我向大家介绍一下，中国市容报登载的著名作家刘心武《通读长安街》的建筑评语摘记表 A2-1。

A2-1 刘心武《通读长安街》建筑评语摘记表

建筑名称	评语摘
1 国贸中心	整体上有交响乐的韵律与气派
2 京伦饭店	有教养的小家碧玉的风韵
3 建国饭店	最具现代西方富人生活情调的建筑
4 国际俱乐部	"一个过时的鸡窝"
5 国际大厦	巧克力大厦
6 北京电台	简陋外凸窗的房间好
7 赛特中心	抛物线是读它的"要点"
8 长富宫	各角度看都顺眼，貌似平实，简洁明快，雅在无言
9 国际饭店	古都步入现代化的巨大标志
10 长安大厦	牌坊造型实在小气，有竹制草率感
11 交通部	正门端庄，很有点大国重镇味
12 妇联新厦	有因"意义"过多引发的审美淤塞感
13 海关大楼	颇具现代化气势的楼体，亭子配置和谐
14 恒基中心	"同一空间中不同时间并置"的美
15 中粮总公司	一幢美丽的大厦
16 外贸部	楼体处理非常平庸，"帽子"稍有特色
17 北京饭店	中部虽"美人迟暮"却韵味犹存。60 年代启用，部分不华丽，内部功能极好。1972 年建成部分防震设计与施工质量居世界一流
18 贵宾楼饭店	借景红墙、保留红墙是神来之笔
19 长安俱乐部	完美可陈、满身名牌、浓妆、珠光宝气的贵妇
20 天安门观礼台	大手笔，不喧宾夺主，实有似无
21 电报大楼	线条比例得体，基本色调匹配，内部精致典雅

续表

建 筑 名 称	评 语 摘
22 民航营业大厦	古板平庸，没有足够的"公共共享空间"
23 民族文化宫	杰作，亭子形态、体量、色彩统率着整体
24 中国人民银行	丰盈充实的视觉冲击力，蕴含折扇和屏风意味
25 百盛购物中心	未成功的"折中主义"尝试，檐顶成功
26 电教大楼	顺眼，设计者力求有所突破
27 广播大楼	纤秀，焕发着庄重典雅的文化氛围
28 中化公司大楼	完善可陈，语汇通顺，缺乏创造性
29 光大大厦	用"中间过渡色"比较舒服，力图从亭子模式解脱
30 燕京饭店	"应时而生"单摆浮搁的产物
31 全国总工会	装饰性部件选择与使用成功的范例
32 军事博物馆	苏式艺术风格……厚色敦实、淳朴浑然，符合功能性
33 中央电视台	不仅平庸而且有点寒伧，缺乏凝重与辉煌
34 城乡贸易中心	一件失之于浅露生硬的失败之作
35 东单菜市场	虽然简陋，造型有独特的弧形

③ 能提供公开的展露才华的机会，创作优秀作品，争取荣誉。很多著名的建筑师是在广泛的公开的设计竞赛中一举夺魁崭露头角的。我们会提供公平的设计竞赛机制，挑选真正的优秀作品，荣誉属于真正的强者。当然，入选方案只有 3 个，但参与到这项伟大的事业中来，本身就是一种荣誉。每一个优秀作品不会因为中选与否淹没了它的光辉，而将成为其建筑师的代表作。届时，我们还将选出部分参赛作品，进行社会公开展览。世界上许多建筑师的优秀参赛作品，虽未入选却仍为人称道。如 1996 年上海住宅设计国际交流活动，是上海市人民政府为市民未来美好生活而做出不懈努力的重大举措，它旨在"以人为本"，向海内外广泛征集住宅设计优秀方案，交流探讨如何在有限的土地资源和资金条件下，优化市民居住条件，改善居住环境。这次活动共包括住宅设计国际竞赛、住宅设计市民大讨论、住宅设计国际研讨会、1996 中国（上海）住宅建设国际展览会等内容。自 1996 年 4 月向海内外发出住宅设计国际竞赛邀请，至 1996 年 10 月 10 日截止到报送方案。共收到来自阿根廷、奥地利、比利时、加拿大、丹麦、法国、德国、印度、日本、韩国、新加坡、南非、英国和美国等十几个国家，更多的是我国各大城市的一共 142 个建筑设计机构、建筑院校和个人的有效方案 503 个。其中，总体方案 131 个，住宅单体方案 346 个，公建方案 26 个，确实是一次高水准的设计竞赛。为了对方案进行公正的评选，上海邀请了蔡镇钰（中国）、查尔斯·柯利尔（印度）、尼古拉斯·约汉·哈布拉肯（荷兰）、洪碧荣（中国）、约汉·伦特·克瑞肯（美国）、刘太格（新加坡）、吴良镛（中国）、姚兵（中国）、郑时龄（中国）等海内外权威组成的国际评审团，由郑时龄教授任评审团主席，评审工作于 1996 年 11 月 2 日至 4

日在上海龙柏饭店举行。经过严谨的前期技术准备工作和数轮认真的讨论，评审团通过无记名投票，选出了 20 项获奖方案，其中最佳方案奖 1 名，二等奖 2 名，三等奖 3 名，佳作奖14 名，最佳方案奖是清华大学建筑设计院设计的名叫《绿野·里弄构想》的方案。评审团高度评价获奖的方案，这些方案在设计中综合了各种居住建筑类型，创造了丰富的开放空间和居住园区、环境，并设置了为整个居住区服务的主体公共空间。参加这次应征的方案，大部分均深入认真地考虑了可持续发展的要求，从建筑类型与生活方式的关系、居住区的生态环境和人文环境、住宅建筑的技术因素等方面进行了综合研究，很多设计者应用了近年来国际上的先进经验，以及对住宅区的要求，在探讨新的居住模式及空间组合上表现出了大胆的创新。可以这样说，参加那次竞赛活动的所有建筑设计院和广大建筑师都有很大的收获，激发了创作热情，启迪了创作思想，正像有的中青年建筑师讲的，抓住了一次展露才华的机会，就等于上了一个成长的新台阶。

④ 能参与国际竞争，在竞争中学习，锻炼队伍，开阔视野。在市场经济中，每一个设计单位和建筑师都面临着激烈的竞争，这种竞争既来自国内同行之间，也来自境外。只有不断提高设计水平，才能在竞争中不败。国家大剧院的设计竞赛是很好的锻炼机会，从中或可获得自信，或可寻找差距，对今后的工作会大有裨益。还可以这样看，关心和参与国家大剧院的设计方案的邀请竞赛也是我国建筑设计院、我国建筑师为迎接在北京举行的第 20 届世界建筑师大会的实际行动，1999 年北京、国际建协第 20 次大会是在世纪之交召开的，大会的学术主题是《21 世纪建筑学》。它将全面总结本世纪的建筑，展望下一个世纪世界建筑的发展；它也将展示中国建筑师的风采，促进各国建筑界的交流，它也必将有助于推动我国城乡现代化的建设和建筑技术与学术思想的发展。

国家大剧院的设计对广大建筑师来说，既是挑战也是机遇，希望通过大家的努力，设计出真正表现我国建筑设计水平的作品。

以上讲的 4 个问题，是我近一个时期向建筑师、向书本、向社会各界人士，边请教边思考的几个问题，不尽成熟，还会有片面和错误，请多指正。但确有一颗赤诚的心，就是给建筑师鼓劲！加油！期盼创作更多的跨时代的建筑精品，期盼涌现更多的跨世纪的建筑大师。

A3 保证担保与保险的意识和行动

——在"建立我国工程保证和保险制度第一期高级研修班"上的专题报告

（1999 年 12 月 18 日）

一、背景

今天我们谈保险和担保的问题，首先必须了解它的背景。为什么我们是今天来谈，而不是一二十年前？今天谈和以后谈又有什么不同？

（1）市场背景

首先，我们的时代有一个大背景，党的十五大确立了发展社会主义市场经济的总的战略目标。我们现在正处在由计划经济向市场经济转轨的过渡阶段。这个阶段的特殊性在于，原来的计划经济体制已经被打破，但市场经济的新秩序还没有完全确立，市场保障体系还未建立。很多市场行为不规范、竞争无序。如在工程建设领域，拖欠工程款的问题严重。我们在国外做过很多考察，在美国问到有无拖欠工程款时，人家觉得很可笑和不可理解，原因就在于他们有很完善的市场保障体系。

搞市场经济，就必须研究适应市场经济环境的新的市场管理手段。建立工程保证担保与工程保险制度是完善市场经济体制的必然。

（2）规模建设背景

第二个背景是，我国进入了大规模的建设阶段。外国人到中国来，说全中国就像一个大工地。

首先，新中国成立至改革开放以前，我国的经济建设走过许多弯路。一是先投资、后消费，先国家、后个人等的长期政策导向，使得对广大老百姓的住宅建设投入严重不足，对与老百姓生活密切相关的许多产业的投入也严重不足，基础设施建设也严重滞后，这一切都需要大量补课。二是对国际形势错误判断造成大量的无效投资，现在许多建在山沟里的"三线"工程都已废弃。所谓拨乱反正，造成了改革开放以后的一轮投资建设高潮。

其次，国民经济新发展的需要。改革开放以来，我们遵循市场经济规律，不断发现新的市场需求、不断培育新的产业。我们的企业开始学会参与市场竞争，甚至已经开始参与国际经济竞争。新产业、新产品及企业自我的更新改造，都带动了大规模的建设。

还有就是城镇化的需要。我国社会经济发展的一大特点是城镇化进程滞后于工业化。这种不平衡的状态带来了许多社会问题。如农村剩余劳动力的盲目流动，教育水平的低下给农村剩余劳动力转移到其他部门带来的困难，乡镇企业素质偏低造成发展后劲的不足，以及严重的环境资源问题等。解决这些问题的必然途径是，加快城镇化进程。只有通过城镇化，才能使原农村地区得到所急需的人才，帮助发展教育、改善人口知识结构、提高乡镇企业的素质；只有城市化，才能形成集约化的经济，节约环境资源成本。而城镇化的形成过程必然带来大规模的建设。

建筑业是一个高度社会化的产业。人创造建筑、建筑又反过来塑造人。建筑活动往往投资巨大，参与生产和使用的人数众多、具有广泛的社会影响。而且，一项建筑活动不仅仅关系到其投资者、生产者和使用者，还影响到城市形态、环境生态、文化和历史。从事建筑业和建筑业行业的管理者必须要有充分的社会责任感和历史责任感。

面对大规模建设，为了保证工程质量和投资效益，建设部一再采取措施，加强管理力度。但仅仅依靠行政管理很难从根本上解决问题，一些死角管理覆盖不到，或是力度不足，工程质量事故时有发生，且破坏性有不断增大的趋势。当前，这种大规模建设还将持续相当长的一段时期。如何有效地加强建筑业管理，提高工程质量，已是一项非常紧迫的任务。因此，尽快建立和完善工程保证担保与保险制度，以市场经济的手段来控制工程质量风险是非常有必要的。

（3）入世背景

中国加入世贸组织的谈判一直在紧锣密鼓地进行。继 11 月 15 日中美协议签订以后，11 月 30 日中国代表又首次列席 WTO 部长会议，中国入世的步伐不断加快。

中国加入世贸组织，就是使中国经济全面与国际接轨。市场要接轨，市场体制也要接轨。大家都采用同样的"游戏"规则参与市场竞争。以后，国内市场和国际市场的区分将不再有实际意义，因为国内市场也将国际化，这必然加速我国经济的市场化进程，迫使我们的企业在"游戏"中学会"游戏"。中国入世将促进我们进一步研究国际惯例，加速我国市场经济体制的建设。许多国际惯例是发达国家经历市场经济几百年发展形成的市场各方利益妥协的产物，具有非常高的严密性和科学性。我们要大胆借鉴，吸收其先进经验。

中国入世对建筑业既是机遇、又是挑战。中国入世并不仅仅是为了使门户大开，让外国企业到中国来赚钱；我们希望我们的企业尽快地成熟起来，尽快适应国际竞争，也去赚外国人的钱。我们建筑业的国际化程度还很不够，作为一个建筑业大国、劳动力资源大国，我们在国际建筑业市场所占的份额与我们应有的地位还很不相称。当前，我国建筑出现过剩劳动力，面对入世的机遇和挑战，我们必须尽快研究对策。如何帮助我们的建筑业企业提高竞争力、适应国际竞争，并进一步帮助我国建筑业扩展国际市场份额，把我们的队伍带出去，正是我们建筑业管理的一项重要任务。

工程保证担保和保险制度是国际惯例，尽快加强对工程保证担保与保险的研究已是一个非常紧迫的课题。

二、意识

在上述三大背景下，今天我们谈工程保证担保和保险问题。首先要解决的是一个观念问题。要大力宣传工程保证担保和保险概念，使我们的业主、承包商、监理等市场各方主体、政府行政管理人员，以及全社会都牢固地树立起工程保证担保和保险意识，让社会各方都来关心和参与。只有这样，工程保证担保和保险制度的建立才能顺利地开展。

（1）市场意识

工程保证担保和保险是一种以市场经济的手段帮助市场主体规避和转移风险的市场行为。只要我们的市场参与各方牢牢地树立起市场意识，就必然认识到保险和担保的重要性。市场主体总是以追求自身利益最大化为目标，总是采用一切手段维护自身利益。企业股东要求分红，工人要求得到工资，企业发展还需要预留一定的公积金。企业内部各方利益需要妥协、平衡，最终保障各方利益的实现。同样，在国家利益与企业利益之间，实现国家利益就是要求企业按章纳税，企业本身的正当利益也需要得到保护。工程保证担保与保险是对市场主体各方正当利益的保护。

搞市场经济，我们在市场管理中也要树立起市场意识。政府行政管理只有在市场中出现仅靠市场本身不能解决的问题时才需要介入。工程保证担保和保险是一种对政府部分行政管理社会化的方式，它用市场手段来解决市场准入问题，并以市场手段来转移风险，这就很好地符合了我们建设市场的规律。

（2）风险意识

搞市场经济就有风险。正是成千上万的企业在有风险的市场中谋求生存、趋利避害的竞争行为，帮助市场这只看不见的手实现了社会资源的有效配置。市场经济要求企业家们去识别风险、并采取措施去加以规避。保证担保和保险正是帮助企业家转移风险、规避风险的有效工具。如果一项工程在建设过程中遇到天灾人祸、发生重大质量事故，对投资人将造成重大损失，甚至倾家荡产，这种风险是一定要采取措施加以规避的。所以，一旦我们的市场参与各方具有强烈的市场主体意识，保证担保和保险就成为了一种自身的需求，不是要它投保，而是我要投保。

工程风险可分为可保风险和不可保风险。保险保的是可保风险，转移的是意外和自然灾害的风险；而保证担保保的是不可保风险中的信用风险，将信用风险转移回它的风险源。剩下的就是决策和政治风险，将由投资人自行承担。

有了保证担保和保险，我们的企业家就可以集中精力研究决策风险的政治风险，这将大大提高我们的决策水平、减少资源的浪费。

（3）优化意识

搞市场经济的目的就是要利用市场机制来实现资源的最优配置。市场竞争的优胜劣汰过程就是一个对资源配置不断优化的过程。而市场经济必然是信用经济，一个市场只有具备了良好的信用机制，才能保证市场机制的调节作用顺利地发挥。

工程保证担保制度对于建筑业正是这样一种信用机制。国际惯例中，进入市场竞争必须取得担保。担保公司对被担保人的资格预审就是一个市场优化过程，保证担保公司将审查申请人的资金、技术、管理等方面的实力，审查申请人过去的工程经验是否适合将承担的项目，审查申请人在银行的信用纪录，审查申请人过去的履约纪录。而保证担保公司如果错误地批准了一项担保，将付出实实在在的经济代价。这将为建筑市场建起一道硬性的市场准入门槛，将不合格的承包商、假业主排除在市场之外，让不守信用、履约纪录不良的人付出高昂的代价。

市场经济是一个优化过程，对承包商、分包商、材料商都要优化，我们有政府的资质审批，就是一种市场准入的优化机制。工程保证担保与保险制度也是一种优化机制，这是对市场准入的一种市场化的优化机制，而不是我们过去的行政方式。

（4）创新意识

江泽民同志指出，创新是民族进步的灵魂。改革就是创新。中国的改革事业还要进一步创新，要向纵深发展。市场竞争要创新，市场管理也要创新。推行工程保证担保与保险就是一种制度创新。

一百多年前，美国开始实施政府强制性保证担保，就是一种制度创新。结果对规范市场竞争、节约投资、减少腐败等都起到了很好的效果。世界银行、亚行等也都对自己贷款的项目的保证担保与保险有着严格的规定。今天我们讨论中国的工程保证担保与保险制度，还必须结合中国国情，结合中国建筑业的实践需要。工程保证担保和保险过去没有，我们引进国际惯例，就是一种制度创新。同时，我们结合中国国情，也需要创新。

创新，就不能一刀切，总需要一部分人先动起来。搞工程保证担保与保险制度要先试点，在有条件的城市、有条件的项目中先试着搞起来。摸着石头过河，积累经验。

（5）机制意识

当前，中国经济改革已经进入了深化阶段，在建筑领域我们就是要深化建设市场运行机制的改革。目前，我国整顿工程质量的任务十分严峻，造成工程质量事故的原因是多方面的，如党风、政纪不严，以权谋私，管理和技术水平低下，人员素质差等，但机制问题是一个更为关键的问题。

发达国家工程质量水平稳定，责任事故风险概率极低，一条重要的经验就是实施了工程保证担保和保险制度。工程保证担保和保险是国际市场惯用的制度，是一种市场保障机制。它在各个国家的情况又都不一样。可以讲，工程保证担保和保险是市场经济是否发育成熟的一个标志性制度。

目前，我们建设市场运行机制改革主要有六大任务：一是建立建设主体责任机制；二是完善市场竞争机制；三是完善建设市场供求机制；四是健全市场价格机制；五是发展建设市场保障机制；六是强化建设市场的监督管理机制。

市场主体责任机制的实现必须建立在市场主体具有承担责任的能力的基础上。对于不可抗力和意外事故造成的风险，对于某一主体自身的赔付能力难以承担的相应责任的风险，必须利用保证担保和保险机制将风险转移。

工程保证担保有4种主要形式：投标保证担保、履约保证担保、付款保证担保和业主支付保证担保。4种担保形式相互配合，对于规范市场竞争行为、保障合理低标中标、严格市场准入、保障合同履约等发挥着重要的作用。

可见，工程保证担保和保险对于以上六大机制的建设都有很强的相关性。工程保证担保和保险正是深化建设市场运行机制改革的一个重要环节。

（6）学科意识

工程保证担保和保险事业的发展必须要有理论研究作后盾。现在，人类社会已经进入了知识经济的时代，保证担保和保险都是基于知识的智力密集型的风险经营行业。有关工程风险预测，风险分布和风险成本的计算，风险损失的评估，风险转移的手段，对申请人信用的评定，索赔理赔管理，以及对行业风险的监控等，都需要进行深入研究。

工程保证担保和工程保险都是交叉学科，跨工程项目管理、金融保险和法律等多学科。我们需要培养一大批工程保证担保与保险的专门人才。

（7）产业意识

工程保证担保和工程保险在国外都已形成规模巨大的产业。我国要推行工程保证投保和保险制度，也必须走产业化的道路。工程保证担保和工程保险是一门产业，是一门需要扶持发展的产业。

（8）法律意识

市场经济中出现的问题最终要依靠法律手段来解决。法律面前人人平等，市场中每一行为主体都具有很强的法律意识，大家都依法办事、依法履约，通过法律的手段来解决违约的问题，就可以大量减少市场中的纷争，使市场更有秩序。市场经济必须是法制经济。

工程保证担保和保险制度应该是一项法律制度，要通过立法来推行和规范。我们推行工程保证担保和保险也必须具有很强的法律意识，对工程保证担保和保险的立法工作还应做大量深入的研究。

三、行动

要推行工程保证担保和保险制度，在了解其背景，又解决了观念上的认识问题之后，就需要付诸行动了。

（1）挑战行动

首先，我们说推行工程保证担保和保险制度是一项挑战行动。推行一项新的制度是不容易的，会面临许多挑战。

当前，规范建筑市场面临的最大困难是业主的问题。真业主少，"假"业主多。造成这种状态与我们传统的投资体制有关。

我们要搞市政建设，没钱怎么办？本届政府借钱，下届政府还钱。借了钱还不了，就是要钱没有要命有一条。拖欠工程款不仅给建筑业企业的经营发展带来很大的困难，还给社会造成不稳定因素。

还有工期与质量的矛盾问题。过去我们的献礼工程常常是为抢工期而牺牲质量。建设工程都有一个合理工期的问题。要想提前竣工，就必须采取特殊的技术措施、要增加赶工费等，这些都需要增加造价。没有钱，只有导致质量下降。而质量下降又导致建筑物使用寿命缩短，维修费用增加，实际上是对资源的严重浪费。在这方面我们付出了很多"学费"，教训是深刻的，这种献礼工程今后不能再搞了。

面对这种状况怎么办？一方面我们要加强项目法人责任制建设，让项目法人承担起从项目融资到还款的全部责任。项目法人要对项目的投资负责、对项目建设负责，还要对最终用户负责。现在，我们常常是先有项目、后有法人，以后应该是先有项目法人、后有项目。只有具有投资能力的，才能成为项目法人。另一方面，我们要研究工程保证担保制度，看看能不能在投资保证担保方面加以创新，通过保证担保制度限制业主的不规范行为。业主不成熟的问题是目前中国国情下的特殊问题。我们搞工程保证担保制度，要正视这个挑战。

（2）试点行动

搞工程保证担保与保险是制度创新。创新总是要有一个过程，要通过试点总结经验。试点是行动的突破口。试点允许失败。我们要在有条件的城市或者有条件的项目中率先试点。我们现在对工程保证担保与保险的认识还不够深入，正可以在试点中加深理解、深化认识、总结规律。没有试点，就不可能有全面的推广。我们要大胆行动，不怕失败。

（3）超前行动

搞市场经济要有超前意识。现在房地产市场竞争很激烈，一定要有超前的行动才能在竞争中立于不败之地。目前，工程保证担保和保险还没有全面推广，我们现在所做的工作正是一种超前行动。现在消费者对住宅的质量最担心、最不满意、投诉最多。如果某房地产商在工程建设中采纳工程保证担保和保险作为其营销的手段，一定会取得比广告更好的效果。所以，我们要鼓励房地产商认识到工程保证担保与保险这样一种潜在效益，并超前行动，让市场需求自身来带动工程保证担保与保险市场的发育。

（4）责任行动

建设工程保证保险制度还是一种责任行动。当前，社会上腐败的问题非常严重。腐败与权力总是一对孪生物，历史上历来就有贪官和清官，国外也有腐败问题。但当前中国的腐败问题又有其特殊性。这就是在计划经济向市场经济转轨时期，计划经济体制已经被打破，而市场经济体制尚未完善，一时还不能很好地发挥其作用。我们的政府管了许多不该管的事，而权力又缺乏有效监督，这种权力的诱惑对我们的干部具有很强的腐蚀作用。许多干部一辈子为人民做了许多好事，但经不起一时的诱惑，在经济问题上跌了跟头，对人民犯了罪，很令人痛心。许多"豆腐渣"工程背后都隐藏着腐败，而一项建设项目最后成为豆腐渣工程，浪费的是国家的投资，是纳税人的钱，是宝贵的自然与环境资源。工程建设是百年大计，建立工程保证担保和保险制度，正是希望将所有的"豆腐渣"工程都拒之门外，让国家投资，也就是让纳税人的钱有所保障。所以，加快建立和完善市场经济体制是一项责任行动，既是对人民负责，也是对我们的干部负责、对党负责，更是对历史负责。

工程保证担保制度是一项市场保证制度，是对一部分政府职能的社会化。它以市场经济的手段建立起一道"硬性"的市场准入门槛。国外的经验证明，它对于保障工程质量、降低工程造价、减少腐败都起到了很好的作用。

（5）国际化行动

我们说推行工程保证担保和保险是国际化行动，正是基于经济全球化这一大背景，基于中国即将加入世贸组织这一大背景。工程保证担保与保险是国际惯例，为了让我们的施工企业尽快适应国际化竞争，无论是国际市场还是国内市场，都应采纳。这样，我们的施工企业才能在自己的工作中将工程保证担保和保险的因素考虑在内，熟悉这一国际惯例，在与国际市场环境相接轨的国内市场中得到锻炼并尽快成长起来。

采纳工程保证担保和保险制度还可以增强建设项目的融资能力。国外投资也大多是来自于银行贷款，真正的大老板没几个。只有真正解决好建设项目的融资问题，中国建筑业市场中的许多问题才可迎刃而解。

（6）求是行动

我们强调推行工程保证担保和保险还是求是行动，就是要讲此情、此地、此景，推行工程保证担保与保险制度要符合中国国情，而且是中国现在的国情。十年前的中国国情与现在不一样，十年后又会有所变化。所以，我们要研究现在的工程保证担保和保险怎么搞。我们要借鉴国外的经验，但也只是作为参照去研究。我们还要研究现在的中国建筑业市场需要工程保证担保和保险承担什么样的角色。国外有的保证担保产品和险种我们可以用，但也不一定完全照搬。国外没有的，我们也不一定不能搞。只要符合邓小平同志讲的"三个有利于"，我们都可以去大胆地尝试。

（7）企业家行动

中国从事企业家实践的人员很多，但真正的企业家却不多。中国的企业家发展经历以下3个阶段。

第一个阶段是在 1992 年以前，是计划经济时代。在那个时代，当经理是"从业加保险"，企业的经营目标是服从党的安排，完成上级下达的生产任务和指标。经理只是执行国民经济总体生产计划的一个环节，无需自己去为企业生存找市场、创利润，因而也就非常保险。

第二个阶段就是现在。从改革开放以来，我国的经济体制一直在向市场经济过渡，这个过渡阶段将会一直持续到 2010 年。在这个阶段，当经理的特点是"创业加危险"。为了适应社会主义市场经济的需要，我们每一个企业都需要创业，但这个创业过程非常危险。危险来自以下两个方面。

一是决策的危险。现在的企业不能再靠国家吃饭，必须自己在市场中找饭吃，企业家必须自己决策。但我们的企业家还不成熟，还没有很好地掌握市场经济的特点；我们的市场环境也不成熟，市场主体行为不规范、市场竞争无序、市场机制还不能很好地发挥其作用，这些都给企业家决策带来很大困难。而这些决策对于企业的生存又举足轻重，非常危险。

二是做人的危险。现在搞市场经济，国有企业都扩大了企业经营自主权，经理权力都很大，但相应的监控体系还不完善，给一些人滥用权力留下了空子，成为对经理们做人的一个严峻考验。一些企业经理昨天还是"五一"劳动奖章获得者，今天就"进去了"，非常可惜。做人的危险在当前计划经济向市场经济转轨过程中异常突出。

而第三个阶段将是未来。市场经济进入成熟阶段，我们的企业家也成熟起来。到那个阶段，当经理的特点将是"职业加风险"。当经理不单是一种权力，而是一种职业。企业家们凭借所掌握的市场经济规律理性地进行决策。他们有着很强的风险意识，并主动采取措施规避风险、转移风险，从而谋求企业利润的最大化。

成熟的企业家必然具有很强的风险意识。因为市场经济本身就有风险。市场经济要求企业家们去识别风险，并采取措施去加以规避。

保证担保和保险正是帮助企业家转移风险、规避风险的有效工具。保险转移的是意外自然灾害的风险，而保证担保担保转移的是信用风险。懂得利用保险和担保，正是企业家成熟的标志。我们大力发展保证担保和保险事业，也正是要帮助企业家尽快成熟起来，为企业家的成熟创造一个良好的环境。

（8）职业行动

最后，我们要强调，保证担保和保险是职业行动。现在，我国保险业已经有一定的发展，保证担保业才刚刚起步。对于保证担保公司的行为，我们一定要明确，它是一种中介组织的职业行动，是市场行为。

保证担保业的发展，要靠政府的推动。但它在本质上讲，是一种市场行为。以后，对于一定规模的政府投资项目，我们会要求强制性担保，但我们决不会指定必须是某一家银行、某一家保险公司、某一家保证担保公司提供担保。保证担保市场也要有竞争。

保证担保业要培养自己的行业组织，要形成行业自律，要以规范化的服务去赢得市场。保证担保公司要研究市场的需要，提供为市场所需要的服务，要自己去找市场、去开拓市场。比如，保证担保公司一定要与金融部门沟通，因为银行对自己的资金安全最关心，最怕贷出去的钱收不回来，形成呆账、坏账。我们保证担保公司可以帮助银行保障贷款能安全地用于他认可的项目，保证投资能最终形成所要求的生产能力，这样项目还款就有了一定的保障。

保证担保是职业行动，就必须服务职业化。保证担保业必须大力投入发展职业化培训，形成自己的人才储备。保证担保业要有一大批具有相应执业资格的人。

四、结束语

今天我们坐在这里来讨论工程保证担保和保险问题，实事求是地讲，我们对它的认识还很不够。中国的工程保证担保和保险还处在起步阶段。所以我今天所讲的话，主要是起一个宣传和鼓励的目的，首先帮助大家在观念上解决为什么我们需要搞工程保证担保和保险，然后是鼓励大家勇敢地去行动、去尝试。推行工程保证担保和保险制度是大势所趋。我们鼓励更多的人来关心这项事业，参与这项事业，并更多地投入对工程保证担保与保险的研究工作和实际行动。

A4　深化建设市场运行机制的改革　提高工程质量水平

刊载于《求是》杂志 2000 年第 16 期

"八五"以来，在党中央和国务院的正确领导下，经过各级政府和广大职工的努力，我国工程建设和建筑业有了很大的发展，工程质量水平保持了稳中有升趋势。

大、中型建设项目的工程质量，多年来一直控制较好，质量状况稳定。国家重点工程及大型基础设施的工程质量达到较高水平，一些高、大、精、特的建筑工程，不仅建筑技术有了很大的发展和突破，而且工程质量也向国际高水平攀登，有的已达到或接近国际先进水平。

一般民用建筑工程质量的合格率逐年提高。"七五"期末为62%，"八五"期末为82%，平均每年提高3~4个百分点，1996年全国省会城市、大中型城市住宅工程质量抽查一次合格率达85%。1998年为92.44%，在建工程为92.8%。

一些工程质量通病通过治理后取得成效。如在"六五"及"七五"期间，建筑工程渗漏问题异常突出，有的地方渗漏率高达60%以上，治理后渗漏率大大降低。1991年建设部组织检查，在450栋建筑物中屋面渗漏率为7.3%，厕浴间渗漏率为11.8%。另外，建筑物坍塌事故呈下降趋势，1985 年为 86 起，1995 年下降到 10 起，1996 年为 8 起，1997 年为 7 起，1998 年为 3 起。

住宅小区建设试点成效显著，对推动我国住宅工程建设水平的整体提高提供了成功的经验。"八五"期间，全国 300 多个城市近 400 个住宅建设试点小区通过精心规划、精心设计、精心施工和精心管理，实现了建设部对试点小区确定的三项目标：一是消除了质量通病；二是工程质量达到 100% 合格；三是实现了群体工程优良，优良品率都在 50% 甚至 70% 以上。

但是，工程质量目前还存在一些非常突出的问题，形势相当严峻。一是工程垮塌事故时有发生，给国家和人民生命财产造成了巨大的损失。虽然垮塌事故总量逐年下降，但造成的损失和影响却更为严重。其原因在于，20 世纪 80 年代初垮塌的多是低层建筑和中小工程，而现在一些高层建筑和大型工程也出现了严重的质量问题；二是住宅商品化后，居民对工程质量的关切度和要求都大大提高，民用建筑特别是住宅工程，影响使用功能的质量通病，群众反映敏感，社会影响很大；三是不仅在建工程存在质量问题，一些已建成的工程也存在着严重的工程结构质量隐患，有的甚至影响到使用安全。1996 年建设部重点对全国"八五"期间建设的城市住宅工程质量组织了检查，共检查了 18.8 万多个工程（5 亿平方米），查出有严重质量问题的住宅工程达 1 245 个。

造成目前工程质量事故的原因是多方面的：党风、政纪不严，以权谋私；管理水平和技术水平低，人员素质差等。但工程建设管理体制和建设市场的运行机制问题则是更为关键的问题。工程建设领域的改革在我国改革开放事业中率先起步，但目前市场化程度严重地滞后于改革总进程，其主要的表现是投资建设主体身份不明，权责不清，政府与建设主体权责不分，整个建设领域市场手段没有得到恰当有效的运用，从而影响工程质量制约机制的建立。中央提出要实现两个根本性的转变，必然要求深化建设市场运行机制的改革。同时，由于在我国经济持续增长的时期，投资建设是带动整个国民经济增长的主要力量，工程建设管理体制和运行机制的优化将成为优质高效地进行工程建设的重要保证。因此，深化建设市场运行机制的改革已经成为一个十分紧迫的课题，必须引起我们的高度重视。

深化建设市场运行机制的改革需要坚持的原则是：一是要充分学习、吸收和借鉴市场经济发达国家和地区的做法和经验，开阔、丰富我们改革的思路，加快我们与国际惯例接轨的步伐；二是要充分总结改革开放以来工程建设管理体制和运行机制改革的经验和教训，明确进一步深化改革的方向和突破的重点；三是要充分考虑中国的国情，清楚认识我国工程建设和建筑业的特点，改革的方案、步骤一定要从实际出发；四是要加强宣传，统一认识，提高各方面积极参与改革的主动性和积极性。

深化建设市场运行机制改革，主要任务有：建立建设市场主体责任机制、完善建设市场竞争机制、完善建设市场供求机制、健全建设市场价格机制、发展建设市场保障机制、强化建设市场监督管理机制。

一、建立建设市场主体责任机制

建设市场的主体包括：发包工程的政府部门、企事业单位、房地产开发公司和私人等项目业主；承包工程或配套生产的勘察、设计、施工、建筑构配件和商品混凝土等承包、生产商；为发包、承包服务的经济技术咨询、保证担保、监理、学会、协会、质量检测、公证等中介服务机构。市场主体是市场组成中最重要的成分，健全完善主体的责任机制，是改革成功的基础。

这项改革既包括明确市场主体，特别是项目法人对建设项目的策划、筹资、建设及项目的经营、还款和资本金保值增值的责任，制订使这些责任能够落实的措施、规定，也包括能够引导市场主体发育成熟的其他政策措施。一是通过企业制度和建筑业管理体制的改革，使企业和政府脱钩，破除地方保护和行业垄断，使项目法人真正成为拥有资本金、具有融资能力、能够独立承担法律责任的投资开发企业，逐步形成一批拥有一定资金实力和施工图设计能力的独立承包企业、专业承包企业和劳务分包企业；二是加强合同的管理，实行履约保证担保制度，健全完善合同的调解、仲裁和诉讼制度，保证仲裁和法院判决的执行，使合同责任能够全面履行。打击市场上合同欺诈行为，使合同真正成为主体之间约束和协调各方行为的准则，建立平等竞争、协调一致、等价有偿的市场秩序；三是建立国家对建筑业从业人员的强制性培训制度。目前，大量的工程质量事故和施工安全事故是由于操作人员素质低，违反操作规程造成的。可研究借鉴香港的做法，由政府向工程项目征收培训税，委托培训机构对建筑业从业人员进行强制性培训，不经考试合格不允许上岗。

二、完善建设市场竞争机制

竞争机制是市场经济的灵魂，是企业成长、经济发展、社会进步最主要的动力，完善竞争机制，就是要充分发挥其优胜劣汰、优化资源配置的作用，使建筑企业自觉地加强管理、提高技术水平和人员素质，提高效率，降低成本。

工程招标投标是一百多年来国际通用的、比较成熟的、科学合理的工程承发包方式。无论是对于保证质量、提高工程建设的效益，还是对防止腐败，加强廉政建设，反对不正当竞争，都有着非常重要的作用。因此，加强监督管理，保证所有应当招标的工程100%招标，保证所有应当公开招标的工程100%公开招标，是健全完善市场竞争机制的主要内容。

全国招标发包工程的比例已从1983年的4%提高到1998年的60%。全国省、市（地）、和大部分县（市），都已建立起专门的工程招标投标管理机构。但是，要达到两个100%的目标，还需要做大量的工作。一是要规范招标程序、招标文本和评标定标的方法，推动招标代理制度，使竞争机制更好地发挥调节市场的作用；二是要加强对工程招标的跟踪管理，使招标约定得到全面的履行，使竞争机制的作用得到全面落实；三是继续搞好建筑市场交易中心的建设。交易中心是各地在实践中探索出来的一种管理形式，其作用主要是公开发布工程信息，集中进行工程建设的程序管理并向各方主体提供服务。交易中心的运作保证了交易过程的公开、公正和平等竞争，强化了管理，提高了效率。目前，全国330个地及地以上城市，有280个已经建立了交易中心，其他具备条件的城市今年10月1日前将陆续建立。已经建立的城市，进一步完善管理制度，建立电脑化管理和信息联网系统，提高管理水平。

完善竞争机制还包括转变政府职能，健全要素市场和中介服务等多方面深化改革的工作。

三、完善建设市场供求机制

供求机制是在价值规律的作用下，市场对人力、物力、资金等各种资源的供求数量进行自动调节，使其达到相对平衡的机制。

我国目前有 3 400 万建筑业从业人员（1980 年代初只有 1 000 多万），远大于我国固定资产投资规模的需求。今后一段时期，随着农村改革的深入和农业机械化水平的提高，还会有大量的农村劳动力进入建筑市场。而我国固定资产投资的规模也会出现不能预期的变化和波动，这是经济发展的必然规律。发挥市场供求的调节作用，是深化建设市场运行机制改革的重要内容。

完善建设市场供求机制，除了发挥市场的作用外，还要对市场进行科学管理。一是要加强对工程报建和施工许可的管理；二是建立健全工程建设的统计系统，及时、全面、准确地掌握工程建设的规模，编制发布动态信息；三是加强对建筑行业专业人员从业资格和设计、施工、监理等企业资质管理。完善现行专业技术人员注册分类体系，改革考试、注册办法；调整、简化现行企事业单位资质分类、分级的方法和标准，改革审批办法；四是加强动态管理，建立严格的市场准入和清出制度。加大对无照经营、非法挂靠、出卖出借证照、超资质承包工程等市场欺诈行为的打击力度，强化市场管理；五是改革建筑企业到国际市场承包工程的管理制度，大力推动我国建筑企业对外承包工程和提供劳务的工作。

四、健全建设市场价格机制

深化建设市场价格机制的改革，就是要改变由国家规定建筑产品价格的做法，使价格真实反映市场供求情况，真实显示建筑企业的实际消耗和工作效率，使实力强、素质高、效益好的企业具有更强的竞争力，实现资源的优化配置，提高工程建设的效益，促进经济的发展。这项改革的主要内容是建设行政主管部门制定全国统一的工程项目划分、计量单位和工程量计算规则；对人工、材料、机械等消耗量制定指导性定额，指导工程发包方编制标底价格或预算价格，也指导建筑安装企业编制报价定额，逐步使工程承包价格实现政府宏观指导，企业自主报价，竞争形成价格的目标。同时，要坚持循序渐进的方针，在工程计价依据尚未全面改革之前，工程发包方仍以建设行政主管部门或其委托的工程造价管理机构制定发布的定额和要素市场价格，作为编制估算、概预算及标底价格的依据。实行以标底价为基础、有幅度浮动价格的定标方法。在工程计价依据全面改革后，逐步实行以工程量清单招标，合理低标价为中标价的定标方法。特别是要求业主按照规定，打足投资，不留缺口，严格控制工程价格，避免"三超"。同时要引导建筑产品质量和价格之间建立相应的联系，实现优质优价，通过价值规律的作用，推动工程质量的提高。

五、发展建设市场保障机制

建设市场保障机制包括两方面内容，首先是建立工程保证担保制度，防范和控制工程风险。发达国家工程建设质量水平稳定，出现风险概率极低，一条重要经验就是用保证担保机制规范市场行为，强化守信守约。美国公共工程实行了近百年的强制性的保证担保。保证人向受益人（业主）保证，如果委托人（承包商）无法确保工程质量或违约，则由保证人先行代为履约或赔偿，然后再行使追偿权利，这种机制原理很简单：即守信者得到酬偿（信誉高，保证人愿意担保，费率低，容易得到更多的订单或工程），失信者受到惩罚（保证金等反担保资产被用于赔偿，损失大的足以倾家荡产，信用记录出现污点，没人愿意担保或费率高得出奇，等于被逐出工程市场）。其次是建立工程保险制度，还有通过行业劳保统筹和社会保障机构建立养老、医疗和失业等广泛的、多层次的社会保险制度，使老、弱、病、残和失业人员的生活得到保障，转移或减少企业经营中的风险。

发展建设市场保障机制，一是通过立法推行工程保证担保制度。由银行或专业化的工程保证担保公司根据委托人的信誉和赔偿能力，为发包方提供支付保证担保，为承包方提供投标、履约、预付款、保修和质量保证担保；二是健全和完善工程保险制度。在已经开办的建筑工程一切险和安装工程一切险的基础上逐步开办职业责任险和意外伤害险等险种。特别要借鉴德国等国家的经验，将保险和安全生产管理结合起来，贯彻预防为主的方针，保险公司根据建筑企业的安全管理状况将企业划分等级，实行差别浮动费率，并从保险费中划出一定比例，专项用于施工安全生产的研究、培训和防护用品的研制；三是把行业劳保统筹和社会保障结合起来，保证各项费用的收取，逐步把养老、医疗和失业人员生活保障纳入社会保险机构的管理体系，使企业真正成为生产经营的市场主体；四是发挥行业协会作用，加强行业自律，有效制止各种不正当竞争行为。

六、强化建设市场监督管理机制

监督管理机制是指政府监督管理建设市场各方主体合法经营，严格执行各项管理制度，保证各方主体合法权益，维护建筑市场正常秩序，打击各种不正当竞争行为和腐败行为的管理机制。

强化建设市场的监督管理机制，一是要完善法律法规，使工程建设项目执法监察制度化，加强督促检查，保证各项市场管理制度的推行，保证市场竞争机制真正发挥调节市场的作用；二是改进政府对施工现场的监督方式，监督重点应放在建筑物的地基基础、主体结构安全、环保和工程建设各方主体的质量行为上；三是发挥建设监理、保证担保、质量咨询审核和专业人士等中介机构的作用，审其资格，授其权责，管其履约；四是推进建设法律服务，维护市场主体权益，依法维持市场秩序，处置纠纷；五是实施用户监督和舆论监督，提高全社会对建设市场的监督管理意识。

综上所述，建设市场主体责任机制、竞争机制、供求机制、价格机制、保障机制和监督管理机制的深化改革，是社会主义市场经济走向比较完善进程的需要，是我国大规模建设时期从根本上提高工程质量的需要。要使这项改革健康发展，富有成效，必须和整顿规范建设市场工作紧密结合起来。在整顿规范过程中不断推进深化改革工作，用深化改革的进展，巩固整顿规范的成果。这是当今中国建设者肩负的重要使命。

A5　关于国家大剧院融资的建议

（1998 年 9 月 24 日）

青春并嗣铨同志：

现送上此意见，供审阅。

自参加国家大剧院筹建工作近 8 个月的时间里，我一直在思考这样一个重大文化设施工程建设期间和营运期间的融资问题，在学习有关金融知识的基础上，查阅国内外有关资料，多次与在金融机构工作的同志商讨，特别是华联律师事务所的同志们很赞成，并为之收集整理意见稿。尽管如此，这些意见仍是初稿和粗稿，有待认证、修正和细化。下述三点意见仅供参考，望予批评指正。

一、融资的必要性和意义

① 融资可减轻国家财政负担。根据国家大剧院可行性研究报告，国家大剧院建设资金需要大约 35 亿元人民币及配套资金 1 亿美元，由中央财政专项安排，大剧院建成后的营运费用每年需要近 6 000 万元人民币，而每年的营运收入大约 2 000 万元，每年营运亏损近 4 000万元需要由中央财政补贴，建设期及营运期的资金需要是国家大剧院融资的根本需要，在中央财政专项安排之外，采取多种渠道和多种方式融集资金，并利用融资的特定运作方式，使国家大剧院获得持续、稳定、长期的资金来源，这两方面都可以在一定程度上减轻中央财政的负担。

② 融资是国际上通行的做法。国家大剧院作为社会大型公益性项目，早在 20 世纪 50 年代澳大利亚悉尼歌剧院就采取社会集资的办法来解决建设资金及营运资金的需要，并获得成功。现欧洲和美国的大型歌剧院、艺术中心、表演中心维持营运的资金都需要普遍地由过去的财政补贴转向社会集资，以解决营运资金需要，且实际运行证明行之有效，如美国肯尼迪表演中心、林肯艺术中心目前的财务运行方式就是利用基金组织向社会集资以解决运行资金的需要。故融资是国际上建设和运行此类大型公益项目的普遍通行的、代表方向和潮流的做法。

③ 融资是最大限度调动社会资源，推动国家文化艺术事业发展的一种行之有效的模式，国家大剧院融资将起到示范带头作用。社会各界对文化艺术事业的赞助和支持通过各种不同的方式已普遍存在，但这种支持、赞助是分散的、一次性的和不确定的，很大程度上也是不规范的。也正是由于这种状况，社会各界对文化艺术事业的支持、赞助与世界其他国家相比，存在着惊人的差距。融资通过其规范化的运作，可以最大限度地吸收对文化艺术事业支持、赞助的各种社会资源，通过预先设计好的融资运作模式，筹集所需资金，并在此过程中满足赞助、支持者的公益目的和商业目的。融资有别于乱摊派、乱集资，其规范化的运作模式更符合赞助者和支持者的意图，也更有效地保障其意图的实现，且资金的使用效率可避免社会资源的浪费。

国家大剧院作为国家的最高艺术殿堂及国际文化交流的重大场所，其备受世人关注的程度及在推动国家文化艺术事业发展中所处的地位及其作用，都是任何文化艺术活动所不能比的，其本身即具有调动和吸纳社会资源的强有力的号召力，而融资的规范化运作，使这种调动和吸纳变得有章可循，变得有效和有保障，而这过程本身还将吸引更多的人们加入到赞助和支持者的行列。

国家大剧院融资的成功运作将为今后在更深、更广的范围内调动社会资源，推动国家文化艺术事业的发展起到示范带头作用。

④ 融资可使国家大剧院建设资金和营运资金的使用符合市场化运行机制。融资本身在接受出资人出资时，其资金的使用即受到出资人的监督。在欧洲，国家财政对大剧院或表演中心的补贴，也是同其他出资人一样纳入基金组织的管理之中，国家财政把钱交给基金组织，基金组织按基金章程来对待每位出资者的钱，并将这笔钱交专业的基金管理公司来管理，以实现资金的最有效的使用。

融资无论通过基金形式或其他方式筹集，最终都要纳入为国家大剧院设立的基金组织，而基金的运用模式要求其必须严格地按市场化运行机制来运行，资金的市场化运行机制被证明是最行之有效的资金使用方式。

更为重要的是，融资决定了建成后的国家大剧院运营体制须最大限度地按市场化运行机制运行，减少国家行政管理的负担，提高资产运营质量。当然，前提是必须满足国家公益事务和外交事务的需要，且符合国家大剧院本身所具有的政治性、严肃性、艺术性、民族性等特性。

⑤ 融资是国家大剧院自身所凝聚的巨大的无形资产得以实现的一种方式。国家大剧院是国家最高艺术殿堂，也是国家最高艺术水准的象征，是进行国际文化交流的重要场所，其所引起的海内外的广泛关注，是众多经营艺术产品的商业机构热切寻找的市场基础，通过国家大剧院面向消费者的各类文化艺术产品服务，将具有更高及更广泛的商业及社会价值。

融资可以使国家大剧院自身所凝聚的这种商业和社会价值通过特定的融资运作方式转化为国家大剧院所需的资金。

⑥ 融资为所有热爱和关注文化艺术事业的人们提供了捐资、赞助、投资的机会。中国是文明古国之一，其悠久灿烂的文学艺术文明是世界文明的重要部分，在海内外华人及世界各国人民中间有着深远及广泛的影响；而今天开放的中国需要了解世界，世界需要了解中国，国家大剧院作为中国民众了解世界各国艺术文明及世界各国了解中国艺术文明的窗口，对于推动艺术文明的交流与共同繁荣具有其特殊的地位，国家大剧院接受海内外华人、机构、企业、艺术团体等的捐赠、赞助及其他方式的资助是满足不同阶层人士及机构、团体对艺术文明的追求与热爱的需要的一种方式。

二、融资的形式及可行性

① 接受海内外募捐、赞助。文化作为精神文明建设的一种具体形式，其投入、产出与其他产业有明显不同，无论院团组建、节目编排或场馆建设，都需要巨额硬性投资，而其效

益一般是不能简单地以金钱来衡量，所以是无法通过正常市场经营方式获得投资回报的。文化项目除需要通过国家专项投资来支持外，还在最大限度地接受社会赞助、募集资金。当前，国内文化事业得到社会资金赞助的程度、方式与发达国家相比相差甚远。当然，社会各界对文化事业的贡献通过赞助方式已普遍存在，且逐步发展。国家大剧院作为国家重点项目，特别是作为中西方文化交流的最高殿堂，其重要性、地位及深远的历史意义更能吸引社会各界关注，更有取得社会赞助的可能。

② 基金会。国际上众多成功的经验表明，基金会作为对艺术领域需要资金扶持的一种普遍的资金运作方式，在国家大剧院建设与维持建设后运营过程中均显得意义尤为重大。基金会可由国家支持的专项资金用于国家大剧院的综合建设和运营，要为国家大剧院的建设和运营成立专门基金会，并以独立的专业化的透明的方式运营，不仅对于国家大剧院的建设运营，而且对建立国家和社会共同支持文化艺术探讨出一个新的机制。

③ 会员费。如同国际、国内已有的其他大型工程项目建设一样，国家大剧院的建设也不妨可以采用会员制，即在建设期收取会员费，项目建成后给予各会员以一定期限的特种消费权。比较可行的方式就是：在场馆指定一定的坐席，每次演出均将指定坐席的入场券免费交给会员自行安排。并考虑在座席上印上会员名称。

④ 彩票。发行彩票是征集社会闲散资金的有效方式。该方式只要得到国家主管部门的批准，即可实行。

⑤ 艺术设施建设费。可考虑在旅馆、饭店对来京人员收取艺术设施建设费。这在国际上是常用的，也是符合"使用者应支付"的基本原则的，因为在来京人员中（特别是外国人）不少人会使用国家大剧院的。

⑥ 成立文化产业股份有限公司。以国家财政部出资构成国家股，以基金会和彩票中心出资构成法人股，可联合国内外经营业绩卓著的文化产业经营企业发起设立文化产业股份有限公司，经国家证券管理部门批准向社会募集资金，以强大的资金实力经营国内外高水准、高回报的文化艺术经营项目，此外，多余的资金可用于投资其他投资项目，以追求更多的投资收益，通过基金会、彩票中心持股获得的回报可用于补偿国家大剧院经营资金的不足。

三、融资的操作

（一）融资操作的具体原则

① 吸收并满足社会各阶层的不同需要；

② 保证融资及资金使用的公开、透明、公正；

③ 聘请各专业化的中介机构操作；

④ 接受国家及公众投资者的监督；

⑤ 保持持续稳定的资金来源。

（二）组织机构

（1）业主委员会

业主委员会为国家大剧院融资的决策机构。根据融资工作委员会的建议就融资方案的确定、融资操作及资金使用管理方面的重大事务做出决策。

（2）融资工作委员会

由业主委员会组建融资工作委员会。该工作委员会可由财政部牵头，约请国家经贸委、银行、融资研究机构、投资中介机构、基金管理机构、财务中介机构、律师事务所等专业人士组成，负责融资的方案研究、策划和制订，并指导融资方案的实施。

（3）融资机构

① 基金会。申请成立国家大剧院基金会或国家文化艺术基金会，用以接受海内外捐赠，并以基金会投资文化产业股份有限公司。

② 彩票。申请成立国家大剧院彩票中心或国家文化艺术彩票中心，用以发售彩票，并以发售彩票所筹资金投资文化产生股份有限公司。

（4）中介机构

① 融资代理机构。融资方案一经确定，其具体实施由业主委员会委托融资代理机构具体操作，以确保融资方案实施的规范、效率、公开、透明。

② 律师服务机构。参与融资方案的策划与制订，确保融资方案的合法性，理顺并明确融资方案涉及的各有关当事人之间的权利义务关系，参与制订融资方案所涉及的各项法律文件，协助融资代理机构规范化实施融资方案。

（三）中介机构介入的条件

① 有从事大型项目融资的专业经历，且资信良好；

② 提供的融资方案/法律服务方案切实可行，便于操作；

③ 从业人员专业资历可靠，且保证时间和精力的投入；

④ 收费合理；

⑤ 通过竞标方式，择优比选。

（四）操作进度控制

① 编制融资方案并获得批准；

② 组建融资工作委员会；

③ 申请成立国家大剧院基金会或国家文化艺术基金会和国家大剧院彩票中心或国家文化艺术彩票中心。经政府有关部门批准接受海内外捐赠，并向社会发行彩票。

④ 落实有关政策，如征收艺术设施建设费；

⑤ 招标竞争选择中介机构；

⑥ 融资工作委员会与有关中介机构共同研究确定融资具体实施方案；

⑦ 向社会广泛宣传募集捐赠资金，并拍卖一定的无形资产，渠道会员费、特定项目收费；

⑧ 取得有关部门的批准，申请组建文化产业股份有限公司，并发行股票上市；

⑨ 聘请基金管理公司经营管理基金会和彩票中心。

A6　关于国家大剧院方案设计国际招标事宜的调研报告

（1998 年 1 月 23 日）

青春同志并嗣铨同志：

1 月 14 日下午第一次领导小组会议后，我研究了文化部编制的《国家大剧院建设可行性研究报告》、《国家大剧院设计研究》和《国家大剧院设计要点》及部分设计方案，并先后找有关单位的同志进行了调研。

1 月 15 日上午和下午分别与建设部建筑设计院院长刘洵蕃院长、总建筑师周庆林座谈；1 月 16 日与清华大学建筑设计大师吴良镛院士、北京市建筑艺术委员会副主任李道增教授、建筑学院院长秦佑国教授、建筑设计院院长胡绍学教授座谈；1 月 19 日上午，听建设部建筑研究院前院长袁镜身同志介绍了他在 1958 年陪同当时的建工部部长刘秀峰就国家大剧院设计方案向周恩来总理汇报的情况；1 月 19 日下午与北京建筑设计院魏大中常务副总建筑师及建设部建筑学会秘书长和建设部设计司的同志座谈；1 月 20 日下午听取江苏省文化厅和建工局同志汇报江苏省剧院设计国际招标的情况；1 月 21 日下午听取上海市招标办同志汇报上海市东方音乐厅国际招标的情况。

通过这几天的调研，初步了解了大剧院设计招标的情况和要求，为了保证国家大剧院工程的进度，保证工程的设计和施工质量，建议尽快讨论明确以下几项工作。

一、成立专家委员会和开始招标组织工作

聘请一批国内在剧院方面有一定影响和经验的建筑设计、施工、规划、光学、声学、舞台美术、演出艺术等学科的专家、学者，组成专家委员会。对整个工程的总体规划、进度安排、设计思想和要求、招标方式、标书制订、确定邀请投标单位和评标专家等工作进行充分的讨论和研究，为领导小组和业主委员会提供参考意见。根据各方面推荐，专家委员会拟从以下人员中选定（名单略），请审阅确定。

建议尽快组成招标工作小组；或委托招标代理单位，其职责是负责编制标书，提出邀请单位名单，审查投标单位资格，进行答疑，组织开标和评标，提出评标委员会名单。

二、抓紧标书制订工作

吴良镛院士等专家认为，标书是国家对工程要求的体现，是各方面矛盾的反映，是设计的灵魂，是评标的依据，是工程项目最关键的环节。以前的一些招标中，评委在评标时对标书都提出了很多意见，一些失误直接影响到招标的效果。因此，应尽快开始制订标书，为标书的修改完善保证充足的时间。几个关键的问题也需要尽快确定。

① 标书的繁简要求。一种意见认为，标书应尽量详尽全面，使投标的设计方案尽可能体现我们的要求；另一种意见认为标书应尽可能简单明确，使投标者设计思想不受束缚，以得到最有创意的作品，同时也缩短标书制订的时间。建议制订简单明确的标书。另外附全面、详尽的环境、规划和功能、标准的技术要求。

② 设计招标的方式。有以下几种方式可以选择，一是公开招标，通过新闻媒介发布招标的信息和要求，国内外的设计单位和个人都可以参加，由中标单位承担设计任务。优点是选择范围广泛，但费用较高，如专家选中的方案和我国实际情况或领导的意见不一致，将难以处理。二是邀请招标、邀请部分设计单位参加投标，优点是简单易行，但对未中标的单位需支付一定的补偿，且难以广泛征求设计方案。三是方案竞赛的方式，类似于公开招标，对方案评选出一等奖、二等奖和优秀奖若干名，并给予相应的奖金。对选中的方案有较大的支配余地；可以用，可以不用，也可以买断。建议采用公开和邀请招标结合的方式，一方面向国内外公开征集设计方案，同时向选定的单位发出邀请。无论是否邀请单位，如果被选中都将按标书约定支付奖金或承包设计任务，对未中标的邀请单位支付一定的赔偿。既能保证方案征集的广泛，也能保证有实力的设计单位参加投标。

参加座谈的同志普遍认为需要注意几个问题。一是如果采用评奖的方式，奖金的数额不能太低，否则不能吸引优秀的设计单位拿出有价值的方案参加；二是考虑到选的方案可能不能完全满足我们的要求，协商修改比较困难，需要时间较长，如果国外方案中标，其费用较高且初步设计时间较长，可采用买断的方式，买断费用可从设计费用中扣除。三是国际建筑师协会对设计国际招标有一套规定；并制订了严格的监督办法，对招标的方式和中标方案的使用都有要求，对我们束缚较多。如果违反，将会受到国际建筑师协会的指责。建议叫做"中国国家大剧院设计方案国际邀请招标"或"国家大剧院设计方案征集"。

③ 标书的主要内容。

a. 规划设计要点。包括工程地理位置，功能和环境要求，建筑物的组成和规模。

b. 设计总的指导思想。既是国家建筑水平和民族文化的代表，也要保证日常的使用功能。

c. 对投标单位资格的要求。

d. 招标文件内容和招标程序、截止招标时间、设计方案个数等要求。

e. 标书购买费用、未中标方案的补偿费用和评委报酬（江苏省剧院标书费用为外方 200 美元，中方 1 500 元人民币；未中标方案补偿为外方 10 万人民币，中方 4 万人民币；评委报酬除旅费和食宿费用除外方 2 000 元/天人民币，中方 400 元/天人民币咨询费。上海东方音乐厅领取招标文件不交纳费用，但要交纳 1 000 美元的保证金。评标结束后，退回保证金。评出一等奖 1 名，奖金 10 万美元，二等奖 2 名，奖金 5 万美元，未获奖单位补偿 3 万美元；评委报酬除旅费和食宿费用除外方 600 美元/天，中方 600 元人民币/天咨询费。深圳文化中心投标保证金外方为 1 000 美元，中方为 8 000 元人民币；评选一等奖 1 名，奖金 10 万美元；二等奖 1 名，奖金 8 万美元，三等奖 3 名，奖金 5 万美元，未获奖单位补偿 3 万美元。）。

f. 评标原则和方法。

g. 评委名单。上海市一般选择 7～9 名评委，最多的选择 21 名评委。国外一般在标书中列出，但江苏、上海、深圳均未在标书中事先公布评委名单（江苏省剧院评标邀请 11 位评委；上海东方音乐厅邀请 11 位评委；悉尼歌剧院评委会由 4 人组成，其中美国 1 位，澳大利亚 3 位)。考虑到我国实际情况，建议不在标书中公布评委名单，可注明由国内外具有影响的高层专家组成。

三、确定标书审定程序

鉴于工程的重要意义和标书的重要作用，为保证标书的质量，在标书制订后拟通过以下程序审定。

① 业主委员会讨论修改；

② 人大、政协等高层次领导和专家讨论修改；

③ 专家委员会讨论修改；

④ 报领导小组和国务院领导审定。

四、确定邀请参加投标单位数量

为保证方案征集的广泛，同时考虑到费用和时间的要求，建议公开发布招标信息，建议向 50 个国内外设计单位发出邀请 (国内非邀请单位可以自愿参加投标，但不获奖单位没有补偿费用)，按每家提出不超过两个方案计算，大约可征集 50~100 个方案 (江苏省剧院邀请 11 个单位，9 家投送 10 个方案，中方 3 家，外方 6 家；加拿大实友国际发展有限公司中标；上海市东方音乐厅邀请 12 个单位，9 个领取标书，其中中方 3 个，外方 6 个，9 家投送 9 个方案，日本建设设计事务所中标；上海大剧院是由法国建筑夏氏建筑事务所中标；悉尼歌剧院招标，有 32 个国家投送 233 个方案，丹麦方案中标；法国巴士底歌剧院招标，投送 1 000 多个方案，加拿大方案中标)。拟从以下名单中确定邀请单位 (名单略)。

五、标书制订与发出时间安排

为保证设计招标的进度，建议做如下时间安排：

① 2 月底前将标书草案制订完毕；

② 3 月 15 日前进行第三项中的 4 个程序，报领导小组和国务院领导审定完毕；

③ 4 月上旬召开新闻发布会，发出标书。审定投标单位资格，发出标书，勘察现场，进行答疑。

六、对工程总进度的初步计划

大致分为 3 个阶段。第一阶段为确定设计方案和设计、监理、施工、设备招标，大约需要一年半；第二阶段为主体施工，大约需要两年；第三阶段为装饰和设备安装，大约需要一年半。第一阶段具体程序安排为：

① 4 月上旬发出标书；

② 7 月中旬收回标书；

③ 7 月底评标结束 (其中一周为方案展览，征求各阶层群众意见；另一周为专家评标)；

④ 9 月底前修改方案，同时进行监理招标，选定监理单位；

⑤ 12 月底前进行初步设计和审查，同时进行工程总承包招标，选定总承包单位；

⑥ 2 月底完成基础施工图，同时完成施工准备工作；

⑦ 3 月初开工。

七、管理思想和资金的准备工作

为打开工程组织领导人员的思路，在发出和收回标书之间的 3 个月（4～7 月）中，业主委员会还可能需要组织如下事宜：

① 组织有关人员对国外剧院考察；

② 与有关协会联合召开"繁荣剧院创作思想高层次研讨会"；

③ 除国家财政拨款外，为解决建设资金的不足，可否采取多渠道筹集资金的方式。如悉尼歌剧院由卡希尔首相组织建立了以捐款为主的基金会和以彩券形式募集资金。

八、确定筹建的指导方针

国家大剧院是国家级的具有重大纪念意义的建筑，是我国最高的表演艺术中心，而且地处天安门广场的重要区位，在国家庆典、外事礼仪、国际文化交流和丰富人民文化生活中将发挥重要作用。建造国家大剧院是盛世盛举，必须统一思想，以创世界一流水平的精神，精心设计，精心施工，创名牌，做精品。

早在 1958 年，在周总理的亲自过问下，文化部就着手进行国家大剧院的准备工作。1959 年，清华大学做了设计方案。后因国家经济调整，停止了建设工作。1986 年，国家计委批准将该项目列入"七五"期间文化部前期工作项目计划。1990 年，文化部成立了国家大剧院筹备办公室，并组织有关单位进行规划方案的研究工作。1993 年，编制成《国家大剧院可行性研究报告》，明确该剧院建在人民大会堂西侧，建筑用地 3.774 公顷，市政、城市绿化用地 3.836 公顷，建筑规模 12 万～14 万 m^2，包括四个专业剧场，即歌剧院（3 000座）、音乐厅（2 000 座）、戏剧场（1 000 座）、小剧场（500 座）及一个艺术走廊。

近 40 年来，文化部和北京市都做了大量工作，中央一直非常关注这件事情。1997 年 10 月，决定国家大剧院项目上马。11 月，北京市建筑设计院提出了一个设计方案，首都规划委员会召集北京、上海、南京等地的专家对该方案进行研讨论证。12 月 26 日，首都规划委员会再次召开评审会议，讨论北京市建筑设计院、清华大学、建设部建筑设计院、上海华东民用设计集团、东南大学提出的 10 个方案，经专家投票，选出北京市建筑设计院和清华大学的方案作为推荐方案。对于这样一个要求具有世界水平的重要工程，专家们认为必须集中全国乃至世界一流的设计专家，给予足够的时间，来进行规划设计，以确保其规划设计水平达到世界一流，成为世界名牌建筑。

1998 年 1 月 14 日，遵照中央政治局会议纪要的要求。召开了国家大剧院领导小组会议，决定成立国家大剧院业主委员会，决定大剧院设计方案国际招标，监理和施工国内招标。对此，我感到大剧院工程的建设要处理好四个矛盾：即文化差异矛盾、传统与现代的矛盾、体制与利益的矛盾、权力与责任的矛盾。特别要总结近十年来首都大项目建设成功的经验和失败的教训，建议确立大剧院建设的指导方针，弘扬民族文化，体现时代精神，科学合理优质，追赶世界一流。

以上是近几天调研和思考的一些问题，供领导决策参考。

A7   建设工程质量监督职能必须强化
改革必须深化 工作必须改进

——在北京市建设工程质量监督工作会议上的讲话

（1999 年 1 月 29 日）

同志们：

今天，北京市在这里召开工程质量监督工作会议，我很高兴在这里同大家商讨加强工程质量监督这一重要课题。

大家都知道，元月 4 日重庆綦江大桥的垮塌，造成了非常惨痛的损失。桥垮了，房子塌了，后果都是非常严重的。但是原因是多方面的，是由多种因素造成的。一个工程涉及的建筑市场主体是很多的。在这里我不妨举一个浙江常山的例子。1997 年 7 月 12 日，浙江省常山县发生一起住宅楼倒塌的特大事故，造成 36 人死亡、3 人受伤。浙江省委、省政府在处理这一特大事故时，处理了 16 个单位、处分了 27 个责任人。也就是说，这 16 个单位、27 个责任人对这栋住宅楼的倒塌负有重要责任。常山县金诚房地产开发有限公司经理、副经理，对住宅楼倒塌负有直接责任，并且犯有重大商业受贿罪，常山县人民法院判处他们有期徒刑各 10 年。一个工程管理科科长和一个质量员负有重大责任，判处 6 年 6 个月和 6 年有期徒刑。负责施工的常山县二建公司的经理、副经理、质量安全员、工程承包员和治安科副科长等人，被分别追究刑事责任被判处不同年限的有期徒刑。设计事务所的原主任，给予留党察看一年的处分。该设计事务所的执照被吊销。图纸的设计者，判处有期徒刑 6 年 6 个月。常山县工程质量监督站，没有按照监督程序开展工作，对工程负有质量监督责任；更为严重的是该监督站还参与弄虚作假，造成工程质量严重失控。监督站站长负有严重失职行为，给予留党察看一年、行政撤职的处分。工程监督员工作严重失职，判处有期徒刑 5 年。质监科的一个科长，给予行政撤职处分。县城建局施工办主任，在工程招标中有失职行为，给予党内严重警告、行政撤职处分。砖的质量差，砖厂厂长对砖的质量负有领导责任，给予留党察看一年和行政撤职处分。常山县技术监督局检验所所长对红砖的质量负有检验责任，给予拘留、行政记大过处分。常山县政府和有关职能部门，县委书记、县长、地级常务副市长对住宅楼倒塌负有领导责任，给予通报批评。县长对安全质量重视不够，给予行政记过处分。分管城建的副县长及开发区的管委会主任、现任常山县常委、政法委书记，对事故负有重要责任，依法逮捕。常山县环保局局长、党委书记兼城南开发区的管委会主任，判处有期徒刑 10 年。城南开发区管委会副主任，判处有期徒刑 4 年。常山县城建环保局副局长兼县招标办公室主任，对事故负有一定责任，给予行政警告处分。常山县乡镇企业局局长、常山县土地管理局局长、常山县计划委员会主任，给予行政警告处分。常山县财税局局长兼金诚房地产开发公司管委会主任，常山县技术监督局副局长给予行政记过、警告处分。

我讲这些，凡工程质量事故的结果都是很具体的，原因都是很复杂的，由此理解工程质量是多因素的，讲工程质量的监督必须放在多因素下，放在综合治理的环境中来研究。

（一）工程质量事故的严峻性及我们的责任要求必须强化政府对工程质量的监督职能

① 工程质量事故的特点。一是涉及的责任主体很多。当然责任不一样，有的是直接责任，有的是领导责任，有的是玩忽职守罪，有的是贪污受贿罪，也有的是技术攻关问题；二是事故的潜在期一般都比较长，有的甚至 5 年、10 年以后，事故造成的危害才显现出来。如武汉的 18 层住宅楼，它的主体施工也已经有一年多了，到装修接近完成时才出现问题，不得不将其炸掉。三是事故的后果严重，危害性大。因为工程质量直接涉及人民生命财产的安全。特别是 1994 年，青海的沟后水库发生了垮塌，造成下游 288 人丧生，40 人失踪，共计 328 人。就因为工程质量事故，就造成 328 人丧失生命。

② 当前的质量形势。这一时期，工程质量连续不断地发生重大事故，一是高速公路。从沈阳到四平的高速公路，青羊河大桥公路的桥面局部塌陷，造成车毁人亡。云南的昆禄高速公路，建成后 18 天，路段大范围塌方，路基沉陷，边坡坍塌，路面悬空，纵向开裂。另外，从江西九江的防洪大堤来说，1998 年长江发生特大洪水，九江防洪大堤决口，给人民的生命财产造成了重大损失。在溃口断面的混凝土中，没有发现任何钢筋，这是偷工减料所致，被朱总理怒骂为"豆腐渣"工程。浙江钱塘江一座按百年设计的标准堤坝，在其关键部位的基础沉井中，施工单位竟然用泥沙代替混凝土填入其中，造成了严重的质量隐患。再说元月 4 日发生的重庆綦江大桥倒塌事故。该桥在倒塌之前是非常漂亮的，呈拱形，两边是两根直径 50 cm 的钢管混凝土，真的像彩虹一样。钢管下面吊的是 102 m 长、6 m 宽的人行道。1994 年施工，1996 年竣工。桥塌之后，我在现场看到两个钢管之间的焊口像刀切一样地被拉断，60% 的焊缝属于虚焊，母材没有融化。在去年发生火灾的时候，綦江县是重庆市受灾最严重的一个县，死了 17 人，而这次死了 40 人。其中武警战士一下死了 18 人，都是十八九岁的年轻人。有一家五口人，小孙子死了，媳妇死了。还有一家夫妻俩带一个小孩，5 岁的小孩成了孤儿。元月 9 日中午 12 点 50 分，福建省蒲城县隋北街镇隋北大桥在施工中发生拱架坍塌，造成 7 人死亡、18 人受伤。元月 15 日上午 10 点，武汉市一栋在建的 6 层楼，其中一间 5 层楼板断塌连续砸到底层，幸好没有造成人员伤亡。元月 25 日下午 2 点 30 分，长沙县新沙镇一个自建房，整座房屋从四层一直垮到一层，有 10 人被埋在底下，造成死亡 3 人，重伤 2 人，轻伤 5 人。元月 20 日上午，天津市一个接近完工的大型粮库，其工作塔 30 多米高，地上 7 层，地下 2 层。因为是冬季施工，混凝土框架必须要采取一些保暖措施，里面生着炉子，在打 6 层的混凝土。当焊接预埋件时，焊花点着了保温稻草网。当时风很大，在 30 多米高的地方，风一刮，整个保温帘子都燃烧起来。上面 60 多人往下跑，烧死 8 人，摔死 8 人，一下死了 16 人。我赶到天津武警医院去的时候，还有 9 人正在治疗，其中 1 人烧伤面积达 97%。

回来以后，俞部长问我：为什么会发生这些事情？包括《人民日报》的记者也到我办公室跟我谈，说工作没少抓，会没少开，文件没少发，执法监察没少搞，处罚的力度也在加大，为什么还有连续不断的事故呢？要说工作确实是没少做，近一个时期我也想了很多。第一，从建国以来，在我们共和国的历史上，曾经发生过3次质量大的滑坡，也就是事故高发期。一是1958年大跃进时期；二是"文化大革命"期间，也建了一些险房；三是"六五"前期，全国一年倒塌房屋118起，平均4天半倒一座房子。那时候企业自报的质量合格率是100％，自报的优良品率达80％～90％。我们搞质量监督工作的都明白，这里的水分很大。一边合格率这么高，一边房屋倒塌这么多，这就说明问题。为了挤水分、上水平，迫切需要进行质量监督。从1992年开始，我们预感到要出现第四次质量滑坡现象，于是从1993年到现在，我们做了一系列的工作，防止再次出现质量滑坡。韩国圣水大桥的断塌、三丰百货大楼的倒塌，都拿来做实例，吸取教训。由于工作做在了前头，所以没有出现第四次大的质量滑坡，但是这个问题没有圆满结束，没有能安稳地划一个句号。应该说，敲响了警钟引起了重视。最近我们编了一本《建设工程重大质量事故警示录》，收集了自1987年以来，全国所发生的建设工程重大事故96例，加以分析。但是如何有效防止再次出现质量滑坡这个问题没有彻底解决。最近几年，我们的建设规模一直在增长，1991年固定资产投资规模是5 594.5亿元，到了1993年，我们突破了13 000多亿元，到了1996年突破了20 000亿元，1997年突破了25 300亿元，1998年全国完成28 680亿元，1999年，计划在33 000亿元左右，大致每年增长幅度在15％左右。我们要靠投资来拉动国民经济的增长，这就是说，我们面临一个新的建设高潮。但有几个基本问题没有解决，第一是规模之大、增长速度之快，监督管理力度跟不上；第二是施工队伍整体素质低，农民工的素质也不是一下子就能提高的；第三是建筑市场的培育、成熟还有个过程，某些混乱也不是一下子就能解决的；第四是有些建材质量低劣。

市场经济要到2010年才比较完善，现在正处于计划经济向市场经济转轨的过程中。建筑市场是从没有走向有，从有走向好。"从有走向好"这个阶段是不容易的。当前，市场混乱主要表现在不正当竞争行为和严重的腐败行为。规模之大，素质之低，加上市场混乱，很多事情很难落实下去。我就跟部长说过，我们这些人天天在整文件，一字一句地琢磨，会议一个接一个地开，下去一个一个地检查。但是你要知道，我们真正的会议文件，真正的要求均不能真正落实到每一个工地。能不能落实到每一个企业，能不能落实到每一个操作者身上，这是一个大问题，不信，查查看，基层现场有很多不知道的。北京市你们一个区站，就相当于一个中等城市的质监站。区内所有项目上的操作人员不可能都知道工程质量监督站的要求，不信找一两个工人来问问。俞部长是非常着急的，不是一般的着急，也不是一般的愤怒。有的报上登"部长愤怒，六无工程"。你们知道中央领导是怎么愤怒，江总书记是怎么愤怒，朱总理是怎么愤怒的吗？2月1日、2日，以国务院名义召开全国基础设施项目工程质量工作会议，各省主管省长都来了，可见形势严峻，事关重大，责任重如泰山。北京的形势究竟怎么样，隐患究竟怎么样，你们在座的都应该清楚。

③ 我们的责任。我说几个方面：一是工程质量事故会导致社会不安定，影响经济增长速度，阻碍经济发展。比如北京的西客站，本来西客站在经济建设中有非常重要的作用，是

交通枢纽，但是因质量问题，带来了很不好的后果。作为建设者，在这个年代搞工程建设，责任重大。不是一般的失职、渎职问题，而是对历史、对人民犯不犯罪的大问题。二是从工程质量的特点，从工程质量形势的严峻，从我们的责任来看，都必须强化政府工程质量监督，丝毫不能动摇，丝毫不能弱化。质量监督从 1983 年到现在有 15 个年头，真正形成气候是从 1990 年到现在 10 个年头。现在又出现少数地区的领导同志对质监站不是扶持，是在自觉不自觉地削弱。不是装备质监站，而是当做财源，当成机关的"小金库"。这样一个监督部门得不到政府的重视是不行的，它本身就代表政府的意志和行为。三是从我们自身找原因，我们有的质监站留不住人，留不住监督工程师的心，留不住比较有水平的质量监督员，这样也是不行的。在严峻的形势面前，我们动摇军心也是不行的。还有，我们质监人员老的退休了，新的又来了，不进行培训、不提高也不行。质量监督员到现场看不出问题来，没有实际经验也不行。质监员理论水平很重要，但从某种程度上说，有实践经验更重要。今年，国务院领导同志对于工程质量都有指示，都有讲话。建设部刚开完 1999 年的工作会议，也是以工程质量为重点，俞部长发表了重要讲话。国务院也召开了工程质量会议，包括公路工程、水利工程等。所以，我们必须强化政府对工程质量的监督职能。

（二）建筑市场的特点及我们的经验和教训，决定了政府质量监督的改革必须深化，工作必须改进

① 建筑市场的特点。建筑市场不同于一般的市场，其区别在于：a. 建筑产品的交易行为，也就是买卖行为和工业产品不一样。工业产品是先有商品，后有交易。建筑产品是先签合同，后施工，也就是先有买卖（合同），并且是一次性的交易产品。我们的质量监督是针对单个工程而言，而不是针对批量工程。就是一个开发区若干栋小楼，每一栋也不一样，也是单体工程。b. 建筑产品的生产过程也就是交易的过程，这也不同于工业产品。甲乙双方都要投入到工程生产全过程的管理中，业主和承建商对工程质量要各负其责。c. 建筑产品交易的社会性很大。一个建筑工程，不完全是甲乙双方的事情，而是社会的事情。比如沟后水库死了 300 多人，没有一个是甲方或乙方的。由此可见，各地政府都要高度重视第三方监督，特别是政府对工程监督应更严格。

② 市场秩序的混乱。主要原因是：a. 在计划经济向市场经济转轨的过程中，我们的市场主体还不合格。一是业主不合格。比如一个业主，是否能对项目的策划、施工及所投资金的回报全面负责？现在有些业主，不是真正的业主，因而就造成了市场上随意压价、随意拖欠、垫资垫料等多种不正当竞争行为。业主不按照基本建设程序办事。二是承包商不合格。承包商在市场中有种种不合格的行为。比如一些公司的经理是奔在市场、跑在官场、松在现场，找到工程后则层层转包。三是中介机构不合格，包括一些监理公司。有些监理不到位，行为不规范，没有尽到监理的责任。还有材料推销商不合格等。b. 市场机制不健全。市场的竞争机制、价格机制、供求机制都不健全。要最好的质量、最低的价格、最短的工期，这是不可能的。c. 市场的保险、保障机制还没有建立起来，法制不健全，执法不严格等。由于上述种种原因，出现了不正当竞争行为和腐败行为，影响了建筑市场竞争的公开、公平和

公正。元月 17 日《中国青年报》登载的《我与"魔鬼"打交道》一文，江总书记看了以后有很多的感慨，文中把如何靠不正当竞争得到工程的过程写得淋漓尽致。当前，腐败行为最严重的是在金融，其次是财税，第三就是建筑。去年，建设部和监察部开展的执法监察受理群众举报 8 121 件次，发现案件线索 3 584 件，立案 3 189 件，查处 2 406 件，处理违法违纪人员 2 147 人，其中给予党纪处分的 1 615 人、政纪处分的 780 人，涉及县处级干部 274 人，厅、局级干部 10 人，还有移交司法机关处理的 1 114 人，挽回经济损失 2.7 亿元。万元以上的案件 1 352 件，10 万元以上的案件 163 件，50 万元以上的案件 12 件，100 万元以上的案件有 4 件。行贿的方法有很多，且都是多人作案，手段隐蔽。如浙江的一个安装公司的董事长、党委书记，通过承包工程和个体包工头挂靠，先后接受他人财物是 751 800 元，美金2 000美元，被开除党籍，一审被判处死缓。

③ 质量监督站的改革和改进问题。质量监督站是改革的产物，是学习市场经济国家采取第三方认证的一种行之有效的办法，是伴随着我们国家的改革而来的。自 1983 年成立以来，监督站取得了很大的成效，具体表现在以下方面，一是初步形成了一套工程质量管理和监督的法规体系；二是形成了全国上下自成体系的监督和网络规模；三是形成了一套工作制度和监督程序，监督覆盖面达 90% 以上，防止了一些事故的发生，初步扼制了工程质量的大滑坡。如綦江大桥，质量监督站当时就发现了问题，始终坚持不给验收，不验收就不能使用，一直到垮塌都没有验收。监督工作的不足之处也有：一是对责任主体检查不力；二是对工程结构安全的检查不够突出；三是我们的工作方法有待进一步改进。所以，我们必须深化改革，必须改进工作。

从深化改革方面看，我想强调三点：一是工程质量监督不是计划经济的产物，而是改革的产物，是根据市场经济的需求，开展第三方认证，采取政府监督的形式，它来自于市场经济。现在正是计划经济向市场经济转轨的时期，所以有些方面还有待进一步深化。二是质量监督既有宏观的，又有微观的。从总体上来讲，在制定管理办法和质量大纲的时候是宏观的；而到一个项目上去检查、去检测就是微观的。我们监督就是要提高监督的有效性，无效的监督比不监督还要坏。三是监督站无论从人力、组织机构到监督机制，都有待进一步加强，扶持中介机构不是不要政府监督部门。

从改进工作方面我强调两点：一是改进工作就是要创新。江总书记说过"创新是一个民族的灵魂，是一个国家兴旺发达的不竭动力"。二是质量监督既有全国的共性，又有各地方不同的个性。地域不同，工程不同，监督起来方式、深度也会有不同。水利工程和住宅工程的监督、土建工程和水暖工程的监督都是不一样的，既有共性，又有个性，就是根据实际情况，解决实际问题。

（三）政府工程质量监督深化改革的要点

1992 年，我在给全国质量监督站站长讲课时，强调了工程质量监督的深化改革就是要在新形势下，做到以下几个方面。

① 要体现政府职能的权威性。

② 要遵循政策法规的科学性。工程质量监督是一门集技术、经济、法律、行政于一体的学问，是一门科学。

③ 要运用市场机制的竞争性。工程监督要创造一个优胜劣汰、平等竞争的环境；严格工程质量认证验收；质量最终要以消费者的评价来鉴定；要把握在市场经济条件下各种可能发生的行为，把握工程质量监督的规律。

④ 突出培训指导的服务性。

⑤ 注重与国际惯例接轨的国际性。

⑥ 坚持勤政廉政建设，做到监督的科学性、公正性、权威性。

监督工作的要点：一是要从对工程质量的全面监督，包括主体、装修等转为主要对结构安全和使用功能的重点检查。我非常赞同北京市搞的评选结构长城杯的做法。二是由对工程实体的检查转为对影响工程结构安全和使用功能的市场责任主体的执法检查和监察。在这一点上我也很赞赏北京市在质量监督的同时成立工程建设执法大队的做法。执法监察的性质是高层次的检查。它不同于一般的大检查。要将工程项目执法监察制度化，还要调动社会各方的积极性。三是由对工程质量的监督转变为对工程质量的监督和管理，要搞清监督和管理之间的关系，对管理过程的控制就是监督，要监督和管理并重。

（四）政府工程质量监督工作改进的要点

① 我们的素质必须提高。一是廉政执法，二是能够懂业务，勤政执法。不廉政，就不能公正；不懂业务，就不能勤政。要大规模开展第三轮工程项目监督与管理的业务培训，不断提高质量监督员的业务水平。我非常赞同北京市搞一个《防治质量通病》的录像片教材，对监督员进行系统的培训很有好处。

② 监督方法必须改进。一是检测范围要改进。只要有利于我们发现或纠正影响工程主体结构安全和使用功能的行为都应接受，并需要不断地总结和提高。二是方式方法要改进。质量是我们要常抓不懈的，方式应是多种多样。特别是管理要不断开展有效的活动，如有的地方开展了"让用户满意"、"接受用户投诉"等活动，效果就不错。北京市质量监督站一直把解决用户投诉作为重要职责来看待，取得了很好的成效。三是监督手段要改进，要引进先进的仪器、仪表，运用科学的手段进行监督。科技在发展，我们监督的科技水平也要提高。没有先进的仪器、仪表设备，光靠"吊、卡、量"是远远不够的，我们的业务水平再高也不行。一定要装备自己，提高科技检测能力。

③ 监督法规要改进。《建筑法》在工程质量政府监督制度方面提到了，前面没有明文列上。但是我们多年来有一系列的文件。最近从建设部工作看，我们争取国务院尽快颁发《建设工程质量条例》，以弥补《建筑法》中质量监督制度法律、法规的不足和不细。北京市搞了《建设工程质量条例》、《住宅小区管理办法》、《结构验收暂行规定》等，都是需要在实践中不断健全的有关监督的依据。

④ 政府监督机构如何充分发挥中介组织作用。在市场经济中，政府机构应该善于培育扶持中介组织，有些事情要授权于中介组织去做。中介组织包括社会监理、检测机构、认证

机构、新闻单位、各种协会、各种工程质量咨询机构等。

⑤ 监督理论和机制的研究，以及和国际的交往，要使我们的监督国际化。我们还要关心投资体制的改革、建设体制的改革，特别是质监工程师的建立。比如德国政府就工程监督设立了州政府监督管理局，下设结构质量审查管理处，负责结构审查。柏林就有 60 名国家授予的质监工程师，由他们组建 50 多个中介机构，对现场主体结构进行监督抽查，出具结构验收报告。他们还负责设计图纸的审查、施工现场的监督及隐蔽工程的质量检查。德国赋予了质监工程师明确的权益和职权，政府监督审查的重点是保证工程结构安全，监督费用来自政府主管建设行政部门的拨款，这份款项则是由建设单位上交给政府部门的。

⑥ 各级领导，特别是建设行政主管部门的领导，要高度重视工程质量监督站。这是我的经验之谈。我当了很多年的建委主任、副主任，碰到过许多事故。一栋楼楼板掉了下来，一查，原来是设计院设计图纸时计算过程中把小数点弄错了。还有一个集资盖的学校教学楼，通知学生必须离墙 3 米远，因为墙上的磁砖随时会掉下来。屋里也不能扫地，一扫地全是灰，所有的混凝土全起沙。一个县盖了一个政协办公楼，上面弄了一层塑料布接漏雨。我们要提高工程质量，必须靠质量监督站，各级领导要给予全力支持。现在，我们有的监督站，人力不足、经费不足，还有的领导总是想上收监督站的责权。有责才有权，责权利应该是统一的，有什么责任，就有什么权利和义务，多大的权力负多大的责任。

今天我讲了四个问题，最后我想说一说北京。北京是中国的首都，首都无小事。我在 1992 年 11 月 2 日北京召开的建筑工程质量工作会议上，曾讲过四个关系：提高质量和解放思想的关系；提高工程质量和市场经济的关系；提高工程质量和企业转换经营机制的关系；北京和全国的关系。北京必须在全国起龙头作用，1992 年到现在，北京已起到了龙头作用，但我们要做得更好。北京在工程建设方面有庞大的基础，有 100 多万名建设职工，有众多的人才，有巨大的规模。北京在全世界有举世瞩目的变化，因此，北京的工程建设在全国客观上起着重要的影响，北京的工程质量也应该在全国占首位。要以更高的工程质量建设一大批市政工程项目和让老百姓满意的优质住宅工程，北京有这种条件。质量是一个永恒的主题。在跨世纪的今天，北京的工程质量应该有一个更大的飞跃，经验应该能够指导全国。在座各位身在首都，眼看全国，瞻望世界，应当为了我们建筑业的强大，为提高工程建设质量，为国民经济的有效增长做出更大的贡献。

A8　关于国家大剧院建设过程中实施中介服务的建议

（1998 年 5 月 4 日）

嗣铨并青春同志：

现将近一个时期组织有关人员研究的《关于国家大剧院建设过程中实施中介服务的意见》呈上，供参考、审定。

一、国家大剧院项目建设中全面使用中介服务的必要性和可行性

国家大剧院作为跨世纪的大型文化建设工程和标志性国家建筑物，除投资巨大、项目内容复杂等一些一般意义上的大型建筑工程的特征外，项目目标的实现和项目运作模式的选择，还有着更为深远的政治、文化内涵和广泛的社会影响，基于保障项目稳妥有序地推进实施，保障项目目标的高效成功实现的目的，必须确定专家治理的运作原则，全面地使用中介机构服务来完成项目全过程中所有方面的实施操作，对项目进程做出科学的安排和进行规范、有效的控制管理。

以下多个层面和多个角度的理由均表明在国家大剧院项目建设中全面使用中介服务是必要可行的。

（1）中介服务对项目建设介入事实上是深化改革的政策导向所要求的，也是社会主义市场经济条件下项目实施的规范模式

计划经济体制下对工程项目建设的组织管理方式无非是工程指挥部和基建筹建处模式。这一模式显然已无法适应和满足社会主义市场经济体制下大型工程建设项目控制的内在要求，无法保障项目目标在高效和有序的过程中实现。深化改革的政策导向，要求充分利用市场条件、手段和工具，依据市场规则，最大限度地调动各种经济资源，协调和满足各类利益主体的需求，来完成和保障项目建设目标的实现。

毋庸赘述，国家大剧院项目建设具有极丰富的政治、文化内涵，其运作成功与否将会产生深远和广泛的政治影响，这些项目本身的深层内容、功能和被期望值要求在项目的组织运作和实施全程中要有充分、良好的反映，而不仅仅是从一种物化的静态结果上得到社会舆论的积极评价。

作为当今条件下建筑市场主体之一的中介机构，正是在确保项目利益的原则下对项目运作全过程中涉及的所有专业领域提供负责任的、独立公正的专家服务和专家操作，从而使项目目标的成功奠定在极其细化和完备的专业实施的基础上。这种运作方式已被证明是大型建设项目控制管理的通用模式，也是社会主义市场经济体制下大型工程建设应有的组织形式。

现代意义上的大型建设工程的控制管理，依国际上通行的认识已不是一种传统的投资控制、进度控制和质量控制的内容，不是由单一的组织形式和管理模式来完成，而是广泛采用包括中介服务或说中介服务是其核心内容的体制。即以独立公正的方式围绕项目目标进行综合系统规范，对项目任务进行合理分工，对实施进行综合协调，使项目形成一种可靠安全的保障机构。在这一体制中，中介机构的任务则是对项目全过程的调查分析、咨询，对项目提出可执行的建议方案，供业主决策。这一体制在国内若干外商投资项目，世行、亚行和联合国有关机构的贷款项目中被广泛采用并且被当做贷款条件来要求，如京九铁路工程、三峡工程、济青高速公路工程等。因此，国家大剧院项目实施中对中介机构服务做出全面安排，一则是建筑业与国际规则接轨的要求，同时也会对国内大型公共工程建设的控制模式起到进一步的示范引导作用。

（2）中介机构对项目建设的介入是社会化大分工的必然结果，也是法制经济的要求

社会化大分工在现代知识、信息背景下已经得到极大限度的纵深发展，形成现代技术条件下的专业分工和专业协作模式。国家大剧院工程项目的建设作为一项系统工程，其成功是需要包括设计、施工、融资、财务、工程监理与造价咨询、风险管理、法律顾问服务等多方面的专业力量来支持的，反映计划投资关系的工程指挥部或基建指挥部模式是难以有效调动和运筹协调这些资源的，传统的组织形式同样也无法以自身力量来满足和覆盖上述项目本身的复杂和专业化的需求。

市场经济即法制经济，市场行为必须遵循市场规则，而法制正是这些复杂但公正的规则的反映，市场经济的秩序同样也是由法制来维护和保障的。

本届政府倡导大力深化改革、完善社会主义市场经济体制，敦促政府职能由微观管理向宏观控制的转变，将更多的管理和控制的权责交由中介服务组织来承担，很难想像在这样的政治背景下，一个反映改革成果并将成为社会进步丰碑的标志性国家建筑物的运作再采取计划经济体制下低效的工程指挥部模式将会给公众和舆论带来的印象。我们相信，国家大剧院项目的设计部分已经由中央领导确定采取国际邀请竞赛方式进行，已反映出上述理念。

中介服务组织作为独立公正的专业机构事实上是市场经济有效安全运行的保障，这种保障作用是通过中介服务对市场每一经济行为的参与和服务来实现的，这种参与在很大范围内已经得到立法保护并且在趋势上必然将会以立法形式确定下来。目前，已有涉及十余个专业领域的法律法规对相关中介组织及服务进行法律调整，在国家大剧院项目建设中以明智和审慎的态度对中介机构服务的框架内容进行全面的安排，是经济工作法制化操作的要求。

（3）中介机构对工程项目的介入将会最大限度地保障业主（政府）利益

国家大剧院项目是政府投资项目，但项目的最终完成和实施是通过一系列的市场行为来实现的，业主委员会作为政府的委托管理人，则是以市场主体的身份通过对设计机构、承包商、中介机构的委托来保障业主利益，也就是项目的政府投资利益，保障国有资产运行的安全和有效的中介机构作为具备专业的人力资源、技术资源和经验资源的机构，并不直接对项目的设计、施工、材料供应商下发指令，也不介入项目实施各方的矛盾，而是以独立的身份对项目实施过程中存在的各类问题进行调查、分析，以公正的职业态度围绕业主利益提出项目的可行、有效方案，供业主委员会进行决策；或代表业主利益进行专业工作。实施国家大剧院项目，虽然没有一个单纯的财务利润最大化的问题，但确有控制成本费用的问题，业主利益更表现在非经济的层面上，因而毫无疑问存在利益保护和风险设计的问题，这些职能是通过中介机构的服务来实现的，上述运作模式已被实践证明是理性和可行的。

中介机构对项目建设的介入是专家治理原则得以实施的条件。国家大剧院项目的专家治理原则并非专家指导，而是专家决策和专家操作，即由具备实施操作功能的提供高智能服务的中介组织来实现。中介机构存在的意义在于其服务的专业性和不可替代性，构成其服务基础的要素包括专业知识、专业技能、专业经验和对目标的控制手段。一言蔽之，国家大剧院项目中的专家治理原则的组织保证就是中介机构介入。

国内各专业领域中介机构的能力和经验足以满足国家大剧院工程项目的需要。中介机构作为改革成果，为深化改革和建立社会主义市场经济体制发挥了重要作用，虽然各专业领域的中介服务机构发展未必均衡，但总体而言，伴随中介机构对经济生活的广泛参与，服务对象的扩展和服务水准的提高，自身均取得了长足的发展，积蓄了宝贵的专业经验和专业人才，创造了辉煌的业绩；如国内监理业对深圳帝王大厦工程、上海金茂大厦工程，世行贷款项目二滩水电站的成功参与，建筑业专项法律服务方面，国内多家律师工作机构对客户所提供的从项目立项、组成合作公司组织招标、楼宇销售的高效法律服务，招投标代理业、财务顾问服务，工程造价咨询服务等，均不乏具有良好资信和服务水准的工作机构。

同时，国家大剧院工程项目基于项目投资规模和特定的地位，具备条件调动国内各中介机构的精英力量以团队协作的方式满足项目所需的各类专业或综合服务的需要。

二、国家大剧院涉及有关中介服务的分类、主要内容及作用

国家大剧院工程中介服务分类：按服务期限分类有全过程服务和某个程序过程中的服务。前者服务期限为建设全过程，而后者只是为完成某个程序工作，或某项业务的操作，期限较短。按服务性质划分为3类：一是委托代理性质，即由业主委员会将原本由业主完成之事全权委托给中介服务机构，中介服务机构则全权代理完成；二是咨询顾问性质，即为业主决策进行调查研究，综合分析，方案比较等大量的细微具体的工作；三是公证保险性质，即有偿法律服务、保险、保证等有关业务。除以上3类外，尚有宣传、广告、信息等有关现代化服务业务。为使国家对国家大剧院的投资行为能够通过市场化、法制化、专业化的方式保质高效地得到实施，在国家大剧院项目建设过程中可以考虑采用以下几种形式的中介服务：

（1）项目管理中介

国家大剧院建设期限为4年左右，建设投资将需二三十亿元，建设标准较高，自然就存在着技术复杂、管理繁杂，需要有专业人士从事项目管理筹划工作，以期达到科学、合理、优质的目标。

项目管理中介是指为业主委员会具体负责建设全过程的管理策划和信息资料的收集和处理，主要服务内容有：

① 项目组织构架和职能的策划；

② 项目的年度计划、月计划及主要战役阶段的计划的编制及调整；

③ 项目所有信息的收集、分类、处理和管理；

④ 项目运行的电脑上网、联网和现代化管理；

⑤ 代办各类审批、委托手续。

项目管理中介为业主委员会的智囊、参谋和信息库，并管理有关手续的代办工作。

（2）融资代理中介

由于国家大剧院是一个国家和时代的象征，成为公众普遍关注的热点，其建设资金除来自国家财政拨款外，可以借鉴国外的经验向社会融资，采取直接和间接两种方式，以直接为主，直接面向社会、海外华侨等募集资金，如发行捐赠彩票等，间接为辅，间接指向商业银行、国际金融组织贷款。无论哪一种方式融资，都需要融资中介组织的介入。

　　融资中介系指融资中介组织面向社会接受委托，就委托人特定事项的资金需求，代委托人制订融资方案，并按照法定程序实施融资方案，以满足委托人对资金的需求。

　　就本项目而言，其主要服务内容为：

　　① 代为拟订融资方案；

　　② 选择融资对象；

　　③ 拟订融资文件、洽商融资合同；

　　④ 代理发行融资券；

　　⑤ 以其他方式代理募集资金；

　　⑥ 监督资金专管专用。

　　我国法律规定，面向社会融资，一般需要通过金融机构依照规定的法律程序进行。国家大剧院项目引入融资中介服务，一方面可以缓解国家投资的压力，另一方面可以以融资方式凝聚全社会对大剧院项目的关怀和期待，并接受社会出资人的广泛监督。

　　（3）保险经纪中介

　　由于大型建设项目的开发在世界范围内被公认为是一种高风险投资，加之国家大剧院项目本身是一个国家和时代的象征，决定了项目本身只能成不能败，故项目建设全过程及所有参与项目的当事人所有可能发生的风险，需要有一个完整的保险体系加以监控，故引入保险中介服务显得尤为必要。

　　该项目主要面临的是质量技术风险。海上运输、政治经济环境风险、安全事故风险、政策法律风险、自然灾害风险。除通过实践过程中及合同条款中控制和减免风险外，还应借助商业保险。保险就是投保人对可能出现的风险向保险公司支付保险费，由保险公司进行监控，并对风险发生后造成的损失及时予以补偿，然后追究责任人赔偿责任风险。保险中介服务是保险中介机构对投保人提供的下列服务：

　　① 识别和评估风险并界定最必要的投保范围；

　　② 设计保险方案与签订保险合同；

　　③ 监测风险管理；

　　④ 协助处理索赔。

　　其作用在于：

　　① 为客户争取以合理的成本获得最充分的保险保障范围；

　　② 在发生保险事故后，协助客户争取公正与迅捷的保险赔偿。

　　国家大剧院项目一般而言投保人可以是业主委员会，也可以是各类合同的相对当事人，具体视不同保险险种及客观需要定。但就在工程建设中引入保险中介服务而言，为确保对项目风险的整体控制，业主委员会应作为所有风险的投保人，并通过保险中介机构对风险进行系统有效的监控，控制风险损失的索赔主动权，防范重要的是保险中介机构是一个专业的风险管理机构，在其自身利益的驱动下，将在投保的范围内对工程的各个环节可能出现的各种风险进行识别、分析、评价、判断和控制，进而进行全过程的监控，并实施各种有效的风险措施。

（4）招标代理中介

为确保建设工程设计、施工、设备采购的质量，采取招标方式，可在有限的资金范围内通过对投标者择优比选的方式选定中标者。招投标方式是国际上公认的确保建设工程质量的一种行之有效的方法，由于招投标业务的专业性，在国家大剧院项目中引入招标代理工作，可以帮助业主委员会完成下列工作：

① 投标单位的资格预审；

② 拟定招标方案、编制招标文件；

③ 编制设备的价格性能比，根据工程造价咨询机构的意见编制标底；

④ 组织现场踏勘、设备测试和答疑；

⑤ 制定评标办法，组织开标、评标、提出中标单位建议；

⑥ 代表委托人与中标单位洽商工程设计合同、施工承发包合同、设备采购合同等；

⑦ 与招标有关的其他咨询服务，如邀请方式招标，可提供邀请投标单位名称及背景介绍。

国家大剧院项目需要在以下 4 个环节实施招标代理：设计环节（包括工程结构设计、装饰装潢设计）、施工环节（包括总承包及分包）、设备采购和各类中介服务。

招标代理中介的作用：

① 代理客户完成招标工作；

② 通过科学、有效的招投标方法帮助客户选择符合项目需要的最优秀的设计单位、施工单位（总承包商）、设备供应单位。

（5）工程造价咨询中介

作为大型公益项目，如何在合理的价格内完成预定的建设目标，是社会所普遍关心的问题。国家大剧院项目引入工程造价咨询中介将有效地解决这一问题，确保建设工程在合理的投资范围完成。

工程造价咨询系指工程造价咨询单位面向社会接受委托，提供下列服务：

① 建设项目可行性研究的投资估算；

② 项目经济评价；

③ 工程概算、预算、工程结算、竣工决算；

④ 工程招标标底、投标报价的编制和审核；

⑤ 对工程造价进行监控；

⑥ 提供有关工程造价信息资料。

对于国家大剧院项目，应实行工程建设全过程的造价监控。

引入工程造价咨询中介，其作用不言而喻，即为有效地控制工程造价。

（6）工程建设监理中介

为确保工程建设质量，提高工程建设水平，充分发挥投资效益，国家大剧院项目引入工程监理中介是法定的，也是必要的。

工程建设监理是指监理单位受项目法人的委托，依据国家批准的工程项目建设文件，有关工程建设的法律、法规和工程建设监理合同及其他工程建设合同，对工程建设实施的监督管理。

工程监理的主要内容：

① 控制工程建设的投资、建设工期、工程质量；

② 进行工程建设合同管理、信息管理；

③ 协调有关单位间的关系。

其作用：监督工程建设合同的全面履行，有效控制工程投资、建设工期及工程质量。

（7）法律服务中介

国家大剧院的投资建设在社会主义市场经济的今天，说到底是要通过高度市场化、法制化的方式来实现的，而由于投资建设法制化的过程，及本身所涉及的纷繁复杂的法律事务，少不了法律服务中介的介入。就国家大剧院项目而言，法律服务系指律师事务所接受委托人的委托，提供下列法律服务：

① 根据国家对项目列定的政策要点，结合国家有关法律、法规及政策，为委托人提供各种不同项目运作方式的法律论证，参与项目运作的整体法律策划；

② 针对项目的客观需要，为委托提供系统的法律文件构架（结构）的设计方案；

③ 充分利用国家法律、法规和政策及项目本身的特殊性，为委托人提供最大限度控制、减免、转移法律风险的法律方案；

④ 充分利用国家及地区、法律、法规及政策空间及项目本身的特殊性，最大限度为委托人谋求并落实各项优惠政策；

⑤ 对所有参与项目运作的当事人之主体资格、资质许可及行业特许权的合法性进行审查；

⑥ 对项目运作的所有合同文件及其他相关法律文件的合法性进行审查，通过参与谈判、起草、修改合同文件的方式贯彻业主委员会所确定的对项目运作的整体法律安排；

⑦ 根据业主及业主利益的需要，就项目有关的某些独立事项出具法律意见书，以帮助业主决策或用于解决相关事宜；

⑧ 针对各环节相关当事人之间存在的相互独立、衔接、交叉的法律关系可能出现的权利义务的重叠和冲突出具法律处置方案；

⑨ 协助进行项目法律文件的全程系统化管理；

⑩ 就一般法律问题提供法律咨询及论证；

⑪ 代理委托人处理各类调解、诉讼、仲裁的法律事务；

⑫ 对重要文件办理必要的见证。

法律服务中介的作用在于：

① 通过法律的途径帮助业主委员会贯彻落实国家对国家大剧院的各项政策要求及政策

待遇；

② 帮助业主委员会确保项目整体运作在有效的法律规范范畴内运作；

③ 帮助委托人使工程建设各环节法律文件之间符合项目本身对各环节文件系统化的要求，最大限度地避免参与项目的各当事人之间的权利义务的冲突和重叠，控制法律风险及项目成本；

④ 及时处理各类纠纷、确保工程进度；

⑤ 实现项目法律文件的全程系统化管理。

（8）信息、广告、宣传中介

作为举目关注的大型公益项目，所涉及的信息处理广告宣传将是多角度、多层面、纷繁复杂的，要做好一个大项目的信息处理、广告宣传工作，引入中介服务显得必不可少。

信息、广告、宣传中介其主要职能：

① 信息的系统化处理及相关信息资料的整理、归档；

② 统一、有序的广告宣传；

③ 新闻审查与发布。

（9）财务中介

国家大剧院涉及近 35 亿的投资，资金规模庞大、来源不一、用途各异，如何管理好资金，用好资金，确保项目进展顺利，严格履行各方合约，国家大剧院的财务工作，有必要委托会计师事务所专司其职。

财务中介提供下列服务：

① 依法建立健全财会制度；

② 根据项目进展发生的经济行为，按照国家统一的会计制度的规定及相关合同、政策的要求，进行会计核算。包括审核原始凭证、填制记账凭证、登记会计账簿、编制会计报表等；

③ 定期向有关政府部门、税务机关提供税务资料；

④ 编制项目费用的预、决算情况；

⑤ 委托人委托的其他会计业务。

其作用：

① 准确、及时地记载项目运作资金流量上每一经济行为的发生；

② 帮助落实有关财税政策；

③ 监督资金流量的运行合法。

（10）专业技术服务中介（略）。

三、中介服务机构的竞选方案

为确保选择出客观、公正、廉洁、高效的中介服务机构，更好地为业主服务，应当采用竞争性选拔方式选择中介服务机构，这种做法已在国内外大中型建设项目中被证明是十分成功和有效的。为保证中介服务机构招标工作的顺利进行，首先要成立中介服务机构的竞选运行组织，具体负责招标工作的具体实施。一般通用各类中介机构的具体竞选方案（或程序）如下（具体到某一类中介服务机构，根据需要可做具体调整）。

（1）公开发布竞选信息

通过报纸、电视、广播等新闻媒介向社会发布招标的有关信息，调动广大中介服务机构的积极性，同时还可以向国内著名的中介服务机构发出书面邀请，以保证参加竞选单位的质量。

（2）资格预审

资格预审是竞选工作的重要环节，它直接影响着竞选工作的质量。因此，在对报名参加竞选单位的资质、能力、社会信誉等内容进行广泛深入的调查、了解的基础上，选择出有资格参加竞选的单位，按照国际上常用做法和经验，对每一类中介服务机构的招标而言，最后选择 7～10 家单位参加竞争是最经济、便捷、实用的做法。

（3）编制竞选文件

竞选文件的主要内容有：

① 工程综合说明（或简介）：包括工程的地理位置、环境要求、建筑物的组成和规模，对工期、质量、投资的控制要求和设计说明等约定。

② 对参加竞选单位的资格要求：包括资质、专业人员、资金、业绩等内容。

③ 具体服务内容、标准、时间等要求。

④ 对竞选文件的内容、投送的具体要求。主要包括：

a. 服务规划或大纲，规划或大纲中应包括为工程服务人员的业务分工、时间要求、单位对该工程服务的质量保证体系等内容；

b. 单位全部从业人员年龄、结构、从业简历、经历；

c. 拟派往该工程的工作人员的构成、从业简历、从业资格证书；

d. 为工程服务提供的必备设备、设施；

e. 单位的业绩、社会信誉；

f. 服务费用的报价。

⑤ 合同主要的条款：包括目标条款和责任条款等。

⑥ 购标书费用的说明：应考虑标书编制、印刷、评标专家的咨询服务费用等。

⑦ 评标原则：评标要坚持公正性、公开性、科学性、合理性、经济性的原则。

（4）组织评标专家委员会

鉴于该工程的特殊地位和技术要求，评标委员会组成宜由既熟悉工程建设业务，又熟悉该中介服务业务的专家组成，组成人数以 5～9 人为宜，同时，为保证招标的客观、公正性，参加招标单位有关系的专家应回避。

（5）制定评标、定标细则

评、定标细则是评、定标的客观依据，本细则应突出重点，兼顾一般，根据国内外大量相关工程的中介服务机构和工程施工评标定标细则和有关文件，原则上作为中介服务评标的主要内容有：

① 服务规划或大纲的先进、可行、科学性的比较；

② 单位的综合实力，包括人员素质、设备状况、资信实力等的比较；

③ 参加本工程服务人员的从业资格和从业经历及社会信誉的比较；

④ 投标单位的社会信誉比较；

⑤ 服务费用报价比较。

四、对中介机构合约、管理及运作协调

业主委员会须成立相应的组织机构，这类机构必须是精干的、高效的，尽可能综合分类，如办公室、设计部、施工部、材料设备部、前期工作部等，这类机构的业务凡能由中介服务机构完成的，必须组织中介服务机构完成。

所有中介机构与业主委员会必须签订书面合同，业主委员会的业务机构对中介机构依据合同实施月计划的监督管理，对其运作过程中的矛盾予以协调。

A9 关于北京市开展创"结构长城杯"活动的调查报告

（1999 年 12 月 1 日）

北京市建委近 3 年来，组织北京市质量协会在全市建设行业开展创建设工程结构质量"长城杯"和优质工程活动，效果显著、势头较好。

（1）突出结构安全

长期以来，全国评优工作都是在工程竣工后进行。结果看到的，基本上是装修质量。而结构质量以资料判断为主，资料中往往有一定水分，不易全面反映结构工程实况。这样的评优办法，导致很多企业认为结构差些没关系，一抹灰什么也看不见；而结构再好也没用，一抹灰，也全盖住了。认为只要装修好了，一俊遮百丑，谁最后装修档次高，越容易评优。我们也早已发现这一弊病，但始终未找到一个好办法来解决这一问题。

如今，北京的这个路子，很值得借鉴。北京市建委多年强调抓工程质量，第一抓结构质量，第二抓使用功能质量，第三抓装饰装修质量。

在工程质量上突出重点抓了结构安全。结构是根本，没有优良的结构工程作基础，再好的装修也是站不住脚的。世界上许多国家，政府就管到结构，结构是一辈子的事，百年大计、千年大计的事。而装修是短期的，每隔 5 到 6 年就要翻新一次，如荷兰阿姆斯特丹许多住房、建筑已超过 300 年，内外装修无数次，只要结构好，装修就可不断翻新、提高。

建筑工程如果存在结构隐患是致命的，不管它暂时有没有出事故，都令人担忧。具有讽刺意味的是有的工程评上了优质工程，入住后基础下沉、结构开裂。也有的工程结构虽然没问题，但由于抹灰太厚，住入数年后装修脱落砸人，造成人身事故，引起全楼住户人心慌慌，不知何日遭厄运。

创"结构长城杯"一律清水混凝土、一抹子灰不抹、外上涂料（现可达几万种，包括仿石涂料、仿金属涂料在内，可以以假乱真，成本低、速度快、涂层薄、绝不会脱落），内刮耐水腻子。比大白白，任水浸泡不脱落起皮、开裂，手感如摸瓷面，可水洗、可直接贴面砖。

　　随着时间的发展，我们陆续看了北京所创的"结构长城杯"工程，确实给人一种耳目一新的感觉。全现浇混凝土工程干得这么好，几乎可以一抹子灰不抹，真是下了功夫。而我们调查了解到这样的好工程，并不是靠吃小灶建成的。无论是成本还是工期，哪方面都不超。它的出现颇有生命力，现在已为越来越多的施工单位接受并效仿。

　　（2）突出过程控制

　　强调预控、强调过程控制、强调会诊制度、追根制度、不靠死后验尸。

　　过去只靠试块，只靠无损检测来评价结构。这样做，即使仪器再准，验得结果也是既成事实。现在要求把死后验尸的钱和功夫投到预先控制、过程控制上。重点查施工组织设计、方案、措施能否有效指导现场，是否按国家规范标准施工。"结构长城杯"检查，重点不看结构外观，结构外观充其量打满分才得 20 分。"结构长城杯"重点看施工组织设计、方案、交底，是否层次清楚、内容全面严谨、有指导性、有针对性、有可操作性、有严肃性、符合规范；重点看模板的设计、制作、验收、安装、拆除、维护；重点看钢筋的绑扎、接头、锚固、保护层、抗震规定和审图把关；重点看混凝土的施工，包括：现场搅拌、配合比、计量、运输、浇捣、养护、试块（同条件和标养）是否分层浇注；是否过振、漏振；是否出裂缝；施工缝留置和处理是否正确；以及商品混凝土的把关是否严谨；重点看影响结构的技术资料是否真实可靠。包括：原材料把关、半成品把关；配比计量把关；浇灌申请、开盘鉴定把关；施工试验把关；预检、隐蔽验收把关；检查内业与现场是否交圈、相符，能否对现场起指导作用，能否真实反映现场结构情况。

　　（3）突出规范标准

　　"结构长城杯"首先检查施工组织设计、方案、措施交底是否符合规范，是否以规范标准来指导现场施工。这 3 个层次的内容都要有指导性、有针对性、有严肃性。指导性是看是否指导现场施工；针对性是看是否泛泛抄规范、规程，不针对本工地特殊性；严肃性就是严格按规范要求提要求，并且一旦提出要求就必须严格执行。

　　其次，重点突出措施交底的可操作性。其含义是把规范的要求变成现场操作的规矩，否则就无从落实到现场。

　　第三，重点检查管理人员是否在严格按规范向下面交待，又是否严格检查下面的执行情况。

　　第四，检查操作者是否真正理解了规范要求。

　　第五，检查作业成果是否真正达到了规范标准。

　　第六，检查试验资料是否符合规范标准要求，而且到工地重点后专查不符合规范标准的问题，追根刨底，查人、查原因。

　　（4）突出专家检查

　　市建委紧紧依靠协会的结构专业委员会，结构专业委员会是由北京市有理论基础熟悉规范，熟悉施工组织设计、方案、交底，熟悉技术资料要求，有施工经验，到现场能看出影响结构质量问题的同志组成。（大多是各大公司总工程师、质量技术处长），并要求有事业心，有良好职业道德，能公正评分，还要有良好的身体素质。

给我印象一是细，16 个人分两组细查，仔细分析；二是严（严格按规范）；三是辛苦，有时一个工程从早上 8 时 30 分到下午 2 时 45 分才吃中午饭。待第二个工程查完（从不吃晚饭）已晚上 9 时至 10 时；四是真干，这些老专家（平均 55 岁，16 人中 7 人超过 60 岁），不辞辛苦爬上爬下（没有电梯可乘），毫无怨言，据了解有一个小时爬 27 层楼检查的事例；五是认真，所有的同志从外业到内业精心检查，认真分析；六是以理服人，依据规范分析讲评，有根有据，令现场心服口服；七是指方向，讲评中帮助指明产生质量问题的原因和建议改进的办法，使现场立即能按此法去做。

（5）突出培训教育

能逼技术人员学规范；能逼施工人员练真功夫。要求每拆出一层模板，绑出一层钢筋，全体技术骨干和班组骨干做会诊，查毛病、追根到人，拿出改进办法。不允许同样的毛病重复出现。

"结构长城杯"评选检查，专家们到施工现场，严格按规范分析讲评。专讲违反规范之处，对施工队伍触动很大。通过讲评，许多新老技术人员发现自己规范学得不精、不深、不透。这种现场教学，针对性强。工地关键人物在这 4 个小时都能参加，大受震动，促进他们抓紧学规范，马上就改，立竿见影。

在学习班讲规范，从总则第一章开始，事无巨细，条条要讲，哪条也不能省掉，枯燥、烦琐。如今符合规范的不讲了，专讲违规之处，印象深、见效快、注意力集中，往往第一次检查讲评后，现场立即整改，会有极大的变化。第二、第三次检查和第一次看到的结果往往有截然不同的大变样。

如何争创"结构长城杯"工程，北京市质量协会结构专业委员会现已编了讲座稿，在 100 ～ 400 人的全场已讲了 50 次以上，听课者超过万人。全市质量监督人员分两次 4 天听了课；监理协会也组织了两次讲座；参加学习的总监人员达 300 人；现在 18 个区县基本都有了"结构长城杯"的样板工程，影响正在逐步扩大。

通过创"结构长城杯"的实践，检查组的专家们归纳出六句话作为创杯宗旨：通过创"结构长城杯"，学规范、练队伍、造人才、立规范、撒种子、创信誉。

大家一致体会，创成"结构长城杯"固然好，但若创不成，也有收获，看清了差距、找准了方向、锻炼了队伍、造就了人才，为下一次创优打下坚实的基础。

（6）突出活动检查方法的创新

北京市建委开展这一活动，除了确保结构质量外，还体现了经济效益、环境效益、社会效益的统一。结构专业委员会各委员从现场查到内业；从施工组织设计、方案、措施、交底，到模板、钢筋、混凝土工艺，再到混凝土外观、技术资料。各项分别打分，采用保密打分方式，每项去除最高分、最低分，用平均分乘以各项加权值得到总分。其中混凝土外观总计只 20 分，而钢筋占 25 分、混凝土工艺占 20 分、施工组织设计和技术资料分别占 10 分和 15 分。这里和国家标准中模板不纳入分部工程质量评定的相比，突出强调了模板是影响混凝土质量优劣的前提，也占了 10 分。

"结构长城杯"评选强调预控，不是只看外观。因此，首先要求有目标的创优。首先编好施工组织设计，并在开工前即向质量协会申报。这种申报是自愿自觉的，现在北京参加创"结构长城杯"的工地从 1997 年试评了 3 个（参观者 1 万多人次），1998 年申报 72 个，查了 45 个，评了 29 个（其中 15 个"结构长城杯"），参观者 6 万人次。而 1999 年已申报的 164 个中，已查了 125 个（10 月 24 日止），所占面积超过 500 万 m^2，占北京全市开复工面积的 9%。

"结构长城杯"评选又强调过程控制。不是一次检查判终生，一般对一个工程至少查 3 次。第一次总分乘 0.3；第二次总分乘 0.5；第三次总分（封顶后）乘 0.2；三次合计为该工程总分。

第一次总分太低（一般不足 82 分者），第一次查后就停止参评。（但要讲评分析清楚，使下一步有改进方向）。

第二次总分提高太少（一般不足 85 分者），第二次查后就停止参评。3 次总分合计在 85 分以上者为优质结构。3 次总分超过 86.5 分者，有资格竞选"结构长城杯"。

但每个工程还有加分系数。宿舍楼全浇剪力墙结构加 0.1 分，复杂异形结构加 0.1 分，5 万 m^2 以上加 0.1 分；10 万 m^2 以上加 0.2 分；15 万 m^2 以上最多加 0.3 分。

1998 年，前 12 名都在 86.5 分以上，由结构专业委员会组成的初评小组将评分报评优小组，并最后经评优委员会无记名投票审查确定入选名单。

这种评分法每项去掉最高、最低分后取平均值，而且评 3 次，没有个人说情的余地。为防止给评委所在单位打高分，而对别的单位打低分，还每隔一段时间公布每个委员被取消的最高、最低分频率，以引起该委员的注意。为了防止两个组分数打偏，又采用交叉检查法。一组查，第一、三次，二组就查第二次，打分各占 50%，而且两组都了解全面情况。

"结构长城杯"评选特别重视每次检查的讲评工作，要求结合工程现场和内业资料对照规范标准，重点讲清楚被查工程差距所在，并注意打分是根据出现问题的严重性和程度大小来打分的（不是得分法，而是扣分法的概念）。从宏观衡量全局，又从微观考虑具体问题的性质入手打分，不使评委陷入大量烦琐数据打分之中，而掌握不了全局。

每次讲评不单讲清差距，更要摆清楚下一步要改进的重点和努力的方向，要求各工地针对所查出的问题，做好以下工作：

① 分六大方面梳辫子（组织设计、方案交底、模板、钢筋、混凝土工艺、外观、技资）；

② 追查责任到人（查清根源，同工种人员同受教育）；

③ 分析原因（同工种人员举一反三，吸取教训）；

④ 提出整改措施（该问题和规范挂钩，大家不但消化了规范，而且把规范要求变成了

现场的具体做法的规矩）；

⑤ 明确每个问题的整改督办人；

⑥ 明确每个问题的整改限期（小问题能下午改完者，不拖明天。但对复杂问题要慎重研究，拿出方案措施）；

⑦ 3～7 天上级技术领导复查整改效果。

结构委员会再做检查时，先听上次查后六大方面、7 个步骤整改大表的汇报，再从外业到内业检查是否真正落实，是否出现大幅度提高的效果。

通过参加争创"结构长城杯"活动，几乎所有企业都感受到很大教育，不管评上评不上，在专家讲评后，都明确了自己下一步努力的方向。锻炼了队伍、培养了人才，为今后创优工作打下了坚实的基础。

（7）突出三大效益的统一

北京市建委开展这一活动，除了确保结构安全质量外，还体现了经济效益、环境效益、社会效益的统一。现在封顶的许多工地已算了细账。

① 经济上不赔，还有余。如：房山二处，模板投入 78 万元，扣除租赁 32 万元，多花 46 万元，而抹灰省下 59 万元；剔凿用工比以前同类工程省 1.6 万元。完工维修比以前同类工程省 4 万元；清理垃圾比以前同类工程省 2.4 万元……最后可节约 25 万元之多。

② 由于清水混凝土，垃圾大为减少。房山二处以前同样类型一座 20 000 m^2 楼房，拉出去 130 卡车垃圾。如今 2.26 万 m^2 本应拉出 200 卡车垃圾，而现在只拉出 10 卡车垃圾。这意味着少拉 190 卡车垃圾。而这 190 卡车是作为材料拉进现场的，"加工"成垃圾后再拉出去，如今没有这一进一出，给北京减少了 380 卡车的交通负担。

大家都这样，将会减少多少大气污染！又将在北京四周减少多少垃圾山！

③ 由于清水混凝土减少抹灰，只刮耐水腻子（北京建材总厂等单位的产品）。

a. 各房间大了 4 cm，用户、开发商也高兴（按使用面积售房）；

b. 现场无湿作业，工地文明，少了冬施装修；

c. 原来预算 18 mm 厚墙抹灰，从来都要 28 mm 左右才能抹下来，现在不抹灰。这一大笔材料运输、交通负担、大气污染的账值得算；

d. 由于取消抹灰，装修大为简单，仅房山二处的工程工期就提前 80 天，不但大批人员、设备管理费省了，而且可提前 80 天去创造新的产值。

由于耐水腻子不脱落、不起皮、不开裂、不污染、比大白更白，手感好，初装修比精装修毫不逊色，并且可以刷洗。而且物业管理不用担心抹灰开裂、刷浆起皮了，大大减少维护费。而用户住后要装修，可直接在耐水腻子上贴瓷砖、壁纸，不用刮下基层，不会产生这种装修垃圾。

从总体看，开展这一活动对工程结构安全是很有益的。对于如何通过这一活动促进施工技术的创新，促进工程质量监督检查手段现代化尚需总结、提高，付出更大的努力。

A10　关于国家大剧院工程施工总承包的建议

（1998 年 5 月 25 日）

嗣铨并青春同志：

　　近期组织了北京、上海、天津和专业部属一些知名承包商，以及一些中介机构的专业人士经过多次研讨，形成了《关于国家大剧院工程实施总承包的意见》，现呈上供审议参考。

　　一、实施工程总承包的必要性和意义

　　国家大剧院工程是一项跨世纪的国家重点文化工程，作为国家、民族的标志性建筑物和国家最高艺术殿堂，以及国际文化交流重大场所，要求国家大剧院必须是一座功能齐全、视听优良、技术先进、设备完善和高度凝聚及再现国家与民族文化精髓的建筑精品，其工程预期目标的实现，工程建设的稳定可靠实施和科学有效控制，必将备受"国际瞩目和国内广泛关注"。同时，由于国家大剧院自身所具有的大型复杂系统性和综合性特点，建设工程涉及承建、专业分包、供应和指定供应、项目经理等多元职能角色和责任主体，也覆盖了设计、土建施工、机电安装、装饰装修、专业设备安装等复杂的工程实施环节和工程技术内容，为保障工程的稳定完整和安全有效实施，保障预期建设目标的实现，由承包单位以总承包方式对项目进行统一安排、全面实施、系统控制和有机协调，即实施施工总承包这一有效的施工组织管理模式，不仅是必要的，而且是可行的。

　　（一）实施施工总承包有利于项目的系统化管理和综合控制

　　国家大剧院项目是一大型复杂的系统工程，包含众多的生产要素和管理层次，专业分工和专业协作的高度统一，各职能部门和责任主体自身的高效运作和相互间的协调合作是保障工程项目在限定期间内实现既定目标的基本条件。工程项目的特点在客观上要求对工程全过程进行系统、综合全面的管理和控制，而这一系统管理的组织形式已被国际承包市场实践经验证明为施工总承包制，即由业主同施工总承包商签订合同；总承包商与分包、供应商签订合同；由总承包商实施全面的系统管理并承担全部的责任。总承包商能够以其完善的管理制度和体制保障、健全的组织机构、有效的管理运行机制、丰富的实践经验对工程实施的各相关职能部门进行有效的指挥、约束、激励和监督，确保工程目标实现。

　　（二）实施施工总承包有利于对工程实施的各职能部门和各环节进行有效的协调，保障工程建设的高效运作

　　专业分工和专业协作的联系矛盾事实上是影响项目建设效率的重要因素。涵盖了设计职能、实现了设计施工一体化的总承包方式，有效地解决了项目建设的设计与施工不能有机结合和衔接、部门之间相互扯皮的弊端，以单一明确的责任形式，双重的约束方法，克服了局部利益和总体利益不一致、局部思维和整体行动的不协调。即惟一的由总承包商对业主承担项目实施的全部责任。总承包商在合约约束手段之外，加入了内部组织管理手段、行政手段的约束机制，强化了协调力度，减少了协调环节，避免了人为障碍因素，实现了各部门团队

协作，从而对工程项目目标的实现提供了强有力的管理和制度支持。

（三）实施施工总承包有利于利用总承包企业的管理资源，最大限度地降低项目风险

总承包商具有雄厚的经济实力、优秀的管理人才、精良的技术装备、成熟的施工技术和管理经验，以及良好的社会信誉，其自身具备设计、施工、安装、装修、采购的能力，其娴熟的管理技能的综合运用和调控、协调作用的充分发挥，较之单体企业而言，其综合实力和承受风险的能力强大，项目风险可以得到相应地化解。同时，包括总承包商的企业文化、有效的内部运行体制和管理经验，都会为国家大剧院项目建设提供高质量水平施工的保证。

（四）实施施工总承包符合工程项目的经济性原则，同时也减轻了业主琐碎事务的负担

施工总承包所涵盖的设计、施工和采购一体化管理能力和运作方式及其相应的组织手段和控制手段，能够有效实现生产要素的合理配置和各种资源的最佳组合，有利于设计与施工搭接和施工环节的有机衔接，减少了因利益主体多元化或利益冲突带来的成本增加，符合项目建设的经济性原则。同时，实施施工总承包便于减轻业主的负担，保障业主不必面对繁杂、琐碎的日常事务性工作，减轻了直接协调的负担，保障业主专注于重大事项决策。

（五）实施施工总承包符合国际惯例和国际承包市场运行规则

大型复杂的公用工程项目建设内在地和客观地要求对项目运行采用系统化的处理方法。由于具备权利相统一和要素配置优化、运作协调的特点，总承包制已被国际公认为国家大剧院类似项目建设的最有效的施工管理。这一先进的管理思想和营运理念，则通过 FIDIC 标准合同条件所规范的合约管理手段和 ISO 9000 族质量认证体系确定的程序控制方法来实现。同时，采用总承包制来控制项目运行的做法，也表明和揭示了在国家大剧院这一具有重要政治内涵的项目运作中，业主所持有的科学态度和开放精神。

总之，施工总承包是国家大剧院工程实施的最有效的管理模式和运作方法，也是项目客观因素所要求的、符合工程建设经济性原则，具有最强的抵御风险能力和符合国际惯例的最佳形式。

二、施工总承包的资格和责任

（一）施工总承包商的水平和对总包要求

施工总承包是指建筑承包商受业主所雇，对国家大剧院工程合同范围内的工作组织实施和管理的一种建筑承包形式，该承包商即是施工总承包商（简称总承包）。其工作范围涵盖施工图设计的组织、工程施工与安装、工程验收交付以至工程保修的全过程。

（1）参加国家大剧院竞争的施工总承包商应具备的资格条件

① 执有经建设部批准核发的建筑工程施工总承包一级企业证书，而且该企业是一个建筑企业集团（有自己的施工队伍）；

② 项目经理必须是经建设部认证的一级项目经理，曾主持施工过同等规模的大型公共建筑；

③ 总承包商在近 3 年内施工过同等规模的大型公共建筑，在近 3 年内获得国家级工程质量优质奖；

④ 总承包商在近 3 年内施工过按国际惯例（如 FIDIC 条款）签订合约的同等规模的大

型公共建筑；

⑤ 总承包商具有乙级以上的设计能力。

（2）参加国家大剧院竞争的总承包单位，应能体现"五个一流"的优势

① 素质一流。即企业的领导班子有较高的政治素质，能顾全大局处理好国家与企业、企业与社会的利益问题；该企业派出的项目经理有较好的职业素质，有较强的预见性、果断性，善于组织大兵团作战。

② 技术一流。即企业的综合技术实力雄厚，有工程所需各类专业人才的配置能力，使总包项目机构有能力应对在设计、土建施工、设备安装等不同专业领域的各种复杂技术问题的挑战，有较高的系统综合协调能力。

③ 管理一流。即围绕进度、质量和安全三大目标，总包项目机构能运用现代化管理思想和方法，使总包、分包和材料设备分供商紧密协作，实现生产要素的优化配置和动态管理。

④ 装备一流。即总包自身企业集团拥有能满足工程需要的施工机械、设备、仪器和工具等，并具有灵活应变的市场协作能力。

⑤ 信誉一流。即总包单位有良好的工程业绩（包括和大剧院相类似工程的施工业绩），在社会上有良好的信誉，在银行界亦有良好的信用和融资能力。

（3）对总包的要求

① 总包是工程项目在设计方案招标及定标后至竣工交付使用直至工程保修整个阶段的主要责任承担者，也是业主实现项目意图主要依靠的合作伙伴。

② 总包在签订总承包合同后，就要依据合同条约，全面地进行履约，包括：①组织施工图设计，为施工和管理提供技术条件；②组织编制总体计划和各阶段、各专业的进度计划，使工程阶段工期和总工期得到控制；③组织生产资源的配置以满足工程需要；④对工程所需的各种分包商进行招标选择、报批审定，以及管理和协调；⑤对工程质量统一负责计划、实施、监督检查的内部质量保证系统运行，并接受监理、政府监督；⑥统一承担工程过程中的质量验收及最终的竣工验收、移交和保修中的责任，等等。

③ 总包将通过科学的管理，使其合同责任有效地实现。

a. 通过招标竞争，产生的总包单位，必然是综合实力和管理水平最优的单位。这是项目实施的有力保证。

b. 总包单位能够选派出优秀项目经理，并以其为首组建专业水平高的总包项目管理机构，全面担当其管理责任。这是现场的组织保证。

c. 由于总分包合同体系明确，减少了大量管理协调界面，使业主、总包和分包的责任都非常明确，总包的主要责任明确，即计划复杂的工序、专业有序流动，组织资源有效配备，进行动态控制调整、协调所有关系的矛盾解决，使工作步步推进、目标得以实现。

d. 在工程质量控制方面，总包将通过贯彻 ISO 9000 标准，强化过程控制及管理，使最终工程质量得到保证成为可能。

④ 概括地说，对总包的要求是：对除合同条件中业主责任以外的全部合同责任负责，

即对总工期负责，对工程质量负责，对所有分包的履约行为（包括业主指定分包也要纳入总包管理）负责，对现场平面统一负责，对现场周围的社会环境协调负责。

总包的义务就是一切为业主着想、为业主提供良好的工程技术、管理、劳务等服务，高水平高质量地搞好该工程的施工。

（二）施工总承包的责任与保证

总包单位为了全面有效地履行合同约定的责任，要采取技术、经济的政策、措施，达到对工期、质量、成本的控制，加强合同管理，使工程施工协调有序地进行。

① 施工企业能够派出具有丰富的施工经验和科学管理水平的，具有建设部颁发的一级资质的项目经理，以项目经理为核心组成高效率的项目管理机构（项目经理部）。

② 总包应能发挥综合的组织管理协调能力，把业主指令及时下达至各分包商（包括业主指定分包商），协调各分包商之间的矛盾，使施工有序地进行。

③总包按照合同约定，建立内部质量保证体系，通过贯彻 ISO 9000 标准，保证工程质量目标的实现。

④ 总包按照经业主批准的工期计划组织施工，并督促各分包商均衡、协调地按综合施工进度计划实施。发现工期延误的迹象时，采取有效的应变措施和手段保证工期按计划进行。

⑤ 采取科学合理的技术措施，向业主提出降低工程造价的合理化建议，优化施工图设计，有利于业主节省工程投资。

⑥ 由于工程难度高、专业复杂、工期紧等特点，总承包商必须对设计进行大量的技术协调工作，保证各专业工程与主体结构之间的严密衔接。

⑦ 负责现场施工的安全，放置明显的警示牌。制定严格、有效的安全措施和安全管理奖罚制度，杜绝或减少安全事故。遵守文明施工要求，减少环境污染。

⑧ 根据施工进度计划及时采购材料、设备，主要材料、设备在采购前要报样本或书面资料，经业主审批，参加分包商采购的设备的验收。

⑨ 选择的分包商必须是国内最优秀的，具备一级资质的施工企业，分包合同签订前，要经过业主同意。

⑩ 选用先进的施工机械，在施工过程中严格对施工机械进行维修、保养，以保证其正常运转。

⑪ 配合业主对专业工程进行分包招标，在工期、现场配合条件等方面为业主负责。

⑫ 对施工现场进行全局统一管理，在施工过程中为各分包商创造必要的施工条件，提供配合照管。

⑬ 按北京市城建档案馆有关规定，编制完整的竣工技术资料。

⑭ 组织工程竣工验收，负责已完工程的成品保护，把工程移交给业主后负责保修；必要时对业主的操作人员进行操作维修培训。

（三）施工总承包商在项目中的关系

总承包商在项目中与业主、监理、勘察、设计、分包商和供货商的相互关系用关系框图 A10-1 表示。

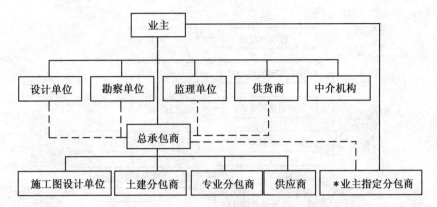

图 A10-1　施工总承包商在项目中的关系

注：──表示合同关系

┈┈表示工作关系

* 表示业主指定设备供应商

三、施工总承包招标与投标

（一）招标方式及程序

国家大剧院工程施工总承包的招标，在全国范围内进行"公开招标"，招标程序参照建设部编制的《建设工程施工招标文件范本》中公开招标程序进行。

（1）招标程序主要内容

① 项目报建；

② 编制"资格预审文件"，发布"资格预审通告"；

③ 发放资格预审文件；

④ 资格预审，确定合格投标单位；

⑤ 编写"招标文件"，向资格预审合格单位发放招标文件及图纸和有关技术资料；

⑥ 投标单位勘察现场；

⑦ 召开投标预备会（交底答疑会）；

⑧ 投标单位编制投标文件及递交；

⑨ 开标；

⑩ 评标；

⑪ 授予合同（中标）；

⑫ 签订合同；

⑬ 合同跟踪管理；

⑭ 竣工验收；

⑮ 项目后评估。

（2）招标流程图

招标流程图如图 A10-2 所示。

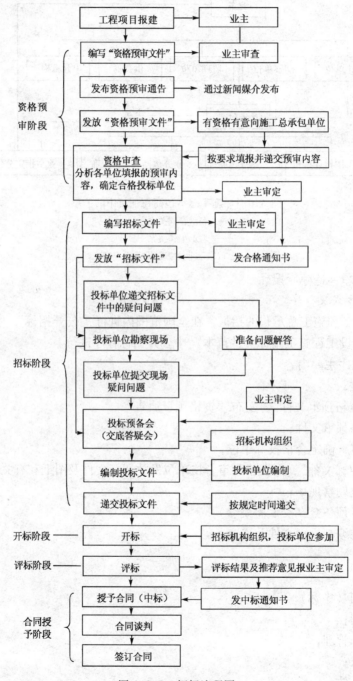

图 A10-2　招标流程图

（二）资格预审文件及内容

① 资格预审文件参照建设部编制的《建设工程施工招标文件范本》中的资格预审文件来编制，但还应增加拟投入主要（关键性）施工机械设备情况，拟投入劳动力计划情况、拟采用的施工方案或施工技术情况，工期、质量、投资控制措施，拟选用的分包单位及分包单位情况等方面的内容。

资格预审通告可通过报刊、电视、广播等新闻媒介公开发布。

② 资格预审文件的内容主要包括：

a. 资格预审须知；

b. 资格审查申请；

c. 资格预审合格通知书。

（三）招标文件及内容

招标文件参照建设部编制的《建设工程施工招标文件范本》中的公开招标文件范本，结合国际工程总承包招标范例进行编制。

主要内容包括：

第一部分：投标须知、合同条件、合同特殊条款

在投标须知中应包括投标单位遵守的须知和投标规定，以及工程概况、发包范围、报价计算依据、建筑材料和建筑构件采购责任等。

第二部分：技术规范

包括：①现场情况；②技术资料；③技术规范。

第三部分：技术文件格式

包括：①投标书及投标书附录；②具有报价的工程量清单及报价表；③辅助资料表。

第四部分：图纸。

（四）合同

施工总承包合同应按《合同法》并同时参考建设部和国家工商局制定的《建设工程合同示范文本》及国际工程总承包合同 FIDIC 条款签订合同，在合同中应明确总承包单位和业主的权利、责任和义务，分包单位和总承包单位连带责任等主要合同条款。

（五）招标组织

为更好地做好国家大剧院工程施工总承包的投标工作，应建立招标组织机构，即国家大剧院工程招标领导小组，招标的具体工作，可委托有经验的招标代理机构进行。

招标代理机构是指具有建设工程招标代理资质等级证书，依法取得法人营业执照的经营单位。代理机构受招标单位的委托，可办理如下业务：

① 拟定招标方案，编制招标文件；

② 编制工程概算或标底；

③ 组织现场踏勘和答疑；

④ 制定评标办法、组织开标、评标，提出中标单位建议；

⑤ 代表委托人与中标单位协商、草拟工程发包承包合同；

⑥ 与招标有关的其他咨询服务。

为做好评标工作，还应组成业主委员会成员和有经验的经济、技术专家组成的评标委员会，并制定评标原则及切实可行，能体现公开、公正、公平竞争原则的评标办法。

（六）承包商选择原则

① 报价合理；

② 资信状况良好；

③ 资质条件符合业主要求；

④ 业绩显著，具备良好的社会信誉。

（七）承包商选择方法与步骤

承包商的选择采用"二步三审"的方法进行公开招标。"二步"即国家大剧院工程招标采用"资格预审"招标和商务、技术招标。"三审"是资格审查、技术标审查和商务标审查。

（八）时间进度安排表（见图 A10-3）。

（九）技术标和经济标的评标原则

根据国家大剧院工程的情况，对于施工总承包单位的选择应通过两步招标的方式来确定。经过对投标单位的资格预审和技术标、经济标的评价比较，在评价比较过程中充分体现以资格审查、技术评标为主，经济评标为辅的原则，择优选定有能力、有经验的施工总承包集团企业中标。

（1）技术标评审的原则

通过资格预审合格的投标企业向业主提交技术标（即施工方案和施工组织设计）。经济标由评标委员会的技术专家对编号后的投标单位的技术标进行全面评审。主要从方案的先进性、合理性、可行性和施工措施、施工进度计划、施工人员和施工机械的配备、临时用地等方面进行评审。最后根据排名先后选定前 3~5 名投标企业进入经济标评审阶段。

（2）经济标的评审原则和定标办法

评标委员会对投标企业投报的经济标进行评估，首先对投标企业的报价进行校核并按惯例对计算上和累计上的算术错误进行修改。确定评标标底，评标标底由各投标单位的投标报价平均得出的价格作为评标标底。并确定出投标报价合理浮动范围。

中标单位的确定：

① 当只有一家投标单位的投标报价在合理浮动范围内时，将被确定为中标单位。

② 当两家或两家以上的投标单位的投标报价在合理范围内时，投标报价最低的为中标单位。

③ 当所有投标单位投标报价都在合理范围下限值以下时，投标报价最接近评标标底的投标单位中标。

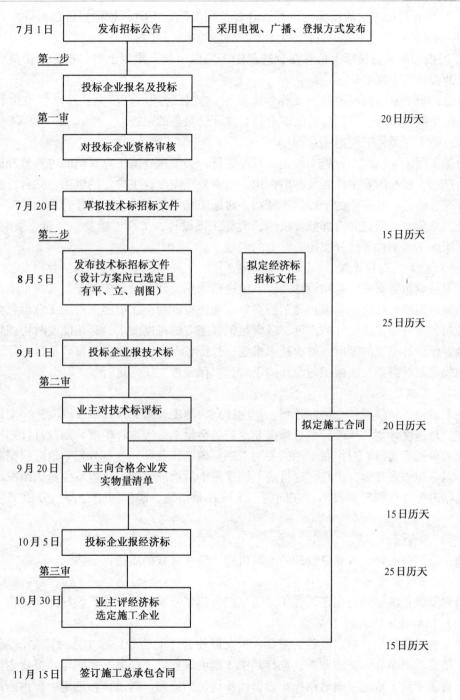

图 A10-3　招标时间进度表

④ 当所有投标单位的投标报价都在合理范围上限以上时，投标报价接近评标标底的报价为中标单位。

⑤ 当投标单位的投标报价有在合理范围下限以下和上限以上时，投标报价负值接近评标标底的报价为中标单位。

总之，施工总承包根据管理工作中需要重点监督管理的环节是：总承包单位的资质审查、招标文件的审查、合同造价的审查和总体评价报告的审查。

四、施工总承包的监督和管理

为保证国家大剧院工程施工的正常有序进行，必须建立施工总承包的内外监督机制。业主派出经法人授权的业主代表及办事机构，负责处理需由业主决定的事项，除自行监督管理外，并通过委托具有资质的工程监理公司，对施工总承包实施全面监督管理。

施工总承包必须建立内部监督机制，对施工图设计、工期、质量、分包、采购、合同、安全文明施工及文件等部分实施强有力的管理。

（一）施工图设计管理

施工总承包必须依照扩初设计图，迅速进行深化设计、绘制施工图。其施工图设计必须满足功能的需要，使业主满意；施工图必须报业主批准后，才能施工；施工总承包必须能有效地控制各专业施工图设计的进度，以满足工程施工的进度要求；必须能及时协调施工图设计中各专业设计出现的矛盾，解决技术难题，保证各专业设计接口，设计单位必须设常驻施工现场代表及时协调解决施工与设计的矛盾，以保证施工正常进行。

（二）工期管理

施工总承包必须编制总进度计划、年度计划、季度计划、月计划及周安排，实行 5 级计划管理。总进度计划与年度计划必须报业主委员会批准后实施；季度计划及月计划报业主驻现场代表审批后实施。对控制工期的关键工序要编制作业计划。各分包单位应根据总进度计划，编制分包作业计划，由总包进行统一调度平衡后批准实施。总包单位每周组织一次协调会，总结进度完成情况，找出存在问题，采取补救措施，确保每个分部、分项工程工期的实现。

（三）质量管理

施工总承包必须设置质量管理的专门机构，建立有效的质量保证体系。

（四）采购管理

材料及设备的采购是保证工程质量的基础，施工总承包必须认真做好此项工作。

（1）招标选定供应商

施工总承包根据材料、设备的需要，拟在以往合作的若干厂家中通过产品质量、价格、运费、信誉、资金等情况的调查，选择其中 3 家或 3 家以上厂家，随同样品报业主代表及监理进行资质审定，审定后邀请招标。根据优质优价的原则，通过评标选定中标供应商。

业主指定的供应商由业主提出名单，总包必须按业主指令，按上述条件进行调查，并把调查结果提交业主审定。

分包供应商的选定，由分包提出供应商资质报总包审查后，依照上述条件按招标程序办理。

（2）采购

施工总承包根据工程施工进度要求拟订材料、设备供应计划，由供应商按材料、设备供应计划，供至指定地点，经验收合格后入库或现场堆放，属双控产品应委托具有资质的试验室试验，并出具合格报告后，方可使用。

施工总承包应在工程开工前根据业主供应的材料、设备拟订需用计划；计划中必须将需用的规格、数量、质量、供货地点、时间列明。当业主供货到达双方商定地点后，总包会同监理进行外观检查后验收入库。总包应认真保管，如发生损坏和丢失由总包负责；入库后的产品在保管或施工中发生质量问题由业主负责。

分包的材料、设备进场前必须征得总承包商同意，进场后由总承包商检查，报告业主代表及监理认可后，方可使用。

（3）不合格品及其供应商的处理

对于检验不合格的产品，应立即加以标识，防止误用，并通知供应商及时清出现场，分析原因。施工总承包应在施工过程中，随时了解各供应商情况，发现不合格品将其作为不合格供应商，取消其供货资质，并报告业主代表和监理工程师。

对业主指定的供应商，总包发现问题时应及时向业主代表和监理工程师报告，并提出建议。

（五）分包管理

施工总承包应负责其分包单位的认定和选择，选定前应将有关分包单位的资质情况向业主代表和监理工程师报告，并得到确认。业主可参加选定的全过程，业主也可推荐具有资质的分包单位。总包在审定资质等级、资信、业绩、履约能力后，通过招标予以选定。

施工总承包应根据总进度计划安排分包项目，分包项目由分包编制施工计划，报总包单位审批。

业主指定分包商招标，应邀请总包单位参与招标过程，业主指定分包商的施工计划应满足总进度计划的要求，并由总包单位统一归口管理。

（六）合同管理

业主与施工总包单位签订工程施工总承包合同，明确双方的责任、权利、义务和经济关系。施工总承包单位必须按照合同约定认真履行合同，确保工期、质量约定目标的实现。

施工总承包的分包商按招标程序选定后，由总包与其分包商签订合同、履行责任。分包商向总包单位负责，由总包单位向业主负责。总包单位必须将其分包商所属人员的行为或违约，视为施工总承包单位自己的行为或违约，并为之负全部责任。

施工总承包单位按合同规定负责采购的材料、设备供应合同，按招标程序选定供应商，由总包单位与其供应商签订合同，对产品质量供应商向总包负责，由总包向业主负责。

专业材料、设备由业主指定供应商，业主直接与供应商建立合同关系，并承担责任。

（七）安全文明施工管理

施工总承包单位必须遵守北京市政府安全文明施工的有关规定，做到安全文明施工，达到安全文明施工工地标准。在施工中采取措施，减少噪声、减少扰民、注意环境市容卫生。在施工中重视工程安全，贯彻安全第一、预防为主。建立安全生产保证体系，定期组织安全检查，召开安全会议，随时处理检查现场时出现的不安全因素和隐患。

（八）文件管理

施工总承包应提高文件管理水平，加强往来文件管理、施工图纸管理、质量记录管理。

对于往来文件施工总承包应规定均以书面为准，并应规定往来文件的种类、签字有效人员。

对于施工图纸，施工总承包应建立有效图纸，修改图纸和作废图纸文件的分类管理制度，严格管理、以防误用。

施工总承包应严格按照质量管理中的要求，做好质量管理记录。同时做好各种文件的收集和记录。

A11　以与时俱进、奋发有为的精神状态做好监理工作

——在北京市建设监理协会 2001 年会上的讲话

（2001 年 3 月 21 日）

近年来，随着我国社会主义建设事业的飞速发展，工程建设监理事业也取得很大的进展。作为首都，建设规模大，成绩也大。这里有北京市监理人员的一份功劳，也是协会的工作成果。北京市建设监理协会的工作，从全国来讲始终走在前列。就全国工程建设、城乡建设的要求来认识，当前必须以与时俱进、奋发有为的精神状态做好监理工作。

一、监理事业发展的新趋势和新机遇

（1）整顿市场秩序的新要求

去年 4 月 3 日至 4 日，国务院召开了全国整顿和规范市场经济秩序工作会议。会议明确地提出，大力整顿和规范市场经济秩序是整个"十五"期间的一项重要任务，要求各地方、各部门下最大的决心、用最大力气，迅速在全国范围内大张旗鼓地开展整顿和规范市场经济秩序的工作，严厉打击各种破坏经济秩序的犯罪活动，尽快地从根本上扭转市场经济秩序比较混乱的局面。同时，还明确把整顿和规范建筑市场秩序作为全国整顿和规范市场经济秩序的重要任务之一。今年，全国人大会议提出整顿房地产市场、建筑市场和其他有关市场，把整顿和规范市场经济秩序作为我国国民经济发展新阶段的要求。

① 当前的市场经济秩序存在的突出问题是诚信问题。我们都知道，社会主义市场经济是法制经济和信用经济的统一。过去，我们强调法制经济比较多，但对信用经济没有足够的认识，因而在市场运行当中出现了许多不符合诚信的行为，严重地影响了市场经济秩序的健

康发展。最近，中央颁布了《公民道德实施纲要》，强调了诚信，强调了企业的信用管理，强调了整个经济运行当中的信用机制。当前，在信用经济方面出现的主要问题是"吹、赖、假"。譬如，在"吹"的方面，小小的饺子店吹成了什么饺子城，甚至饺子大世界；明明只是一幢楼房吹称为什么广场；明明是一家小公司吹称为什么集团总公司等。在"赖"的方面，主要是干活不给钱，买货不给钱，任意拖欠工程款，多数的"担保"成了案件等。在"假"的方面，出现了许多企业的假资金、假执照、假资质、假合同等骗局，可以说市场上什么都有假的。如果不解决诚信问题，社会主义市场经济是搞不成的，也会给国民经济带来严重的危害。

目前，建筑市场上存在的四大类问题如下。

a. 在业主方面：不按基本建设程序办事，不按国家规定进行工程招投标，不按合同约定支付工程款，造成拖欠工程款等不良行为。

b. 在承包商和材料供应商方面：主要是粗制滥造、偷工减料、假冒伪劣、层层转包，不按国家规定的强制性标准施工等。

c. 在政府部门方面：有些部门不依法行政，有法不依、执法不严，对市场中的不良行为、不法行为惩治不严、打击不力。

d. 在整个市场交易行为中，主要是权钱交易、权色交易等违法犯罪现象。建设领域呈现出腐败案件多发、高发的局面。

② 建设监理行业在市场中作为一个特殊的主体发挥作用。监理的职责有其特殊性，不仅对自己的行为负责，而且对市场行为中的业主的不良行为，承包商的不良行为，监理都有一定的连带责任，监理的责任具有关联性。因此，也就造成了监理行业在市场中的重要性和特殊主体地位。

③ 建设监理协会在建筑市场中应该对行业自身的行为自律，做到"诚信、守法"。协会要重视监理企业的不良行为档案记录，对有不良行为的监理企业在企业资质审核、评优等方面给予惩戒，促使企业自律。另外，特别要注意防止职务犯罪，要从源头上防止。职务犯罪不仅包括贪污受贿，也包括失职渎职。联合国有关组织在世界反贪报告中指出：当前反贪应从以惩戒为主转到以预防为主的新模式上来。我国最高人民检察院成立了预防职务犯罪厅，专门从事预防职务犯罪的工作。部党组提出"三审两交易一服务"源头治腐工作，要引起我们高度重视。

（2）国际竞争的新趋势

① 加入 WTO 后的挑战。我国已从去年 11 月成为 WTO 的正式成员国。WTO 有 3 个基本职能和六大基本原则。

a. 3 个基本职能：制定规则、开放市场、解决争端。

b. 六大基本原则：最惠国待遇原则、国民待遇原则、市场开放原则、公平竞争原则、透明度原则、统一实施原则。

WTO 要求各会员国按照统一的标准，按照国际惯例去办事。中国政府和各地方政府正在进行审批制度的改革，对那些不符合 WTO 原则的审批制度必须改变。应该认识到，我国加入 WTO 后，中国市场已成为国际市场的一部分，国外的中介咨询机构特别看好中国市场，纷纷要求开放和进入中国市场。作为中国加入 WTO 的条件，中国政府承诺开放这些市场，但要有 3～5 年的过渡期。根据 1995 年建设部和国家计委发布的《工程建设监理规定》，原则上不允许国外工程监理机构在我国国内独立进行工程监理，必要时也应采取合作监理，但今后不行了。"西气东输"工程中，外国的监理企业已经进来了，中外企业组成了联合机构。外国监理企业进入国内市场，是一个严重的挑战，也是学习的极好机遇，需要我们认真地思考，沉着地应对。可以办个研讨班，研究如何应对这场挑战。

② 要有"走出去"的战略远见。面对国外监理企业打入国内，在形成挑战的同时也存在机遇。我们也应该有"走出去"打入国际市场的战略远见。江总书记早就提出要求"走出去"。此次全国人大报告中提出要继续贯彻"走出去"的战略，鼓励国内企业到国际上参与竞争，到国际上去承包工程项目。因此，监理企业要增强竞争能力，要与国际同行展开竞争，要把国内市场当做国际市场看待，与国外企业相比较、相竞争、相抗衡，从而增强国际竞争力，实施"走出去"战略。

③ 要加强与国际同行的交流。在市场经济中，协会除了要承担行业自律的责任外，同时也要承担起与国际同行加强交流的任务。通过交流，提高我们的国际竞争力。通过交流，开阔眼界，了解和熟悉国际上监理（工程咨询）行业的规则、做法，提高自己的管理水平，为走出去承担国际工程项目创造条件。在与国际交往中，政府部门要充分发挥协会的组织、联络作用。

(3) 国民经济增长的新特点

近几年来，我国国民经济生产总值都以 7%～8% 的速度增长，尽管有来自国际上的许多不利因素的干扰，我国国民经济连续多年仍取得了良好的发展成果。

① 城镇化战略。小城镇大战略，城镇化战略有利于从宏观上解决农村、农民、农业问题，促进农村和农业的稳定和发展，促进农民生活水平的提高；有利于科技成果下乡，使城乡一体化纳入整个国民经济发展规划。最近，中央领导同志听取了建设部关于当前城市规划、城市建设、城市管理等有关问题的汇报，定于今年召开全国第四次城市工作会议（第三次是在 1978 年召开的），以推动城镇化战略和国民经济的增长。新时期的城乡建设，有赖于建设监理带来高效率。

② 投资拉动。拉动国民经济增长有 3 个途径：投资、消费和出口。从投资来看，2001 年我国固定资产投资为 36 898 亿元，今年计划投资为 40 590 亿元。要高效能的建设，就与我们监理有密切的关系，监理起到重要的作用。当前，建设工作中的重点是避免重复建设，防止无效投资。

③ 2008 年奥运会。北京市承担了承办 2008 年奥运会的光荣而艰巨的任务，建设任务很重，新建场馆 19 个，改建扩建场馆 13 个，再加上四大项主要配套设施，121 项城市基础设施，建筑总面积有 200 多万 m^2，总投资近 300 亿元之多。如何高水平地完成这项繁重的任

务，对监理行业来说也是一个机遇。

④ 信息化带动工业化。我国国民经济的发展，要靠信息化带动工业化。对建筑业来讲同样存在这一问题。要用高新技术改造传统的建筑业，改造传统的建筑模式，要求办公无纸化，通过电脑网络办公，政府实行电子政务，企业实行电子商务。还应该贯彻执行国际体系，特别是 ISO 9000（质量）、ISO 14000（环境）和 OHSAS 18000（健康、安全、卫生）三大体系要在施工现场、项目建设中得到贯彻执行。要用国际上最新的管理手段、最新的技术来改革传统的建造模式和管理模式。在这方面，建设监理要走在前面，发挥高智能管理的作用。

二、监理行业发展的基础和新挑战

（1）当前我国建设监理事业发展的基础

① 法律的保证。建筑领域的国家大法——《中华人民共和国建筑法》中确立了建设监理的地位。

② 工程监理制度已成为我国工程建设领域管理制度中一项必要的制度。建设监理已被中央领导所重视，被全社会所认同和接受。

③ 监理事业的发展已达到一定的规模并收到相当的成效。目前，全国已有监理公司6 000余家，监理从业人员25 万多人。其中，甲级监理公司有 505 家。国内的重大工程建设项目都必须实行监理，如青藏铁路、西气东输、西电东送、南水北调等重大工程，将来的奥运工程、西部大开发重大工程等也都必须实行监理制度。

10 多年来，由于施行了工程监理制度，对防止建筑工程质量第三次大滑坡（第一次在1958 年、第二次在1962 年）及工程质量事故的总数大为减少方面发挥了重要作用，取得了显著的成效。

（2）当前监理行业存在的主要问题

监理行业在国家建设中取得的成就是主要的，但存在的问题也不容忽视，其中有政府方面的问题，也有监理企业本身的问题，这里着重谈监理行业存在的主要问题。

① 队伍良莠不齐。十多年来，我们已拥有了一批高素质的监理人员，但也存在有的人员素质很差，不能起到监理人员应有的作用，被施工人员讥讽为"来了一个打更的老头儿"。另外，还有"1、2、3、4"的说法，即个别监理公司是"1 块牌子、2 间房子、3 张桌子、4 条汉子"。如此滥竽充数，如何能起到监理的作用。

② 职能残缺不全。不能替代业主全方位管理工程，在"三控、两管、一协调"中只能从事质量控制，甚至连质量控制也不到位。至于工期、投资控制更无从谈起。有的建设单位将工程监理任务交给同一隶属系统的监理公司，所谓"肥水不流外人田"，实质是违反了国家法令。在建设过程中，仍存在长官意志现象，不按科学规律办事。

③ 工作粗细不等。有的监理单位工作粗糙，仍然凭直觉、凭经验工作，检测手段不全，不使用先进的技术设备，仍停留在用眼看、用尺量、用线垂吊的原始阶段。监理应该是一种智能性的管理行业，现在科学技术发展得非常快，测量距离已经有了激光测距仪等。过去陈

旧的检查方式不行了。如瑞士产的一种仪器检测钢筋混凝土梁、板、柱内的钢筋，通过仪器的扫描能够发现钢筋位置的偏移，这就是先进的科学技术手段。监理公司有条件时应尽量采用先进的科学技术手段装备自己。

④ 责任轻重不同。监理企业应明确知道自己在工程建设中应承担的责任，既不能代替总承包商负责任，也不能失去监督管理的责任。监理人员只要按照规范、法规去履行职责，就是尽到了监理的责任。由于监理的特别主体地位，要高度重视连带责任，但也要承认监理尽到责任并不意味着总承包商不出问题。监理并不包揽承包商的全部责任。

⑤ 战略远近不明。有的监理企业的近期、远期发展战略不明确，有的根本没有发展战略，发展战略是企业的纲，企业的魂，必须引起高度重视。可以说，对于企业来讲最为重要的、最费劲的是制定战略、实施战略。

⑥ 取费高低不同。总体看，监理取费偏低。而且，有的监理公司为了取得项目接受压低监理费的要求；有的监理公司由于本身的弱点而没做应该的工作；或由于职能残缺不全，造成监理费很低。既影响了监理的发展，也影响了监理工作的质量。

（3）迎接挑战，当前最关键、最重要的问题是认真执行《建设工程监理规范》

① 该规范是国家标准，企业必须认真执行，它是 ISO 9000 质量管理和质量保证体系对监理行为的具体化。一个企业要有自己的规范、规程，一个地方也要有自己的规范、规程。企业标准要高于地方标准，地方标准要高于国家标准，这样才能带出一支好的队伍。《建设工程监理规范》发布施行以后，北京市建设监理协会及时、迅速地编写并推出了《建设工程监理规范实施手册》，为北京市监理企业贯彻执行该规范提供了一份好的参考资料，是一件好事。

② 该规范是经验的总结、实践的升华、上岗的准则、管理的尺度。监理人员的培训教材要紧密地与该规范相结合，与该规范融合在一起，不能两层皮。要掀起一个学习《规范》，执行该规范的高潮。

③《规范》是监理理论研讨的基础。

a. 理论研讨要真正做到与时俱进，使监理企业在认真执行该规范中提高自身的核心竞争力。同时，随着时代的前进、理论的发展、实践的积累，也必然促使《规范》不断地修改、完善和充实。

b. 监理企业的发展方向。监理企业的发展必须建立在核心竞争力的基础上，而核心竞争力主要体现在执行该规范的能力。可以说，执行该规范的水平是监理企业发展的前提。

·职能的延伸：向前延伸，从工程项目的可行性研究开始，开展项目咨询，向后延伸到项目评估。也就是通常说的前咨询、中监理、后评估。

·角色的转换：与建设单位签订委托合同，就是监理公司。如签订承包合同，就是项目管理公司。当然，随着角色的转换，其权力、义务、职责也随之变化和明确。

·代甲方行为：在合同内容之外，凡甲方需要的，监理单位有能力的，都可以代为完成，如征地、采购等。这种合同外的代为完成的作为为代甲方行为，甲方付给监理单位监理费以外的费用。

·能量的开发：由于监理公司是一支高智能的管理队伍，在能量上可进一步开发。有条件的监理公司可以进行造价咨询、招投标代理、工程审计、工程顾问、人员培训、项目资产评估等，这类开发要依市场准入的要求，办理相应的资质手续。

④ 协会的职责。当前协会的重要职责就是在全行业认真贯彻落实执行该规范及各种强制性标准。按规范要求把工作做到精益求精，做好监理工作。让我们充分发挥协会的作用，紧密地团结各个监理企业，富有实效地宣传规范，扎扎实实地学习规范，认认真真地执行规范，使监理行业从成功走向成功，从辉煌走向辉煌。

※　　　　※　　　　※

刚才有的同志问到"旁站"问题，我读两段根据和我的一点看法供参考。

①《建设工程质量管理条例》第 38 条规定："监理工程师应当按照工程监理规范的要求，采取旁站、巡视和平行检验等形式，对建设工程实施监理。"

②《建设工程监理规范》第 5.4.8 条规定："总监理工程师应安排监理人员对施工过程进行巡视和检查，对隐蔽工程的隐蔽过程、下道工序施工完成后难以检查的重点部位，专业监理工程师应安排监理人员进行旁站。"

③ 1997 年 12 月，我在上海"全国主管建筑业负责人会议"上宣讲《建筑法》时讲到：监理机制，就是监督管理承包商的机制，要它严格遵守合同。如果违背了合同，就要予以处罚，应是这样的监督管理，而不是简单地站在旁边看。但在一些关键的主要工序上，如连续浇筑混凝土，监理人员不旁站也不行；地下工程预留孔洞，监理不去量一量也不行。牵涉到关键工程、隐蔽工程、地下工程，应该到现场检查一下。所以，仅仅是检查机制也不行。在关键部位、关键时刻需要旁站。但从整体上定义，不能说监理就是旁站。（见《建设监理的理论与实践》第 117 页）。

总之，"旁站"问题，部里很重视，希望大家共同努力。可以说，做好特定条件下的旁站工作，其形式是针对现实提出的要求，其内容是提高执行该规范的水平。

A12　关于国家大剧院工程实施建设监理的建议

（1998 年 5 月 12 日）

青春并嗣铨同志：

近期组织了监理处、中国建设监理协会、北京建设监理协会及上海、天津、北京、南京一些大监理公司的负责同志研讨《关于国家大剧院工程实施建设监理的意见》，现呈上供审议参考。

一、实行监理的重要性

国家大剧院是我国世纪之交的一个重要的文化建设项目，由于它地理位置重要，投资巨大，建成后将成为我国最高的艺术殿堂和国际文化交流的舞台而备受世人瞩目。党和国家领导人都非常重视大剧院的建设。要把这样一个国家重点工程建设好，使它成为能够代表我国本世纪建设水平的建筑，在工程建设过程中必须实行建设监理。

① 实施委托监理，能充分发挥专业监理单位在长期监理实践中积累的经验及以往的教训，克服以往工程建设中只有一次教训，没有两次经验的现象，以有效地辅助工程项目的决策。

② 实施委托监理，可以精简业主的组织机构，降低业主的运行管理成本，有利于工程建成后的运营管理。

③ 实施委托监理，可以使业主从大量的组织协调、监督检查等日常事务中解放出来，集中精力行使决策，提高决策水平的质量并从事融资剧院经营开发等，为大剧院的建设及建成后的运营打下良好基础。

④ 实施委托监理，广泛吸收社会监理，博采众长，集思广益，取长补短，有利于整体提高工程建设和管理水平。

⑤ 大剧院工程建设，必将汇集全国乃至世界的建设精英，实施委托监理，一方面为我国监理单位提供了施展才能的舞台，另一方面也为其相互交流学习，学习国际先进项目管理提供了场所。由此，必将对提高我国建设监理水平，推动建设监理事业的发展，产生积极而深远的影响。

二、监理组织能力和设置的方式

（1）监理组织能力

国家大剧院工程规模大，单项工程多（分 4 个剧场），建设周期短，同期施工作业人员多，专业设备和特殊复杂工程如舞台机械、声、光、电设备较多，根据工程的这些特点，现场监理组织的设置应满足以下条件。

① 监理组织要有合理的专业结构，具有设计协调能力强、施工管理能力强、设备选型能力强、技术指导能力强、投资控制能力强。

设计协调能力强包括以下几个方面：

a. 能将业主的决策定位、迅速转化为各设计单位的设计目标和任务，同时也能将各设计单位需业主决策定位的问题及时反馈给业主，并提出自己的建议；

b. 能沟通各设计单位间的信息，综合各专业设计单位的成果，以保证设计接口（如土建与设备安装、各设备系统之间装饰与安装之间的接口）；

c. 能有效控制各专业设计单位的进度，以满足工程施工的进度要求；

d. 能及时将施工中出现的设计矛盾、进度的技术难题，或为提高施工所需设计工艺做出改进等及时反馈给各设计单位，以便及时做出设计调整。

施工管理能力强包括以下几方面：

a. 能对施工中的各类现象及时做出分析并对照计划目标，制订相应的对策；

b. 能有效协调各施工单位（如土建与安装、安装与安装、安装与装饰等）在交叉施工，先后施工中可能产生的矛盾，及时做出合理协调；

c. 对施工情况较强的预见性并能提出相应对策；

d. 能根据工程进度制订各类招标（如委托设计、施工承包、材料设备采购等）计划并辅助实施；

e. 能对进口材料、设备的供应进度实施有效控制。

设备选型能力强包括以下几方面：

a. 熟悉选用设备的性能、型号、规格，熟悉当今通用设备的最新发展；

b. 熟悉设备的成套技术、使系统的成套设备相容匹配；

c. 能使各设备系统相互匹配并优化。

技术指导能力强包括以下几方面：

a. 能优化施工方案（如方案的技术可靠性、经济性等）；

b. 能对施工中的技术难题组织技术攻关并提出自己的意见；

c. 能就施工中质量问题整改，提出技术处理方案意见；

d. 能优化设计，使之便于施工或优化施工使之满足设计要求；

e. 能及时掌握世界上的最新施工技术并指导工程施工。

投资控制能力强包括以下几方面：

a. 能迅速公正合理地处理索赔事宜；

b. 能优化设计及施工方案，有效控制技术措施费；

c. 能及时界定各种原因造成的造价变更，并做出经济分析，向业主提出合理建议；

d. 能有效合理地根据工程各分部的轻、重、缓、急控制工程款的支付；

e. 熟悉掌握法律和合同管理。

② 现场监理人员数量要能满足全方位监理需要；

③ 监理组织机构自成体系，使业主便于管理，减少协调工作量。

（2）监理组织设置方式

业主与一家总监理单位签订监理合同，业主委托的监理业务有：

a. 可由该总监理单位全部自行完成；

b. 可以该总监理单位为主联合几家专业配套的监理单位，组成相当实力的联合监理组织完成全部监理任务。

c. 可由该总监理单位自行协议委托若干专业监理公司共同负责完成监理任务。

在联合体监理组织和由总监理单位自行协议委托有关专业监理公司的监理组织设置中，需有一家以投资控制见长的单位，主要负责整个工程的投资控制；需有一家以设计协调见长的单位，主要负责整个工程的设计协调；需有一家或多家技术科研强的单位，主要负责整个工程的技术指导。

不论采取以上 3 种组织设置的何种方式，对业主：

a. 该总监理单位必须满足前述现场组织机构的设置应满足的 3 个条件；

b. 无论是联合体还是专业监理的另行委托，其参加专业监理单位的资质，监理业务的

内容等须经业主审查同意;

c. 对特殊专项设备（如舞台机械等），如有必要，总监理单位必须接受业主指定的有相应资质的监理机构。

三、监理内容

由于大剧院工程的前期工作已经完成，可以从工程的实施阶段开始委托监理，为了使监理单位最大限度地发挥作用，应委托监理单位进行全方位的监理。即进行工程质量、投资、工期等的控制，合同管理及施工现场的组织协调等。

在施工招标阶段：制订招标进度计划，协助业主对投标单位的资格预审，协助业主起草修改各类招标文件，准备发送。

在施工阶段，应做好以下几方面的工作。

a. 督促承包单位建立、完善质量保证体系，检查承包单位提出的施工组织设计、施工技术方案和施工进度计划，并提出修改意见，跟踪、监督、检查工程进度和质量，对质量缺陷或事故进行处理，签署工程付款凭证，审查工程结算，提出竣工验收报告，协调解决各方争议等。

b. 组织设计图纸会审和交底，负责设计协调。

c. 组织设备选型、检测，督促检查设备订货等事宜。

d. 督促检查施工现场的安全施工。

e. 做好信息管理工作。

f. 对业主的知识产权权益加以保护。

在工程保修阶段，负责质量问题性质界定（是否为施工质量或运行维护不当产生的问题等），制订整改计划，督促整改并验收整改结果，签署工程保修金的支付，完成工程保修阶段的其他相关工作。

四、监理取费

按照国家物价局，建设部（1992）479 号文《关于发布工程建设监理费有关规定的通知》规定，本工程监理费应按照工程概算的 0.6% 支付。

① 建筑及安装工程部分（不含特殊设备安装）

$$监理费 = 建筑及安装工程部分概算 \times 0.6\%$$

② 特殊工程，包括舞台机械、舞台灯光、剧场音响设备等的采购、安装，以及其他代业主完成的事宜的协商费用。

③ 根据监理的业绩，业主按年度给予监理单位一定的奖励费用。

五、监理单位的选择

（一）招标方式

监理单位选择得恰当与否，对工程项目具有举足轻重的作用，采用招标方式选择监理单位，是获得高质量监理服务的最好委托方式。根据大剧院的实际情况，招标选择监理单位可以分两步进行。

第一步：发布招标文件，分开招标，所有符合条件的单位均可以购买标书，参加投标，以便于广泛了解各监理单位情况。

第二步：由有关评标组织，对参加投标单位进行资格预审、筛选、保留其中资质条件好，最符合工程需要的 7~10 家监理单位进行最后竞争。

（二）招标文件

（1）招标须知

① 参加投标的单位必须是经国家批准的甲级资质监理单位。

② 标函（即投标书）必须符合招标文件的要求并密封投标。

③ 参加本招标工程的监理单位代表，必须是单位的法人代表，并按招标要求提交所有证件和资料供评标小组核验。如法人代表不能亲自参加开标会议，应有由法人代表签署的法人委托书，可由法人代理人参加开标会议。

④ 投标单位收到该项工程的招标文件和资料后，应进行核对，如发现有不清和疑义者，请在收到招标文件 3 日内向招标文件负责解释部门（指招标单位或招标代理机构）提出书面解答要求，否则由此导致的后果由投标单位自负。

⑤ 招标单位对招标文件和资料等所做的补充修正、解答均为招标文件的组成部分，并于报送标函截止日 3 日前经招标办审查批准后，以书面形式通知各投标单位。任何口头解答和未经招标办审批的书面修改、补充和解答等均属无效。

⑥ 投标单位所报标函、标价，必须在充分理解招标单位提供的全部招标文件的基础上编写，监理范围必须和招标文件要求的发包范围一致，如果没有按照招标文件要求所报送标函、标价所造成的一切后果，其责任由投标单位自负。

（2）工程基本情况

工程名称：国家大剧院

建筑面积：12 万 m²

总投资：约 20 亿元人民币

工程地址：天安门广场人民大会堂西侧，占地 3.67 公顷

工程性质：大型公共文化设施、国家重点工程

工程结构类型及层数：

地基形式：

计划开工日期：

计划竣工日期：

（3）招标要求（建议列出投标文件清单）

① 招标形式：公开招标。

② 监理范围：土建工程的基础、主体、装修等（包括 4 个剧场）5.4 万 m²；公共剧务部分（排练场及其他剧务用房）1.12 万 m²；通用设备用房：1.3 万 m²；行政及后勤用房 0.87 万 m²；服务配套设施（艺术展厅、商店、交流部、餐厅）1.04 万 m²；地下停车库

2.10 万 m^2；人防工程 0.05 万 m^2。

通用设备：水、电、风、煤、采暖、广播、电视、运输、交通、智能化等 12 个系统。

专用设备：声、光、电、舞台、管风琴等。

③ 监理深度：实行质量、投资、进度控制，进行合同管理及施工现场管理与协调。

a. 质量控制：确定质量目标，明确质量要求（与施工承包合同一致），实行施工过程中全方位（包括设计复核、施工、材料及设备的验收）的质量跟踪、监督、检查，确保质量目标的实现。

b. 投资控制：审查施工组织设计、施工技术方案，对设计、施工、工艺、材料及设备作必要的技术经济比较论证，挖掘节约投资潜力，督促检查承包商执行承包合同，验收分部分项工程，审查工程结算，提出竣工报告，最大限度提高项目的经济效益。

c. 进度控制：根据"施工承包合同"规定的总进度，编制工程总进度计划，并在实施过程中控制其执行。

d. 编制工程监理规划，并按工程建设进度，编制工程建设监理细则。

e. 确定总监理工程师。总监理工程师人选要求取得监理工程师注册证书、业务水平高、有监理过一个以上类似工程的经历并取得优良成绩，有良好的职业道德水准。

f. 监理人员配置：根据工程需要，配备相应的专业技术人员。

（4）投标报价说明

① 监理酬金：工程土建及通用设备安装部分概算的 0.6%（不包括特殊工程，包括舞台机械、舞台灯光、剧场音响设备等的采购、安装，以及其他代业主完成的事宜）；

② 监理酬金支付：按工作进度拨付，具体由监理合同中商定；

③ 赔偿金与增加监理费用按监理合同另行商定。

（5）拟采用合同条件

国家建设部与工商行政管理局制定的《建设监理合同示范文本》。

（6）投标时间安排

① 领取招标文件及资料时间：6 月 20～22 日。

② 踏勘现场时间：6 月 30 日。

③ 交底答疑时间：7 月 2 日。

④ 报送标函时间：7 月 15 日。地址：人民大会堂西侧。

⑤ 收取标函和投标保证金负责人姓名。

⑥ 开标会议时间：7 月 20 日。地址：人民大会堂西侧。

附件：必要的设计文件、图纸和有关资料（可行性研究报告、设计任务书、部分扩初图、施工图等）。

（三）评标定标

1）评标原则

由于监理招标的标底是提供"监理服务"，监理单位不在项目建设过程中承担物质生产任务，只是对建设生产过程提供监督、管理、协调、咨询等服务。监理任务完成的好坏，主要取决于监理人员的业务专长、管理经验及风险意识，因此监理招标应侧重于对监理单位能力的选择，而报价在选择中居于次要地位。故以技术招标为主，经济招标为辅。

2）评标标准

对投标文件的评选应包括以下几个方面。

（1）监理单位的资质条件及监理经验

① 监理单位资质等级；

② 营业执照批准的工作范围；

③ 监理单位的社会信誉；

④ 执行监理工作的一般经验；

⑤ 有无类似工程的监理经验。

（2）实施监理的方案、计划

① 监理大纲、规划是否科学适用；

② 项目监理组织机构设置；

③ 所拥有计算机软件管理系统；

④ 针对大剧院工程而制定的检测方法、选用的监测仪器、设备；

⑤ 监理五强能力在大剧院工程上落实的具体措施。

（3）人员配备

① 总监理工程师的素质；

② 拟派驻现场监理人员的专业配套程度；

③ 监理人员数量的满足程度；

④ 派驻人员的计划表。

（4）监理报价合理性

（5）监理投标单位的竞争性措施

3）评审委员会的组成

评审委员会应由 9 人组成，其中业主单位 3 人，聘请专家 6 人。

4）中标后的试用期问题

因国内参与大剧院工程监理实践的单位不多，中标的监理单位和投入的监理人员存在一定时期的适应问题。为对大剧院工程全过程负责，所以确定半年的中标单位和投入的监理人员试用期。在试用期内发生监理的失职、渎职行为和能力水平的无力适应的现象，可协商解除合同，并承担一定赔偿费用。

六、工程实施监理应重视的几个问题

① 业主应加强对监理单位的督促、检查和考核；

② 业主应重视并组织为监理单位与施工单位的首次监理工作交底，以便施工单位明确监理单位的权利、工作方法等，使之能通过适应并接受监理；

③ 业主应及时通知监理单位与开展监理工作有关的事宜如决策意向，设备、材料、承包商等的选择，设计须做的变更等；

④ 业主应明确接受监理单位的权利，使监理单位责权利统一；

⑤ 业主应尊重监理单位在项目技术管理的意见；

⑥ 业主应明确与监理单位的对口联络和管理部门，保证信息传达畅通，避免对监理单位的多重管理；

⑦ 业主应明确监理单位的请示、报告内容及制度；

⑧ 业主对监理单位有明确的廉洁自律要求和规定，以及必要的制裁措施；

⑨ 重大技术问题及索赔请示专家组，对工程设计和施工中的有关技术问题，迅速做出正确决策。

A13　在全国整顿规范建筑市场秩序新疆检查组反馈意见会上的讲话

（2001 年 9 月 23 日）

这次建设部、监察部组织的全国整顿规范建筑市场秩序检查，是整顿和规范建筑市场的重要活动。具有两个特点：一是专家检查。从全国抽调工程质量专家、市场招标投标专家，还有法规和经济等方面的专家组成检查组，不是一般的领导检查。这个检查是动真格的，不仅像中医看病一样，通过望、闻、问、切来确定病情，而且我们这次检查，是带着智能化的检测仪器来的，比如看看你的钢筋分布怎么样，一个一个项目地查；从原始单据开始查，一查到底；是一个全面的会诊，对症下药。专家都是大中城市抽调的，主要是来自北京、上海、天津及一些副省级市、地的，这是一个特点。二是依法检查。我们强调依据已经颁布的两法两条。在新疆检查了乌鲁木齐市和克拉玛依市，刚才徐波同志讲得很全面，也很认真，检查的项目好的给予肯定，查出问题的，要讲明是违反了哪一个法、哪一条、哪一款；对有问题的项目一是发执法建议书，就是说哪个项目已经违反了哪个法，需要处理的，按照法律的规定条款去进行处理。二是发整改通知单，是对还没有构成违法、但是有问题需要进行整改的。三是要依靠广大人民群众监督，要认真对待各方面的举报和投诉，并对举报和投诉内容进行分类。检查结束后，这些问题需要交给你们来处理。对执法建议书、整改通知单和人民群众的来信来访，要组织有关责任部门、责任人对这些事情做出责任性回复。对于 30 个省、区、市中好的经验，回到部里再进行总结，并向全国进行推广。在对新疆的检查中感到，新疆的管理有不少好的经验，可以说这次检查工作是认真的，紧张而富有成效的。下面我谈三点意见，和大家共同探讨。

一、要以"三个代表"重要思想的要求来认识新时期建筑市场的问题和整顿规范建筑市场的重要意义

目前，全党上下都在认真学习"三个代表"的重要思想，每个人、每个单位都在学习，各行各业都在学习，并贯彻落实"三个代表"重要思想的要求。我们建筑市场与"三个代

表"是什么关系？有没有联系？是不是牵强附会？我想应该是紧密联系在一起的。

（1）从"三个代表"重要思想内涵来看

"三个代表"中，第一是代表最先进生产力的发展要求。因为先进生产力是社会前进的最终决定力量。一个政党的存在，一个政党的执政，如果不把握住社会进步、社会前进的最终力量，这个政党是没有存在价值的。中国共产党明确指出，我们要有我们的最低纲领、最高纲领，我们是这两个纲领的统一论者，我们必须代表先进生产力的发展要求。

先进的生产力表现在很多方面。就我们建筑行业来说，主要体现在市场的竞争力。在市场中，你这个产品也好，你这个企业也好，如果没有市场竞争力，将无法立足。市场竞争就像足球赛，你这个队有没有本事小组出线，有没有本事冲出亚洲，这一前提条件除了这支球队要有足够的实力外，还需要公平的球赛的规则、公正的裁判执法。足球赛没有规则，哪来的竞争力；如果市场不规范、甚至混乱，也就破坏了市场的竞争力。再有，我们的先进生产力体现在科技进步，而科技进步也是通过市场的力量来实现和促进的。我们整顿、规范建筑市场，就是为了更好地发展社会主义先进生产力。

第二是代表最先进文化的前进方向。先进文化不光是像明天来演出的"心连心"艺术团搭个台子表演才叫文化。我们建设系统的先进文化主要体现在我们建设系统队伍的素质、人员的素质。先进文化是一个政党在思想上、政治上的一面旗帜，是方向，是精神文明的力量。作为我们这样一支队伍，一支全国有着 3 500 万人的建筑业队伍，实事求是地讲，整体素质并不是太高。过去学徒，三年给师傅端茶倒水，一分钱不拿，混口饭吃。学徒工转正以后两三年才转一级工；到最后，肯钻研的人，五十五六岁能干到八级工，多数的人到 60 岁也只能就是五六级工。现在这些过程都没了。大量的农民涌进城，有的人扔下锄头一进城就是"八级工"。我们施工队伍的素质是如此，我们管理人员的素质呢？我们不要只有简单管民工的素质，而是要能依法去管理队伍。我们管理人员都要成为专家，如果说管招投标、管质量、管市场，管了三年、五年你还不能成为专家，你这几年就白干了。当然，专家也有不同层次的，有市级的专家、有省级的专家，有国家级的专家，有世界级的专家，但最起码可以在本行业、本岗位懂行。我们就是要培养一个高素质文化，实际是培养我们的产业文化和企业文化，这是我们先进文化的前进方向。从市场暴露出的问题来看，正是先进文化与落后文化、愚昧文化的差别，所以，我们整顿规范建筑市场，也正是为了建立一支高素质的执法队伍、高素质的施工队伍、高素质的业主。而我们现在业主的负责人不懂建设程序、不学建设法规，上级一纸任命，不管你懂不懂就当总指挥了。綦江大桥出事以后，我就到几个市去了解，我不知道乌鲁木齐市怎么样，那几个市以前都是一些德高望重的老领导，都是有头衔的，挂这座桥的总指挥，那条路的总指挥。对于大工程的总指挥，都想抢着当，说该轮到我管一回基本建设了吧，该轮到我当一回总指挥了吧，不当心里还不愉快。可现在我再去问，就都不想当了，他们说谁当总指挥的机会越多，蹲监狱的机会也就越多，綦江大桥事件就是个很好的例证。早该如此。你又不懂，还在那瞎指挥，何苦呢？以上是作为先进文化来讲的。

第三是代表最广大人民群众根本利益的要求。这是共产党与其他政党的根本区别。我们的工程质量、施工安全牵扯到千家万户，牵扯到各行各业。哪一个行业不搞建设？不论你是军队，还是地方、部门，要想发展，哪一个单位不需要工作用房？又谁能住在原始山洞里去搞发展？因此说，谁都与房屋有关系。前几年，国务院机关事务管理局建了一个部长楼，还是个大队伍建的，部长们入住后意见很大。建完后，在国务院的一次会议上，秘书长问我们，你们是怎么搞的，怎么把农村盖鸡窝的人拉来盖部长楼呢？现在你不要光看建筑公司挺大，哪个公司离得开农民包工队？我到现场问他们，有从四川来的、江苏来的，他们现场的管理人员只有七八个人，而操作人员大都是农民，都是改革开放以后从农村解放出来的劳动力。应该说，农民工的贡献很大，但也应看到相当多的素质还不高，重要的问题是教育培训。工程的质量安全直接牵扯到人民群众生命财产安全，牵扯到人民群众的根本利益，牵扯到人民群众对党和政府的信任问题。现在大家都在学习"三个代表"，因此希望大家把这些紧密联系起来考虑，从思想上认识我们整顿和规范建筑市场的重大意义，具体地说，在我们所主管的行业、部门，在我们所整顿和规范建筑市场秩序中去实践"三个代表"。

（2）从"三个代表"的高度认识建筑市场当前存在问题的严峻性

通过检查，我们感觉新疆的工作总的是不错的，但是所指出的问题也是客观存在的，有些问题应该引起我们的高度重视。从全国范围来说，大致可分为四大类问题。

① 不正当竞争的问题。不按程序去建设，不按规则去施工，不按规则去竞争，游戏没有规则。大量的表现在业主行为，不按程序建设。我们这些业主，相当一部分是政府任命的业主，包括我本人，我曾经当过国家大剧院业主委员会副主席。我曾说过，我这个业主是假的，是叫我当这个业主委员会副主席的，大剧院没有我一分钱的资产，所以一开始，我们主席、副主席统一认识，要在大项目科学管理上走出一个路子。因为这样的业主，往往会不按程序去做，滥用自己的权力，进行不规范的市场运作。什么国家颁布的法律条例、规定、程序，想怎么干就怎么干。尤其是一些掌握一定权力的政府工程业主人员，他们在管理方面，不敢否定自然科学，但可以否定管理科学。什么原因呢？自然科学不敢否定，他要问科学家，3+2自然科学肯定等于5，这个领导干部不敢说等于6。但管理不一样，你这个管理专家说这么做是按程序做，他说按他那个做。昨天汇报检查石河子的工程中，那个有问题的工程就是遵照副市长所说的去做的，违背招标投标法，这样做能行吗？现在管理成本在加大，由于管理不当、管理不科学所带来的后果，往往要在三五年以后才反映出来，等到了三五年以后出了问题，人们往往又不去把这些原因和责任联系起来考虑，是谁、是因何造成的？我们有的城市建的立交桥，刚过三五年就不行了，拆的时候就没有人去想是谁同意建的？是谁设计的这个桥？为什么要这么建？不去认真查找原因、总结教训，拆就拆掉了。这种管理的毛病往往不是把原因和后果联系起来分析，而是有意无意地给割裂开。这类不正当竞争的行为，大量表现在业主违反基建程序，违反法律、法规。

② 违反标准的问题。首先是强制性标准。设计单位要严格按照强制性技术标准去设计，施工单位要按照强制性技术标准来施工。施工有操作规范，监理有管理规程。在设计中，我

们有些该搞抗震设防的不搞抗震设防，该设电梯的不设电梯，该设防火通道的不设防火通道。另外，在结构上还有两种倾向，綦江大桥事故发生以后，我在一些地市调查发现，一种倾向是搞私下设计，无资质设计、超资质设计；还有朋友之间的设计，画个草图就施工，这些都是安全的隐患。再有一种是超常安全，非常牢固的，叫做"不动脑筋加钢筋"。钢筋加得密密的，安全系数大大的，把个建筑物搞得和城堡一样。都把这个安全系数加得特别"到位"，不是按设计规范做，还找理由说是因为现在的施工队伍素质差，施工单位不认真，所以才把这个安全系数加大一些。这样考虑这个问题，那还要我们这个标准干什么？如此一来，给国家造成严重浪费。有些建设单位不明白，为了省钱，克扣施工企业，好像这样就省钱了。这哪里是在省钱，这是在埋隐患。优化方案，减少浪费要从设计开始抓。实际上，设计要多划一笔、一条线，多少万元就出去了。由于违反强制标准，造成的质量事故、质量隐患和安全事故令人担忧。

从全世界范围看，有一种现象，每一次发生地震，总要找承包商"算账"。按道理讲，自然灾害与我们的施工什么关系？在土耳其、日本大地震后，发现了混凝土里的易拉罐。台湾地震后，我去了。当时抓去了十几个承包商，逃跑了60几个承包商，封了40几个承包商的账户。为什么？因为地震是对建筑物的破坏；对于我们来讲，地震客观上也是对建筑物的一种破坏性实验。台湾地震后，发现好多建筑物钢筋弯钩弯的位置都不对，钢筋应向里弯的却向外弯，还在混凝土里发现了大油桶。那能不抓你承包商，不找你承包商算账？尤其高层建筑的质量隐患，结构安全很重要。再有施工安全事故。今年新疆已有两起事故，这些事故报告很快就送到我的办公室来了。从全国看，安全事故到现在为止，今年发生的3人以上重大事故次数及死亡人数的总和，已经超过去年的总和。不是说发生安全事故就是我们没有去做工作，我们做了工作也不等于就消除了安全事故。有时候，当你介绍经验的时候，感觉安全搞得不错的时候，可能就要出现大事故了。事故有它的偶然性，但是更有它的必然性，偶然存在必然之中。如果我们放松了管理，可能安全事故将会更多，如果我们不是这几年连续搞执法检查，我们的市长、县长，我们那些领导干部、那些业主负责人，到监狱里去的人可能会更多。我们这么做，还是保护了一大批干部。这类事情大量发生在设计、承包商身上。

③ 依法行政不够的问题。信用机制尚未建立，市场监管不力。这里面有客观原因，我们先从主观上来说，我们有质量监督站、有招标办、有市场监管机构，但是监管不力。我们以前也搞过检查，但这次与以往检查的区别在于一是强调法律、法规；二是一个项目一个项目地查到底、查清楚。我曾多次讲过，我们质量监督人员、监理人员，如果到现场转一圈，发现不了问题，还不如不到现场。这样有监督人员，比没有监督人员更糟，不负责任的监督人员成了我们事故隐患的"烟幕弹"。人家会说：质量人员都来过了，完全可以了；招标办检查过了，我们是合法的，我们这个可以了。这样一来，就更糟糕，你还真是不如不去，还不如没有你，没有你他还负起责任来，还要小心一点，可你这么转一圈，什么问题也没有发现，问题、隐患也就埋藏了下来。

我们这次检查组下来就是找问题、挑毛病的，我们的职责就是这个，找不出问题，说明检查组人员没水平，或者是没有尽到责任。我们如何才是认真地依法行政，在依法行政这方面的笑话很多，故事也不少。你们刚谈的这个问题就是够典型的，可以说是"先办准生证，后办结婚证"；没有规划证，什么手续都没有办，施工许可证就发下去了，后面是补的，连日期都对不上，这是应付检查。这是不负责任？还是不懂？还是不称职？不称职就下岗嘛，何必呢？这类问题大量发生在我们行政机关各职能部门。

④ 权钱交易的问题。建设领域腐败案件多发、易发。一个重大事故后面往往跟着若干个腐败案件。总结我们的规律，有的业主掌握一个大项目，往往就神气起来了，多少个承包商围着他转，承包商行贿，业主受贿。总承包商把活拿到手，总承包商又神气起来了，分包商行贿，总承包商受贿。分包商把活拿到手，包工头行贿，分包商受贿。包工头把活拿到手，农民工又行贿，包工头受贿。所有行贿、受贿，都是工程上的钱，到最后都会反映到工程质量和投资上来。这些问题都会危及到人民群众的根本利益，这类权钱交易是建设领域腐败案件多发、高发的主要表现。

（3）整顿规范建筑市场是一个过程

首先，我们既要看到它的紧迫性，又要充分认识到这个问题的长期性。不是说一次大检查，我们的什么问题都解决了，更何况我们的检查还是抽查式的。1996年就搞过执法监察，是拉网式的、地毯式的大检查。这样检查市场究竟是为什么？我们大家都知道，社会主义市场经济是邓小平同志南巡讲话后才开始建立。现在，社会主义市场经济初步建立。要到2010年，社会主义市场经济才比较完善，这期间还有八九年。如果没有我们这么整顿，到2010年也完善不了，它是一个过程，我们所有的检查工作只是取得一个阶段性的成果，不可能"毕其功于一役"，要防止急躁情绪。今年的检查与往年的检查不一样，各有侧重点，特点也不一样，比过去细多了，认真多了。明年和今年还不一样，还有专项治理。你们搞得不错，你们针对比较多的问题进行了专项治理，专门整顿一下，通过这些专项治理，逐步使市场达到规范化。

另外，我们还要明确一个观点，这就是职责问题。1993年我们提出整顿市场的问题，有些人说，你们老整顿我们承包商，承包商够苦的了，凭良心讲，哪个市场不乱？金融市场不乱？海关不乱？否则怎么出现了远华案件、湛江案件等。我们首先要看好自家的门，管好自家的人，干好自家的事。我们是管建筑市场的，我们的职责，我们的使命就是整顿规范好建筑市场，要使我们的建筑市场成为生产力发展的促进力量，否则要咱们干什么？要咱们这个部门干什么？我们是干什么的呢？我们要负什么责任呢？在这里我还要明确，市场整顿有一个过程，有它的长期性、紧迫性，不要以为是过程就可以慢慢来，还有10年，但是你要10年不主动有所作为的话，20年后建筑市场也不完善。因此，通过有效的专项治理，达到逐步规范化。

二、落实"三个代表"，把建筑市场的整顿和规范工作提高到一个新的水平

实践"三个代表"，落实"三个代表"，要达到什么样的水平呢？

（1）依法行政的新水平

一定要依法行政，减少审批项目。我们的字不好签，我们的证不好发。什么叫许可证？什么叫资质证书？许可证和资质证书是在一般禁止下的解除；也就是谁都不让干，但允许你干，就给你发了个"许可"；允许你这个企业干这样大工程，叫一级企业，发个资质证书，别人不允许，在一般都不允许，都禁止的情况下，就允许了你，对你这个企业就有好处。这个问题就出来了，这种允许是有好处的，是有利益关系的。国家也正在研究制定《许可法》。"许可"不能太多，要靠深化改革，逐步改革审批制度、审批办法。"许可"是要负责任的，现在国家改变审批办法，尽量减少审批项目。凡是市场能解决的，就要用市场经济的手段，由市场通过竞争来解决，取消审批，不搞审批。过去承接工程项目，领导要审查一下，现在不要审查，也不要审批、登记。通过招标投标竞争解决，通过市场来解决。凡是属于事后监督的，不要审批，搞个登记就行了。把一部分原来由政府做的事情，转移到行业协会或授权的中介组织。行业能自律调整的，要行业去自律，要行业协会去自律，中介机构去自律，自己管自己，不一定要政府去审批，部里已经减掉了40%的审批事项。我们的建设工作分为两个层次：一个是建设领域的工作；一个是建设系统的工作。建设领域主要是规范市场的问题；建设系统主要是行政监管的问题。

（2）将信用问题赋予管理之中

要提倡讲信用，要努力建立市场信用。现在的问题是信仰的危机、信用的危机。在工程项目中，经常是一级企业中标，二级企业进场，三级企业施工，农民工干活。造成一级资质企业总包，二三级的项目管理水平，"五六级"的施工水平，项目管理混乱、弄虚作假、应付监督。在市场经济条件下，我们还要认清社会主义市场经济既是法制经济，也是信用经济，是法制经济和信用经济的统一。现在，社会上有些人不讲信用，不讲合同，无视契约，不讲真话，以空对空，不讲诚信，失去职业道德，扰乱了社会秩序。所以，必须强调法治，还要强调德治，以法治国和以德治国相统一。通过对市场的有效管理，建立良好的市场流通体制和秩序，建立良好的信用关系。使得经营者通过诚实劳动、合法经营，向社会提供有效产品，体现自身价值，进行公平竞争。消费者在市场中可以放心消费，能根据需要，买到货真价实的商品。诚信的市场有效地刺激着生产，生产促进消费，得以促进生产力的发展。这一切都需要廉洁自律、高效务实的政务运作来实现。发展是硬道理，发展需要法制和德制来保证，必须不断建立和完善市场的诚信观念和信用机制。另外，要建立保证担保体系，建立信誉、信用档案，要通过保险担保，促进信用发展，建立信用社会。

（3）紧紧围绕"三审两交易一服务"，从源头治理腐败，把整顿规范建筑市场同预防职务犯罪结合起来

我们所做的工作，很多都能归纳到"三审两交易一服务"上来。权力的异化、权力的滥用，必然或者说就有可能导致职务犯罪。权力的过分集中，也容易造成权力的滥用。权力的滥用就会产生职务犯罪。权力过于集中，职务犯罪的发案率就增加，犯罪的成功率就增加。当然对于个案来说，是领导一个人犯罪的危害程度，相对减少，工作的效率也会相对比

较高。因为权力集中，资金审批一个人说了算，犯罪成本减少，但我们查案的成本就加大了。如果权力分解了，职务犯罪的发案率要降低，成功率也要降低。所以，这里头有一个效率与廉政的关系问题。权力的集中和分解，不光要考虑廉政问题，还要考虑工作效率的问题。它的一般原则要强调，第一廉政要兼顾效率；第二效率要以廉政为前提；第三要在明确责任的前提下集中权力，有这个权你就要负这个责；第四必须做到有效制约前提下的权力分解；第五有利监督是权力集中与分解的基点。无论是分解也好，集中也好，必须要有利于对权力的管理与监督，权力失去监督就容易产生腐败。

三、用实践"三个代表"的要求，认真审视一下我们的工作作风问题

（1）从市场整顿工作，看我们改进作风的重要性

我们的每项工作，都应落实到位。我们中国这么大，最难的也是落实，这方面我们是有着深刻教训和体会的。前些年，我们四部委联合搞建筑市场大检查，反复强调招投标，强调监督。为了应付表面的检查，很多省提的口号很好听，叫"拉网式"的大检查，"梳辫子式"的大检查，"地毯式"大检查等，最后还是出了个叫"六无工程"的綦江大桥，这样进行大检查，这种工作作风不彻底改进是要害死人的，这样的工作作风怎么能实践"三个代表"。目前，要加强监管力量，由于体制上的矛盾，监管的职能被分解了，市场监管力量明显不足、职责不清、分工不明确，工作作风问题已经成为我们提高工作效率的一个重要障碍。

（2）工作作风不严谨的表现

一是不学习，不讲科学管理，滥用权力，随心所欲，想怎么干就怎么干。有的同志犯了法还不知道有这样的法律规定，不按程序办事。二是不讲实效，搞形式主义，搞虚假资料，应付检查。三是办事不落实。江总书记说："落实、落实、再落实"。文件那么多，不落实下去，白写、白说、白开会。建设部开个全国建设工作会议，自治区也要开，层层开，半年过去了。以会议贯彻会议，以文件贯彻文件，以讲话贯彻讲话，落实不到基层，落实不到项目，落实不到企业，更落实不到责任人。我们建设部如果在整顿、规范建筑市场工作上有成就的话，必须是建立在各省市建设厅工作的基础上。俞部长到一个地区检查时，看到一家大开发公司，公司经理还是我们过去建设行业退下去的老领导，当地的省、市领导很尊重他。他们开发的项目面积达 20 多万 m^2，既不招标，也不委托监理。俞部长问他们为什么不招标，他说：俞部长你放心，我们不惟上、不惟书、不招标，工程进展更快，不监理工程质量更好。俞部长说："这是违法啊！"而建委主任不吭声，工作作风竟然"麻木"到了如此地步，真不知道"三个代表"是怎么学的。这是极端危险的。

全国各地建设行政主管部门任由这种违反建设程序的情况发生，各部门听之任之，那么我们的整顿规范建筑市场工作只能是一句空话。因此，必须用法律法规严厉查处建筑领域的各种不法行为。检查只能抽查，哪能全部都查。就是一个项目，查得很细，肯定也还有不到之处。要把一个项目搞透，没有 10 天、8 天是不可能的。检查是对工作任务的推动和对结果的了解，只是一种工作方法，不是包治百病的"万能药"。只能是以检查推工作，促进工

作，而不能以检查代工作。在这里我还特别强调两点，一是继续紧紧依靠监察部门，搞好紧密型的合作；二是要强化各级质量监督站，使质监站成为当地不走的、经常活动的检查组和"特派稽查员"。总之，这个工作必须层层负责，层层落实，落实到基层，部里落实到厅里，厅里再落实到市里、落实到县里；还要落实到项目，要使所有的项目负责人、业主的项目负责人、施工单位的项目经理都清楚有哪些规定；落实到企业，你办企业要成为市场的合格主体，最重要的就是要落实到每一个责任人。

（3）解决作风问题，必须责任到人

市场的问题都是市场主体造成的，市场主体是市场中的企业、业主、承包商及各种具有执业资格的专业人士，也包括我们一些政府部门、执法部门。有些市场主体不尽责任，不按市场的规则去进行运作。我们就罚过这样一个违规单位，这个国有企业效益很差，工人的工资发不下来，但罚他几十万元他不心疼，反正罚的不是他自己的。这个项目不进行招投标，谁定的？谁不招投标？是书记？是厂长、还是项目负责人？对这个责任人要给予处罚，谁干的，就追究谁。所有市场的主体都是由责任人构成，所有市场的行为都是人干的，好的工程是人执行的，差的、违规的工程也是人引发的，要弄清楚。都知道杀人、放火是犯法的，杀人是要偿命的。那么，《合同法》你知道不知道？《建筑法》你知道不知道？《招标投标法》你知道不知道？犯这些法也是要蹲监狱的，看严重到什么程度，你这也是犯法啊。一定要有敬业精神，要查到底，查到责任人。单位替个人承担过错，单位领导承担责任，单位检讨，我们罚单位款；单位替个人承担了责任，而他本人轻松自在地生活、工作。出了问题，有人就会说这件事情是我们招标办集体决定的，这是我们招标办的事情，这是我们某某项目指挥部的事情。招标办的事情，招标办是谁办的？指挥部的事情，指挥部是谁指挥的呀？总是有一个人要说话的吧，总是有个人主持确定的吧。所以说，这个责任追究问题很关键。科学的管理和不科学的管理，也是在人，有科学管理思想的人，就会进行科学管理。滥用权力的人就不会科学管理。

检查应该起到检查的促进作用，检查一次我们要带动一片，促进提高一片。这就是大家平时说的举一反三，要真正做到举一反三、反四、反五，使我们的管理水平更科学。检查完以后要想一想。我们也在反思，检查新疆的问题，反思我们建设部的问题，由于问题表现在下面，可能会有些根子；其中有些问题还是在我们身上。新疆自治区建设厅检查下面市县的问题，同样也就反映出我们厅里的工作作风问题，我们也不是只检查你们的问题，我们回去也同样反复研究，在建设部门工作就要动自己的脑筋，一种责任心促使我们去思考，这样才能最终体现出检查的成果。我们的检查是要付成本的，你们也要付成本的。每到一个项目的检查，都要投入人员陪同。时间就是金钱，时间是财力、是精力，也都是要付出成本的。这次我们 10 个检查组，光资金一个组就近 10 万元，10 个组要花 100 多万元，也要花成本的。我们的投入要反映到我们的成果上。我们有些人不计成本，搞一个活动，不计活动成本。投入成本就要有产出，所以我们的检查要有成果。从全国来讲，希望通过这次检查，我们建设部要有成果，建设部作为国务院的职能部门，在整顿规范建筑市场上还要做哪些工作？下面的意见我们还要收集上来，我们要进行研究。对于新疆来讲，也有成果。不善于利用检查创造成果的人，是最不聪明的人。应付检查的人，是最糟糕的，最终受害的是自己。表面上好像应付过去了，实际上害的是你的公司。只是不到时候，到时小事集大，就会得到报应。凡是应付检查的人，倒霉的都是自己；凡是对检查不能扩大成果去进行思考的人，都是不善于工作的人，也不是一个好领导。我看每个部门都来了很多人，我们都是同行，希望把这次检查和过去厅里的检查结合起来，回去认真反思，把我们的工作提高到更高的水平。新疆是祖国的边疆，守边疆很辛苦，但是照样能产生国家级的各类人才、管理专家，创造出逐步适应社会主义市场经济需要的人才，对我们建筑市场管理有效的经验和做法，要在全国进行推广。在这方面来讲，非常感谢大家。

我今天着重讲了3个问题，第一是要从"三个代表"的高度来认识这些问题，要把工作的意义体现出来。第二是我们工作要按"三个代表"的要求，把整顿和规范建筑市场的工作提高到一个新的水平。第三是要转变我们的作风，切实改进我们的作风。通过这次检查，我们都应有所得，我们这个投入就值得。

感谢新疆建设系统、监察系统对我们工作的大力支持。同时希望新疆认真对待检查组给你们的《执法建议书》和《整改通知单》，使整顿规范建筑市场的工作再上一个新的台阶。

谢谢大家。

A14　牢记生命的代价　开展严肃的检查

——在天津市城建系统安全防火紧急会议上的讲话

（1999 年 1 月 21 日）

同志们：

在座的都是我们天津市建设系统的领导和骨干。天津建设系统取得成就总结经验的时候，我来祝贺过，天津市组建城建集团的时候，我也应邀参加过会并提过要求。天津开展培训的时候，我也来讲过课。但是这次来的心情不一样。天津市这次发生的特大火灾事故性质是相当严重的。今天上午 11 点半，俞部长找我，让我快到天津去一趟，我 12 点就离开北京往这里赶。最近，公路、桥梁不断发生工程质量事故。中央领导同志专门对工程质量和安全生产工作做了重要批示，建设部工作会议也刚结束，国务院将要召开工程质量工作会议。这次来天津我看了火灾事故现场以后，召开了座谈会并听取了事故情况汇报，心情非常沉重。这次会议传达了市委、市政府紧急会议精神，建委也做了关于大检查的部署和安排，并提出了要求。你们要我讲点意见，出于建设者的一种责任我想就认真领会江总书记、朱总理关于安全工作的讲话精神和贯彻落实建设工作会议部署，对严肃安全检查讲几点意见。

第一要查认识的麻木，即查思想认识问题。建筑工地发生火灾，大部分是由电气焊火花引起。1997 年 1 月 29 日，河北省一个工地由于在电焊作业中防护不当发生火灾，造成 7 名抹灰工死亡；1998 年 5 月，杭州浙江大酒店工地工人进行电焊作业时，将冷却塔引燃烧毁，火灾造成直接损失 56 万元。据初步分析，天津市这次益商储备粮库工作塔施工火灾事故也是由于现场焊接作业引起的，这起火灾事故造成的损失非常严重，1 名老工长、15 名民工丧生，还有 9 名烧伤住院的，人命关天啊！元月 4 日重庆的綦江县一座 1994 年建 1996 年竣工的桥，才使用两年多就垮了，造成 46 个人死亡。我到现场时，16 个尸体刚打捞上来，18 个武警战士遇难，惨得不得了。也确实如中央领导讲的，血的教训，生命的代价，重如泰山的责任，我们有些领导同志往往还认识不上去。不少同志，特别是一些地区、一些部门、一些企业的负责同志确实存在认识上的麻木。检查，首先要在这方面查。我以前在地方工作，这几年到部里工作，去了不少重大事故现场。武汉市发生新建的高层住宅楼倾斜，我去了，最终那个大楼因工程基础问题存在重大事故隐患，只能炸掉、拆除；浙江常山县一座新建的住宅楼在使用中垮塌，造成 36 人死亡，多少户人家呀！四川德阳市旌湖开发区一栋还在施工的住宅楼垮塌，造成 17 名正在施工的人员死亡。这次綦江桥垮塌，有一家 5 口人，爷爷、奶奶、儿子在，孙子、儿媳都死啦；还有一家，夫妻俩在事故中遇难死了，小儿子才 5 岁，成了孤儿。死一个人，决不是一个人的问题，最起码是一个家庭，几个家庭的问题，直接关系到社会稳定，经济发展的问题。安全认识通过学习可以提高，但更多的是在实践磨炼中加深的。那些灾难性的事故现场、死难者、重伤员的惨状，使人刻骨铭心、终身难忘。在安全认识上，切不可麻木，认识上的麻木必然导致行动上的失误，直至造成对人民生命和国家财产的犯罪。

第二要查工作失职的问题。抓安全，工作有失职罪、渎职罪的问题。抓安全，要尽到我们的责任，应该强调一把手要尽到第一位的责任，还要强调管理生产必须管安全。我们应当经常想一想是不是尽到了安全责任。建筑行业是危险性较大的行业，我们必须清楚地认识到这一点。事故发生有偶然性，用哲学的观点看，偶然存在于必然之中。事故决不是不可避免的，如果我们不扎扎实实做工作，而是做表面文章、纸面上的游戏，那么，当我们在开安全大会的时候，就可能发生事故；当我们总结交流经验的时候，教训就会随之而来，这样的事例不胜枚举。但仔细推敲，就会看到事物之间必然的联系，真正重视安全与否，结果是不同的，没有发生事故的时候，如何做到警钟长鸣，防微杜渐、尽到我们的责任；发生事故之后，如何做到"三不放过"，也是尽到我们的责任，这"三不放过"是：原因没查清不放过；有关责任人没有处理不放过；干部职工没有吸取教训不放过。我们这个现场管理得还不错，刚进行了消防安全检查。但事后看，没有预测到现场电焊作业可能引起火灾的问题。尽职尽责不细啊。通常，我们工地防火措施和预案都要预先考虑到电焊火、电击火、明火、雷击火、烟头、易燃易爆等材料和自燃等问题，这些都发生过灾难。问题是灾后，人能不能尽职尽责去总结，去认真堵塞漏洞。这都是尽责任的问题。要尽到责任，不能失职，一定要尽职守尽责任，预防为主。不能安全人员不安全，不能检查安全不安全。不能现场开了安全会还不安全。特别是那些安全仅在一些同志的嘴上、纸上、墙上的地区、单位，安全是讲给别人听的，写给别人看的，是表面文章，安全责任是不落实的。一定要认真查改，不尽安全职责的领导是灾星，不重视安全的企业迟早会有灭顶之灾，不把安全放在心上的操作人员是害群之马。

第三要严格查管理漏洞。现在，存在安全措施不安全的问题。施工现场已有安全措施，各部门都已签字，监理也签了字，监理没有这方面的经验和预防电焊火花的意识，措施方案就不细，但签了字就要负责任。光说"安全"两个大字不等于安全，有哪些部位、工序、环节，可能不安全，你预测不到就不安全。不能只写安全两个字，把安全两字写得大大的，安全措施写得多多的，不等于安全。考虑不周全、管理就会有漏洞。我们说，再好的企业，管理再好的工地，也有漏洞可查。如果漏洞没有查清楚，或者漏洞没有解决，可能造成危机，带来灾难。再好的企业，也有管理的潜力可挖，挖了这个潜力，就可以改变体企业的面貌。困难的企业更应该注意挖潜在管理上下功夫，以改变不利局面，这就是辩证法。目前，市场管理混乱、行贿受贿等都干扰我们正常的安全工作。我们必须提高队伍的人员素质，安全工作做到细而又细，使安全措施本身就没有漏洞，本身就是安全的。从人机工程的原理讲，人的不安全状态和机械的不安全状态的交叉就是事故。同样，人和物的安全也是如此，如果我们这个现场使用的保温材料是阻燃的，那么电焊火花落上就不会起火；或者保温帘材料就是易燃的，但我们不让电焊火花落到上面，或者即使落到上面，我们有具有消防常识的人专门看护，并有足够的消防器材可以及时进行扑灭，也不会酿成灾难。所以，措施必须科学，必须细而又细，必须有针对性；措施必须予以落实，执行必须严而又严才行。管理上有漏洞除措施不细不安全外，还有制度不实不安全的问题。《建筑法》明文规定了一系列安全制度，如安全生产责任制度、群治制度、劳动安全生产教育制度、意外伤害保险制度、事故报告制度等。我们是否制订、健全了实施细则，是否认真执行并落实，一定要认真检查，要把"安全第一，预防为主"的方针落到实处。

第四要查处执行标准的偏差。绝大多数安全事故，都是不执行安全规范标准，违章指挥或违章作业造成的；发生质量事故的，也都是不执行操作规范、检查标准造成的。生产不安全的问题中，通常有艺高人胆大的问题，什么都懂、都蛮不在乎，什么都违反了标准，造成了问题。无知人胆更大，什么都不懂，什么都不会，也不学习，没有不出问题的。安全是门科学，本身有科学知识和规律。其中有规范方面的知识，有逃生方面的知识，有救护方面的知识，还有灾害面前自救互救的救护知识等。如果没有知识就上岗，就容易发生事故，不但害了自己，也害了别人。因此，一定要遵守安全规章制度，不能有任何偏差，不要在安全生产上，因安全措施不安全，在小河沟里翻大船。在这一次火灾事故中，使用保温帘这种做法有没有规范，焊接作业是否遵守了规范等，都要认真搞清，一定要使操作者按规范操作，使管理者按标准检查。

第五要查处事故隐患。搞安全检查了，还是不安全，还发生问题，为什么？因为检查得不严、不细、不狠。这次火灾事故前，现场也检查了，在没有发生事故前就说了"要注意防火"，但是未能防止火灾的发生。平常说提高认识，提高认识有啥用，怎么去提高应该说清楚，说明白。注意安全，怎么注意安全？什么地方不安全，怎么不安全？应该说明白。安全工作有规律可循，一般在风雨天、寒暑期、节假日、竣工前都是事故的高发期。这次特大火灾事故，就发生在"四九"寒天。再有几天就要过年了，民工回家过节了，即节假日。30多米高，上面有五级大风，即风雨天。还有几天就完工了，即竣工前。多种危险、种种事故隐患在等着我们，我们缺少高度警惕。冬季施工条件艰苦，方方面面一定要考虑周全。我提出确实存在着安全人员不安全，安全措施不安全，安全生产不安全，安全检查不安全。我不是吓唬人，这都是实事。俗话说是"福不双降，祸不单行"。这不是迷信，有一定的道理，为什么呢？因为，这个地方发生事故后，在其他的工地，其他的现场，其他的地方就会议论，就思想不集中，事故就又发生了。也就是说，在一个地方发生事故后，而其他地方就可能埋下新的事故隐患或者原有的事故隐患有可能引发。多年没有发生事故的地方发生一起事故后往往跟着又发生一起，就是这个道理，人们精力有不集中的地方，容易发生事故。你这个地方发生火灾了，他那个地方要回家过年了，精神不集中，可能发生食物中毒，发生高处坠落。要看到这种现象、问题的存在。为什么要举一反三，就是这个道理。我们要把其他地区、其他单位发生的重大事故当成自己身边发生的事故，把这次事故的死难者当成自己的亲属，面对生命的代价、面对血的教训去思考我们的职责。刚才，市建委做了具体部署，这很好。我们一定要真正认真地去检查。我提出检查也要打假，检查不实的地方，有的是水平不高，也有的是人为的，有的是不自觉的，也有的是自觉的。可以说检查走过场比不检查还要坏，尤其是我们安全检查。比如浙江常山那起住宅楼坍塌事故，我问他们，你们事前检查了没有，他们说"检查了，大家觉得这个工程蛮好的"。蛮好的怎么垮塌了，还是现场检查不细，假检查比不检查还坏。我们一定要做到对人民高度负责，从子孙后代出发，以当一任领导，保一方平安，抓好工程质量、抓好施工安全。这次检查要本着打假的原则，要做到真查、实查、认认真真地查，踏踏实实地查，要细查、严查、狠查，查出实效来，从而真正做到安全过冬，安全过节，保我们天津的平安，尽到对父老乡亲的责任。

这次来天津心情很沉重，我自己也在反省作为一个建设者的责任。当然，多年以来天津的安全工作还是比较平稳的。就在前几天我对天津市建委的同志讲，重庆发生了特大灾难性的事故，天津作为四大直辖市这几年没有发生重大质量和安全事故，天津还不错，这几年抓工程质量无通病，也顶好，没想到天津这次发生这样的恶性事故，灾难太重教训太重。但是，我们要冷静地做好工作，你们的副市长和建委主任为组长的三个组正在紧张地工作，坚信在发生灾难的时候，需要组织、需要领导，来做好这些工作，真正对人民负责，吸取教训，举一反三牢记生命的代价，开展严肃的检查，让我们共同努力，把工程质量和施工安全工作做好。

A15　血的教训，重如泰山的责任
——就"綦江虹桥垮塌特大事故"在綦江县建设干部大会上的讲话
（1999 年 1 月 6 日）

同志们：

我们都是从事建设工作的，是同行。这次来重庆，心情与往常不一样，特别沉痛。部里接到綦江人行桥垮塌事故的消息后，非常重视，派我和丁处长代表俞部长和郑副部长前来重庆查问和了解情况。到綦江后，我们慰问了死难者家属，到医院看望了伤员，查看了事故现场，了解了事故的基本情况，并和市、县领导交换了意见。元月 4 日下午 6 时 52 分事故发生到此时还不到两天，市、县都做了大量的善后工作，有一定成效，抢救死难者的工作还正在紧张进行。

我是建设部的，在座都是建设系统的，这个事故发生在我们建设系统内，我们作为主管建设的部门是有责任的。我们主管建设，不光是主管我们系统的建设，包括了三大建设，即工程建设、城市建设、村镇建设，所以我们有责任和义务。到綦江来，查看一下情况，和市里、县里的同志一起交换交换意见。我今年已经 56 岁了，搞了一辈子的建设工作，碰到的工程质量事故也不少。最早，我在建筑公司当经理，那是 70 年代，当时工程质量管理还是非常严的。这几年在建设部工作，四川德阳旌湖开发区，武汉的十八层大楼，浙江的常山县，上海的徐浦大桥等发生的质量安全事故我们都到过现场，像这样到现场心情都是很沉重的。这次，从上飞机到现在，脑子都是很沉的，想睡都睡不着，而市建委的根芳主任、绍志副主任可以说是两天两夜没有睡好一次觉，没有吃好一顿饭。我想在座的同志们，心情也是很难受的。就这件事我想与同志们交换 3 个意见。

一、问题太严重了

对重庆来说，是重庆有史以来从未发生过的特大的恶性事故。1994 年青海发生过一次大事故，沟后水库垮了，把下游的居民淹死了。那属于大的一次。接下来就是这次事故了。死亡人数多。今天上午我去看了现场，西北角两根钢管整整齐齐全部像刀切一样被拉断了。这样的焊口不知哪个焊工焊的、漏焊了多少，其他三角的钢筋拔了出来，埋深多少。当然，我现在不能讲具体的原因，专家组的同志会分析，但我一看就看不下去了，我们都是搞施工的，可以这样说，我们抗了天灾又遭了人祸，綦江县是重庆市所属地区去年遭受特大洪灾损失比较严重的一个县，去年遭了百年不遇的特大洪灾，我问了县长、县委书记，大约死亡 17 人，我们这次死了多少，现在捞起来的尸体是 26 具。还有 10 多人肯定在下面，正在打捞之中，按现在说亡 39 个左右。一个特大洪灾，我们整个全县多少人口？（徐答 94 万），我们只死了 17 个人，我们全国发生特大洪灾，全国的武警部队奔赴灾区去救灾，牺牲了 4 位战士，而这次光在綦江县这个桥上，就亡了 18 个战士，现在捞上来的尸体属武警的有 8

个，10 个还没捞上来。我看了几个受伤的，很惨，真没法看，我也没法说。全家 5 口人，爷爷奶奶儿子救上来了，儿媳、孙子死了；还有全家 3 口人，夫妻两个一个小孩，夫妻两个死了，剩下一个小孩，成了孤儿。看看武警战士名单，大都是十七八岁，最大的才 22 岁。伤亡一个人不是一个人的问题，他们有多少朋友，多少亲人，多少同志，我们看了确实很难过。作为一个建设者，真是充满犯罪感，对人民没法交待，对历史没法交待。去年发大水是天灾，这次是人祸，是人为的，不是天灾。我们每个建设者，面对人民，面对生命，应该好好想想我们的工作。这不光是教训大家，我也可以说是和大家一样在反省，我也是搞建设工作的。

最近，中央领导同志一而再、再而三地强调工程质量。关于高速公路质量问题，发生交通事故，朱总理是这样批示的：车毁人亡，血的教训，不可能就事论事。设计、施工、监理均在一系统，相互包庇，如何不出质量问题。另有，在切实抓好公路建设质量的报告上，朱总理批示：采取财政发债券方式，增加基础设施的投入，是我们应对亚洲金融危机的重大措施，成败的关键，在于基础设施建项目的质量和效益，因此，搞豆腐渣工程就是对人民犯罪，交通部应将查处公路质量事故问题通报全国，公开曝光，引起全国各级领导注意和重视。吴邦国副总理在对全国公路建设质量工作会报告上批示：在会上要强调 3 点，一是质量意识，要对得起国家，对得起子孙后代；二是责任制，设计、施工、业主的责任制，谁出问题找谁。凡出严重问题的，在一定时期内取消投标资格；三是弄虚作假，偷工减料，粗制滥造的，对投标采购中，贪污受贿的，坚决打击，决不手软。还有朱总理这次考察三峡工程，特别到了重庆，在市委张德邻书记、蒲海清市长的陪同下，对三峡工程也特别强调了质量问题，朱总理强调要高度重视三峡工程的质量。他指出，三峡工程是世纪性的、世界性的工程，是千秋大业，举世瞩目，质量是三峡工程的生命，质量责任重于泰山，任何一点马虎都会造祸子孙，造成难以挽回的损失。为此，在 1998 年 11 月份，国务院以国办发文的方式，发出了"加强建设项目管理，确保建设工程质量"的通知。在 1998 年 12 月 28 日，人民日报专门发表了评论员文章，标题是"质量责任重于泰山"。我们一定要冷静地反省一下，面对人民群众，想想我们的职责。这次我来了以后，听根芳主任汇报，了解有关情况，市委、市府张书记、蒲市长都有明确指示，要求认真做好这项工作。市里三位书记、市长看了现场，市人大、市政府都开了紧急会议，县委、县人大、县政府、县政协几大班子分工负责，迅速组成了 5 个小组（根芳主任补充说，还要加上事故调查组），即水下抢救组、治安社情组、抢救救护组、事故处理组、接待组。事故调查组属市委市政府的，在市委、市政府直接领导下，还抽调专家成立专家组，参与调查组的工作。应该说，这些措施还是得力的，工作是有成效的。但是，现在不是表扬我们的时候，有人跟我说，县建委的压力太大了，我完全理解，假如我是建委主任，我的压力一定也很大。但我们还是要这样来理解这个压力，要从人民群众的利益出发，从共产党的宗旨上来认识这个问题。因为我们确实是无法交待，无颜愧对父老乡亲，无颜愧对我们的战士，所以我反复说这个事故确实太惨了，太严重了。讲话前我跟俞部长、郑部长通了电话，他们还在电话里问事故究竟到什么程度，因为现在信息很快，卫星电视一上，全世界都知道了。作为我们主管部门，处在这样一个灾难时刻，全力尽到当前的责任也是完全应该的，对此，一定要有一个清醒、深刻的认识。

二、要及时严肃查处

要认认真真、非常严肃地查处这一事故，不然无法向人民群众、向武警战士、向历史作出交待。稀里糊涂过去了，那是不行的。这件事，我们各级领导要认真查处，这叫重大事故，特大恶性事故。我想重点要查处以下几个方面。

（1）查处工程质量责任的主体

① 查业主。作为工程的业主，建设这么一座桥，是为人民造福的，桥的名字取得不错，造型也很好，我看过断桥前的照片，确实像个"虹"，叫"虹桥"，没想到现在成了"还魂桥"。我们修桥铺路长命百岁，没有想到断桥啊，没有想到断桥害人断子绝孙啊！我们说做工程叫百年大计，质量第一，没有想建豆腐渣工程，无论你花了多少钱，建什么桥，你得对工程质量负责。我们实行项目法人负责制、业主责任制，工程业主是工程质量的重大责任者，作为工程业主，必须负起责任。要查一查业主的行为是否规范，是否进行了规范的招标，是否委托了监理，是否进行了严格的验收等。

② 要查设计单位。就目前所知，这一工程的设计程序是有问题的，图纸上没有设计院图章。至于设计本身有没有错误，要通过结构验算，要对钢管混凝土这样的结构进行试验才能推定。从全国来讲，设计存在着两个方面的问题，一是所谓"安全"，设计不动脑筋加钢筋，钢筋加得密密的，安全系数大大的，浪费严重。多划一根线，浪费多少资金。另外一方面，在设计过程中不认真去核验。我在地方工作时，就遇到一个设计连小数点都打错了，怎么核算的！当然，我不是说我们这个"桥"怎么样，我不是在这里下结论，有专家们研究，有调查组调查，但设计是要负责任的。设计作为工程建设的龙头，工程的灵魂，设计水平先天决定了工程水平，它对工程的安全、牢固、美观等各个方面都要负责任。目前，对设计图纸的把关环节存在着缺陷，今后要加大设计监督的力度。

③ 要查承包商。作为这个工程公司，我没有详细了解。目前已出现3个公司了，"市桥梁公司"、"川东南分公司"、市政设计院下属的以设计为龙头的总承包乙级的"华庆工程公司"，这3个公司是什么关系，怎么进行承包的，要搞清楚。作为承包商来讲，讲求效益是正确的，但是不能不讲社会效益。任何对工程质量不负责的承包商都是不会被社会接受的。前年，有一个省垮了一幢房子，压死12人。我当时在那里讲，这些承包商不是在建房子，是在建坟墓，只顾赚钱，赚钱就不要命，跟谋财害命没有什么区别。所以，要查承包商的责任。是否按图施工，是否偷工减料，特别是要查有关责任人的责任。

④ 要查材料供应商。现在的供货商，也不得不查。如前年浙江的"常山事故"，事故发生后，那个砖厂还在生产，后来把砖厂的厂长抓了。那个红砖，根本不是砖，真是"核桃酥"。说是房子倒了，确切地说根本不是倒的。据当时目击者讲，这个房子垮塌的时候一团烟雾，风一吹，不见了。房子是坍下来的。还有，曾在少数地区的建材市场上，国有钢厂的钢材卖不出去，乡镇企业小厂钢材供不应求。钢筋从一米多高的桌上掉下来，能摔成三节，

这也是建筑钢？还有焊条，也有很多问题。一个工程要消耗很多材料，建筑材料占整个工程造价的 50%～70%。建筑材料的质量非常关键，如果建筑材料是假冒伪劣产品，是要命的呀。当然，其他也不能假冒伪劣。

⑤ 要查监理和监督，查有关的政府职能部门。听说这个工程没有搞监理，我就要问为什么不搞监理，是不应该搞监理，还是当初搞监理有人反对，还是有人不愿意搞监理，什么原因我就不清楚了。我们推行监理制度是从 1988 年开始的，虹桥是 1994 年建，1996 年竣工，这个桥在你们县可以算是一个大工程了。有人给我说是政府建的，政府工程更要搞监理。要有专业的工程专业技术人员，要加以社会监理才能搞好工程。私人工程也要重视，私人工程塌了也不行，一个农民自己盖房子倒塌了也不行啊，我们政府也要去管，何况这么大一个工程，还是政府工程。我们的质量监督部门，作为政府主管部门，是否按建设程序办事，是否尽到了政府主管部门的责任。今天我在这里说明一下，我们从来没有说工程质量问题全是工程质量监督站的责任，把设计、承包商的责任算在质监站头上。但从来也没有说过工程质量出了问题，质监站就没有责任，你按规定认真尽职和尽责任做了，责任就小一点，马虎了，松懈了，渎职了，责任就大一点。质量监督必须对结构安全认真监督。

（2）要查处确保工程质量的措施执行得怎样

工程质量现在全国都在抓。大的质量概念包括 3 个方面：一是工程质量，二是产品质量，三是服务质量。工程质量涉及面最广，主管部门是我们建设部门，这是责无旁贷的。为确保工程质量，近几年我们做了大量工作，也制定了一整套的规章制度。工程的设计、施工都要遵循一系列的规范和标准规定，措施定得比较细；但关键是是否按规范、按标准去做了。可以说，任何工程质量事故都是不按标准做的结果。另外，要查工程质量管理制度，工程质量的各项责任制度，是保证标准、规范得以贯彻执行的行政措施。如工程的招投标制度、工程监理制度、材料进场检验制度、隐蔽工程检查验收制度，以及作业班组的自检、互检、交接检制度等，必须在建设过程中严格执行。今后，还应推行公示制度和工程建设档案制度，对每项工程、每个分部、每道工序都要确定责任人，公示大家，并记录作业情况。一个重大的工程，开始应该有设计图纸，竣工后要有竣工图纸，要有施工记录。工程出了问题，就要检查这些制度是否得到贯彻执行了，要落实到每一个环节和每一位管理者、操作者。

（3）在市场经济下，做交易、做买卖，要查交易行为

甲方业主，乙方承包商家或设计单位都要通过签订合同做交易。在做交易的过程中，存在着两个问题，一是存在不正当竞争，用不正当的手段去赢过对手，而不是凭信誉、凭质量竞争；二是腐败行为，工程质量往往与腐败有关，有的承包商承包工程不是去建筑交易中心或有形市场，而是通过行贿，业主的建设项目负责人受贿，当总承包把活拿到手后，分包商行贿，总承包商又受贿；当分包商把活拿到手后，包工头行贿，分包商受贿；当包工头把活拿到手后，农民工行贿，包工头受贿。而这些行贿、受贿的钱都来自工程，没有一个是自己掏腰包的。工程建设一是耗工，二是耗料，例如建一座桥、一段路，要耗多少人工，多少材

料，稍微偷工减料看不出来，靠偷工减料的钱来行贿，工程质量怎么有保证。所以，要查交易行为，这是一切问题的源头。对不正当竞争，我们有反不正当竞争法。对腐败行为，我们有党章党纪。对工程项目我们开展了执法监察，只要真抓实干，问题是能够解决的。在市场经济工作中，共产党员都要加强反腐败教育。上海还在签订经济合同的时候，还要签订廉政合同，表示自己是清清白白做人、认认真真做事。

（4）追查程度

必须把责任查到人，同时要追溯上一级领导的责任。究竟谁有责任，操作又是谁操作的，采购又是谁采购的。今后，在重要关键部位要建立操作者档案制度，涉及结构安全方面的问题，必须明确是谁干的，10 年或若干年以后都要追究你的责任。因为质量是百年大计，来不得半点马虎，必须查到责任人。同时，这个责任人如果是工人，就要查到他的班长，班长要查到项目经理，各有各的责任。不管是工人还是管理人员，不管是那一级领导都要严肃处理，我们处理这次事故一定要按照部里的 3 号令关于特大事故处理的程序来办事，我们要以《建筑法》为依据，本着"三不"放过的精神，去查处每一个工程环节。什么叫"三不放过"：一是工程原因不查清楚不放过；二是工程质量事故得不到处理不放过；三是有关责任人得不到处理不放过。在这一点上应该说浙江省委、省政府对 1997 年 7 月 14 日常山质量事故的处理是非常严肃的，有关方面的责任人，都受到了应有的惩罚。在这个问题上，一定要坚持原则，来不得半点马虎。建筑施工是蛮辛苦的，但对人民生命财产这样不负责，对你从事的这个行业的职业道德缺乏了解，处分你了，没有什么原谅可谈，人家十八九岁命都没有了，对你的这点处分算什么，你应该承担这个责任。所以作为政府来讲，我们要查，现在有反贪局、反渎职，因工作失职或不负责而造成人民生命财产巨大损失的，都要认真严肃查处。

三、要警钟长鸣，做好转机工作

我们要从这个事故开始，同时分析一下，近年来重庆市发生的各类事件，能不能从中吸取教训，转变我们今后的各项管理工作或者改进我们今后的工作。本县、本市的竣工工程和在建工程有无不安全隐患，要认真查实，举一反三。从全国来看，要认真吸取这个教训，我们回去后要通报全国，本月 12 日要召开全国建设工作会议，要把此事故向各个省市通报，都要查隐患、保安全。国家经贸委在重庆召开安全工作会议，我想这件事也是一个典型，是工程质量事故，因为死人了，也是安全事故。我们今后的工作怎么做，我想强调 4 点。

① 健全在两个根本性转变过程中确保工程质量安全的有关法规。《建筑法》的立法目的就是确保建筑工程的质量与安全，我们抓市场、抓监理、抓队伍资质，目的同样是保证工程的质量与效益。因此，从某种意义上说，《建筑法》就是一部工程质量法。建筑产品不同于其他产品，因为其自身的特点，使用周期长，影响大，生产建设的组织是一次性的，隐蔽工程多等，必须针对这些特点采取相应措施。重庆市现在是直辖市了，建设工作任务繁重，工程建设管理工作要上新水平，应该根据自己的实际，以《建筑法》为依据，尽快制定若干具体的建筑管理条例、规章，形成完整的体系，为正在进行的各项建筑活动提供法律依据，

同时，严肃法纪，认真执法。

②改革建设管理体制。重庆过去质监站有3个，委局矛盾存在，体制不顺，职责、权力、利益不统一。这次垮这个桥，设计单位是市政设计院，施工单位是市政设计院下面的3个公司，监督是市政质量监督站，全是市政系统的，不利于监督机制的发挥。在工程质量监督方面，要以法律为准绳，重点突出结构安全的政府监督。要加强对设计图纸的监督检查，要以罚劣为主，企业要建立健全工程质量保证体系。建合格工程是应该的，是起码的要求。在合格的基础上拿到"鲁班奖"才应该表扬。

③建立严格的建筑市场执法监察制度。监察既包括对建设活动参与主体如建设单位、设计单位、施工单位、监理单位等的检查，也包括对执法者的监督，建设项目执法监察工作要长期搞，经常抓，形成执法监察的制度。在向完善的市场经济过渡期间，会出现一些混乱现象，这就需要治乱，治乱必须加强执法监察工作。市场出现什么问题，我们就研究什么问题，治理什么问题。出现问题你不去治理它，就是失职。市场秩序不规范是产生一系列问题的源头。

④提高全民的质量意识。建筑工程质量，光靠领导重视是不够的，要靠全体建设者、操作者和用户共同来抓，工程质量光喊口号，不真抓实干不行，建设者、操作者要责无旁贷肩负起自己的责任。抓质量必须提高国民素质，现在我们不学操作规程就干活的大有人在，所谓的放下锄头拿瓦刀，盖猪圈的盖楼房有很多。我们要求先学规程，后干活，不学规程就不准干活。我们建设工程也不是什么人都可以干的，需要有一定的技能。我们要采取措施切实解决这些问题。另外，用户也要增强质量安全意识，韩国三丰百货大楼垮塌的一个直接原因就是业主违规加层加高，某省会城市一座大楼也是因为业主违规改建造成事故。

这个事故我是一辈子也忘不了的。建设系统的每一位职工一定要从这个血的教训中深刻领会"质量责任重于泰山"的意义，要振作精神，集中精力，做好本职工作和救灾善后工作。要面对人民群众，深刻反思我们的职责，向人民群众高度负责。我相信在市委、市府的直接领导下，在市建委几位领导现场指导、帮助工作下，在县四大班子的重视和努力工作下，这个事故一定会处理好。千万千万要牢记血的教训、把重如泰山的责任落到实处。

A16　建筑企业集团经营结构调整

——在北京建工集团领导干部理论培训班上的讲话

（2002年3月）

今天和建工集团在座领导干部探讨的问题是建筑集团企业经营结构调整。国民经济的调整，主要是对国民经济结构的调整。作为企业来讲，则主要是对其经营结构进行调整。当然还有其他诸如组织结构调整、财务结构调整等，但关键是经营结构调整。企业的一切活动都要围绕着经营去考虑。这里，我讲两部分。第一部分讲经营结构调整的内容，第二部分讲经营结构调整成败的关键。

第一部分　建筑集团企业经营结构调整的内容

所谓内容，就是回答两个问题，一个是经营结构调整什么，二是如何进行调整。主要讲8个方面的内容，从8个方面分别回答调整什么，如何进行调整。

第一个调整　由完成任务型的经营结构调整为合同履约型的经营结构。

这项工作在今年的改革中实际上已经在做了。过去我们建筑企业的生产经营是为了完成党和国家交给我们的任务。20世纪70年代，在我当企业经理的时候，有非常明确的计划指标，要求每年要完成多少任务，一般到三季度末、四季度初，我们就要向省建工局敲锣打鼓送喜报了，提前了多少多少天完成年度计划，向建工局、向上级党委报喜。现在没人干这个事了，也没人给你什么任务了。不是没任务了，而是这些"任务"要你自己在市场上"找"。从这个概念上来讲，我们现在的企业实际上是一个商人，我们是以经营（生产）工程项目这类"商品"为主的建筑承包商或者是承建商，是承揽建设项目。世界上大的建筑企业，如美国的柏克德公司、福陆丹尼尔公司，日本的大成、清水、竹中、大林组，德国的B+B、旭普林公司，法国的布依格特公司，韩国的三星公司等大型建筑公司，我都访问过。我们到自己的下属公司，公司会向你汇报：今年完成了多少任务，总额、全员劳动生产率多少，实现利润多少。而他们不是像我们这样汇报。他们首先要汇报的一个问题是：我们今年全年签订了多少份合同，合同总额是多少，履行这些合同、完成这些合同的金额是多少，正在履行的合同金额是多少。人家首先是介绍合同的概念。企业每天的存在，从事的工作就是在努力完成每一份合同，签订的合同越多，合同总额就越多。国际承包就是这样的，国际承包同样也是首先要回答这个问题。比如2001年这一年，本公司在国际上承包了多少份合同，合同总额是多少。而不是简单地回答完成任务多少，劳动生产率是多少。我们的企业经营要从完成任务型转到合同履约型。为什么这里还要讲呢？主要是为强调要更自觉地履行合同。现在客观上不管你自觉不自觉，反正是没人给你活儿了。不管哪个建工局，或者哪个市政府，都没有任务给你了，所以现在我们进入到第一个问题——投标问题。

一、关于工程投标问题

作为企业来讲，必须要研究工程投标问题。因为现在实行招标投标制度，必须要研究企业在投标中的经营策略，也就是承包商在工程投标及合同管理中的策略和技巧。作为一个大型集团企业，肯定有自己的一班人马来从事这方面的研究。作为一个承包商，能够使自己在投标中中标，达到履行这份合同的目的，这里有着很多策略和技巧。在座的同志们要认真地去总结、去研究、去分析，是能够得出一些规律性的东西和对今后的工作能有指导性的东西。我认为，承包商要保证自己投标成功，必须做好以下几方面的工作。

①要尽最大努力掌握市场信息。过去我们的老话就是"打一，争二，眼观三"。从时间上讲，就是干着今年的项目，争着明年的项目，看着后年的项目。不能等一个项目干完了再去找项目。从空间上讲，就是干着甲地的项目，争着乙地的项目，想着丙地的项目。无论从

时间上和空间上，都要尽可能地掌握工程招投标的信息。哪里有工程，就到哪里去投标，要能够尽最大努力，拓宽信息市场的来源渠道，加大掌握信息的数量，跟踪信息变化的程度，真正做到机不可失，时不我待。

可以说，在座的无论是公司负责人，还是项目负责人，都掌握了不少信息。但是，若想真正做到尽最大努力去掌握市场信息，还是远远不够的。市场信息是相当丰富的，市场信息又是繁杂的，到我们手里要进行梳理，掌握其规律，去伪存真，从中找出对我有利的、有用和可捕捉的机遇。

② 尽最大可能了解所投标的项目。对于准备投标的项目，虽然招标单位的招标公告已经发布了一些信息，但是仅靠这些是远远不够的。你要投这个标，就要了解这个工程，从开始立项的全部经过、全部过程，了解这个项目的资金状况，了解这个项目的意义和地位，了解这个方案的整个背景和进行过程。这样就对项目有一个比较完整的了解。

③ 要最大限度地发挥自身的技术优势和联合优势。从投标过程本身来讲，它是一种竞赛。就是谁拿到冠军或者说谁拿到结果，谁就中标。在这一过程中，投标企业要全面地、实事求是地宣传自己，不能文过饰非，也不能言过其实，更不能"假、大、空"。要使评标专家对我们公司增加信任感。要最大限度地了解工程项目的特点，针对这个项目中的技术难题，提出我们企业不同于别人的、高人一筹的技术方案，能够确保质量、确保工期的技术措施。同时，我们还要针对这个项目的要求，能够提出与我们进行长期合作的、享有较高信誉的分包商，即要组成业主比较信赖的总承包和分包团队。

根据项目的规模和难度要求，要尽可能采取联合体的方式投标，形成联合的优势，这是非常关键的。例如在日本，几乎所有的项目都是联合总承包。到日本的工地去看，大都是一个大的施工企业，带着若干个小的企业，并在广告牌上共同写着总承包单位和几家联合中标的单位。在日本，这不是分包，而是联合中标，以一家为主。他们有专门的联合投标方案，有专门从事联合承包的一个信息咨询服务机构。

④ 在投标过程中必须推出得力的项目经理和高效率的项目经理班子。项目经理是关键，不管你这个企业是一级的、还是特级的，派到项目上的项目经理应是业主最可信赖的人。项目经理在投标过程中就要推出来，要向业主说明，谁是中标后在这个项目上的项目经理，这是竞争中的一个比较关键的因素。要尽可能地选熟悉本工程并能取得业主信赖的项目经理，要选思想素质高、组织能力强、熟悉施工业务的项目经理，特别强调要选能关心农民工、教育农民工、敬业精神强的项目经理。这个项目能否中标，推出的项目经理在很大程度上起着决定性作用。

⑤ 根据工程类别、施工条件等综合情况考虑报价策略。报价是一个策略问题，不是简单地像过去那样根据定额报价。报价的方法有很多，有总价包干、单价包干。报价必须讲"两个前提，一个有利"。所谓"两个前提"，一个前提就是报价不可低于实际成本，你总不能说我承包商愿意赔本，或者说我要拿着自己的钱去给你搞工程，那不可能。承包商要公开地承认自己干工程就是要合法合理地赚钱的。低于实际成本就有降低工程质量之嫌，同时也

违背《招标投标法》。另一个前提就是我们的报价必须在业主可接受的价位范围内。如果报价太高，业主不接受；报价太低也不行，业主也不相信。必须在业主允许的价位区间内，这也就是"合法合理"的区间。所谓"一个有利"，就是指对承包商自己的营销有利。如果以固定单价报价，就要考虑工程量变化的趋势，要根据以往的经验分析确定出有利于自己的投标价。在工程施工过程中，工程量肯定要发生一些变化。当工程量减少时，总价包干对自己是有利的。但如果工程量增加了，总价包干对自己是很不利的。因此，我们要分析工程的情况。如果是合同价格的报价，就要考虑法律法规和国家有关政策的影响。如造价管理部门公布的价格调整，非承包商原因停水、停电、停气，造成停工，以及其他因素等。如果以成本加酬金报价，就要分析专用条款约定的成本构成和酬金的计算方法，以便采取不平衡报价方法。也就是在总成本不变的情况下，尽可能调整内部各个项目的成本，可以让前期报价成本高一点，对后期无工程量的单价报得高一点。因为一些无工程量的你说不清楚，不报高一点，就会自己吃亏。对今后可能修改图纸的，需要加大工作量的，我们可以报高一些。如果这个工程量以后会减少，单价就应报得低一些。大家都知道，投标工程大致可以分为3种。一是必须投必须中，全力以赴一定要中标；二是虚投，并不想中标。只是显示一下公司的实力，同时也可以做一些探索、尝试，以更多地积累经验；三是以较低价中标，目的在其二期工程、三期工程。这期工程可能赔一点，在二期工程、三期工程中再挣回来。

⑥ 合理运用辅助中标手段。为了中标，还可以用辅助手段。辅助手段并不是像现在社会上常见的垫资或行贿，这是不允许的。我这里讲的辅助手段，是针对工程技术难度，邀请业主单位参加技术交流；还有针对业主的需要，在可能的前提之下，附带一些优惠条件，包括工期、质量、费用、专利等许多方面；还可以为业主在项目投产运行中的操作人员提供培训等。此外，还可以寻找有信誉的和业主确认的机构，进行有关的保险保证和担保。这些辅助手段也是为了取得业主的信任。但千万不要采用行贿拉拢那些非法的"辅助"手段，如果那样，承包单位犯行贿罪，业主犯受贿罪，迟早是要倒霉的。

⑦ 要高水平地编制完整的投标文件。投标文件的编制水平一定要比别人的高。投标文件的标书要具有符合性、完整性和先进性。所谓符合性，就是要符合投标工程的实际，符合业主招标文件的要求。所谓完整性，就是项目的合同要求、业主各个方面的要求、有关竞争对手可能掌握的情况，以及承包商自己在该项目上的责任和范围都不能发生遗漏。所谓先进性，就是要高人一筹，要赢得评标专家和业主的信任。要有特点，有领先之举，有切实可行的方案、扎扎实实的措施、令人信服的诚意。

⑧ 要切实加强领导，认真组织投标工作。投标工作是承包商营销工作的主要内容，必须引起高度重视。承包商要对每一个项目的投标工作切实加强领导，认真组织，精心设计。一是要针对项目的特点，认真选派代表。由代表市场营销、工程技术、项目管理、采购、财务活动等方面的专业人士组成投标小组，在公司经理的领导下，负责投标的组织、投标书的制作和报价的确定等工作。要有一个投标小组，不能找一两个人就去投标。这是一个关键的、组织上的保证。二是要根据标书确定的工作重点，分析投标文件内容的要求，确定在各

个方面投入的人力和物力。如在技术标方面，要负责投标的全部技术内容，编制好施工组织设计。应该说，施工组织设计是我们施工的一个大纲。编制施工组织设计是我们在建国初期建设 156 个大工业项目时跟前苏联学来的，是行之有效的。但是应该承认，最近几年我们对施工组织设计有所削弱。有的企业在投标时，对施工组织设计没有高度重视，只是简单地敷衍了事。或者在施工过程中，也不能发挥施工组织设计的作用。

施工组织设计实际上施工方案，按 ISO 9000 讲，实际上就是项目计划。编制施工组织设计是非常关键的。它包括施工阶段的划分，预定工期、预定费用的目标控制要求，确定阶段目标，同时要考虑各个阶段目标的实现，有效地组织有关材料的加工、组装、检验、试验等工作，有关施工工艺、技术、材料、劳动力的组织，以及相关管理、控制、监督的方法。投标中除技术标外，还有商务标，商务标就是价格这部分。在商务标中，要统计有关投标的各项成本，核算总成本，结合本企业目标确定投标报价，同时要向材料、设备供货商询价，明确业主和承包商采购的内容和数量，还要结合本企业的经营方针，根据合同的特点和要求分析其风险责任，确定完善的投标条件和合同结构。三是要重视落实投标的每一个环节。投标环节很多，投标工作的程序包括了解现场的情况信息，包括制定投标书等。

我们要将投标作为一件大事来研究。说改革也好，调整也好。如果不能中标，承揽不到工程，就什么也没有用，"发展是硬道理"。因此说，建筑企业必须搞好投标，这是建筑市场上关键的第一环节。

二、关于履行合同的问题

这里首先需要明确一个概念。就是要把合同书与合同文件区别开。合同书是指承包商中标后与业主所签订的一份文书，它属于合同文件的一部分。合同文件包括在整个施工过程中，所有甲乙双方的会议记录，所有国家政策的调整，业主所提出来的工程部分设计的修改和材料的代用等。这些都是工程结算的依据。因此，完整的合同文件是非常关键的。所谓履约，是指履行全部合同文件，而不是简单地履行甲乙双方当时签订的合同书。履约是一个动态过程，全部施工过程就是一个履约过程，就是一个履行全部合同文件的过程。这一点在我们有些工程上有些忽略。有人讲，当时合同是如何如何说的，实际上，合同也是在变的。合同文件时刻在变化。有的是上级政策要求变的，比如建设部发布一个相关文件，施工现场就可能随之发生变化。有的是业主要求变的，还有的是由于不可预测因素变的，比如遇到台风或遭遇水灾等。有很多变动的合同文件。我们在履约过程中，全部合同文件都要履行。

三、关于履约过程中的索赔问题

过去计划经济年代我们在项目上搞施工，主要是靠甲方签证。甲方代表人在现场的签证，就是今后结算的依据。现在，甲方也"聪明"了，他不轻易给你签证了。监理工程师也不轻易跟你签证了，怎么办呢？那我们就应该履行合同文件。凡合同文件之外增加的项目，我们可能就要索赔。这里有个概念大家要明白，索赔和违约赔偿是两个概念。索赔是合同里没有的，非承包商原因造成承包商事实上的损失，承包商有权向业主提出索赔。前提是非承包商原因。非承包商原因也可能是业主的原因，也可能不是业主的原因。比如地震、洪水、台风等各种自然灾害；比如社会动乱致使工程无法施工，以及政治方面的影响等，这些都不是业主违约，但它又是非承包商原因。承包商就有权向业主提出工程索赔，这是国际惯例。我们已经加入 WTO，就要按国际惯例、规则办事。FIDIC 条款规定业主必须在 28 天内给承包商答复。如果不答复，就是承认了这个索赔。所谓违约赔偿，就是合同条款里写着，对对方有制约的，如果一方违反某个条款，就可以提出工期的赔偿和费用的赔偿，这叫履行合同条款。违约要违约赔偿，而凡属非承包商原因，造成承包商事实上的损失，在这个前提下，承包商有权提出索赔。

赔偿和索赔的内容无非两项，一是工期索赔。仍以地震为例，因为地震这个自然灾害，我不能按照合同工期完成。这个工程需要延期一个月，根据合同工期来讲必须延期。如果不按合同工期完成，承包商应该赔偿，应该罚承包商的款，但由于这属于非承包商原因，所以承包商应要求延长工期。二是赔偿费用。由于非承包商原因造成承包商在费用上的损失，特别是有些政治因素，例如要求加快工程进度以提前"献礼"，就必须要增加费用。非承包商原因，尤其是不可抗拒的外力因素，造成承包商在费用上的损失，承包商要找回来，这就是索赔。现在我们的承包商索赔能力不强。不是不想索赔，是不懂索赔，不敢索赔，不会索赔，索赔的资料不全，依据不确切等。

在国际上，人们非常重视索赔。他们有专门的办公室，雇佣了一批索赔专家，进行核算，索赔率一般在 40%，有的高达 100%。日本一家公司在我国搞工程项目时，曾经要求我们补偿汽车轮胎，称我们道路不好，没有按合同要求提供道路，轮胎损失较多。我们跟人家讲什么"友好"，他们认为这是两回事，最后还是赔偿了几百条轮胎，因为人家有权提出补偿。我们在国外曾经有一个承包工程，给人家打井。井打完了，可人家不给费用。因为合同中有一条规定，打井必须要出水。这个井水未出来，所以不能支付费用。有的外国承包商，在签订合同的时候就埋下了伏笔，就考虑将来如何向业主索赔。所以这个问题非常关键。

四、关于回访问题

所谓回访，实际上是一种服务、是一种社会信誉，是工程项目的延伸。是能够引导业主、引导社会对我们承包商的公认，是一种价格营销转向价值营销的概念，也就是现代营销学中讲的价值营销，即：讲企业的价值、产品的价值、服务的价值。通过这些价值来确定承包商在营销市场上的地位，无非是在营销市场中能获得更多的营销量。对我们工程承包商来讲，就是要在建筑市场中获得更多的工程量，也就是获得北京市场、全国市场乃至全球市场中更多的份额，取得效益最大化。这是我们的最终目的。

一个集团企业，能够通过投标、履约、索赔、回访，通过我的服务、我的信誉，使本企业在市场上占有更多的份额，也就是"揽来更多工程"的项目合同，这就叫做合同履约型经营。

第二个调整　由小规模经营向适度规模经营发展。

我们讲规模经营，有几个相关概念。一个是规模经济，一个是经济规模。规模经济和经济规模是两个不同的概念。我们讲规模经营也是如此。一个经营规模，一个规模经营，也是两个不同的概念。规模经营用我们的话来讲，就是我们这个公司的人力、物力、财力、能力，即生产要素全部投入到经营中所能达到的效益最佳程度，最佳程度的这个"点"就是经营规模。按照这个经营规模去经营，就叫做规模经营。也就是说，经营规模是一个量的概念，而规模经营是管理的概念，是在市场竞争中企业经营管理所努力追求的一个量化目标。按照这种规模的经营，效益是最佳的。超过这个规模，我们的经营有困难；低于这个规模，我们的生产要素就不能充分发挥作用。

从全世界来讲，建筑行业的效益都是较低的。这种微利性的行业，没有一定的规模是不行的。当然，我们反对只求数量不讲质量，或者只讲数量不讲效益的行为。但是，没有一定的数量，完不成一定的产值，达不到一定的规模，哪来的效益呢？说在一个工程赚到很多很多，那是不现实的。当然，我们说的规模经营，主要是从量上讲的，就是要有一定"质"的"量"，达到一定的规模，形成规模经营，实现规模效益。

规模应根据我们的核心竞争力来确定。所谓核心竞争力，就是一个企业在主导方面的竞争能力。我们各个公司的核心竞争力是不一样的。对建筑集团企业来说，如果想扩大自己的经营规模，一条很有效的措施就是提供一条龙服务。一条龙服务有多种方法。过去我们讲，设计施工一条龙。现在，从纵向来说，从建设单位项目策划一直到施工，从开工准备服务到各类设备的安装，各类型的装饰、装修，甚至于竣工后的物业管理，都能提供服务。从横向来说，从设备材料的采购，机械设备的采购，都能承担。要说材料供应，虽然不能生产材料，但可以找协作体系来完成，形成利益共同体。国内的、国外的，要什么有什么，也就是通过协作体系来完成这个项目各方面的需求。无论从纵向还是横向，我们都能满足业主的需求，以此来扩大我们的经营规模，达到适度经营规模。尤其是集团性企业，必须在经营规模上能够发挥自己的长处和作用。如果集团企业离开了规模谈集团，或者是离开了集团谈规模，那么这个集团的优势何在，保留这个集团还有何用处？集团的优势就在于规模经营上。

第三个调整　从单一型经营到多元型经营。

过去我们有个概念，当然这个概念这几年正在逐步发生变化，这就是我们是"施工企业"，是照图施工的企业。就是人家画图给我们，我们照图施工。这就是我们的本事，我们就干这个事。这个概念是不对的。现在，施工企业必须进行多元化经营，不能再简单地照图施工。刚才是从经营规模上讲，施工企业从纵向上可以延伸，从横向上也可以延伸。在这里讲的多元经营就是内部资源的开发。也就是说在每个企业中，无论是经理，还是分公司的经理，首先你要把企业看成是一个开发型的企业。如何开发？不是房地产开发，是企业全部要素的开发。企业的要素是指人、财、物、信息、技术等。所谓企业经营，就是对这些资源或资产进行有效的开发利用，让这些资源能够充分地发挥作用。

这里谈资源开发，需要建立在两个方面的意识上。一是建立在企业员工的谋生意识上。什么叫谋生意识？大家要理解，在社会主义条件下，人还是要靠劳动来谋生的，即按劳分配。每一个人都必须确定以劳动为谋生的手段，不允许任何人去剥削别人，也不允许任何人"躺"在企业身上，让企业养活你。同样，任何企业也不能"躺"在政府身上。企业员工必须树立一个谋生的意识。我们的国有企业员工，过去很大的一个问题就是谋生（竞争）意识差。好像我是企业职工，我就是国家职工了，企业、国家就得养活我，这不行。改革就是要树立一种谋生意识，要掌握谋生的手段，就业、从业是为了谋生。二是建立在企业的效益意识上。企业必须有效益意识。如果企业干活总赔钱，这个企业是无法称之为企业的。总之，个人要有谋生意识，企业要有效益意识。

站在效益意识的角度来看我们现在的企业本身的资源，应该说很多资源是处于闲置之中的。比如说人，过去我们的施工企业少则千人，多则上万人。由于种种历史原因，都成了企业的员工。而真正能够从事建筑安装施工的职工却连60%都不到，还有40%多的人根本没有从事这个行业。解决这部分人的问题，现在有两个办法，一个是下岗；一个是转岗。我们建筑公司的职工不一定都能搞建筑，但是他可能在其他方面有长处，在其他方面有潜力。在建筑施工方面，他不能创造价值，甚至可能成为公司的累赘、负担，但是在其他行业中，他可能创造出更高的价值。这方面每个人的才能特长是不一样的，施展的舞台也不尽一致。

我们讲的规模经营，是从量上讲的，多元经营则是从渠道上讲的，搞多元经营就不一定再搞建筑了。我到法国布依格建筑公司参观，该公司本身是一个集团，他们建了一个影视城，巴黎电视的第一频道也是这个集团开办的，布依格建筑公司每年还能生产两部到三部能获奥斯卡金像奖的影片，建筑公司还办了电影制片公司。国外所有的大型建筑公司都不是单一地去搞建筑，他还搞很多种经营，他们一有条件就把自己内部资源的开发伸向任何可以赚钱的领域、角落，从事着多种经营。这就是我们讲的多元型经营。

第四个调整　由独立经营到合作开发经营。

这里是讲充分利用外部资源，实际是我们自己内部的生产要素和外部的各种要素充分地进行合作、进行交流。人可以合作，比如说与北京建工集团长期合作的江苏、河南、河北等外埠建筑劳动力，这其中主要是农村建筑工人。农村建筑工人就是生产要素，和我们有紧密合作的关系，形成了比较稳定的生产要素之间的合作。资金也是要素，对建筑企业来说，没有几家大银行与你合作，光靠自有的资本金是不行的，你的建筑公司的流动资金是运转不了的，所以必须要与银行进行长期、稳定的合作。尤其是打到国际市场的企业，更需要与银行之间建立良好的合作关系。没有银行做我们的后盾，没有金融做我们的合作伙伴，我们的生意是做不大的，也是做不活的。我们的资金毕竟是有限的。过去，我们还可以请求国家给我们增加一些拨款，多拨一些流动资金。现在则不可能了，在市场经济条件下，市场中的问题，还需要市场来解决。我们只有求助于愿意跟我们合作的银行，以保证我们生产经营中的资金使用。比如，中建总公司是与中国人民保险公司或者与中国银行合作，他才能做大、做强，否则，他很难发展。

就合作来讲，这里还要讲一个概念，这就是竞争。过去我们讲竞争，灌输的是资本主义竞争，是你死我活的竞争。但今天，我们对竞争要有新的、更全面的理解。竞争双方在某些方面，在有些地方，在一定的时间和一定的空间上，即在一定的条件下，可能是竞争的对手；但在另外很长的时间内，很大的一个空间里，可能又是合作的伙伴。联合起来竞争是更高层次的竞争。现在的竞争不是如同战场一样，简单的你死我活。有的甚至形成了生态性的联合，谁也离不开谁的联合。同行之间高层次的竞争已经发展到这样一个阶段。要形成竞争与竞合相结合，联合起来竞争，联合起来发挥各自的优势。在美国、在日本都是这样。美国有个美国建筑工会，该工会要求建筑公司承担每一个项目，至少要有60%用我工会的会员，不用我工会的会员就是违法的。他们的工会很厉害，他要保证他会员的利益，他必须叫你联合。日本有一个保护小企业的问题。市场经济发展到这种程度，大企业都形成一定的垄断，给小企业造成了一定的困难。每年小企业都联合起来向国会、议会呼吁，提出来如何保护小企业的利益。日本政府要求任何大企业在承担工程时，必须要带至少3至5个小企业联合承包，政府要求通过大企业的带动，将小企业带活。但我们相反，我们国有大企业还没有真正发展到垄断的阶段，还处在保护国有大企业利益的阶段，所以这种联合还是非常关键的。

作为企业，要明确独立营销和共享营销的关系，也就是独立进行经营还是共享经营，要树立一个共赢的意识。加入WTO出现了一个名词叫"双赢"。我们与美国签订协议成功了，取得了"双赢"。中国赢了，美国也赢了。过去我们讲竞争，总是"二元论"观点，不是输，就是赢。现在不再是一个赢了，达成协议往往就是都赢了，很多事情是双方都赢了，三方都赢了。尤其是我们搞生产要素的合作，比如，我们和材料供应商的合作。我们的一个工程选了一个材料供应商，供应砖瓦沙石材料，或者水暖材料，或者其他材料，那么在这个材料供应上，我们要赢，他们也要赢。我赢的是他供应的材料质量好、价格低，他赢得了一个市场。劳动力也是如此。我们使用江苏某一个地区的建筑工人，跟他建立较为长期的合作关系，我们赢了，他们也赢了。我们赢的是因为我们有了一个可靠的、较强的劳动力集体，能保证项目的施工。他们赢的是他们揽到了活儿，他们也赢得了一个市场。所以，必须树立一个共赢的意识。

对现在竞争与共赢的关系大家要理解。如果我们不是建立在这个观念上，就竞争讲竞争，竞争就是一个赢，一个输；或者说一个成功了，一个失败了。一个打败一个，甚至可能出现两败俱伤。如果只是停留在这样一种简单的一个低层次竞争上，就不能适应现在的形势，更不利于企业的发展。我们现在要树立一种共赢意识，共享的观念，建立一种生态的联盟，考虑企业的发展战略，这就需要我们在观念上的变化。

第五个调整　　由本地经营转向国际化经营。

我们加入WTO以后，应该说中国市场已成为国际市场的一部分。我们已进入到一种全方位、多层次、宽领域这样一个对外合作、对外开放的阶段。建筑行业同样如此，是一种开放的建筑业，因此，我们也必须实行走出去的战略。中国的建筑业实行对外开放战略，转向国际化经营，其意义已经到了同当年的沿海开放战略同等重要的地位。上海建工集团首先意识到了这个问题的紧迫性和重要性。以前他们离不开上海，现在他们已经面向全国，面向国际化。这个国际意义很关键，跨地区是为更多地赢得市场。希望企业领导人都能高度重视，否则加入WTO后，我们走不出去，而国外的承包商都打进来了，如此一来我们就会很被动。我们中国建筑企业走向国际市场是一个什么概念呢？美国有个ENR杂志，即工程新闻记录。这个杂志是全球化的，每年都要统计国际建筑市场上前225位建筑承包商。根据它的排位，1993年在前225位中我国只有3家，此后几年我们逐步增加至7家、9家、10家……现在我们有37家。1993年我们对外承包工程出去的人数是5万人，现在我们是35万人。1993年我们的承包总额是3亿美元，现在我们已经达到128亿美元。目前我们的建筑公司在140个国家、地区设有各种办事机构。

我们研究中国国情，与外国进行比较，可以用9个字来概括，叫做"差不多，差很多，差太多"。中国最先进的跟外国比差不多，包括我们的先进施工技术，我们的高楼大厦，如上海的金茂大厦，跟日本比差不多；我们建的最高级的五星级饭店，拿到美国比也不差。我们尖端的施工技术，大体积混凝土施工技术，包括有些钢结构施工技术，与发达国家比也差不多。但是，一般的施工技术与发达国家相比，差很多，我们个别的还有靠人抬肩扛，与发达国家比差太多。中国是一个人口大国、地域大国。改革开放以来，我们自己与自己比，进步相当之大，但从横向比较，我们的差距也还相当之大。例如北京建工集团，1975年我当经理的时候，就到你们这里来学习过，要跟1975年比，你们现在的进步很大，这是纵向比较。但再与发达国家的大建筑承包商进行横向比较，差距就大了。刚才说过，全世界前225位建筑承包商，我们从3家增加到37家，从5万人到35万人，从3亿美元到128亿美元，这是我们自己与自己比，进步很大。但是在225家承包商中的这37家企业的全部产值加在一起还不如人家第三家——法国布依格公司一家。我国建筑业从业人员3 500万人，占世界建筑业从业人员的25%，而我们在国际承包市场中的承包总额不到5%，这说明我们的差距很大。用辩证法来分析，差距很大，也说明潜力很大。差距就是我们发展的潜力，潜力就是我们发展的优势。我们要这样来看待这个问题。因此，中国建筑业迟早是要走出去的。应该说，过去建工集团也好，我们其他建筑公司也好，在外面承包的工程包括援外工程，无论是成功的经验，还是失败的教训，都是我们对外经营的宝贵财富。中国人是聪明的，中国人会很快掌握国际上先进的东西。作为我们北京建工集团，不尽快提高我们的技术水平、管理水平，尽早走向国际市场，那是绝对没有出路的。

我到日本、韩国去考察，他们有一个很重要的政策，叫本土化政策。这一点对于我们走出去的公司要引起高度重视。从国内来看，浙江的建筑企业在外埠施工时，是最先雇佣当地管理人员的。如他们雇佣上海建筑管理机构和建筑公司的退休人员，利用他们来掌握上海市场的信息，由这些人来帮助他们在上海市场站住脚。现在，浙江的建筑企业已经成为上海建筑市场中的劲旅。日、韩两国都与我们谈过本土化政策问题。他们为占领中国市场，在日本驻中国使馆和韩国驻中国使馆都设有他们建设部派出来负责工程承包方面的经济参赞，他们有这么一个"专职"参赞住在北京，对北京市场的变化，乃至中国建设部在建筑业政策方面的调整，都掌握得清清楚楚，甚至部长的人员变化都很清楚。而我们这方面就显得薄弱了，建设部最近就研究准备经外交部同意后，向4个国家派出负责建设工作的经济参赞。不派出经济参赞，我们怎么能够去全面了解国际建筑市场信息呢。现在，全世界各大建筑公司几乎都有中国的建筑技术人员。他们要进中国市场，就要靠本土化政策，所以这一点我们要深刻理解。

　　北京建工集团要打到国际市场上去，打到外地去，比如打到浙江、上海、西部开发地区，也要用当地的人员来了解情况，你不能总用北京的做法硬往那里"套"，情况总是有差别的。当地和北京有差别，外国和中国有差别。不运用本土化政策是很难迅速在当地站住脚的。国际化经营是我们的方向，中国的建筑业迟早要在国际建筑市场上占据较大的份额。现在国际上对中国的评价是："中国的建筑业在国际建筑市场上是一支不可低估的力量"。我们现在仅仅是一支不可低估、不可小看的力量，远没有发展成为一个强大的力量。我们占的份额还不到5%。在国际建筑市场上，还有不少困难需要我们去克服，还有不少问题需要我们去解决。比如，本来我们的劳务价格低是优势，但所谓的中介将我们的建筑劳务人员招到国外去，却没有活干，搞得我们建筑劳务工人在国外很艰苦。层层的中介抽头，将本应是我们建筑企业可以赚到的利润被中间盘剥了。中国人聪明、能干、肯吃苦，中国的建筑业迟早会全面地出击国际建筑市场，作为一个大型建筑企业集团，走国际化经营是必由之路。

　　第六个调整　由承包经营逐步转向责任经营。

　　我们的承包主要是向农民学来的。农民搞责任田承包，我们建筑行业搞经营承包。第一次搞承包合同，大概是在80年代初。签个合同，承包工程或承包一个公司。那个时候有意把承包指标算得比较低，头一年承包还是有奖可得；第二年承包浮财发得差不多了，就得讲一下价钱了，承包额就得往下降一降，不降就无法承包。到了第三年，就没有人承包了，再承包就是亏损。承包经营有它短期行为的弊病，现在我们强调的是责任经营。所谓责任经营，可以是划小核算单位，或者说组织在一起的可能有国有企业、个体经营户，有股份制经营、集体经营、股份合作制经营。这方面来讲，他们有的可能用自己的资金搞责任经营，搞租赁经营，有的扭亏无望的国有企业政府干脆卖给他们，进行独立经营。在这里需要强调的是，你只要是我建工集团的一个单位，除了你自己要赚取必要的利润外，你必须向我集团公司上交一份利润。如果你不给我集团公司创造价值，你就不要借用我集团公司的无形资产。除集团所属的基层单位外，还有一种现象是，有相当一部分挂着我们集团公司的牌子，靠国有企业牌子这个无形资产，去为自己谋私利，只给集团公司上交一点"管理费"，那是绝对错误的，弄得不好会给集团带来灾难。所以我们讲责任经营，它是一种长期经营，它是一种把小企业划分成一个小的独立核算单位去进行自己的生产经营或资本运营，而不是简单地带有短期行为的承包经营。

　　第七个调整　由自然增长型经营转向扩张型经营。

　　我们企业的经济效益都应是增长的。我们每年年终总结时都讲今年比去年效益增加了多少，利润增加了多少，产值增加了多少。我在报纸上看到今年你们北京建工集团是叫再创辉煌，连续两年递增20%。这叫自然增长，就是每年有所增长。现在要搞扩张型经营。所谓扩张型经营，就是要整合资源。整合资源，就是整合生产力，整合生产要素，把资源重新组合。它的方法和手段，主要靠这几种。一种是以资本经营，靠投资某一个行业经营。我们也有时候是纯属没办法了，只好有意无意地进行了投资经营。比如，有的业主长期拖欠我们工程款，上级还要求赢利。那么干脆豁出去了，对那些资本经营效果较好的业主，我就把你拖欠的工程款作为股份入股你的企业，形成了入股型经营。还有一种叫公司收购。有一些公司你看他经营不怎么样，但是他还有土地，有他的地产，有他的房产，还有他一定的"区位"优势，这样我们把他收购过来，重新进行经营组合。另外还有兼并，还有上市。上市的概念要明白，上市经营实际上就是一种扩张型经营。上市的本质是就是把你的经营和股民连在一起。上市给企业带来了一个巨大的发展机遇，上市是把股民分散的资本金集中到你手里以后，进行资本重新组合，进行资本经营，获取更大的利润。这是一种扩张型经营。

纵观世界上大的公司、大的企业，没有一个不是通过扩张而发展成大公司的，仅靠自然增长是形成不了大公司的。自然增长到一定阶段以后，就达到了一个"极限"，突破这个"极限"最有效的办法就是它必须进行扩张，通过这种形势的发展，使自己成为一个大型集团企业。当前，在全球范围内正在涌动着气势磅礴的第五次兼并大潮。有大企业进行的联合，航空公司进行的联合，大银行间进行的联合，使自己的企业不断地扩张。在中国，这种兼并现在也在进行中，应该说这是前无古人的，此后也可能再没这么好的机会了，可以说现在是买卖、兼并的最好时机。当然我们国家这方面进行得比较慎重，还没有完全形成生产要素、全部要素上的市场。对企业的买卖、企业的兼并还没有完全形成高潮，但是有的也在做了。如深圳的建业集团，是一个建筑公司，他们兼并了贵州董酒厂。董酒原本是全国十大名酒之一，这个企业后来搞得经营不下去了，被深圳的这家建筑公司出资兼并。深圳建业集团又投了一笔资金，对这个厂的厂容厂貌等进行了改造，现在董酒销售得很好。再如深圳的一家建材公司兼并了上海飞翼幕墙制造公司；浙江东阳的广厦建筑集团，上市之后得到很大的发展，最近兼并了重庆一建，在重庆市拓开了市场。同时，还兼并了南京的一家建筑企业，又开辟了南京的市场。近期又控股了北京二建，这就是企业的扩张经营。

民营企业通过兼并国有企业，进行扩大经营，通过上市，进行扩张经营。一个大企业的形成、成长，必须有这么一个扩张经营的阶段。但扩张有成功的例子，也有失败的教训。扩张失败，就成了包袱。中国现阶段扩张还有一定的困难，在中国最难办的就是人。国外一家企业兼并宾馆，一关门一开门老板一换就完成了。在中国不行，中国还有一批退休职工呢，这些谁给带走啊！这就麻烦了。但目前也正在研究解决这个问题。但是，从自然增长型到扩张型经营是肯定要有的这么一个必然阶段。

第八个调整　由传统经营到知识型经营以及信息化经营。

现在，全球范围内正在研究两大电子，一是电子商务，二是电子政务。中国正在研究实施电子政务的问题，搞无纸化办公，电脑网络。克林顿在任美国总统之初（1993年）就要求美国逐步实行无纸化政府，搞电子政务。现在，全球又在推行电子商务，就是网上营销、网上采购、网上询价，在网上进行工作。作为我们北京建工集团，要逐步推行自己的"电子政务"，把集团所有项目的信息、所有经营单位的信息，通过网络不断地进行传递，根据变动的趋势作为我们决策的重要依据。就是说，今后我们的经营不是靠开大型的会议，靠翻文件，要靠网络来传递各种信息，及时、准确、科学、高效地决策指挥，这就需要实行企业与政府的接口和企业与企业的接口。也就是说靠网络来掌握市场，运作市场。这就是将来由传统经营到知识型经营、信息化经营。这里有一点要说明，现在都讲知识经济、网络经济。我们讲全球经济、经济全球化，还有知识型经济，这个是正确的。但是，我们发展高新技术，发展电子邮件，不能完全代替我们的传统。我们不能臆想哪一天坐在家里靠几台电脑就把一座大楼建起来，那是不可能的。但是，电脑、电子化、信息化，可以改造我们的传统产业，可以使我们的传统产业生产力提高。能掌握世界上最好的材料、最先进的技术、信息，世界上最实用的、最科学的机具设备为我所用，改变我们依靠笨重的体力劳动、闭塞的信息，在那里"照图施工"这样一个困难局面，这是完全可能的。我们的经营也要考虑从传统经营向知识型经营，从计划经营向电子商务经营转变。但这方面还需要很好地研究。

第二部分   建筑集团企业经营结构调整成败的关键

建筑集团企业经营结构调整的成败与企业管理密切相关，管理学知识是多方面的，这里我讲几点看法。

第一个问题   关于大型企业。

过去我们的大型企业是这样一个概念，从企业人数的多少来确定大型企业。我是 3 万人的企业，他是 3 000 人的企业，那么我就是大型企业。还有企业级别的高低，你是科级的，他是处级的，我们还有副部级的企业，那一定是特大型企业。实际上这都是不应该的。真正的大型企业是要看他的经营能力、实力，真正最终成为大型集团企业的应该是财团，不管是从事哪一行的。比如说日本的松下，松下是弟兄两个摘自行车车铃起家的，发展到松下电器，松下电器今天的本质就是企业财团。再比如说香港的李嘉诚，发展到今天实际上也是李嘉诚财团。最终不管你是什么样的企业，真正发展成一个大企业，他就应该是财团。而不能简单地从级别的高低、人数的多少来确定企业规格的大小。凡是企业都是商人，我们建筑企业就是建筑商，商人到了一定阶段、发展到一定程度就形成财团。现在我们一些大企业缺少流动资金，那不行。在这方面我们跟国外比、跟美国比、跟日本比，日本是世界上建筑强国，大企业集团比较多，能点出名字来的就有七八个，如清水、大成、竹中、松下，还有大林组、熊谷组等，这些都是大企业集团。大企业不在于叫什么名字。如日本竹中工务店，现在已经发展成一个大型建筑企业集团。"店"就是我们开小店的店，你到他们公司人家给你介绍，我们的总店在这里，在中国设有几个支店，在欧洲设有几个支店，是开店的。该公司有 1.2 万人，一年完成建筑业产值是 120 亿美元，相当于人民币 960 多个亿。我们中建总公司是 13 万人，一年产值是 485 个亿；我们建工集团是 3 万人，一年产值是 90 个亿，跟人家相比差距很大。当然我们纵向比成就很大，横向比差距很大。所以大小企业的概念首先从财团去考虑。无论上市也好，无论我前面讲的那 8 个方面的经营也好，无论我们今天干这个企业的经理、书记也好，我们都是在为北京建工集团发展成为建工财团而努力。这大概可能要经过几代人的努力，最终成为能够走向国际的财团型企业，这样才叫大企业。不然这个大又如何称之为大，这是第一个问题。

第二个问题 关于体制创新。

现在我们对改制的本质了解，以及我们进行的改制离真正意义上的改制相距很远。从1515年以前世界工业革命、创办企业初期看，一个企业的员工，要么就是企业的雇主，要么就是 企业的雇员，雇主与雇员的界限是很清楚的。1515年后的今天，再看世界上企业中雇主与雇员的界限已经是不清楚的，有的一个人同样是本企业的雇主，同样可能又是本企业的雇员，为什么呢？说他是雇主，他拥有本企业的股份，他是本企业股东的一分子，他是雇主的一部分。说他是本企业的雇员，因为他在本企业从事经营劳动，他是这个企业打工者中的一分子。他既是老板的一分子，又是打工者的一分子。这是企业体制上、制度上的发展方向，这也就是我们讲的股份合作制。所谓股份合作制，一个是股份，一个是合作。所谓股份，就是你是老板的一分子，你拥有本企业的股份，拥有本企业的资产。如美国的福陆丹尼尔，这是全世界最大的工程公司，一年完成的产值折合人民币几千个亿。他的公司最早是弟兄两个，一个叫福陆，一个叫丹尼尔，福陆和丹尼尔组成的建筑公司。发展到今天的福陆丹尼尔公司，他们俩只占了3%～4%的股份，但他俩仍然是控股的。大量的股民、每人只占了百分之零点零几，他的3%、4%是最大的股东，是绝对控股的，而不是我们讲的51%方是控股者，49%就不是控股者。他的股份是非常分散的，开始他是占80%、90%，一年年一步步慢慢地降到了4%左右。他既是本企业的股东，又做本企业的员工。

对雇主和雇员怎样进行分析？理论界在分析民营企业主。因为现在的民营企业主当中大部分也同时是劳动者，他们中的先进分子、优秀分子也要求加入共产党。共产党应该怎么看待这部分人？过去马克思曾经讲过，雇佣12个人就是剥削，那是在市场经济尚不够发达时期讲的，现在怎么看这个事情？实际上是怎样看个体劳动者的经营收入问题，但根本上是我们党能否与时俱进的问题。民营企业家的收入分为四大部分。第一部分是企业经营者的劳动所得。第二部分他作为民营企业家，要投入资本，资本作为生产要素要参与分红，这就叫生产要素所得。这部分所得也是完全正当的，不是剥削。第三部分是他在参加企业的经营活动的同时要承担风险，他有相当一部分收入属于他的风险型收入。我们知道，民营企业家是很辛苦的，可以说比我们国有企业辛苦得多。你别看他挣钱多，但他要承担来自各个方面的风险，这也应该算做是劳动所得，风险所得是带有奖励性质的收入。第四部分就是指劳动者的剩余价值，带有剥削性质的。但研究他的剥削性质，要看他的劳动者的剩余价值这一块，作为民营企业家用来干什么。江总书记在一个讲话中讲得很清楚——不在于他占有资产多少，在于他资产的来源和资产的分配、使用。按说这部分是剩余价值，应该属于剥削范畴。但是他用这部分剩余价值，用于扩大再生产，用于投入社会，没有用于个人的消费，前面3部分个人消费足可以了，这部分被用于扩大再生产。所以这部分也不应属于个人剥削的东西。

对这个问题，现在是否可以这样来看，作为企业来讲，我们国有企业过去有个很大的认识问题，就是都把自己看成国家干部，国家职工，没有看成是企业的员工。实际上，现在无论我们是总经理，还是工人，都是企业的员工，是企业的雇员，发生雇主与雇员之间的关系。我们拥有本企业的股份，是股东的一分子，同时又在本企业劳动、合作，是企业的主要劳动人员。所以，股份合作制就是股份加合作的制度。凡拥有本企业的股份，在本企业劳动，都属于股份合作制的性质。这是很适用于我们建筑企业发展的一种体制。我们现在从国有企业控股逐步走向、转向股份合作制，依我个人的看法这是比较合适的，也是比较符合中国国情的。

　　研究了体制的问题后，紧接着的就是要研究机制问题，这里主要讲的是建立现代企业制度。这是企业发展的必然，也是企业适应社会主义市场经济的需要而必须建立的制度。但就是建立了现代企业制度，也不能保证企业就不破产。因为社会主义市场经济已经发展到了比较成熟的阶段，大部分企业或绝大部分企业都应该是现代企业制度的企业。但那时候同样每天会存在着企业的破产和企业的创建，市场经济就是讲"优胜劣汰"，"适者生存"。现代企业制度只是一种使企业适应社会主义市场经济需要的制度。你能在这个制度下生存，但活得好不好，你经营得好不好，是否破产，这个现代企业制度并没有回答，所以说，制度也不是万能膏，贴上就什么都管用的。你把现代企业制度"搞"成了花儿一样，漂亮得不得了，结果企业没活儿干，经济效益还亏损，工人还开不出工资来，那一切都是白搭。

　　第三个问题　领导班子与企业家群体。

　　我认为从严格意义上讲，现在我们国有企业的领导班子，从本质上应该看做是企业家群体。不管在这个班子里你是做什么的，你是当书记的、当董事长的、当总经理、当副总经理的，还是当总会计师、总工程师的，你都是企业家群体的一分子。企业家也要讲政治，作为国有企业的企业家来说，组织搞"三讲"，你也应该去认真地讲学习、讲政治、讲正气。社会主义企业不讲政治，那是不行的。但是企业家绝不是政治家，如果哪个企业家把自己当成政治家去管这个企业，恐怕就会出问题。企业要生存、要发展，就要产生效益，这是至关重要的。政治家有外交等各种手段，企业家则是实打实地办好企业，是经营和管理企业的专家。

　　现在市场上有本书，分析了改革开放以来，我国民营企业家所经历的发展过程，分析得很好。书中说：70年代中后期，我们称一部分民营企业家为"胆商"，即有胆量的经商。这部分人有从监狱释放回来的，或者其他受过各种处分的，文化大革命受过冲击的，犯了错误的，等等。这部分人胆子很大，办起了企业，有胆量地经商，投机倒把行为有，行贿有，倒买倒卖的情况也有。他们中一些人发了财，成了企业家，搞成了比较有实力的大企业。但是，这一部分人中相当大的部分则是垮掉了的一代，他们当中大约60%至70%都先后"做"到监狱里去了，包括一些受过全国表彰的，这部分"胆商"是"垮掉了的一代"。到了80年代中期，民营企业家中发展比较快的，大多是有各种"关系"的人。当时我们国家的价格是双轨制，谁批了一批计划内钢材，谁就发了一大笔财，谁拿了一块土地一倒手就发了一笔财。他们是靠各种关系经商发财的，这部分人我们称之为"情商"。其他的人则主要是靠"吃"。所谓优惠政策，各个地方的优惠政策不同，商品、材料的价格也不同，以此来靠吃"价差"发财成家的。后来因为靠关系越来越不灵了，双轨制也没有了，优惠政策全国也统一了，也不让随便搞什么优惠了，土地炒买炒卖不行了，所以这部分人叫"困难的一代，挣扎的一代"。到了 90 年代的中后期，我国新成长起来的民营企业家可以称为"智商"，即靠智力经商，凭自己的智慧，凭自己的经营管理才能经商。这一代叫"崛起的一代"，正在崛起、成长的一代。作为民营企业来讲，有这么三代。

再来看看我们国营企业、国有企业，我们的这些企业的领导成员基本上也是经历了三代，要我说是叫"三业加三险"。改革开放前，计划经济年代国有企业的经理包括我本人，叫"就业加保险"。为什么这么说呢，比如：我当经理是就业，是组织上安排我当经理的，提拔我当经理的，是就业的概念。当然也很辛苦，也很累。我是 1970 年进建筑公司，1975 年当公司的领导，一直干到 1983 年。公司有 1.3 万多人，是全民所有制企业。我当经理的时候，曾经跟建工局的局长谈过。我说我们这代经理不是经理，是总理，啥事都管。为了给农业户口的人解决吃粮问题，我们还种了 6 000 多亩地，还有不少拖拉机。我们建有 2 所中学、4 所小学、一个职工大学；有 2 个医院、5 个卫生所；还有 20 多人专门看管的一个弹药库，因为我有武装基干民兵营，要随时准备打仗。可以说我们从托儿所一直管到火葬场，什么都要管，很是辛苦，但是也比较保险。干得好就提拔，干得不好平级调动。这就叫"就业加保险"。

从 1992 年社会主义市场经济开始建立，到 2000 年市场经济初步建成。你问我现在我们叫什么经济呀，是计划经济？肯定不是了。40 岁以上的人都知道，计划经济年代吃饭要粮票，穿衣要布票，抽烟要烟票，买糖要糖票，没有票什么也买不成，东西短缺，橱窗里的商品都是展品，买不到。现在呢，不要说是北京，就连一个中等的县城都能买到法国的香水、意大利的皮货。那现在是市场经济吗？也不像，什么都能买到，但什么都有假的，完善的市场经济不是这样的，它应该是法制经济和信用经济的统一体。那么，这段时期我们的国有企业经理，我说叫"创业加危险"。因为现在的建筑公司不像过去，上级叫你怎么干，你就怎么干。而现在你得考虑你需要建立一个什么样的企业制度，什么样的干部制度，什么样的用人制度，什么样的分配制度。企业的结构模式、企业的经营机制、企业的战略调整、企业制度的创新等统统都要考虑。创业，但是很危险。为什么危险，来源于两个方面，一个是决策的危险。现在的企业决策，危险性大、陷阱多。我们有个企业去买一家的几十吨钢材，人家领他去看了货，结果钱付给人家了，钢材一根没运回来。当时看钢材的那个地方就是假的。我们的一家建筑公司，人家告诉他讲：三峡有个土石方工程，量相当大，交给你去搞，但是要先给我 30 万元好处费。我们这个经理也挺认真，回答说：可以，签了合同之后我给你 30 万，但你必须先领我去看看。人家也的确领他到三峡工地去看了一圈，看了土石方项目地方，就按人家的要求，双方签了"合同"，回来以后，双方盖章，付了他 30 万元好处费。事后该公司浩浩荡荡地从基地把采运机、挖土机等施工机械长途跋涉都运到三峡去了。到了三峡就被人家拦住了。问他们来干什么呀？该公司有的同志回答他说：我们搞土石方工程。人家说，这是我们的地方，你来搞什么？该公司的同志说我们是签了合同的。人家问，你签订的什么合同？拿出来一看，根本就没这个公司，全是假的，没办法只好都撤回来。来回一折腾损失 1 400 万。后经公安局调查处理，是湖北一个农民把他们骗了。你这样的决策很危险。

最近国有企业有个很大的问题，就是为他人担保，去担保就很危险。有的是你的亲弟弟、亲妹妹，要办个什么企业，你给咱担保一下吧。好吧，你担保吧，10 个担保有 9 个可能要搭进去。因为他们企业赔了，那银行就要找你算账，追究你的担保责任，你这个国有企业就承担吧。现在国有企业乱担保的问题相当多。乱做担保大都得"替"人家赔钱，不赔钱就封你企业的账号，而被担保人都逃之夭夭。这是决策上的风险。

第二个是做人的危险。当经理就更危险。现在的糖衣炮弹很厉害。你喜欢什么，对方研究得透透的。我们的海关关长下去没几天，人家就研究透了，你需要什么人家"贡"什么，直到把你攻下来为止。赖昌星就是有这么大的本事，能把那么多高级干部"弄"进去，他是经过一番充分研究的，所以周围陷阱很多。可见做人很危险。有的企业经理曾是全国"五一"劳动奖章获得者、优秀党员、优秀企业家，头上光环很多，但没有把握好，就蹲到监狱去了。所以现在的经理是创业加危险。

那么到 2010 年以后，中国的社会主义市场经济比较完善了，那时候的企业经理会是怎样的呢？我说叫做"职业加风险"。那时候的企业经理跟现在的老师一样，跟医生一样，是一种职业，他的职业是经营和管理企业，他是董事会聘用的高级"打工仔"。但他是高风险的职业，所以他有高风险的收入，他是"职业加风险"。所以我们国有企业的经理分为了 3 个阶段，这就是：计划经济年代是"就业加保险"；从社会主义计划经济向市场经济转轨的年代是"创业加危险"；到了社会主义市场经济比较完善的阶段是"职业加风险"。

作为国有企业来讲，企业需要 3 种人才。一个是懂经营、善管理的企业家和一个企业家群体。应该说在座的这个班就是企业家群体的培训班。也可以这么说，北京建工集团现在还没有一个称之为真正的企业家。但是现在北京建工集团有几百人在从事企业家的实践，干着企业家的事，做着企业家的工作，这个也是事实。二是要有一大批管理专家。我们企业的各部门、各种专业，在从事我们的计划管理、物资管理、劳动力管理，也就是说我们的经营管理时，这些活动管理应该有管理专家。当然，专家又分有建工集团的专家，有北京市级的专家，有国家级的专家。三是需要一大批行家。企业需要一般劳务层，但是更需要有劳动骨干，工人技师都应该努力成为行家。施工中的一个活儿是不是行家干绝不一样。同样一个预留洞要修补起来，一个人可以干得让你看不出来，如果找个不会干的人，干到最后像废墙一样，根本交不了活。我觉得计划经济年代的有些事情应该肯定。那时我们有八级工制，他是从学徒开始，学应知应会，由学徒工转成正式工，正式工再经过考试，合格的才能成一级工。一级工干若干年后再考成二级工，以后一级一级地考，逐步考到八级工。一个比较聪明的人干到了 50 多岁，60 岁左右，才能成为八级工；一般的、不太聪明的，到 60 岁退休的时候大概也就是五级工、六级工。现在我们计划经济没了，八级工也没了。农民扔掉锄头，一进城就是八级工，什么活都干、什么活也都敢干。一到工地干活不是出质量事故，就是发生重大安全事故，这方面教训也是很多的。总之，要使我们企业的经营层、决策层成为企业家，要使我们的管理层成为各种专家，要使我们的操作层成为行家。应该说加入 WTO 以后，这三大类型的人才在各企业中，将是真正的人才竞争。

第四个问题　关于管理创新。

关于管理现在从国际上来讲有三大管理体系。一个是 ISO 9000 质量管理和质量保证体系，一个是 14000 的环境保障体系，还有一个是 18000 卫生和安全体系，这三大体系是国际上通过协会统一制订的。这三大管理体系在我们的企业里也在贯彻。但是我不赞成仅仅是为了贯彻而贯彻，为图虚名而贯彻。昨天拿到 ISO 9000 质量管理体系证书，今天就发生了重大安全、质量事故。这是不行的。我们必须要结合实际，对企业进行有效的管理，建立长效管理的机制。

关于企业管理，又可以分成三大类，第一类是为完成一个优质产品而进行的生产管理或者技术管理。建好一栋楼我要求三项，一是这栋楼建起来，必须是一个优质的建筑。二是这栋楼建立起来，要靠一套优良的管理，要把你优良的管理体会总结成一本书。三是这栋楼建起来，同时培养锻炼出一批优秀的人才，从工长到项目经理。也就是围绕着优质的建筑、优良的管理、优秀的人才去进行我们的基础管理。第二类就是营销管理，以期获得最大经济效益为目的的营销管理。从招标投标，从履行合同条约，从经济核算，从我们节约降低成本，还包括我们的财务管理等方方面面，考虑经济指标的落实，这叫营销管理。外国人评价中国，说中国有两个半缺陷，第一个中国企业计划管理不能适应市场的需要；第二个中国企业的财务管理不是企业的资本管理，光懂财会管理；还有半个是中国的人力资源管理，光懂人事管理，而不是人力资源管理。第三类管理就是战略管理。战略管理就是要考虑企业五年后、十年后、百年后怎样进行经营，就是以企业长远发展后劲为目的的一种管理，这叫企业的战略管理。在中国企业，应该说最粗放的是战略管理，企业家最吃力的也是战略管理，现在企业最不重视的还是战略管理。我们的企业往往是找上两个秀才，编写一个集团发展战略，大家读一读，讨论讨论就完了，而不是用战略管理指导企业的长远发展，这个问题是比较危险的。

我们天天研究管理，中国的管理存在什么毛病呢？总是赶时髦学名词，而不实在。在我当年搞建筑企业时，最早学的是日本的全面质量管理，叫 TQC。那时天天学，全员的、全方位的、全面的质量管理，PDCA 循环，晚上也开会讲，学一阵不学了。后来又学华罗庚的统筹法施工，关键矛盾线、主要矛盾点，又是天天学，再学一阵又不学了。现在又在学 ISO 9000，什么叫 ISO 9000，其本质就是三句话，你把三句话学透了，ISO 9000 你就明白了。第一句是：你说出你应该说的；第二句是：说到的应该做到；第三句是：做到的必须记下来。现在我们违反这三条的可以说比比皆是，很多不该说的说了，该说的却没说，说了的也白说，没有做到，说到做不到，做到也没记下来。我看了一下我们有的项目经理做的记录，写什么呢，几月几号天气晴朗，今天我们全体工人打混凝土打得热火朝天。这是什么记录？什么热火朝天！你打了多少方混凝土，混凝土质量如何，最后打得怎么样，用什么措施打的，应该记这个。我们有的监理记录也是这样：今天连续打混凝土，混凝土质量问题还是非常严重的，要引起高度重视，就写这么几条，这就叫监理记录？高度重视谁不知道，你应该记他在混凝土施工中连续打混凝土，他质量控制的方法是什么，有什么缺陷，他怎么解决的，你把这个写下来。你却写什么：连续打混凝土质量是非常重要的，需引起高度重视，应该加强管理，谁不知道应加强管理啊！这就是我们的管理，不少是口号，是在赶时髦。

另外，我们的管理还有一个问题——不是埋怨自己没有管理好，而是埋怨自己部下的素质不高。要我看，这样的领导不是好领导。你有责任把自己部下的素质提高。有的人说什么中国人素质太差，我说不完全是。现在在一些城市，有的搞一米线管理。我们到银行去取钱，它前头有一个一米宽的黄线，过这黄线只能是一个取钱的人，其他人都在一米黄线以外排队等候。我们到飞机场去安检，也有一个一米黄线，只能有一个人过去安检，其他人在黄线外面排队等候，这就是一米线管理，世界上都是这么做的。中国人就实行不了，喜欢往窗口上拥。在外国如果有第二个人过这个一米黄线取钱，那么这个人将会被视为偷钱或抢钱的嫌疑人。而我们往前涌，人家说中国人素质太低，实行不了。我就跟他们讲，不是中国人素质不行，而是你管理得不好。我们中国的建筑工人文化程度有的只上过小学，可是到了国外去，只要去了两个月就知道了人家的一米线管理，也都老老实实在那排队等候，没有一个上前去挤的。反过来，外国留学生、大学生到中国留学，我看到他们竟骑自行车在人行道逆行，素质极低、极差。而在他们国内他也不敢，但他在中国就敢，是因为你中国管理得不严。新加坡规定在公共场合不许吸烟，那么就没人敢吸。坐汽车停车场交费，没人管的，都自动地交，没人不交的。假如你抽一次烟，或者有一次不交，罚你 2 000 新元，罚得你心痛。像我们管理的不准吐痰，吐一口痰罚 5 块钱，就有被罚者做得出：拿 10 块钱，说不用找了，我再吐一口。这怎么行啊！管理不严，造成管理失效。

第五个问题　关于信用机制。

信用机制也是决定经营机制调整成败的关键。这里要讲强调的一点是，社会主义市场经济，过去讲是法制经济，这是不完整的。社会主义市场经济应该是法制经济和信用经济的统一，既要讲法制经济又要讲信用经济。我们过去在封建年代讲信用，是忠于皇上，君叫臣死，臣不得不死。市场经济讲信用，就是诚信，诚实和守信，一诺千金。现在不讲诚信的人太多，一些人吹、赖、假。所以中国的市场经济现在还很不完善，主要就是信用经济的不完善。"吹"，本来是个十几个人、几张桌子的小公司，他也要叫什么集团公司，经理也改叫总经理、总裁、董事会主席。广州的同志给我讲过这么一件事，本来是一个只有几十个人的小企业的经理，却也改叫"总经理"，经理的名片也随之改成了"总经理"。党支部书记看见后，就不干了，也重新印个名片叫"总书记"。开个小饺子店，不叫饺子店，叫"饺子城"、"饺子大世界"。人家日本的大企业都叫"竹中工务店"，就是个店。盖楼也是如此，盖十层楼都不叫楼了，叫"大厦"，大厦也不过瘾，叫"广场"，能吹则吹。房地产商也吹，本来就是盖了一处房子，却说我这个房子四通八达，胜似皇宫。等人家买完房子后一看，不是那么回事。"赖"，能赖则赖。现在赖的事情太多，包括工程担保或银行资金担保，10 个担保里有 9 个要成被告，亲兄弟当担保有时都拿不准，国有企业将来要给人家担保一定要特别小心，赖账太多。至于干活不给钱，买材料不付款，任意拖欠的现象更多，已经成为企业沉重的包袱和社会的不稳定因素。"假",什么都有假的。我们知道,企业的文化,企业的作风,企业的信用是企业的各项改革发展及企业结构调整成败的关键,这些是企业的无形资产。我们说企业既要讲有形资产,也要讲无形资产。要把一个企业搞好了,要把企业的结构调整搞成功了,需要班子乃至企业每一个员工的共同努力。但是要把一个企业搞坏了,搞乱了,不要多,有几个人就行,就能把这个企业给搞糟了。从企业文化的角度来看,再优秀再先进的企业,也有管理的漏洞可寻,如果不注意找出这些管理的漏洞,不注意堵塞这些漏洞,迟早有一天会因为一个管理的失误而引发一系列连锁反应,而导致一个企业的灭顶之灾,以至于企业最后的破产。关于企业破产的问题,大家还没有看到它的严重性,我可是看到过了。日本的八佰伴破产时,我正好在香港,我是亲眼看到资本主义企业怎么破产的。那真是不得了,他要花4 000万美金,把商品全部卖掉,表示宣告我的破产。日本店员站在那儿鞠躬90度向来者表示感谢,恳请大家排队买便宜货。

很多企业对于信用关系其生死攸关的重要性体会不深、认识不足。不讲信用的企业照样可以生存和发展,坑蒙诈骗者也有一定的市场。所以,在社会上没有树立起以讲信用为荣,不讲信用为耻的信用道德评价和约束机制,信用的失衡就成为社会普遍的现象。这种不讲市场经济规则的问题是无法与法制经济和信用经济统一的。法制经济,我们有不够的地方,要进一步加强。要建立、完善管理信用的立法、信用不良的记录和档案,以及失信约束的惩罚机制。不讲信用的经济更危险,会导致一个民族的衰亡。从一定意义上说,现代市场经济就是信用经济,需要以诚信作为基础,市场化程度越高,对社会信用体系的发育程度的要求也越高。当前,无论是从完善社会主义市场经济体系,还是从扩大内需、保持经济快速稳定发展,或者是从我国加入世贸组织的角度来看,建立规范的社会信用体系都是十分重要且十分迫切的大问题。所以中央颁发了《公民道德建设实施纲要》。要认真在各行各业树立起信用经济的观念,要建立信用管理制度、信用档案,要对信用状况不良的企业利用不良档案记录,当做典型教材。一个条件再差的企业,困难再多的企业,也有管理的潜力可挖,企业的信誉、企业的精神,企业的文化决定企业改制和经营机构调整的成败。

第六个问题 科技创新。

从施工技术方面我们与国外比,最先进的方面差不多,一般的差很多,还有的差太多。近几年,我国的钢结构技术有些发展。仅杭州旁边小小的萧山市,就有十几个钢结构公司。萧山机场是一个民营企业提供的钢结构,这个民营企业江泽民总书记也去过。还有个企业是全套日本的钢结构生产线,仅6个人操作,一年能创造几百万元的生产价值。我们国家20世纪60年代、70年代是节约用钢,80年代鼓励用钢,90年代我们是鼓励发展用钢。发展钢结构,应引起高度的重视。我们建筑技术的平均水平跟国际建筑技术水平相比较,我们还是差很多的。我们大量的施工,还是靠人抬肩扛。过去我们叫"大干、苦干、拼命干",用江苏农民工说的一句话叫做"吃三睡五干十六",一天吃饭三个小时,睡觉五个小时,拼命干活十六个小时,加起来二十四小时。这方面的问题需要引起我们企业管理者的高度重视。一个建筑集团企业,必须拥有自己的专利,拥有自己的品牌,拥有自己技术上的专长,有高人一筹的竞标技术。所有这些，都要靠我们去进行有效的科技创新。

第七个问题　关于项目经理。

关于项目经理，我曾经讲过一个观点，是探讨时讲的，结果他们登了报，还到处给我转载。我讲的是项目经理要有十八般功夫，这是因为作为一个企业，建工集团的品牌在哪里，在项目上。而项目是否能够成为品牌，却是在项目经理。所以项目经理的能力和水平就显得特别重要。北京建工集团当年的三建公司，张百发、李瑞环都是你们宝贵的精神财富，同时也是你们的"无形资产"，工人、班组长都成长为党和国家领导人，成为了知名人士，那时北京三建全国都知道，全国都闻名。前两年，我们想在全国树立个项目经理，结果在天津三建找到了范玉恕。现在天津三建有的是活儿干，只要是投标，他就比别人都优先，因为他有个无形资产范玉恕。所以，作为一个称职的项目经理，就要练就十八般功夫。a. 合同履约功夫。计划经济年代，在合同方面我们培养了不少扯皮专家，就是缺少合同专家。现在我们的项目经理应该在合同履约的问题上出功夫。b. 风险控制的功夫。项目经理是要担风险的，一栋大楼不是凭口号或者是凭决心就能建成的，建设过程中有风险。如何做到减少、避开风险，如何做到转移风险，应该加强这方面研究。c. 程序优化的功夫。一个优秀的项目经理能把工地管理得井井有条，像家庭一样。一个不太会管的项目经理，会把工地管得乱七八糟，施工程序前后颠倒。乱糟糟的工地是干不出优质工程的。d. 要有策略讨债的功夫。一个好的项目经理，尽管在全国普遍拖欠工程款的情况之下，他这个项目相比之下拖欠工程款就少得多，能从多种环节上进行讨债。拖欠工程款对不同的项目拖欠的程度是不一样的，就看你项目经理会不会讨债。有的项目干完活儿甲方不给钱，这成了我们国家当前的一大特色了，尽管我们发了文件，还是不起作用。但是有的项目经理会讨债，有的靠感情讨债，策略讨债，有的是平时小钱不要，一万、三万不要，一要就是百八十万。e. 要有熟悉标准的工夫。干工程的基本标准要懂，要弄明白。有的工长，有的项目经理对混凝土的养护，为什么要标准养护，为什么要同条件养护都搞不明白。对工地上，钢筋怎么弯勾都没弄明白，怎么能搞好工作呢。f. 要有高效组织功夫。就是项目班子怎么组织好，如何做到各负其责，达到工作的高效率。g. 要有和谐、鼓劲的功夫。项目经理要懂得如何带好队伍，如何把大家的干劲调动起来，使你队伍的每一个成员都能"心往一处想，劲往一处使"。1996 年范玉恕过春节，就专门到湖北几个农民班组长家里去看望。住在一个小旅店，自己带着干粮。他到每户农民工家里拜年并送上了 1 000 元过节慰问费。一位农民工感动地跪下来请老范到家里来吃顿"年夜饭"。老范婉言谢绝，坚持不去，这位农民工说，我们跟你干，就是累死也愿意。我们有的项目经理不是这样，我也碰到过一个项目经理，工地上的农民工都暗地里骂他，恨不得要趁哪个晚上天黑的时候，把他捆起来揍一顿才解气。像这样一种关系，你说的话他们能落实吗？这样怎么能干出优质工程呢？h. 要有场务整备功夫，就是工地上的场务整备要好，要严格执行北京市建委和你们建工集团有关文明施工的规定，认真贯彻集团关于CI 标准的有关文件，搞好现场文明施工。应该说现在近几年通过我们推行上海文明施工经验，各个工地的面貌还是大有改进。但是也要进一步推进"结构长城杯"的创建。i. 要有环境协调功夫。一个工地要环境协调。城市居民老说我们搞施工项目扰民，我们就说也有时是民扰。究竟是扰民还是民扰？搞得好的工地老百姓就拥护你，就支持你把这个工程建起来。搞得不好的工地，老百姓就恨你，就想整你、揍你。如何跟周围环境相协调，项目经理要下些功夫。j. 要有技术的策划功夫。项目经理在技术方面要搞好策划，一个项目经理不可能什么技术都懂，要充分发挥专家的作用。外国人在项目上把大家的合理化建议看做是"准宪法"，高度重视。我们一些项目经理，对专家的意见都听不进去，对合理化建议就更不当回事儿了。k. 要有熟悉材料的功夫。项目经理对建筑材料的量差，价差，质差，材料的代用，要有个大致了解，如果什么也不懂，你想当好项目经理，那也是很困难的。l. 要有电脑操作的功夫。现在有的项目经理用电脑，把项目的全部信息都储存进去了。项目需要的东西将电脑一打开，就都有了。m. 要有提炼总结的功夫。对项目上的人、机、料、法、环各个环节的工作，要善于总结。一个工程项目干完了就是一本书，应该能总结出来。n. 要有转化教育的功夫。就是项目上存在各方面的矛盾，要每天转化矛盾。o. 要有运用法律武器的功夫。要运用法律武器制止各种违规指挥，违规作业，违法经营等问题。p. 要有"他山借石"的功夫。就是借用人家成功的经验和失败的教训为自己服务。有个项目经理讲，我干的工程项项全优，有人说是吹牛。什么叫项项全优呢，其实对项目经理来讲，一个工程项项全优是完全可能的。一个项目经理两年就干一个工程，分母就是 1，分子是优，那就项项全优。如果这个项目分子是不合格，那就项项不合格。所以对项目经理项项全优、项项不合格是一回事，要正确认识这个问题。q. 要有自我完善的功夫。项目经理管一个项目不发脾气是不实际的。要能自我拘束，自我完善，自我成长。r. 要有敬业精神，要讲职业道德。s. 要有营销战略功夫，也就是我说的"打一、争二、眼观三"。也就是干着一个在手项目，还要看周围有没有其他什么项目，这点必须得早考虑。我提了十八般功夫，这是对项目经理的要求。有人说当前一个经济的品牌，就是一颗经济的原子弹，品牌是最有价值，甚至是暴利的投资。我们"北京建工"这 4 个字是我们全体北京建工人共同创造的品牌，我们不能不看到在我们每天都发生着为"品牌"增辉的事情的同时，每天也发生着给"品牌"抹黑的事情，只是事情有大有小而已。所以"品牌"问题是很关键的问题。

第八个问题　建立学习型组织。

当今的社会是知识经济型社会，是一个科技日新月异的社会，它要求国家是学习型的国家，社会是学习型的社会，企业是学习型的组织，人要终身受教育。美国培养 MBA 工商管理硕士的哈佛大学提出，他们培养学生不是培养知识分子，是培养的能力分子。他们说，我们培养的人都是有能力的，我们培养的 MBA 他们都会拼命地、疯狂地追求本企业的利润，追求本产品的质量和信誉的，我们培养的 MBA 都是市场竞争中的职业杀手，即善于市场竞争的人。他们说全球批评我们哈佛大学最大的缺点是什么，是培养的 MBA 身价太高，每年没有几十万美金还聘用不到我哈佛大学培养的学生。作为一个高科技时代，学习是至关重要的。我们搞社会主义市场经济，把企业建设成为学习型组织是十分重要的。

应该看到，在中国当前搞企业，特别是国有企业，困难是很多的。今天我没有给你们讲建设部作为政府部门应该怎么做，今天探讨的是我们企业自身应该怎么做。可以说我们现在是在面临着很多困难的条件下，从事着国有企业的经营。国有企业的领导一方面要为企业的发展出谋划策，鞠躬尽瘁，同时还要对企业离退休老职工的生活负责，要为国家的安全、社会的稳定尽自己的责任。国有企业是国家的一个社会单位，也是我们国家社会主义市场经济的一个经济单元，我们的责任是重大的。应当看到困难是相当之多的。有的人说："企业现在日子太难过，难过也得年年过，年年过得还不错"。还有的人说："现在企业困难大得了不得，最遭罪的、最困难的是咱国有企业的领导"。也有的人说什么："北京几大傻，国有企业当一把"。竟把我们国有企业的企业家当做了一大傻。但是我们也要看到，时代在呼唤着企业家，最可爱的人是企业家，中国最宝贵的财富、最稀缺的资源也是企业家，一个民族没有企业家的成长是没有希望的，尤其在这个经济全球化的年代。今天，我们研究国有企业如何转型，应该说困难和机遇同在，挑战伴随而来。但机遇总是属于那些"有备而来"的人。我们有些人看到今天的困难，天天讲困难，也没有人去给你施舍。可以说，现在天天喊困难的企业领导人也绝不是好企业家。而在困难的情况之下，拼搏奋斗才是时代的需要。

作为北京建工集团，从我们建国初期到今天，无论是从历史上看，还是从现实来看，对于加入 WTO 的北京和迎接奥运会的北京，都具有其重要的地位，这是一笔巨大的无形资产，这个资产正有待于进一步开发。北京建工集团自 2000 年以来，紧密结合企业实际，确立了企业发展战略，即"解放思想，转变观念，坚持生产经营与资产经营同步发展的原则，调整经营结构，调整产业结构，调整产品结构，调整所有制结构，实施人才和科技发展战略，减员分流，加强管理，提高效率，把集团建设成为智力密集、充满活力、具有国际竞争力的现代企业集团"，在这一发展战略引导下，两年多来，建工集团综合经营额由 80 亿元增至 90 亿元，新签合同额由 66 亿元增至 80 亿元，成绩显著，很了不起。但同时我们也应该看到，当前挑战与机遇并存，作为北京建工集团的全体员工，抓住今天的机遇，重振建工航母的雄威，是非常之必要的，这不是口号，也不是在说大话，是实实在在的，是要为此做很多很多事情的。所以最后我要说，真正了解北京建工的是你们；真正能把北京建工引向全国，直至在国际建筑市场上成为一支较强大的力量，也是要靠你们；准确地认识分析北京建工，还要靠你们。我相信，北京建工在你们集团公司党委、董事长、总经理及各级班子领导下，通过艰苦的努力一定会把你们这个大型建筑集团企业经营机制调整好。

今天我在这里谈了 8 个方面调整成败的关键，这些还有待于大家共同探讨。此外，还有很多需要思考和研究的问题，有待大家总结分析。

A17　项目经理与项目经理责任制

——在全国施工企业项目经理培训暨工程项目管理研讨会上的讲话

（2000 年 5 月）

一、项目经理的职责、责任及其责任制

（一）项目经理的地位

项目经理是一个建筑承包商的法人代表在某个项目上的一次性的授权委托代理人。建筑公司董事长或总经理是法人代表，这个建筑公司同甲方签订一个项目的承包合同，项目的合同由谁执行呢？那就派一个代表人。从企业来讲，是法人代表，从项目来说，是项目经理，他在项目管理中处于举足轻重的地位。

（二）项目经理责任制

随着社会主义市场经济的建立和项目管理的不断深化，施工企业已经基本形成了"两线一点"的承包经营体系。一方面，由于施工企业的工程任务是通过投标艰苦竞争到手的，企业和建设单位签订合同的各项条款要求最终要通过各项经营活动转到以项目为中心的管理上来；另一方面，企业对国家要确保完成各项经济技术指标也要通过项目管理承包、目标分解到项目上来。这就迫使企业必须建立和完善以工程项目管理为基点的项目经理责任制。通过强化建立项目经理全面组织生产要素优化配置的责任、权利、利益和风险机制，以利对工程项目工期、质量、成本、安全及各项目标实施全过程强有力的管理。这就是我们要讲的项目经理责任制。项目经理责任制是施工企业两条承包主线的内部结合点。它有 4 个特征：一是对象终一性；二是内容合理性；三是主体直接性；四是责任风险性。多年来的实践证明，在企业法人代表与项目经理之间实行这种"经理负责，全员管理，指标承包，责任明确，确保上交，超额奖励"的复合性指标考核责任制，是符合建立现代企业制度和市场要求的。今天，我要讲的主要是项目经理责任制中最核心的职责和责任问题。

（1）项目经理的主要职责

概括地讲，项目经理的主要职责就是百分之百履行合同。这是因为对业主来说，主要是履行承包商与业主签订的合同。从企业经理来说，他的工作前提也是承包商与业主签订的项目合同。作为项目经理来说，是生产要素合理投入和优化组合的组织者，是项目施工责权利的代表，他代表企业承担着合同的责任和履行合同的义务。所以要完成这个合同条件，一个方面要保证不违约，使业主满意，从法律上说，要百分之百地履行这个合同，正确地执行合同的条款，处理合同纠纷。这就是项目经理的主要职责。

（2）合同在履行中的索赔责任

我们在施工的过程中，现场不断发生由于业主的原因造成承包商的很大的损失，从而要求业主承担责任的事情。比如说，业主的材料没到，无法开工，那他就得承担责任。这里边牵涉到索赔的概念，索赔不是违约赔偿，违约赔偿就是双方签订合同，有一方违背了合同条款，对违背的条款应该给予什么样的赔偿。索赔是由于非承包商的原因造成承包商的损失，承包商有权要求业主补偿，包括工期索赔、费用索赔。由于非承包商的原因要推迟两个月完工，那就要求工期索赔；由于非承包商的原因费用增加，那就要求费用索赔，前提是非承包商原因而不是甲方的原因。承包商有权要求索赔这是国际惯例。但现阶段在项目上，我们相当多的项目经理或公司经理还不懂索赔，承包商不想索赔，不会索赔，不敢索赔，该索赔的不索赔，怕索赔影响与甲方的关系。我们有些地方首长、行政长官不准索赔。搞市场经济，就要维护承包商的合法权益。第一从业主来说，要百分之百地履行各项合同条款，或找出非承包商的原因，主动给予索赔。第二从施工企业来说，项目经理是建筑承包商派出的，也是建筑公司法定代表人派出的代表，他必然代表承包商利益，要求业主给予索赔，这是项目经理的责任。

（3）项目管理中的营销责任

对企业来说，要有营销责任。一个建筑公司不赚钱，老赔钱，那公司肯定要破产，建筑公司原来只有完成任务的观点，每到年终就汇报。我当经理的时候，11月份就要找个人写报告，到省建委敲锣打鼓，"本公司提前多少天完成年度计划"。现在你再这样，人家会笑话。你是为了生存、为了发展而履行合同，不是简单地完成上级交给的任务。在每个企业都要讲社会效益和经济效益。项目的成本控制对企业非常重要，它是企业和项目所花的本钱，降低成本是实现公司利润指标的关键。项目经理在工程项目管理过程中的第一个营销责任是降低成本。

建筑公司与工业企业不同，因为工业生产能够批量生产。比如啤酒商拿一瓶啤酒去检验部门化验，经过专家们评定为合格，那成千成万箱啤酒都为合格。而我们却是一幢楼就是一幢楼，两幢楼就是两幢楼，个个都不一样。原因是企业的资源不一样，我们按同一图纸在两个地方建楼，建成以后是不一样的。另外，一张图纸细看也不是一样的。因此，项目经理的第二个营销责任是通过项目为企业在市场上树立一定信誉，或者说树立一个形象。市场经济，讲做买卖，建筑公司的买卖（交易）与工业企业不一样。工业产品一般说先有商品后有交易，而我们建筑公司是买卖在前，不是一手交钱一手交货，我们的货可能在2年后才能完成，按这种买卖关系则是一种信誉之间的关系。不管你通过什么方法投标得到这个项目，实际上甲方对你是一种信任，相信你能完成这个项目。不可能等项目竣工后甲方出来说，"对不起，这栋楼我不要，给我换一栋"。我这大楼怎么换，建完后想不要再换一栋是不可能的事，这栋大楼好也是你的，坏也是你的，不可能像工业产品那样。

所以我们讲项目经理的营销责任一方面对企业来讲，要有效益，降低项目成本；另一方面要保证质量，赢得信誉，树立形象（或者说是无形利润，或无形资产）。第三个方面的责任是对产业来说的，建筑业是国民经济的支柱产业，而建筑业离不开建筑企业，没有建筑企业哪来建筑业，建筑企业是建筑业的龙头，建筑企业要有项目，任何建筑企业最终立足点还在项目上。

（4）整体素质责任

项目与产业是什么关系呢？我认为要承担素质责任。

产业素质有两个方面。一个项目经理完成一个项目要培养一批人才，其中包括其自身的成长。一个人大学毕业以后，要分配到什么地方去？如果考虑孩子的前途就要把他放到工地上去，不要老想把他放到房地产公司、外资企业、机关。你完成一个项目，就成长一次，如果完成了2～3个项目，你今后干什么都行。建筑人员的自身发展不跟项目打交道不行，项目可以培养人才，项目的各项管理人员和项目经理本身却存在成长问题。一个项目干完后他必然会获得很多经验，同时，也不可避免地有相当一部分教训。而这些教训，对项目经理来讲是一种宝贵的财富。俗话说：失败是成功之母。一个项目经理要从项目中找教训，来激励自己的成长；提高自己的整体素质，包括政治、技术、义务、品德素质。

（5）产业文化责任

产业文化也是素质的体现。全国建筑业从业人员3 500多万人，文化素质在项目上的体现是十分重要的。我们有些项目上的农民工的素质很不像样，夏天衣裳不整，居住条件和食堂的环境很差。在这点上上海的文明工地确实带动了全国工地，你不得不服，上海的所有工地上都是净地施工。上海不像许多工地，到处都是泥地，一边堆着石灰，一边堆着水泥，工地上的工人在水泥和石灰中生活，材料乱堆乱放。关于文明工地，我讲了很多，这里我就不用多说了。现在全国有相当一部分省市，特别是省会城市，他们的工地，我还是比较满意的。这几年施工工地的面貌发生了很大变化。外面全都是整齐的围栏，在些工地还搞了绿化，建立了浴室，厕所是马赛克地面。这才像个工地，企业文化就是一个产业性文化，建筑工人是工人总体的一部分，就要有建筑工人的形象。不同的项目经理在不同的项目上，树立的文化形象是不一样的，有的项目经理很重视本项目的文化，很像个样子。有的项目经理本身就是脏兮兮的样子，那么项目怎么能管好呢？我们不可能相信这种人负责工程能达到优质工程，这样的工地怎么能培养出工人阶级新一代呢？这是不可能的。

（6）对历史和人民负责的责任

我们签订合同时，是跟甲方签订合同，但是反过来说，我们尽的责任却是对历史负责，对人民负责，所以要提供优质工程，这是为子孙造福的事情。可以这样说，任何一个建筑，竣工以后，受益或者受害的，是在这个建筑物里面和在这个建筑物的周围生产和生活的人们，不光只是甲方和乙方。受害的事情比如说綦江桥塌了，死了40多个人，没有一个是甲方的，也没有一个是承包方的人。我们前天说的水库坍塌，淹死了88人，还有40多人失踪，也没有一个是承包方的人，都是下游的老百姓。韩国塌方的百货大楼，死的人都是买东西的人，500多人没有一个是甲方，也没有一个是乙方，这受益或受害的都是在它里面或者在它周围，或者生产或者生活的人。不是说甲方要求怎么干就怎么干，甲方说降低标准，你有钱就降低标准，那样不行。所谓优质产品，包括两个方面：一个是观感的功能，一个是使用的功能，或者是结构安全的功能。所以每个工程，就是建筑师的意图，通过我们建设以后能够达到建设的有效性，能够是一个景点。最近我写了一篇文章，呼吁全社会重视建设美学的教育。就拿北京来说，大部分建筑物都类同，这样不行的，应该突出一个建筑的美，另外，就是使用不合理。

1995 年我在济南会上讲过的，对项目管理提出了三个一的要求：一是要研究一套既符合中国国情又能与国际惯例接轨的工程项目管理的理论；二是要培养一批高素质、职业化的项目管理人才；第三是要建设出一批高质量并具有世界先进科学管理水平项目的代表作，能代表我们当今高水平的管理项目，具体说就是能够得到鲁班奖，国家优质工程奖的建设工程项目。1996 年我又加一条，提出要在项目上要不断总结技术含量，推广和采用一批新技术、新工艺，在建筑业施工中，用新的技术增加企业的高新技术含量。

实际上，咱们项目经理有两个责任，一个是要把项目管理理论和这个项目进行很好的结合，用项目管理理论来指导这个项目的实践，这是第一个责任，叫指导责任。就是你不要苦干不要蛮干，你要用一定的理论去指导；第二个是这个项目干完后，你要认真总结，你用一二年时间把这个项目完成了。风风雨雨做了哪些，有一个总结，从而丰富项目管理的理论。不要停留在书本上，所有的理论都在发展。马克思的理论毛泽东发展了，毛泽东思想由邓小平发展了，邓小平的思想由江泽民发展，都在发展。全世界都有项目管理理论，有项目管理的专门组织、专门的团体，在研究项目管理理论的发展。建筑管理这门学科，在教育上还没引起重视，教委把我们划在管理科学与工程学科中，把我们划在工业产品管理工程中。工业产业管理工程与我们建筑业管理有相同之处，但也有很多很多差异，差异相当大。工商管理硕士（MBA）学完以后，不一定能当建筑公司的项目经理。我们建筑公司的项目和工商管理有类同之处，还有很多不同之处。国家经贸委颁布的，我们的项目管理培训教材是 7 本书，建议增加一本，到 8 本书，用于工商管理培训，我与教育部负责人专门开过一个会，专门研究我们建筑企业的工商管理培训问题。

不管你是否愿意负责，你都要负这几个方面的责任，都是在自觉或不自觉地执行这几个方面的责任。有的同志明白这几个方面的责任，有的同志不是很明白，但实际上他也在尽这5 个方面的责任。这次我把它讲清楚，希望有更多项目经理能够自觉地明确自己的责任，去履行自己的神圣职责。

二、项目经理要想尽责任，必须正视困难和面临的挑战

现在已经不是计划经济的年代，不是短缺经济时期，现在处于计划经济向市场经济转轨的年代，这个年代存在着市场的混乱现象。1992 年，中国的市场经济刚刚建立，到 2000 年社会主义市场经济初步发展，2010 年后才进入比较完善的市场经济。

我们现在处在转轨期，这时期的市场混乱有这两个方面：第一，市场存在不正当竞争。竞争有正当竞争和不正当竞争，现在我国已颁布了《反不正当竞争法》，但社会上还存在着种种不正当竞争行为，如低价招标、高价索赔等。第二，社会上存在不正之风，腐败现象，许多好同志被拉下了水。我的观点是，中国的企业家很少，但从事企业家的实践很多很多，我们的经理都在从事建筑企业家的实践。在计划经济年代，我本人当过经理，我是"从业加保险"，是党分配我到这个公司当经理的，是从业来的，党叫干啥就干啥。"共产党员是

块砖，哪里需要哪里搬"，党叫来的，你不服从不行。经理当得不好可以调走。今天是"创业加危险"。建筑公司怎么办？办一个有限责任公司、股份合作公司或其他形式的公司，你要改革，要创业，现在许多建筑公司处在二次创业阶段。总书记在大连召开东北、华北各省市会议，来研究搞活国有大中型企业，会上讨论了进一步明确职责、产权制度、体制改革等问题，现在我们有鲁班奖获得者、全国劳动模范、企业家、老板。改革初期的劳动模范、"五一"奖获得者，剩下不多了，有的跑到国外。全中国建国以后，除了雷锋宣传最多以外，其他就是宣传改革家的。

到了 2010 年以后，进入到真正的市场经济时代，我们的企业应该是"职业加风险"，那个时候的经济条件是好的，进入了成熟的企业管理职业阶段，那时的经理不是老板，是打工仔，那时的经理不是直接的所有人，而是从事经营管理的项目受益人。我们现在培训项目经理就是这种职业，这个职业为什么年薪高？就因为它是一种高风险的职业，和一般当个老师、当个其他职业的人不一样，它的风险最高，所以我把计划经济年代的经理称做"从业加保险"。记得我曾见过一篇文章叫《我与魔鬼打交道》，文章写得很好，是一个包工头写的。我又看了一篇文章叫《一个装饰公司经理的自白》，文中讲这个经理怎么去用钱，怎么去欺侮人家，在市场怎么混，怎么将伪劣材料卖给人家，怎么粗制滥造，怎么偷工减料。市场经济年代，要慎之又慎。

一个项目经理没有市场、没有项目，就不能叫项目经理，项目经理要与项目连在一起，而项目经理又是某一项目的项目经理。一个项目中的困难很多，但不允许用困难和条件不好去原谅自己。如果因为有困难、条件差，项目就可以质量不好，这么说不行。同样在共产党领导下，同样在中国这块土地上，同样太阳东方升起，西方落下，不同项目经理困难不同，就有不同的结果。我们不能等到 2010 年，等市场经济比较完善的时候当项目经理，在我们这个年代要讲项目经理现在的责任。

应该承认，我们的行业总的来讲技术含量并不高，但我们又存在着用高新技术改造传统产业问题，淘汰落后技术，淘汰落后材料，引进新的技术材料进行施工，开拓进取。在管理方面要淘汰落后管理，我们的管理存在很大毛病，以赶时髦叫做管理，最早是全面质量管理，学了一段不学了，学华罗庚的统筹法，统筹法施工，后来不学了，现在学 ISO 9000，到处学 ISO 9000，做广告说本公司获 ISO 9000 证书，有个公司上午拿证书，下午市建委就因其出现质量问题被通报，一个公司为获得 ISO 9000 体系认证，把民工关起来，不让出来，简直比帝国主义还帝国主义。

什么叫 ISO 9000？它是质量管理保证体系，是一个标准，它是把管理法制化。在管理上，第一、说应该说的；第二、说到必须做到；第三、把做的记下来，记的是做过的，做的是说过的，说的是应该说的，别讲废话。用 ISO 9000 四大文件：质量手册、质量文件、质量计划和质量记录。其中，质量计划是项目的全部完成的计划。

最近江总书记在全国技术创新大会上，强调技术创新问题，用高新技术去改造我们的传统产业，各行各业都要建立标准。现在部里正在贯彻这个讲话精神，社会有需求，这样落后的工业不行了。在素质转化的年代要强调素质和教育问题，全国教育大会刚刚开完，强调全民素质教育。今天，我们的项目经理大多是素质比较差，比较低的。差到什么程度？我举个例子：我们有一个省会城市拆一栋楼的墙，由于不懂施工，造成30多个民工被砸死。还有钱塘江工地，用烂泥打混凝土，空心楼板没有钢筋；打挖孔桩时，钢筋没下，就回填土，这个项目经理你不是害人吗？这里有民工的责任，因为相当一部分民工不懂，但项目经理你是干什么的？我们派的项目经理好多是滥竽充数，比如：有些人印有项目经理的名片，一问是他们经理为了打交道方便让他印的，到处骗，有些演员也拿有项目经理名片。

另外，除了培训教育以外，就是树立样板工程，现在项目经理不重视样板工程。要强调样板工程，搞住宅要先搞一个样板间，样板门搞完后要搞一个样板房，如果是一个小区，要搞一个样板楼，一方面要教育提高，一方面要搞样板。

三、项目经理应该具备的素质

（1）综合协调能力

一个项目要完成是多个方面、多个部门、多个工种共同的事，包括人流、物流、机械流的综合协调，没有综合协调能力很难完成这个项目，作为一个项目经理在项目的组织上、管理上必须具备这种能力。我讲讲竞争与合作的关系，当今时代的竞争不是过去简单直接的竞争。过去我们讲竞争就是"你死我活，大鱼吃小鱼，小鱼吃虾米"，这话不错，但在新的条件下合作也是竞争，会联合、会合作、会协调才是高层次的竞争。世界上大的飞机制造行业已经联合起来了，大的制造行业联合起来了，要会联合起来才会竞争。我们大的国有建筑企业要与农民工联合起来，任何一个国有建筑企业都不会说"我不用农民工"，但是怎么联合农民工，怎么联合政府有关部门去搞好项目，这里面就有学问。合作也是竞争，竞争与合作不是对立面的，在新形势下，有效地合作才能进入到高层次的竞争。

（2）科学控制能力

过去讲的"三控、二管、一协调"，现在我讲叫"四控、三管、一协调"。也就是工期控制、质量控制、安全控制、成本控制，加了一个安全控制。在外国工地上安全绝对第一，安全相当一部分是包括质量安全的。綦江大桥是质量事故。但在劳动部门看是安全事故。一个企业，绝对要把安全放在第一位，绝对做到安全零事故。过去我们有一个观点叫人多力量大，多一个人多一份力量。从管理上看，多一个人多一个不安全因素，多一个人多一个事故的制造者，所以说"四控"之中要突出一个安全问题。在美国不允许同一事故在同一个企业连续发生，但我通过看资料后发现，在我国同一个企业连续发生二三次事故的很多。企业经理蹲了监狱，往往是以重大安全事故罪判刑，事故发生后你应该认真总结教训，不能再发生这样事故。"三管理"：一个是信息管理，一个是合同管理，还有一个是现场管理。现场管理与工厂不同，工厂是线上的管理，从原料进厂，到各条生产线，最后到总装，包装出厂，它是在车间里进行的，我们是在空间进行的。我们的人力物力安排，要根据风天、雨天采取不同措施，风雨天、寒暑假、节假日，往往都是我们容易发生事故的时期。今年年初在一个直辖市里有一个工地，民工马上就要回家过年了，就在回家过年的头一天，一个焊工，焊一个预埋件，把草帘子点着了，一把大火，使现场 16 人被烧死。所以，工地各个方面，人、机、料、防、管各个环节要协调好。

（3）职业道德

建筑公司是生产单位，但也不得不承认我们也是个服务单位，对用户负责，对业主负责，我们的职业道德是至关重要的。常常有工地使老百姓昼夜不得安宁，叫扰民，所以建筑职工有一个职业道德问题，项目经理自身的职业道德将影响整个项目所有参加人员的职业道德。

（4）专业指导技能

最近我看到一篇文章，叫《话说项目经理》，他说项目经理不是政府任命的企业官员，也不是半个官员或半个企业家，是不戴官帽，不穿官服，不享官禄的经理。他们的法律地位完全平等，立足于社会，立足于市场，经理们之间没有荣辱贵贱和等级之分。项目经理不靠救世主的恩赐，也不靠等级职权所赋予的职位，只靠自己的才华、才能，遵循市场经济的规律和市场经济的机制去公平竞争，与交椅终身制决裂。

四、项目经理的发展方向

（1）范玉恕的榜样力量

就天津三建范玉恕编了一本书，全讲的是范玉恕，叫《爱业、敬业、创业——老老实实做人，结结实实盖房》，他从一个工人成长为一个高级工程师，干了十几个项目，每个项目都是优质工程，项项创优。这就是我们的项目经理，我有一个观点，项目经理首先是做人，老老实实做人，才能结结实实盖房。项目经理做人很关键，我讲一个观点，叫"项项工程全优"，有的同志说"吹大牛"，哪里有那么多全优的，我说不吹牛，项项工程全优在一定意义等于项项工程不合格。这话怎么解释呢？是这么一个意思，一个项目经理一年或者两年，他就干一个项目，这个分母就是1，分子就是一个项目，这个项目是优的，一年二年这个项目的分项工程就是全优，这个项目不合格，它就项项不合格，就这么个简单道理。对一个项目经理来讲，你要么就干优质工程，但也可以是合格的。对项目经理来讲，既是项目的将才，又是项目的帅才。

请你们回答一个问题：什么叫管理？让我解释，管理是想办法使别人劳动。想办法使别人好好地干活。换句话说，管理人的成就建立在被管理人的成就之上。应该说作为一个项目经理，对人类、社会、国家、人民，他是做出很大贡献的，从一栋大楼平地起，到把一栋大楼盖起来，等你老了，退休了，说是当时当项目经理干的，你会得到安慰，在地球上留下了一个痕迹，给自己留下了一份骄傲，应该得到社会的承认，人民的赞扬，应该当劳动模范。不管是范玉恕，还是更多的，包括张百发、李瑞环这些高级领导，当年也是我们人民大会堂的突击队队长，项目经理要实现自己的人生价值和自己的劳动价值，就要做范玉恕似的项目经理。

（2）建筑营造师

项目经理职业化可成为建筑营造师，或者说成为项目管理专家。如果你干完这个项目以后，再注意学习，你会成为项目管理专家。现在我们已经建立了注册建筑师、注册结构工程师，今后还要有注册营造师。作为项目经理，这是一件好事，当然这项工作涉及许多方面，都是正在研究考虑一个工程管理体系，一个建筑业体系，一个房地产体系。工程管理体系培养能够懂得工程的甲方，培养投资者，实行项目法人责任制。项目法人要从项目的策划到项目的施工、竣工负责，对投资的还款、对增值保值负全部责任。建筑业产业要培养政府官员，实行有效的统一管理。企业经营管理培养企业家、培养营造师。营造师进行有效的管理，高级工程师是技术职称，营造师是一个建筑管理职业。

（3）建筑 MBA

现在有工商管理（MBA）。我国也应该有建筑 MBA。你学了工商 MBA，可能当建筑企业经理不合格，把工商的东西都拿到建筑工地上可能不好用。你包修包换包用，房子没有包换的。所以《中华人民共和国产品质量法》第二条规定，建筑工程不执行此法。现在正在国务院法制局审定《建筑工程质量条例》，建筑工程质量与产品质量不太一样，建筑工程交易与工业产品交易不大一样，建筑公司企业家与工厂厂长（企业家）也不大一样，也有其自身特点。建筑公司要树立起一个观念，什么叫大建筑公司？一个是人多，二是级别高。公司应该发展成为财团，那叫大企业。什么是建筑公司的主业？主业不光是建筑施工，一个建筑公司的经营还可有多方面活动，多元经营、规模经营、联合经营、跨国经营、责任经营等，从而使公司发展成为财团。如日本松下集团开始搞松下电器，现在是财团——有钱。所以企业的发展，作为一个成功的经营者，要研究企业的体制改组、改造，江总书记视察国有大中型企业后，特别强调体制问题。企业雇主或企业雇员在过去是划得很清楚的。今天的你既是企业雇主，又是企业雇员，因为我们是股份制，你是股东说明你是企业老板，你又在企业干活，你是企业打工仔，你是雇员。发展成这样一个现代企业制度，同时研究自己整个企业的制度结构，从而去挖掘企业自身的资源，开发自己的本身资源，使企业沿着成长步伐从小到大尽力发展。一个项目经理应该发挥有效的经营责任，可能比其他行业转过来的经营者更有效，更有能力。在传统企业条件下，我们有些企业领导者与政府部门差不多，而在现在市场经济条件下，真正的企业领导者应该是企业家，应该是总经理，特别是从项目经理发展起来的企业家，更有能力。

最后我再说两句有关我们项目经理的培训和教育。前面都和教育有关，都和培训有关。培训是让项目经理明确自己的责任，培训要让项目经理知道要完成自己的责任所面临的困难和挑战，培训要让项目经理具备生产的素质和条件，培训项目经理明确自己发展方向或远大理想。在这里我强调一下美国哈佛大学，美国哈佛大学培养 MBA，它是培训工商人才的，它有几句话可借鉴。美国哈佛大学培养的学生，他们不光是知识分子，而培养的是能力问题，知识分子是要有能力的，也就是今天我们讲的创新教育。我们中小学都是死背书本，那不行，要培训能力。哈佛主要培养学生拼命疯狂地追求本期利润，追求本期产品质量，他们培养的学生都是市场上的职业杀手。这就是哈佛商学院培养的学生身价高的原因。同样，项目经理不应只是知识分子，更不是惟惟诺诺的知识分子，应该是现场指挥者。一个项目从平地起到竣工成楼要付出艰辛的劳动，付出高超的智慧。那么，我们培训的是高水平，高质量的人才，能建起优质工程的人。全国年投资 183 000 多亿，所以项目是不缺的。我们缺少的是项目经理，缺少有创新能力的项目经理，是真正能在项目中作为有能力分子的项目经理。

我衷心希望我们各个培训点在提高人民素质教育水平方面给我们项目经理更多支持，更多的能力，像哈佛商学院那样培养 MBA 人才那样，培养项目经理，我也祝愿我们更多项目经理像范玉恕那样，成为优秀项目经理，最终成长为营造师和建筑的 MBA。

A18　建设科技信息事业的创新与实践

——在"建设科技信息事业发展战略研讨会"上的讲话

（1998 年 12 月 16 日）

女士们、先生们：

今天我们在此召开"建设科技信息事业发展战略研讨会"。当前，我们正处在总结 1998 年、规划 1999 年的时刻。中央刚刚召开了全国经济工作会议，正在召开全国财政工作会议，马上就要召开全国计划工作会议、全国建设工作会议，全面规划 1999 年工作。中央经济工作会议明确指出，1999 年经济工作的总体要求是：高举邓小平理论伟大旗帜，深入贯彻落实党的十五大及十五届三中全会精神，继续推进改革开放，把扩大国内需求作为促进经济增长的主要措施，稳定和加强农业，深化国有企业改革，调整经济结构，努力开拓城乡市场，千方百计扩大出口，防范和化解金融风险，整顿经济秩序，保持国民经济持续健康发展和社会全面进步，迎接建国五十周年。这个会议是在我国处于改革开放和经济建设的关键时期召开的一次重要会议。会议要求全党要加强对改革开放和现代化建设的全局认识。领导干部，特别是高级领导干部，必须适应新形势，学习新知识，研究新问题，积累新经验，提高驾驭经济工作的能力。我们这个会议是建设领域科技信息会议，建设科技信息领域具体贯彻中央经济工作会议精神的会议，也是各级领导干部、处在管理第一线的领导学习新知识、认识新问题的会议。在此，我想先从这次会议名称所包含的主题词来看这次会议的重要性。

① 建设：建设行业要促进我国国民经济的可持续发展。今年，外有金融危机，内有洪水灾害。现在看来，保证国民经济增长 7.8%，来之不易，靠的是投资拉动。固定资产今年增长了 20%，年初预定的是 2.7 万多亿，年末实际达到了 3 万多亿。全国计划会议召开后将有准确数字。这就说明我国国民经济增长靠的是投资拉动。明年，仍将依赖于投资。因为国民经济的增长依赖于 3 个方面：①投资；②消费；③出口。由于金融危机和其他方面的影响，虽然还在争取出口，还在促进消费，但最重要的在于投资拉动。投资主要是能源、交通、铁路、公路、水利、城市基础设施以及城乡住宅的建设。建设领域的同志们，无论是企业界、研究部门，还是各级行政主管部门，均要深感身负重任。

② 科技：国家强调科技兴国，朱镕基总理就是全国科技领导小组组长。本次会议科技

部也有同志参加,科技部历来对我们支持很大。我部住宅小康试点项目就是建设部与科技部合作的结果。今天,研究建设科技信息工作,也就是要以科技为先导、以科技信息为先导,促进建设事业的发展。

③ 信息:对此,我后面再详细讲。

④ 事业:对科技信息事业中的事业如何理解?我想应该是产业化的理解。而不是一般意义上所指的事业,是要研究在市场经济条件下逐步实现产业化,体现适应市场经济的要求。

⑤ 战略:就战略研究而言,这是政府、企业中的领导者,最费精力、时间,是难办的事情,也是当前能保证本地区、本企业可持续发展最为重要的事情。由于过去长期计划经济的影响,这也是最容易被领导者忽视的事情。

⑥ 研讨:研讨就是为了进取、创新,为了改进、促进工作。

本次会议受到了建设部领导的高度重视。叶副部长原本要到会的,他主管科研工作,原准备在这个会上发言,现在他的讲话稿,已印发给大家,希望你们认真学习。应该说这个讲话是建设领域科技信息工作一个纲领性的指示,他站在整个行业的高度,讲的是主要精神与原则。第二个发给大家的讲话是部科技司的主题报告,报告用大量的数据对科技信息事业的发展进行了总结,将 1958 年建设科技信息创建到今天 40 年划分为 4 个时期与阶段,并进行了分析、研究,这是一个部署性的文件。而今天我就建设科技信息事业的创新与实践问题作一个研讨性的讲话,与大家共同探讨,仅供参考。主要讲以下 4 个问题。

一、关于信息的意识问题或观念问题

怎样全面地看这个问题,我不想多说,因为大家都是从事信息具体工作的,整天跟信息打交道,应该比较清楚。在此,我只想说 3 点。

(1) 将信息看成资源、财富

是否真的如此?现在我们说迎接知识经济的到来,知识经济与工业经济、农业经济的区分准则在哪里呢?农业经济有两个准则:①劳动是财富之父;②土地是财富之母。在土地上劳动创造财富,即是农业经济,有人将农业经济比喻为从田地里长出来的经济。工业经济准则有 3 点:①需要土地,形成地租;②需要劳动,劳动有报酬;③需要资本,资本有利息。三位一体就形成了工业经济。工业经济是工厂里制造出来的经济。现在谈谈知识经济,知识经济以知识为主要资源,财富主要由知识而来。这样的经济就是科学技术是第一生产力的经济,就是知识经济。由此看,知识和信息是一种资源、是一种财富。

(2) 信息的时效意识

要有时效的意识。信息有及时、过时、老化、无用之分。信息没有及时捕捉,就会没用,过去了的信息失去了效用,信息的时效性很强。而时效性对决策来说至关重要。

(3) 创新意识

知识经济的一个重要特征是创新。所谓创新,就是没有现成的东西,需要创造实现的。小平同志说过,现在我们搞的市场经济,马克思、恩格斯都没讲过,前人也没干过。我们这一代去探索究竟怎样在市场经济条件下坚持社会主义，又怎样在坚持社会主义的条件下，搞好市场经济，还要研究社会主义在市场经济条件下搞好我们的建设。这就是创新。江总书记说，创新是一个民族的灵魂，是一个国家兴旺发达的不竭动力。

到了知识经济的对代，我们研究信息的含义要基于以上3点：资源、时效、创新。从事信息工作的同志可以说天天在创新，不创新就无法进行工作。信息是我们思维的材料，也是我们知识的源泉，是各级领导决策的依据。离开及时、准确的信息，人们无法进行思维，或者说，无法做出正确的抉择。

二、信息业的产业化问题

（1）产业环境和服务对象

信息产业同其他产业，如房地产业、建筑业一样，有几大环节。房地产业有生产环节、流通环节和消费环节。作为信息产业，第一个环节是收集，第二个环节是分析，第三个环节是传播、利用。信息的收集，关键是信息在哪里。科技信息有广义和狭义两种理解。一种理解为：新材料、新技术等科技含义的信息，如：焊接技术有几种，发展到何种程度。这是对建设科技信息的狭义理解。广义理解应该是所有科学的、属于建设领域的信息都是建设科技信息，如：商业信息、市场需求信息、建筑材料信息，只要是科学的，都可视为科技信息，而不是纯粹的为某个前沿科学技术达到某种水平的信息。所有这些信息分布在哪里？可以说在报纸杂志、媒介广告、展览展销、各种会议、国内外交流中有，专利文献中有，网络上有，大、中、小项目上有，包括这次会议。会议结束后，你们将带回各种信息。会议上的几个展览材料就是信息，它发布了有关厂家、产品的信息。信息来源于各个方面，信息产业包括收集、分析、传播三大环节。

（2）信息产业的特征

信息产业的最大特征是超常思维，它由大脑思维产生，依赖于这个特性去增强信息产业的服务能力，表现在4个方面。

① 信息的捕捉能力。信息分散在不同时期、不同地点与场合，要善于从各个渠道去捕捉信息。信息来临的时候，有些人不知道，不把它当成有用信息，缺乏信息的捕捉能力。就如数据库，有电脑并非就有信息，电脑里所有信息是人们收集、输入进去的。现在，国内最大的一个问题是：在长年计划经济中形成的，不用科学方法，再加上人为影响，使我们收集、采用的数据资料不准确。有位专家曾经说过：错误的统计资料加上先进的电脑处理等于一场灾难。电脑处理速度快，然而，如果输入的原始数据是错误的、不准确的，那样得出的结果将是灾害性的。所以，捕捉信息的能力很关键。

② 解读能力或者说是提炼能力。研讨会前的信息和研讨会后的信息是不一样的，要有自己的解读、提炼能力。信息处于原始状态是分散、杂乱无序的，要将这些信息集中起来，经过分析变为相对稳定、有用的东西，从无序、无向到有序、有向。

③ 传播能力。信息要传播出去并共享才有作用，这很关键，所以要加入网络、通过网络传播信息。现在处于知识创新时代，大家要看到网络技术发展很快，对网络的发展要有足

够的认识。我原来在东北工作，1983 年大庆来了一批黑白电视机，一个指挥部才有一台，那时要有一定的级别才能有，而现在到处都有。如今，因特网已经开始普及，连人们的问候方式也逐渐改变，从见面问"吃了没有"转变为"上网没有"。网络改变了传统生活方式，所以，要有传播能力。

④ 转化能力。知识经济就是科学技术成为第一生产力的经济。马克思曾经说过，科学技术是生产力，邓小平将它发展了，加上了"第一"两个字。对科技转化，我们过去重视不够。我曾去过前苏联，听他们自己说，日本人很聪明，苏联科学院研究、发明成果用于得奖，登在杂志上发表。日本人将成果、杂志买走，进入工厂，变成产品，发财了。苏联人要名，日本人要利。现在，我们究竟是要名还是要利，科学技术是第一生产力，需要有一个转化的过程，要有转化的能力，不转化就不会变成第一生产力。现在，包括我们掌握知识的人员，不少人还很有知识，但有的博士、硕士还不富裕。原因就是还没有将知识转化，如果实现了转化就应该能富裕起来。谁有知识谁就有财富，由于没有转化，有知识不一定就有财富。

三、信息产业链的开发，关键在于专家队伍的形成

信息产业链是指与信息相关、相随的其他产业。信息产业有待于开发。知识作为信息，我们视其为一种特别重要的资源。这种资源有什么特征呢？它不同于煤炭等物质资源，有区域性并逐步消耗减少。知识资源随着消耗，越来越多，价值增高。这是知识资源最大的特征。在此，我不多讲。就我们的产业开发而言，有这么几点：科技教育、科技普及、科技出版与宣传都要看成信息产业的开发。现在提倡的咨询业随着电子计算机、信息网络技术、卫星通信技术的广泛应用前景远大。信息的开发、存储、传播技术的突飞猛进，为现代咨询机构提供了丰富、详细、准确的材料，加快了信息产业化进程。而产业化的进程关键在于专家队伍的形成。

（1）信息专家队伍建设

各类信息产业的知识和技术并不是人人都能掌握的，需要信息专家队伍，现在对刚毕业的大学生，要求每年都不一样，原来有一句话"学好数理化，走遍天下都不怕"，现在是只学好数理化是不行了，现在要求是电脑会用，股票会炒，汽车会开，外语会说，这样才差不多，仅有数理化是不行的，这不是说数理化基础科学不重要，基础科学也很重要，这里只是比较而言。另外，我国全民素质有待提高。信息产业要求我们整个民族提高信息知识的掌握程度，或者说是提高全民族的素质，这是信息产业专家队伍的基础，没有全民族素质的提高，仅有专家队伍一部分人掌握信息技术是不够的。所以说，信息知识的普及是专家队伍的基础。实际上，现在电视、广播、报纸上讲知识经济就是对全民进行灌输、培训、开发、教育，我们既要注重全民培养，又要形成自己的专家队伍，同时欢迎来自国外的信息专家。世界上，信息产业的专家大部分是中国人，中国大学生在国外从事着尖端科技。从多方面看，我们要形成信息产业专家的队伍。

（2）信息专家的团队精神

我们讲科学技术不仅是科学技术本身，科学技术还包括科学的思想、科学的精神、科学

的态度、科学的方法、科学的文化价值观念。科学的思想、精神、态度、方法都是理念、精神的东西，所以要有专家精神，要形成专家群或者说搞信息的专家的团队精神，也就是说在知识经济的条件下，包括汽车、电子产业等的大财团，将竞争与合作视为矛盾的统一体来看。世界上很多大财团，以前是竞争对手，今天成为相互合作的伙伴，他们在保持自身的竞争同时保持着合作，以实现在更高层次、更大范围的竞争。现在，我们一谈竞争就是你死我活的，竞争是残酷无情的，商场如战场等。现在，国际上很多大的商业财团就在研究商业合作，这种合作是为了在更高层次上展开竞争。信息产业，不同于别的产业，建设领域的科技，不仅仅是建设领域所探讨的，不仅仅是建工学院学生所研究的。我刚在上海开完一个智能建筑的会议，强调了研究智能建筑，而诸如绿色建筑、生态建筑等，这些后面都带建筑字样的，都属于建设部管理，但其研究人员不仅仅是建设部的，不仅仅是建工类大学毕业的学工民建。这里离不开信息产业部，离不开自动化研究所，它是多学科的统一，是综合性研究，信息产业已经发展到多学科结合的产业。科学发展到今天，已不是牛顿一个人能发明第一定律，又发明第二、第三定律的时代。现在人们已经很难个人再发明类似于牛顿定律这样的定律了。任何成果都是群体研究的结果，当然，这其中需要学科带头人，但更离不开众人的服务和劳动。美国阿波罗计划就是全国大、中、小企业单位都调动起来进行研究，所以，强调合作精神是非常必要的，搞信息工作的更是如此，要有专家团队精神。过去我们有不愿合作的毛病，外国人讲：忘掉昨天，把握今天。而我们有些人纠缠昨天，折腾今天。国外有性骚扰，国内有"信"骚扰。看谁能干，就写封诬告信，没有落款，也不留名，弄得你里外不是人，不让你好好工作，这样不行，要有团队的精神、合作的精神。

（3）专家队伍的构成

专家队伍包括各方面的专家，专家应该是专一的，如果什么都懂就不叫专家了，就叫通才。专家也有区域性，有地区、全国、全世界之分，专家也有时间性。如20世纪80年代专家、90年代专家、下世纪专家。信息产业有数据库专家，专搞数据库；有信息研究、分析的专家；有搞信息经纪人的专家，这种经纪人不是一般意义上的经纪人，是搞信息中介、服务的人，有因特网的侦察专家，因特网信息很多，不能捕捉、侦察到信息，这需要侦察专家。侦察专家也可以说是网络技术专家，等等。

同志们从事建设科技信息工作5年、10年，应该成为这方面的专家，既不要妄自菲薄，又不要妄自尊大，要总是处在一个学习的环境之中，我们希望更多的从事建设科技信息领域工作的同志成为本地区、本领域的专家。

四、领导问题

在中国，乃至在世界上都有领导重视与不重视不一样的问题，中国更加突出。原来我在黑龙江工作，曾说过这样一句话"在某种意义上说搞城市建设，发动领导比发动群众更为重要"。我看了看会议代表名单，建设厅厅长、地区一把手没到，我认为，搞信息产业发动他们更重要，所以，你们参加会议，回去首先是要发动他们，然后，再发动群众。"发动领导比发动群众更重要"，这样才能推动建设科技信息事业的向前发展。在这里我想讲以下几点。

（1）领导者要掌握新知识，要善于学习

会议将要讨论建设科技信息发展纲要与管理办法。这种纲要过去也曾搞过，在新形势下，要修改、讨论、完善。还有情报站的管理办法也是这样。这些文件的讨论是要变成领导同志思想的东西，掌握的东西，这至关重要。领导同志的学习实际上是一种思想建设。现在，领导部门最关键的工作是制定政策并督促、检查、贯彻政策，而制定政策的领导者不去认真学习，不掌握知识，很难制定适应实际需要，适应地区情况的这样一些具体实用的政策。在知识经济条件下，这方面的学习很重要。现在，提出知识经济型社会就是学习型社会，学习成为人们的终身需要。美国的国情咨文指出，8 岁以上小孩必须上学，12 岁以上小孩要上因特网，18 岁以上青年要上大学，25 岁以上到死都要进行终身学习。知识经济包含三大内容：高新技术，科学管理，终身教育。学习成为人一生的需要。因此，领导干部的学习至关重要，如果不学习，动辄摆出计划经济或生产力低下时期那种封建式、不民主、压抑人才的领导方法去从事工作，那这就是一场大灾难。地区有这样的领导，地区是灾难；部门有这样的领导，部门是灾难。

（2）领导者要扶植情报网站、情报所及大的企业集团、公司的组织建设

对我们的库、网、站、所、公司来说，第一个要按照现代企业的运行规则去运行；第二个是按照适应市场需要的机制去营销。我们要看到讲知识经济离不开企业，离不开库、网、站、所、公司，这些库、网、站、所、公司既是我们知识经济的载体，又是信息产业化的细胞，因为推动科技进步的动力仍在于企业。我对科技司每年做的企业数据统计报表就很赞赏，就一个企业来说，不进行科技投入，不依靠科技去经营，这种企业迟早会成为淘汰的企业。当今，尤其是建筑业，大量的劳动还是体力劳动，相当多的工种施工靠延长劳动时间，增加体力消耗，靠大干、苦干、拼命干，还用了不少陈旧技术、陈旧材料。我们正在按照建筑技术政策的要求对陈旧技术、陈旧材料加以限制，通过建筑技术的政策与法规的制定和执行，强制使用建筑新材料、新技术，这是很关键的事情，作为各级领导，要支持建设信息产业就要支持建设领域科技先导型企业。最近报道，如果个人谁有本事，哪个专家掌握知识，就可以去领办、开办建设领域科技型企业或科技中介性组织，可以开办数据库、情报所、站、公司等，这在政策上是允许的。

（3）加强领导，上下共同努力解决融资和营销问题

一个产业要开拓进取，不解决融资和营销问题，这个产业就发展不起来。过去，我们刚成立一个机构搞信息，第二天就要拨款，不拨款不知如何工作。如果今天科技司开的是科技信息拨款大会，你们单位的领导都会来争取拨款。现在没有拨款，就得自己寻找市场，在这样大一个市场中如何从事融资活动，这需要了解中国的金融机构、金融市场与政策，从而有效地开展各种融资活动，包括利用国内外的投资，包括利用大企业、银行的资本从事这项工作，同时，我们既然说知识是财富、源泉，必须要开展以科技先导型、以知识为财源的营销活动，以建设部信息中心为例，建设部没有给钱，它开展的活动为有偿活动，有社会效益，

也有经济效益。如果能开拓创新，估计用不上几年，它也许是建设部人均收入最高的企业，其他一些带"中"字头的企业不见得如何，而信息中心搞的就是信息产业。

我在上海开会碰见美国一网络公司推销员推销公司产品，我们对该网络能否在中国运用表示怀疑。这位女推销员面带微笑回答："欢迎你们的怀疑，怀疑可以使我们进步，正因为你们关心我们，才会怀疑我们"。如果是中国人听了别人怀疑自己，多半会恨得要死，这就是人家善于营销的具体表现。人家将怀疑视为亲善的表现，而我们是你怀疑我，就不要做生意了，所以要学会营销，要有营销能力，现在国际上推崇 MBA（工商管理硕士）就是讲营销，讲教育。国内大企业也在搞市场营销，我们的网站也有一个推销自己，向全社会宣传、介绍自己的营销问题。美国的哈佛大学很有名，江总书记到过该校演讲，美国克林顿总统也来北大演讲。哈佛大学说：我们培养的 MBA 都疯狂地追求企业的最大利润，他们是市场竞争的职业杀手。美国约 2/3 的大企业总经理都毕业于哈佛商学院。至于大家批评我哈佛商学院的缺点是什么呢？就是哈佛商学院培养的学生身价太高，一年至少要拿 10 万美金的薪金。批评的最大缺点是身价太高，固然有自我吹嘘的一面，但要看到这有基本的事实，并非瞎吹。它说明了工商管理硕士在市场中的作用，说明了工商管理的重要性，也说明营销问题、市场化建设问题才是一个企业生存发展的根本问题。不是说加强领导就是说给钱，不给钱就是不加强领导，而是说我们领导者要创造条件，扶持我们的情报所、情报网站、企业公司等，让这些单位从市场中获取我们发展信息产业的基金，而不是简单地依靠领导批一个条子，拨几个钱，这是至关重要的，所以说，我们发展信息产业，你说没钱，就得找钱，就要融资，"钱不是万能的，但没有钱是万万不能的"，的确如此，没有钱，不可能建立、发展数据库、情报网站、公司企业，所以各省、市参加会议的单位要多动脑筋，可以说信息经济或知识经济也好，今天你们参加的会议也好，建设科技信息发展纲要也好，只是为我们提供了一个搞好信息产业的条件或舞台，关键得看自己如何搭舞台，社会大舞台是市场，从这个大舞台上怎样捕捉信息；怎样融通资金，开展靠自己以知识为财富，以知识为资源的营销活动，谋求自身原始资本的积累和发展资本的积累。

同志们参加这个会议，回去以后，一定要思考怎样加快发展本地区、本单位的信息产业化的问题，肯定有困难，肯定有风险，这是 100%的。但是，我再讲一个肯定，肯定会有成就。只要克服了困难，防范了风险，就会有成绩，要有成就感，因为时代在进步，总有一部分人从事这些工作。我有一个学电脑的同学跟我讲感到后悔，不如搞建筑。我说：搞电脑不是很尖端吗？他说：现在发现搞电脑技术的，老师永远落后于学生，走在电脑技术前面的人永远是学生，这种说法并不是没有道理，因为在知识爆炸、更新的时代，电脑技术去年、今年、明年大不一样，发展速度很快，在这个领域工作，相对来说，困难要多、风险要大，克服了这些困难，防范了这些风险，自然成就越大，人生的价值越大，所以，是否自觉地学习信息产业知识，能否有力地推进信息产业化进程，是衡量我们各级领导称职不称职，是高素质的领导还是低素质的领导，是尽职不尽职的领导，还是没尽责的领导的一个重要标志。

我的讲话是研讨性的，不尽正确，仅供参考。

　　建设部召开这样一个研讨会，也可以说是建设部加强建设领域信息产业开发的一个工作会议，所以到会的同志们不管你们职务高低，回去都要向你单位的主要领导去宣传，使本单位在信息产业化工作中，有所前进。新的一年快到了，祝愿大家在 1998 年或其前获得表彰的基础之上，在建设科技信息事业上不断创新，不断实践，创造新的辉煌、取得新的成就。

　　谢谢大家。

结　束　语

　　《建筑管理学研究》的出版，并非研究之终，而是研究处在过程之中。进入知识经济时代以来，攻读"管理科学与工程"学位的人越来越多了。对当代博士研究生来说，特别强调的有三点：一是强调"研究"是天职，不能只记住"博士生"三个字，而丢掉"研究"之职。努力实践，学习学习再学习，研究研究再研究。二是强调研究必须要在前人的肩上进行，需要掌握大量的前人已有研究成果。只有这样，才具备研究的前提，夯实研究的基础。三是强调研究成果要有所创新，有独立之见解，体现科学的发展。故此，本书只是阶段性成果，有待深入。

　　《建筑管理学研究》的出版，并非建筑管理实践的总结，而是建筑管理实践的提炼与升华。当代大规模的工程建设、支柱产业的发展和庞大而众多的建筑业企业的成长，是建筑管理学研究的机遇和源泉，无论是成功的经验，还是失败的教训，都是研究的宝贵财富。本书研究的每一个成果，都来源于实践，并有待于实践的进一步检验。

　　《建筑管理学研究》的出版，并非是作者单纯个人的期望，而是当代建设者的共同关注。城市的发展，村镇的变化，江湖河海的改造，无不凝聚着建设者的丰功伟绩；各行各业的振兴，千家万户的幸福，无不包含了建设者的无私奉献。同样，建筑管理科学的发展，也体现了建设者的心血和探索。在这里，谨向建设者致以崇高的敬意。衷心感谢广大建设者对时代的奉献和创造，感谢广大教学科研人员的努力，感谢所有参与本书调查研究、收集资料、参与编写的人员。感谢对本书稿进行认真校核的建设部的程振华、徐波、张毅和建设部政策研究中心的李德全、项目管理委员会的吴涛等同志。本书研究成果的正确部分，归结为同行们的智力开发，其错误或不足的部分，乃是作者知识和实践的局限。为使各章节自成体系，个别内容显得有些重复，难以取舍。尽管如此，由于知识的贫乏，总觉得很多地方的研究还不深、不透。总之，"研究成果"有待于社会实践的评估和当代建设者、教学科研人员的修正、补充和完善。特别是学科所面临时代的挑战，包括新型工业化，即信息化和可持续发展的挑战；我国推进城镇化进程的挑战；还有经济全球化的挑战。学科研究要紧紧掌握瞬息万变的新情况，着力解决层出不穷的新问题，为经济高速发展服务，为国家伟大复兴服务，在服务中体现研究价值。

　　建筑管理学研究有待进一步繁荣，有待进入新的境界。